高等学校机械类专业应用型本科“十四五”规划教材

工程制图

主　编　高国伟　商　丽
副主编　王　娜　范　磊　李　燕

武汉理工大学出版社
·武　汉·

内 容 简 介

本书紧跟新应用型人才培养方案以及工程认证要求，运用现代教育理论和方法的研究成果，具有较强的实用性。本书包括四个项目：形体的投影、制图的基本知识、机件的表达方法及零件图、绘制与识读装配图。其内容涉及面广，既有投影法、点线面、轴测投影等基础理论知识的讲解，又有组合体、形体的表达方法、零件图和装配图等的训练；不仅可以锻炼学生的绘图能力，还能够增强学生的"会"图能力，与后续专业课的教学形成紧密的衔接和过渡。

本书可供应用型本科院校机械类及相关专业的工程制图课程教学使用，也可供网络教学、远程教学、函授教学、高等专科学校及职业技术学院的相关专业使用，还可以作为相关专业工作人员识图入门的参考用书。

图书在版编目(CIP)数据

工程制图 / 高国伟，商丽主编. -- 武汉 ：武汉理工大学出版社，2024. 7.
ISBN 978-7-5629-7074-3

Ⅰ. TB23

中国国家版本馆 CIP 数据核字第 2024W74W62 号

项目负责人：王利永(027-87290908)　　**责任编辑**：李正五
责任校对：余士龙　　**版式设计**：正风图文
出版发行：武汉理工大学出版社
地　　址：武汉市洪山区珞狮路 122 号
邮　　编：430070
网　　址：http://www.wutp.com.cn
经　　销：各地新华书店
印　　刷：湖北金港彩印有限公司
开　　本：787×1092　1/16
印　　张：15
字　　数：384 千字
版　　次：2024 年 7 月第 1 版
印　　次：2024 年 7 月第 1 次印刷
定　　价：42.00 元

前　言

工程制图是高等院校工科学生一门重要的基础课，培养学生运用制图的理论和方法对工程问题进行识别和表述的能力。随着社会和科技的发展，工程制图课程在课程体系、教学内容、教学方法和教学手段等方面发生了很大的变化。

本书包括四个项目：形体的投影、制图的基本知识、机件的表达方法及零件图、绘制与识读装配图。其内容涉及面广，既有投影法、点线面、轴测投影等基础理论知识的讲解，又有组合体、形体的表达方法、零件图和装配图等的训练；不仅可以锻炼学生的绘图能力，还能够增强学生的"会"图能力，与后续专业课的教学形成紧密的衔接和过渡。

项目教学法是以项目任务来驱动和展开教学进程的教学模式，它将教学过程和具体的工作项目充分地融为一体，围绕具体的项目构建教学内容体系，组织实施教学，提高教学的针对性和实效性。它能在教学过程中把理论和实践有机地结合起来，充分发掘学生的创造潜能，着重培养学生的自学能力、洞察能力、动手能力、分析和解决问题的能力、协作和互助能力、交际和交流能力等综合能力。

除此之外，本书在编写过程中全面贯彻国家最新的技术制图、机械制图标准及与机械制图相关的国家规定。

本书由沈阳城市建设学院高国伟、商丽担任主编，由沈阳城市建设学院王娜、范磊、李燕担任副主编。编写具体分工如下："项目一 形体的投影"由高国伟、王晓凤、夏冰新编写，"项目二 制图的基本知识"由范磊、贾超编写；"项目三 机件的表达方法及零件图"由商丽、王丹、杨楠、贾超、赵永红编写；"项目四 绘制与识读装配图"由王娜、李燕、贾美琪编写。在本书的编写过程中，于联周、邢智慧、张晓林、李继平、丛丽娜、张雪飞、关天乙、高明明、孙晶、贾维维、高晓巍、冉迪、韩志、卞思文等均做了大量的工作。本书在编写过程中得到了沈阳城市建设学院智能制造产业学院和上海科大重工集团有限公司的大力支持。全书由沈阳建筑大学孙军教授主审。

由于编者水平有限，书中难免存在疏漏之处，敬请各位读者批评指正。

编　者

目　　录

项目一　形体的投影

【项目目标】

1. 掌握投影法的概念和投影的基本性质。
2. 掌握点、直线和平面的投影特征。
3. 掌握平面立体的投影特性及平面立体表面上取点、取线的投影绘制方法。
4. 掌握曲面立体的投影特性及曲面立体表面上取点、取线的投影绘制方法。
5. 掌握截交线的性质，平面立体及曲面立体截交线的作图方法。
6. 掌握基本几何体和组合体正等轴测图的绘制方法。
7. 掌握组合体的形体分析。
8. 掌握组合体视图的绘制方法。

任务一　绘制基本几何体的投影

【任务分析】

实际生产中种类繁多、形状各异的零件，从几何形体的角度看，都是由一些柱、锥、球、环等简单几何体经过切割、相交等方式组合而成的，我们将这些简单的形体称为基本几何体，要掌握基本几何体三面投影的绘制必须首先掌握投影法的基本知识及正投影的基本特性。

【相关知识】

一、投影法概述

物体在光线的照射下，在墙壁或地面上就会出现物体的影子。投影法与这种自然现象相类似，投射线通过物体，向选定的面投射，并在该面上得到图形的方法，称为投影法。根据投影法所得到的图形，称为投影，产生投影的面，称为投影面，如图 1.1 所示。

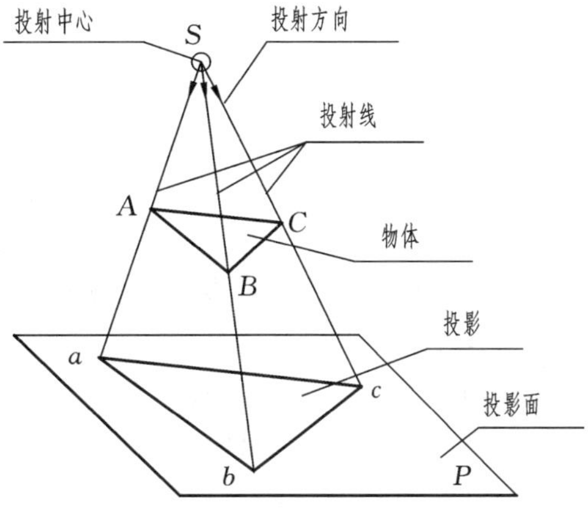

图 1.1　中心投影法

投射线、形体（被投影物体）、投影面是产

生投影的三要素。

（一）投影法分类

投影法分类是根据投射线的类型（平行或汇交）、投影面与投射线的相对位置（垂直或倾斜）及物体的主要轮廓与投影面的相对关系（平行、垂直或倾斜）设定的。工程上常用的投影法有中心投影法和平行投影法两大类。

1. 中心投影法

中心投影法是投射线汇交于一点的投影法（投射中心位于有限远处），如图 1.1 所示。

2. 平行投影法

平行投影法是投射线相互平行的投影法（投射中心位于无限远处）。在平行投影法中，根据投射线与投影面的关系又分为斜投影法和正投影法两种。投射线与投影面相垂直的平行投影法，称为正投影法，所得到的图形称为正投影，如图 1.2(a)所示；投射线与投影面相倾斜的平行投影法，称为斜投影法，所得到的图形称为斜投影，如图 1.2(b)所示。

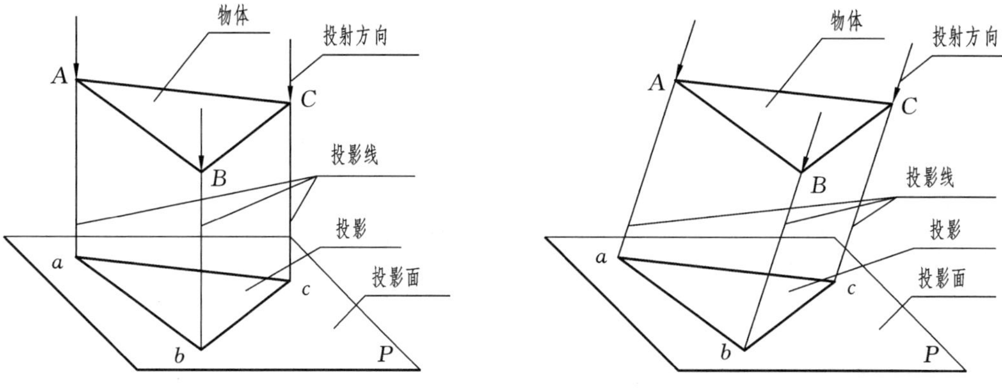

图 1.2　平行投影法

(a)正投影法；(b)斜投影法

（二）正投影的基本特性

在正投影中，直线或平面的投影具有以下五大基本特性，如图 1.3 所示。

1. 实形性

若空间某直线与投影面平行，则该直线的投影反映空间直线的真实长度；同理，若空间某平面与投影面平行，则该平面的投影反映实形。如图 1.3(a)中线段 AB 的投影 ab 的长度与 AB 相等，四边形 $CDEF$ 的投影四边形 $cdef$ 的面积等于四边形 $CDEF$。

2. 积聚性

若空间某直线或平面与投影面垂直，则直线的投影积聚为一个点，平面的投影积聚为一条直线。如图 1.3(b)中直线 AB 的投影 $a(b)$ 积聚为一个点，四边形 $CDEF$ 的投影积聚为一条直线。

3. 类似性

若空间某直线或平面与投影面倾斜，则直线的投影仍为直线，但线段长度发生了改变，平面的投影为类似形。如图 1.3(c)中线段 AB 的投影 ab 的长度短于 AB；四边形 $CDEF$ 的投影四边形 $cdef$ 的面积小于四边形 $CDEF$。

4. 定比性

若直线上的点分割线段成一定比例，则点的投影分割线段的投影成相同的比例，如图 1.3(d)所示，$AK : KB = ak : kb$。

5. 平行性

若空间两直线相互平行，则这两条直线的投影也平行，且两线段的投影长度之比等于其自身长度比，如图 1.3(d)所示，$AB /\!/ CD$，则 $ab /\!/ cd$，且 $AB : CD = ab : cd$。

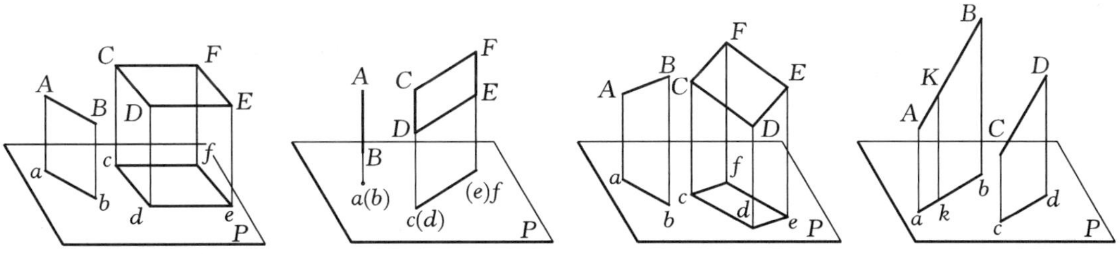

图 1.3　正投影的特性

(a)实形性；(b)积聚性；(c)类似性；(d)定比性和平行性

正投影的规律性较强，能够准确地表达出物体的形状结构，而且度量性好，工程上常把正投影作为工程图的绘图方法。在后续内容中，除有特殊说明外，所提到的投影均指正投影。

（三）多面正投影法

仅有物体的单面投影无法确定空间物体的真实形状，如图 1.4 所示为某物体在投影面 H 上的投影，该投影可能是不同物体的投影。为了唯一确定几何元素的空间位置及物体的真实形状，必须增加投影面及在该投影面上的投影，因此引入物体的多面正投影。

如图 1.5 所示，三个相互垂直的投影面 V、H 和 W 构成三投影面体系，正立放置的 V 面称为正立投影面，水平放置的 H 面称为水平投影面，侧立放置的 W 面称为侧立投影面。投影面的交线称为投影轴，即 OX、OY、OZ，三投影轴的交点 O 称为投影轴原点。

三投影面体系将空间分为八个区域，称为分角，分别为第一、二……八分角，我国国家标准《技术制图 图样画法 视图》(GB/T 17451—1998)规定，技术图样优先采用第一角画法，所以本书主要讨论物体在第一分角的投影。

物体分别对三个投影面投影，形成三面投影，如图 1.6(a)所示。在画物体投影时，需将三个投影面展开到同一平面上，展开的方法是 V 面保持不动，H 面绕 OX 轴向下旋转 90°与 V 面重合，W 面绕 OZ 轴向右旋转 90°与 V 面重合，得到物体的三面投影，如图 1.6(b)所示。

其中 OY 轴随 H 面旋转时以 OY_H 表示、随 W 面旋转时以 OY_W 表示，投影上一般不画出投影面的边界，如图 1.6(c)所示。

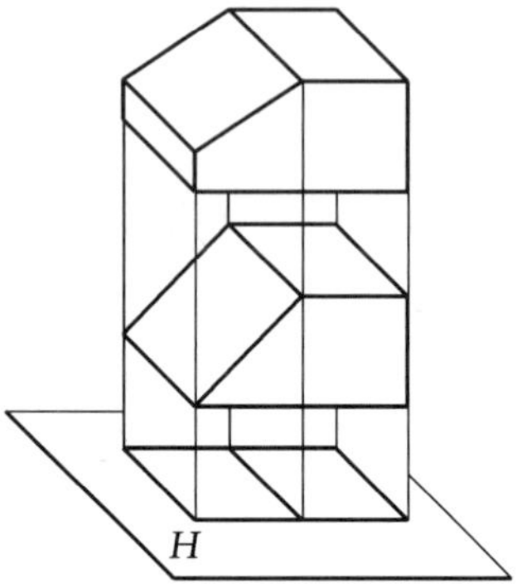

图 1.4　单面投影

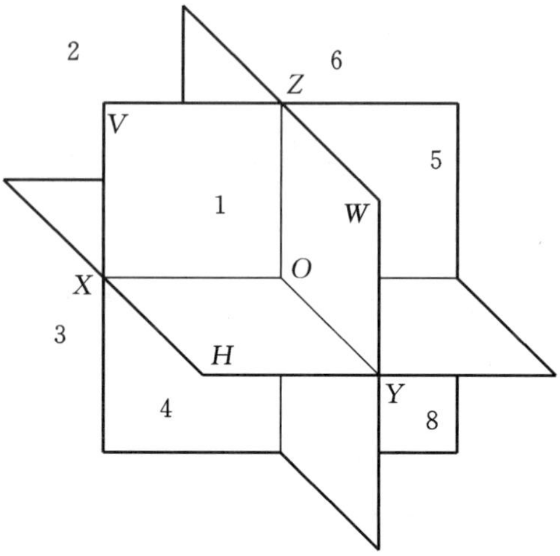

图 1.5　三投影面体系

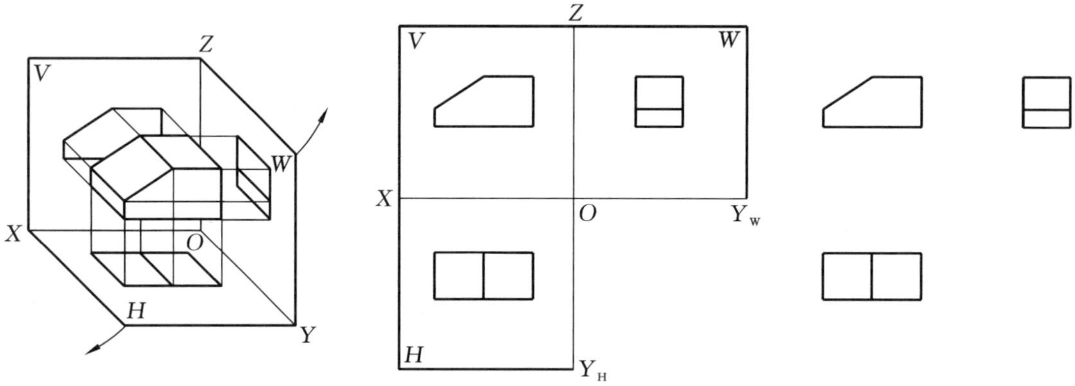

(a)　　(b)　　(c)

图 1.6　三面投影

(a)立体图；(b)展开图；(c)投影图

在绘制工程图样时，将物体向投影面作正投影所得到的图形称为视图。在三面投影体系中可得到物体的三个视图，其正面投影称为主视图，水平投影称为俯视图，侧面投影称为左视图。图 1.7 所示为投影面展开后三视图的配置关系：主视图保持不动，俯视图在主视图的正下方，左视图在主视图的正右方。

物体左右之间的距离称为长，上下之间的距离称为高，前后之间的距离称为宽，如图 1.7 所示。主视图反映物体的高度和长度，俯视图反映物体的长度与宽度，左视图反映物体的高度和宽度。由此可得出三视图之间的投影关系：

主、俯视图——共同反映物体长度方向的尺寸，简称“长对正”；

主、左视图——共同反映物体高度方向的尺寸，简称“高平齐”；

俯、左视图——共同反映物体宽度方向的尺寸，简称“宽相等”。

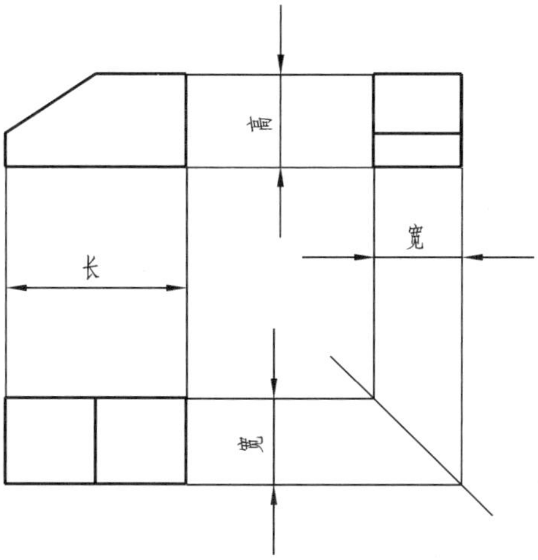

图 1.7　物体的三视图

正投影图能反映物体的真实形状，绘制时度量方便，所以是工程界最常用的一种投影图。其缺点是直观性较差，看图时必须几个投影互相对照，才能想象出物体的形状，因而没有学习过制图的人不易读懂。

二、点的投影

点是构成线、面、立体最基本的几何要素，其他几何元素均可看作由无数的点组成，因而求作点的投影是最基本的作图方法。

（一）点的三面投影

如图 1.8(a)所示，由空间点 A 分别作垂直于 H 面、V 面、W 面的投射线，得垂足 a、a'和 a''，A 点在 H 面上的投影 a，称为 A 点的水平投影；A 点在 V 面上的投影 a'，称为 A 点的正面投影；A 点在 W 面上的投影 a''，称为 A 点的侧面投影。

如图 1.8(b)所示，为把三个投影 a、a'和 a''表示在同一平面上，规定 V 面不动，把 H 面绕 OX 轴向下旋转 90°，把 W 面绕 OZ 轴向右旋转 90°，与 V 面重合(随 H 面旋转的 OY 轴以 OY_H 表示，随 W 面旋转的 OY 轴以 OY_W 表示)，这样即得点的三面投影图，如图 1.8(c)所示。通常在投影图上只画出其投影轴，不画出投影面的边界，也不标注符号 H、V、W，实际投影图如图 1.8(d)所示。

规定：

用大写字母作为空间点的符号，分别用相应的小写字母、小写字母加一撇和小写字母加两撇作为该点的水平投影、正面投影和侧面投影的符号。投影图上两个投影之间的连线(如 a、a'的连线)称为投影连线，也叫联系线。在投影图中，投影连线(联系线)用细实线画出，点的投影用空心小圆圈表示。

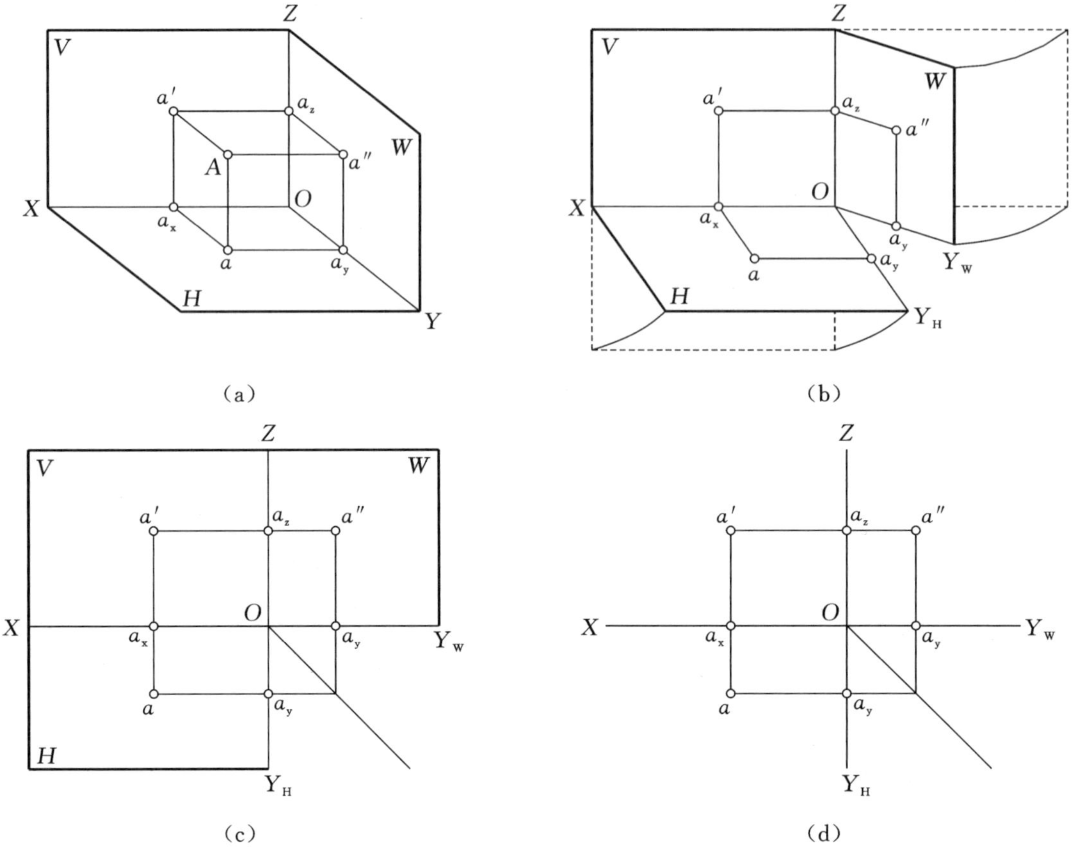

图 1.8 点的三面投影

(a)立体图;(b)展开过程;(c)展开图;(d)投影图

(二)点的投影和坐标的关系

空间点的位置可由点到三个投影面的距离来确定。如果将三个投影面作为坐标面,投影轴即为坐标轴,O 点是坐标原点。如图 1.9 所示,空间点 A 的位置可以由其三个坐标值 $A(x_A,y_A,z_A)$确定,则点的投影与坐标之间的关系如下:

(1) 点 A 到 W 面的距离(x_A)为 $Aa''=a'a_z=aa_y=a_xO=X$ 坐标。

(2) 点 A 到 V 面的距离(y_A)为 $Aa'=a''a_z=aa_x=a_yO=Y$ 坐标。

(3) 点 A 到 H 面的距离(z_A)为 $Aa=a''a_y=a'a_x=a_zO=Z$ 坐标。

空间点的位置可由该点的坐标确定,例如 A 点三投影的坐标分别为 $a(x_A,y_A)$,$a'(x_A,z_A)$,$a''(y_A,z_A)$。任一投影都包含两个坐标,所以一个点的两个投影就包含了确定该点空间位置的三个坐标,即确定了点的空间位置。

(三)点的三面投影的规律

由以上情况分析可以得出点的投影规律如下:

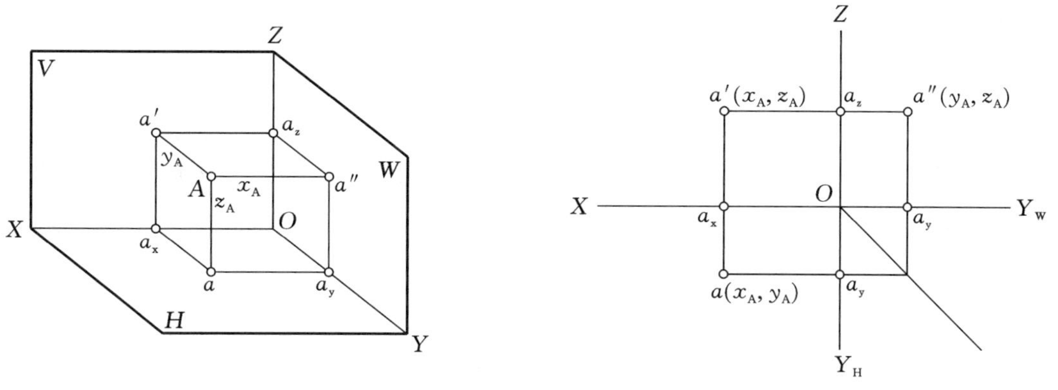

图 1.9　点的投影和坐标的关系

(a)立体图;(b)投影图

(1) 点的水平投影 a 和正面投影 a' 的连线垂直于投影轴 OX,即 $aa' \perp OX$。

(2) 点的正面投影 a' 和侧面投影 a'' 的连线垂直于投影轴 OZ,即 $a'a'' \perp OZ$。

(3) 点的投影到投影轴的距离等于空间点到对应投影面的距离,即等于空间点的坐标。

点的投影规律是立体"长对正、高平齐、宽相等"投影规律的另一种表述,由点的投影规律可知,已知点的两个投影,便可确定点的空间位置,因此,点的第三面投影是唯一确定的。

【例 1.1】 如图 1.10(a)所示,已知 A 点的水平投影 a 和正面投影 a',求其侧面投影 a''。

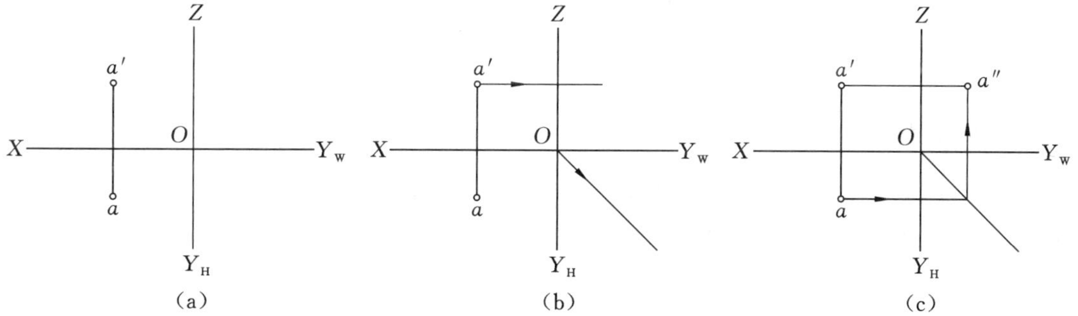

图 1.10　已知点的两面投影求第三面投影

(a)已知;(b)过程;(c)结果

分析:由点的投影规律可知,已知点的两个投影,便可确定点的空间位置,因此,点的第三面投影是唯一确定的。

作图步骤[图 1.10(c)]:

(1) 过 a' 向右作投影连线,过 O 点作 45°辅助线,如图 1.10(b)所示。

(2) 过 a 作水平线与 45°辅助线相交,并由交点向上作投影连线,与过 a' 所作的投影连线的交点即为 a''。

（四）两点的相对位置

两点的相对位置是指两点在空间的上下、前后、左右的方位关系，在投影图中，是以它们的坐标差来确定的。如图1.11所示，点的 X 坐标表示点到 W 面的距离。比较两点的 X 坐标大小，可判别两点左右之间的位置（B 点在 A 点之右）；比较两点的 Y 坐标大小，可判别两点前后之间的位置（B 点在 A 点之前）；比较两点的 Z 坐标大小，可判别两点上下之间的位置（B 点在 A 点之上）。

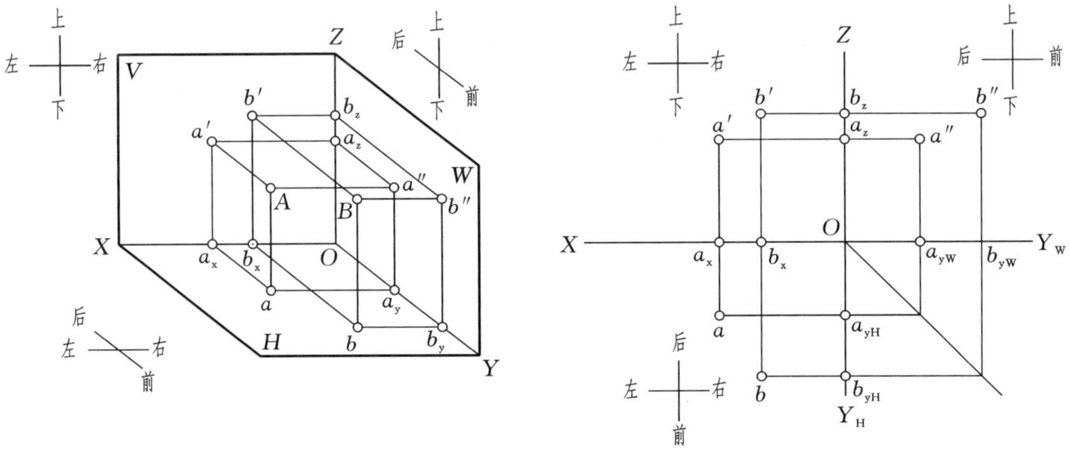

（a） （b）

图1.11 两点的相对位置

（a）立体图；（b）投影图

（五）重影点

在图1.12所示 A、B 两点的投影中，A、B 两点处于对正面的同一条投射线上，a' 和 b' 重合。这说明 A、B 两点的 x、z 坐标相同，即 $x_A = x_B$、$z_A = z_B$。

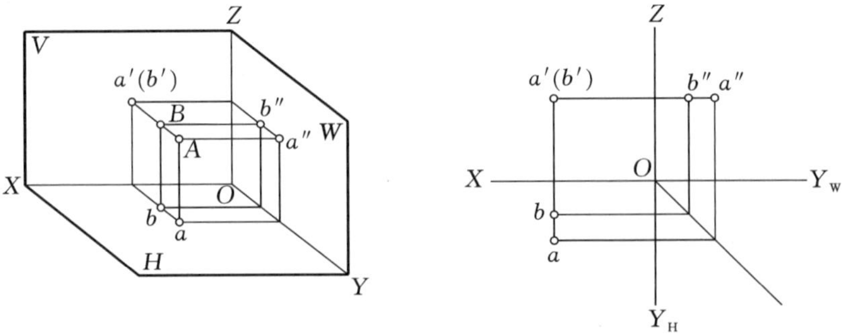

（a） （b）

图1.12 重影点的投影

（a）立体图；（b）投影图

处于同一条投射线上的两点，必在相应的投影面上具有重合的投影，这两个点被称为对该投影面的一对重影点。

重影点可见性的判别方法是：

对水平重影点，观察者从上向下看，上面一点可见，下面一点不可见。

对正面重影点，观察者从前向后看，前面一点可见，后面一点不可见。

对侧面重影点，观察者从左向右看，左边一点可见，右边一点不可见。

如图 1.12 所示，a'、b'重合，从水平和侧面投影可知，A 在前，B 在后，即 $y_A > y_B$，所以对 V 面来说，A 可见，B 不可见。在投影图中，对不可见的点，需用圆括号括起来，因此，对不可见点 B 的 V 面投影，加括号表示为(b')。

三、直线的投影

直线常用线段的形式来表示，在不考虑线段本身的长度时，也常把线段称为直线。因为两点可以确定一条直线，所以只要作出直线两个端点的三面投影，然后用直线连接两个端点的同面投影，就可作出直线的三面投影。

根据直线在三投影面体系中的位置，可将直线分为三类，即投影面垂直线、投影面平行线和一般位置直线。垂直于某一投影面，同时平行于另外两个投影面的直线称为投影面垂直线；平行于某一投影面，同时倾斜于另外两个投影面的直线称为投影面平行线；对三个面都倾斜的直线称为一般位置直线。

（一）投影面垂直线

垂直于 H 面的直线，称为铅垂线；垂直于 V 面的直线，称为正垂线；垂直于 W 面的直线，称为侧垂线。投影面垂直线的投影特性见表 1.1。

表 1.1　投影面垂直线的投影特性

名称	立体图	投影图	投影特性
铅垂线	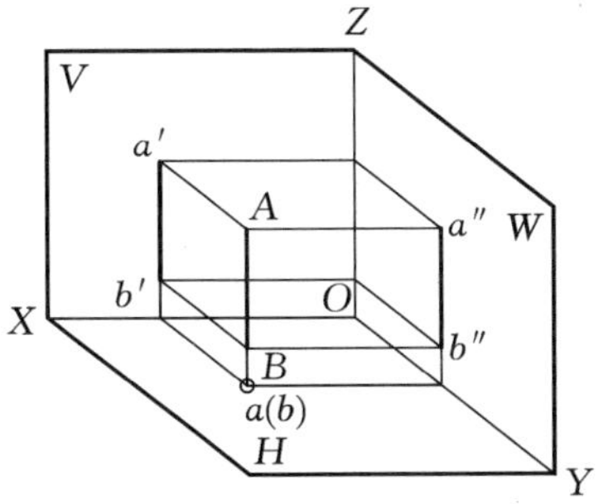	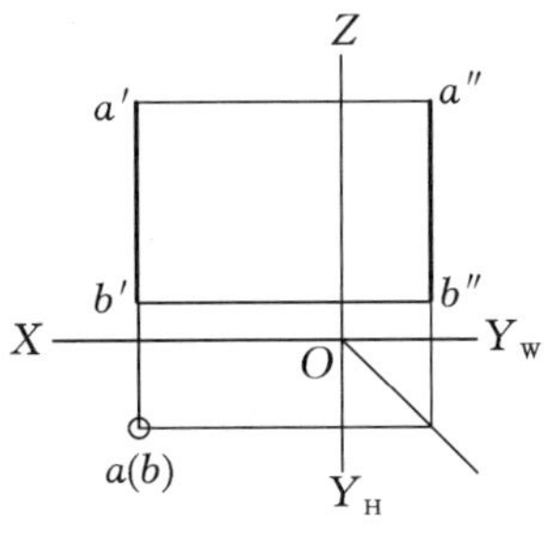	1.水平投影 $a(b)$ 积聚为一点。 2.正面投影 $a'b'$ 垂直于 OX 轴，侧面投影 $a''b''$ 垂直于 OY_W 轴，都反映实长

续表1.1

名称	立体图	投影图	投影特性
正垂线	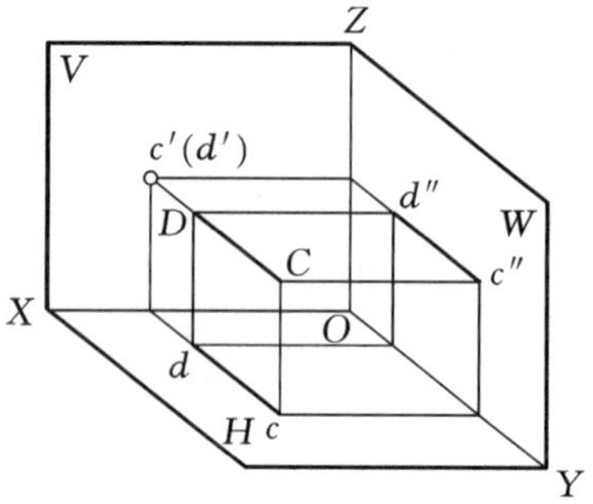	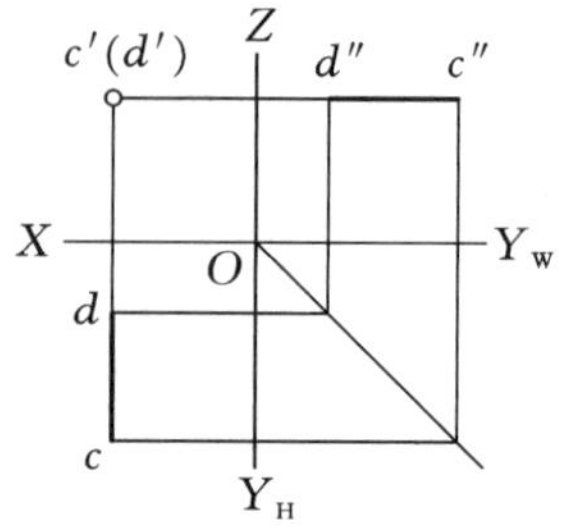	1.正面投影 $c'(d')$ 积聚为一点。 2.水平投影 cd 垂直于 OX 轴，侧面投影 $c''d''$ 垂直于 OZ 轴，都反映实长
侧垂线	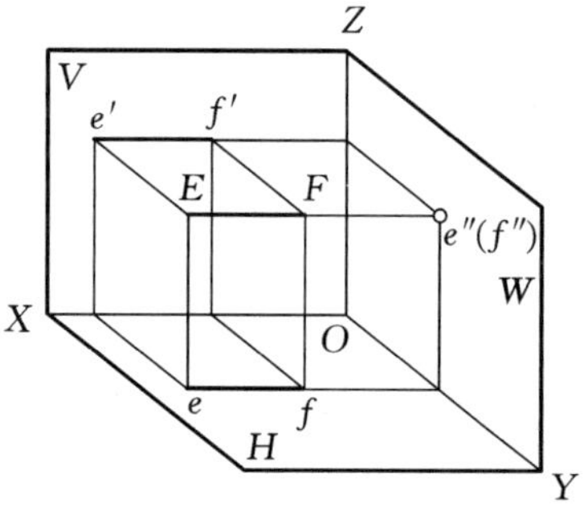	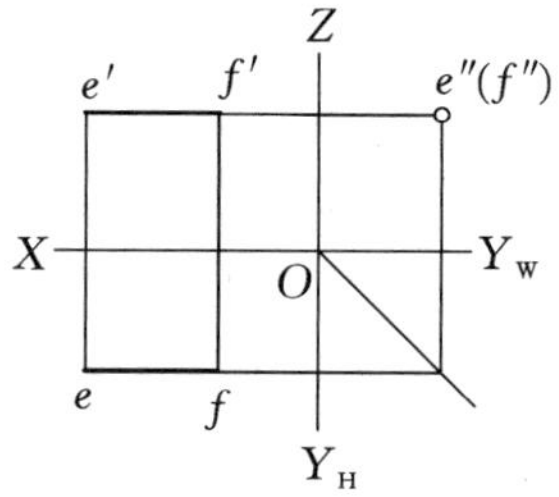	1.侧面投影 $e''(f'')$ 积聚为一点。 2.正面投影 $e'f'$ 垂直于 OZ 轴，水平投影 ef 垂直于 OY_H 轴，都反映实长

投影面垂直线的投影特性可归纳为：1.在所垂直的投影面上的投影积聚为一点；2.在其他面上的投影分别垂直于相应的投影轴，且反映实长。

（二）投影面平行线

平行于 H 面，对 V、W 面倾斜的直线，称为水平线；平行于 V 面，对 H、W 面倾斜的直线，称为正平线；平行于 W 面，对 H、V 面倾斜的直线，称为侧平线。投影面平行线的投影特性见表 1.2。

表 1.2　投影面平行线的投影特性

名称	立体图	投影图	投影特性
水平线	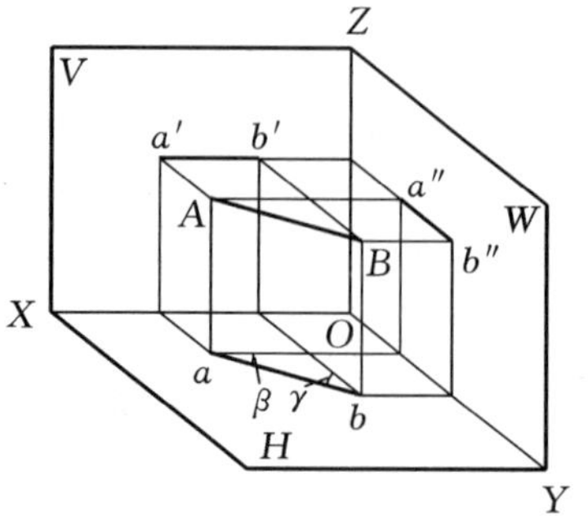	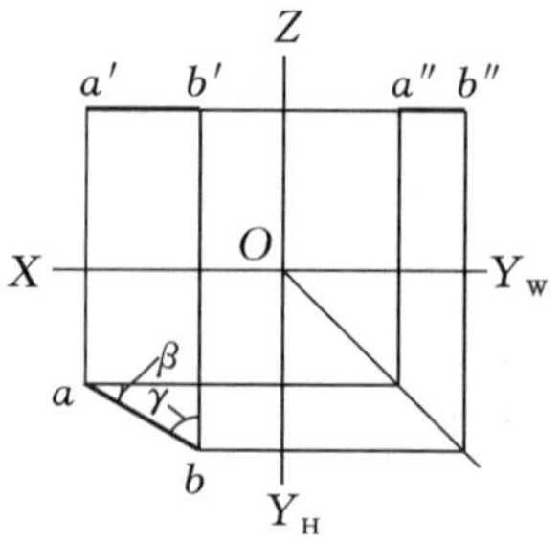	1.水平投影 ab 反映实长。 2.水平投影 ab 与 OX 和 OY_H 轴的夹角 β、γ 等于直线 AB 对 V、W 面的倾角。 3.正面投影 $a'b'$ 平行于 OX 轴，侧面投影 $a''b''$ 平行于 OY_W 轴，都不反映实长

续表1.2

名称	立体图	投影图	投影特性
正平线	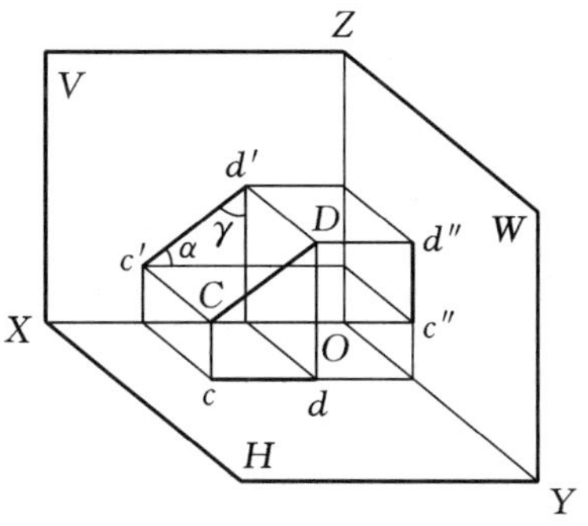	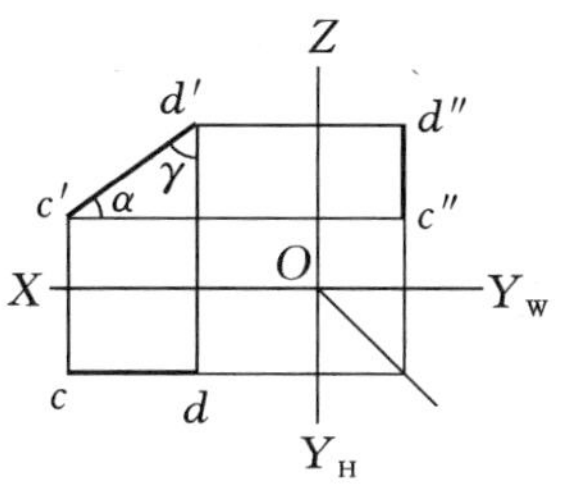	1.正面投影 $c'd'$ 反映实长。 2.正面投影 $c'd'$ 与 OX 和 OZ 轴的夹角 α、γ 等于直线 CD 对 H、W 面的倾角。 3.水平投影 cd 平行于 OX 轴，侧面投影 $c''d''$ 平行于 OZ 轴，都不反映实长
侧平线	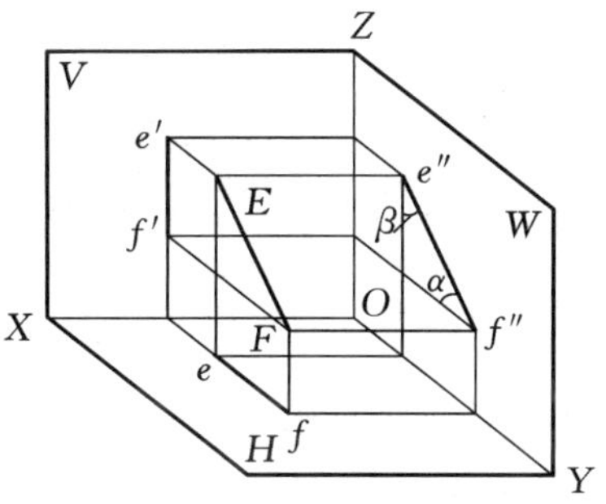	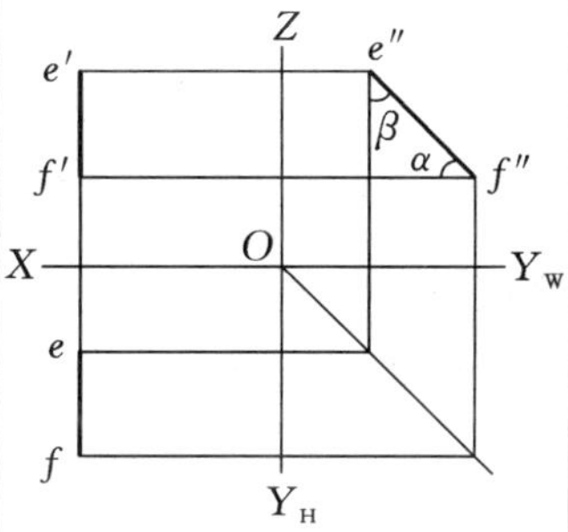	1.侧面投影 $e''f''$ 反映实长。 2.侧面投影 $e''f''$ 与 OY_W 和 OZ 轴的夹角 α、β 等于直线 EF 对 H、V 面的倾角。 3.正面投影 $e'f'$ 平行于 OZ 轴，水平投影 ef 平行于 OY_H 轴，都不反映实长

投影面平行线的投影特性可归纳为：1.在所平行的投影面上的投影反映实长；2.反映实长的投影与投影轴的夹角等于空间直线与相应投影面的倾角；3.其他面上的投影分别平行于相应的投影轴，不反映实长。

（三）一般位置直线

一般位置直线对三个投影面都倾斜，直线对 H、V、W 面的倾角分别用 α、β、γ 来表示。其三面投影仍为直线，如图 1.13 所示，$ab = AB\cos\alpha < AB$，$a'b' = AB\cos\beta < AB$，$a''b'' = AB\cos\gamma < AB$。一般位置直线的投影特征为：

一般位置直线的各面投影均与投影轴倾斜，且与投影轴的夹角不反映直线对投影面的倾角；一般位置直线的各面投影的长度均小于实长。

（四）线段的实长及其对投影面的倾角

特殊位置直线的投影能直接反映该线段的实长和对投影面的倾角，而一般位置直线的投影不能。但是，一般位置直线的两个投影已完全确定了它的空间位置和线段上各点间的相对位置，因此可在投影图上用图解法求出该线段的实长和对投影面的倾角。工程上常用的方法是直角三角形法，即在投影图上利用几何作图的方法求出一般位置直线的实长和倾角。

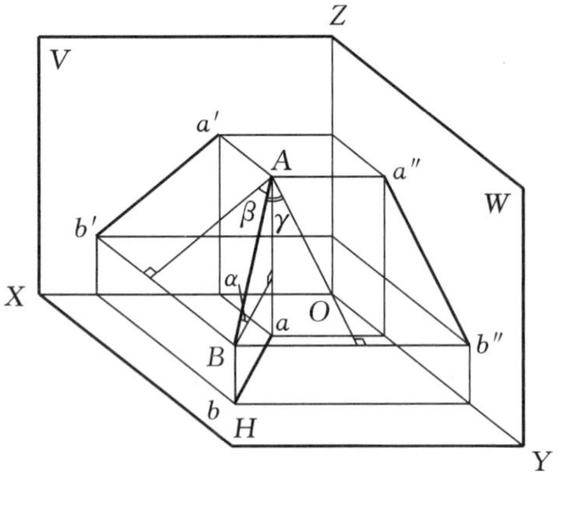

(a)

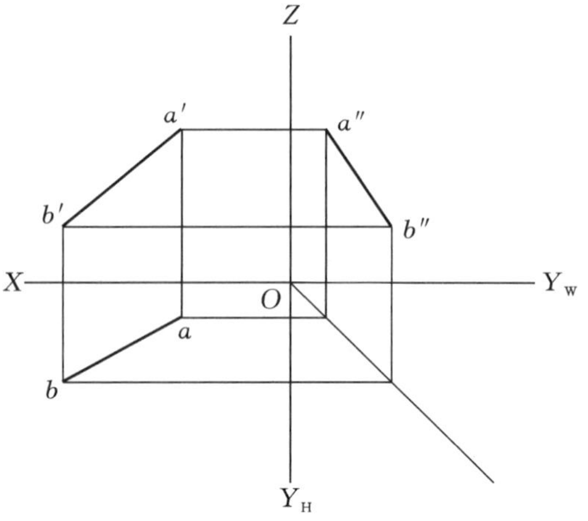

(b)

图 1.13　一般位置直线

(a)立体图;(b)投影图

如图 1.14(a)所示,过点 B 作 $BA_0 \perp Aa$,则$\triangle ABA_0$为直角三角形,其中 $A_0B=ab$,$AA_0=z_A-z_B$,即 A、B 两点 z 坐标之差,斜边 AB 即为空间线段的实长。斜边 AB 与 A_0B 之间的夹角即为直线 AB 与 H 面的夹角 α。

在投影中作图,如图 1.14(b)所示:过点 a 作直线与 ab 垂直,在此直线上取 $aa_0=z_A-z_B$,连接 ba_0,即为空间线段的实长,ba_0 与 ab 的夹角为直线与 H 面的夹角 α。

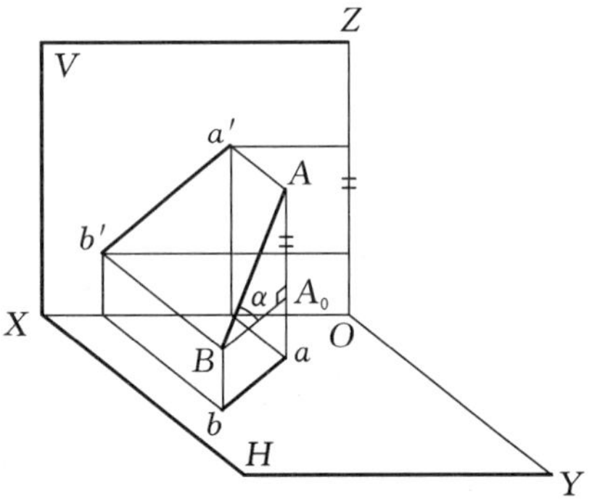

(a)

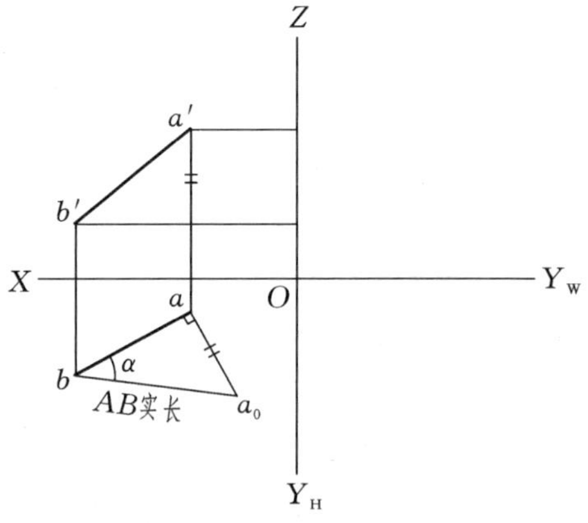

(b)

图 1.14　直角三角形法求实长及倾角

(a)立体图;(b)投影图

(五) 直线上的点

由正投影的基本性质可知,直线上的点的投影必然同时满足从属性和定比性。

(1) 从属性:点在直线上,则点的各面投影必定在直线的同面投影上,反之点的各面投影在直线的同面投影上,则点一定在直线上。如图 1.15 所示,直线 AB 上有一点 C,则 C 点

的三面投影 c、c'、c''必定分别在直线 AB 的同面投影 ab、$a'b'$、$a''b''$上。

(2) 定比性:点分割线段的比例投影后保持不变。如图 1.15 所示,点 C 把线段 AB 分成 AC 和 CB 两段,则 $AC:CB=ac:cb=a'c':c'b'=a''c'':c''b''$。

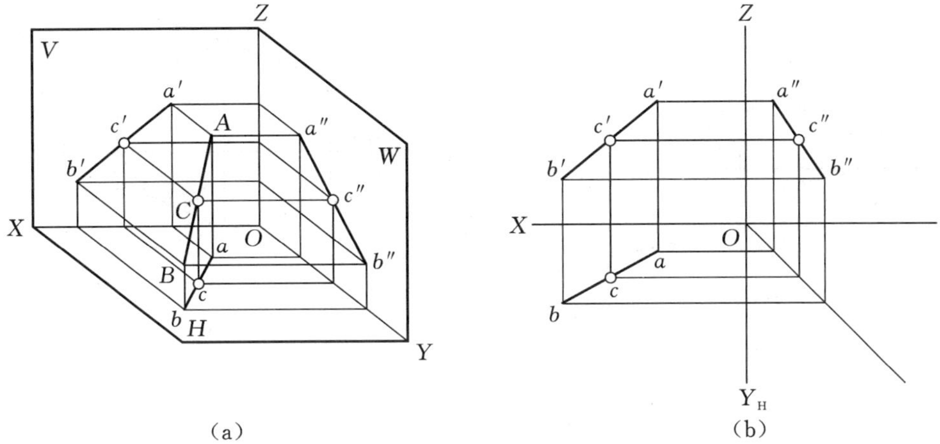

图 1.15　直线上的点

(a)立体图;(b)投影图

(六) 两直线的相对位置

两直线的相对位置有三种情况,即平行、相交和交叉。其中平行、相交两直线是同一平面内的直线,交叉两直线是异面直线。

1. 两直线平行

如图 1.16 所示,若空间两直线相互平行,则它们的三组同面投影必定相互平行(平行性),且同面投影长度之比等于它们的实长之比(定比性)。反之,若两直线的三组同面投影分别相互平行,则空间两直线必定相互平行。

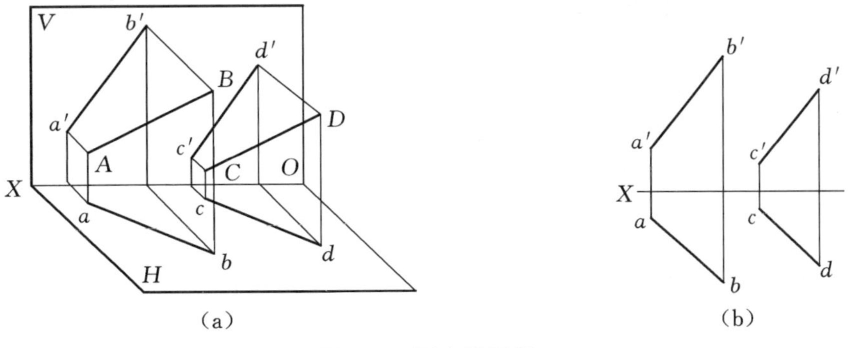

图 1.16　两直线平行

(a)立体图;(b)投影图

2. 两直线相交

若空间两直线相交,则它们的同面投影必相交,且交点必符合点的投影规律;反之亦然。

如图 1.17 所示，直线 AB、CD 相交于点 K（两直线的共有点），其投影 ab 与 cd、$a'b'$ 与 $c'd'$ 分别相交于 k、k'，且 $kk' \perp OX$ 轴，即符合点的投影规律，也满足直线上点的投影特性。

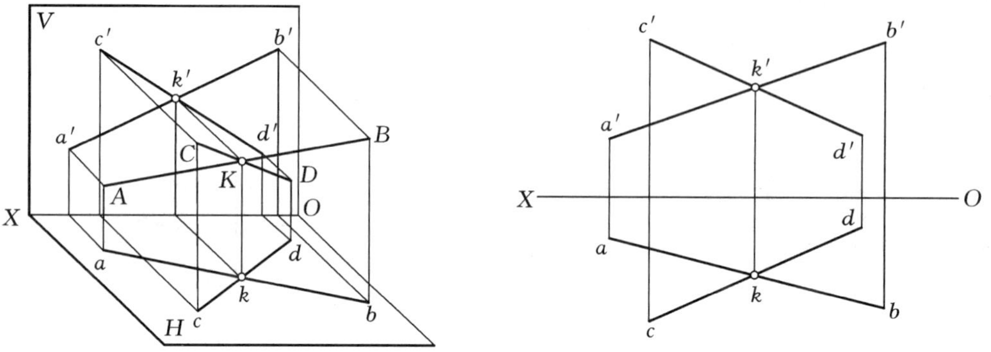

（a）　　（b）

图 1.17　两直线相交

（a）立体图；（b）投影图

3. 两直线交叉

交叉两直线在空间既不平行也不相交。如图 1.18 所示，交叉两直线可能有一组或两组的同面投影相互平行，但第三组同面投影不可能相互平行；它们的同面投影也可能相交，但“交点”不符合点的投影规律。

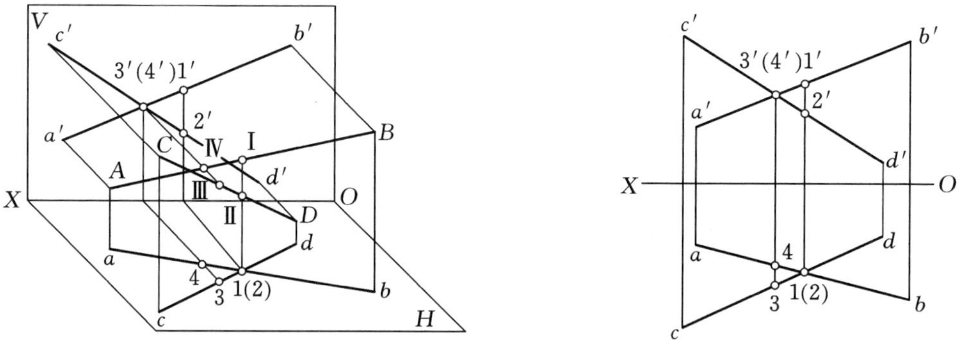

（a）　　（b）

图 1.18　两直线交叉

（a）立体图；（b）投影图

四、平面的投影

不在同一直线上的三点确定一个平面，因此，表示平面的最基本方法是不在一条直线上的三个点，其他的各种表示方法都是由此派生出来的。平面的表示方法可归纳成以下五种：不在同一直线上的三点[图 1.19(a)]、一直线和直线外一点[图 1.19(b)]、相交两直线[图 1.19(c)]、平行两直线[图 1.19(d)]、平面图形[图 1.19(e)]。

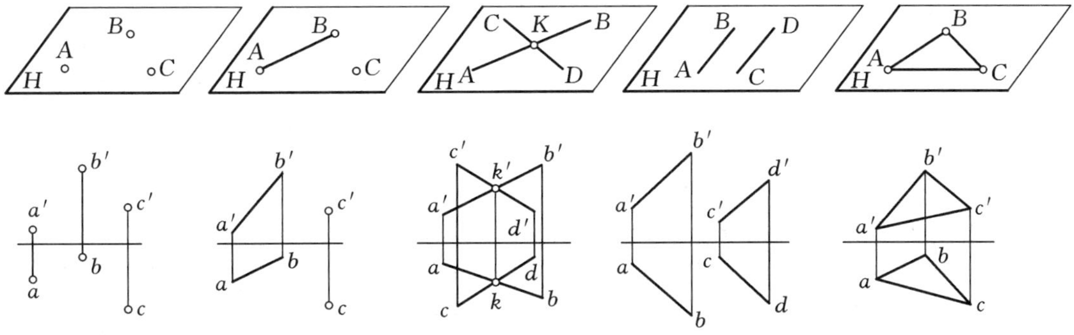

(a)　　(b)　　(c)　　(d)　　(e)

图 1.19　平面的表示方法

平面按其对投影面相对位置的不同，可以分为：投影面平行面、投影面垂直面和一般位置面。投影面平行面和投影面垂直面统称为特殊位置平面。

（一）投影面平行面

平行于一个投影面，且与另外两个投影面垂直的平面称为投影面平行面。平行于 H 面的平面称为水平面，平行于 V 面的平面称为正平面，平行于 W 面的平面称为侧平面。投影面平行面的投影特性见表 1.3。

表 1.3　投影面平行面的投影特性

名称	立体图	投影图	投影特性
水平面	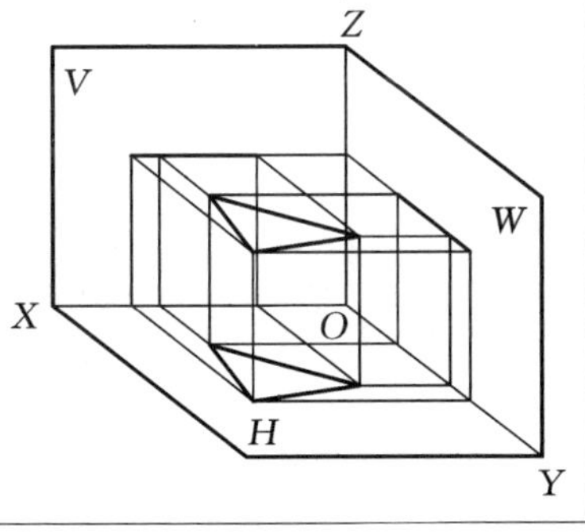	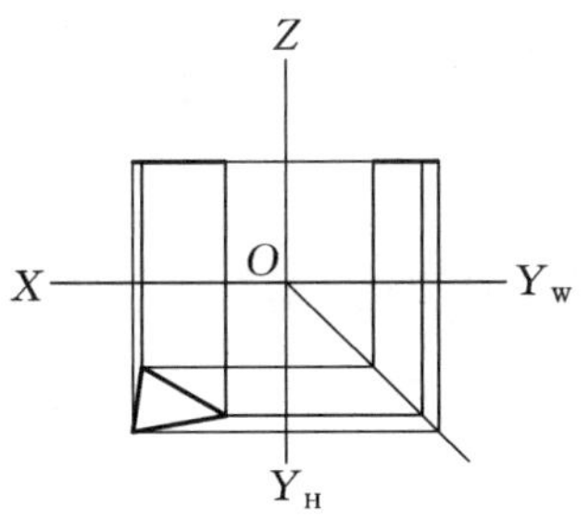	1.水平投影反映空间平面的实形。 2.正面投影、侧面投影积聚为直线，且分别平行于 OX、OY_W 轴
正平面	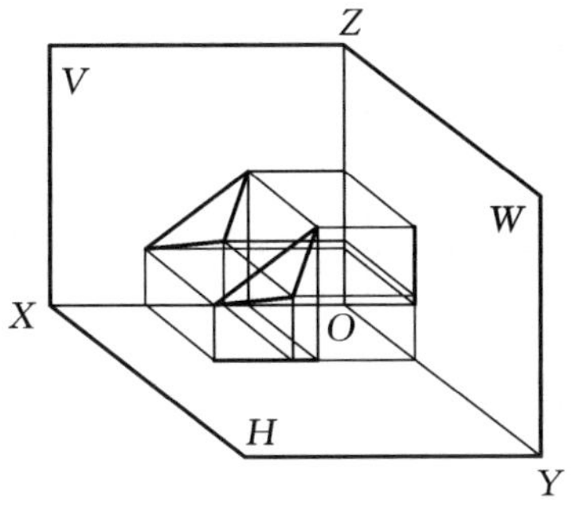	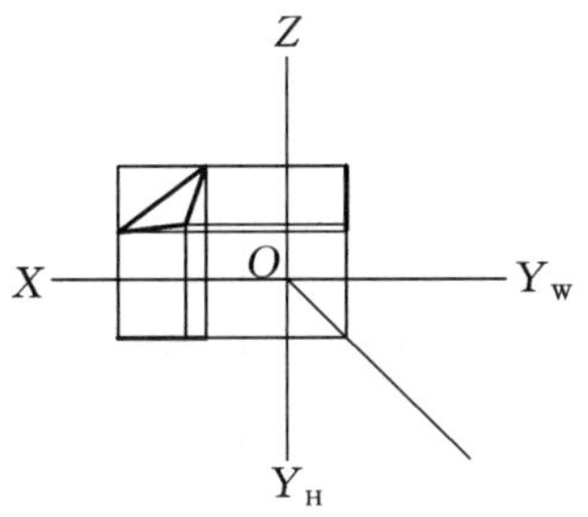	1.正面投影反映空间平面的实形。 2.水平投影、侧面投影积聚为直线，且分别平行于 OX、OZ 轴

续表1.3

名称	立体图	投影图	投影特性
侧平面	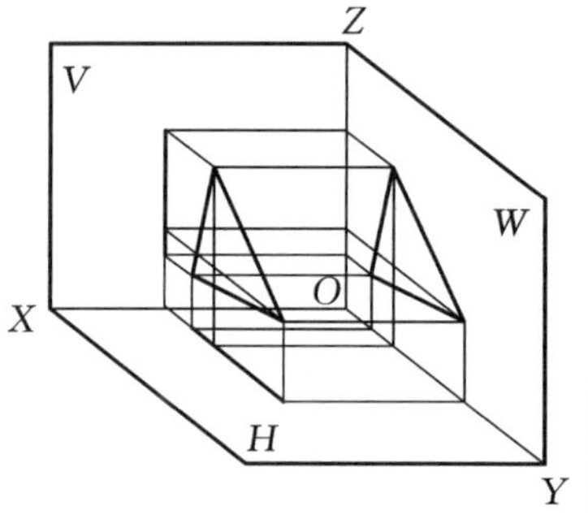	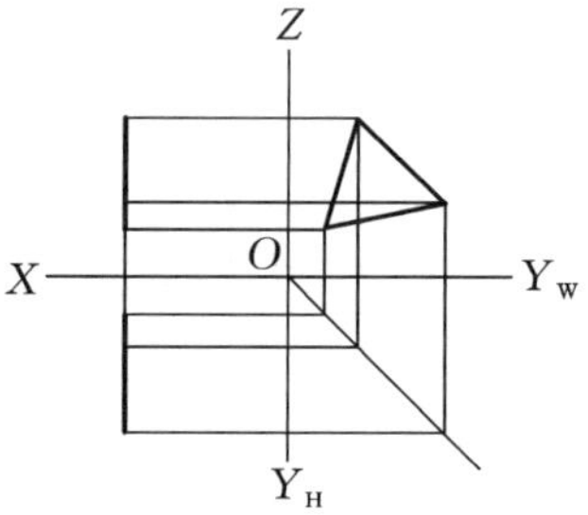	1.侧面投影反映空间平面的实形。 2.正面投影、水平投影积聚为直线，且分别平行于 OZ、OY_H 轴

投影面平行面的投影特性可归纳为：1.在所平行的投影面上的投影反映空间平面的实形；2.在其他面上的投影积聚为直线，且分别平行于相应的投影轴。

（二）投影面垂直面

垂直于一个投影面，且与另外两个投影面倾斜的平面称为投影面垂直面。垂直于 H 面的平面称为铅垂面，垂直于 V 面的平面称为正垂面，垂直于 W 面的平面称为侧垂面。投影面垂直面的投影特性见表 1.4。

表 1.4 投影面垂直面的投影特性

名称	立体图	投影图	投影特性
铅垂面	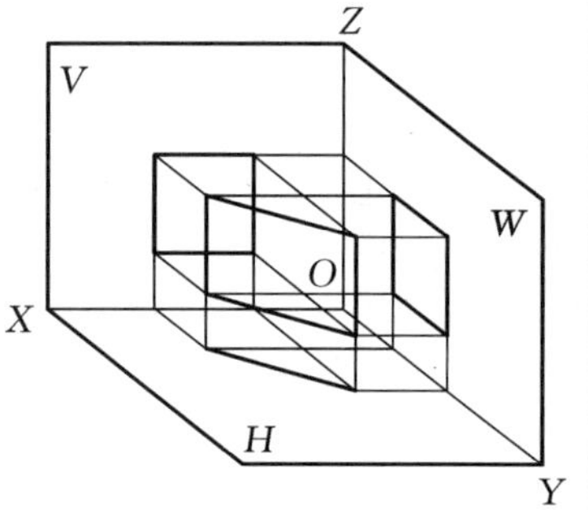	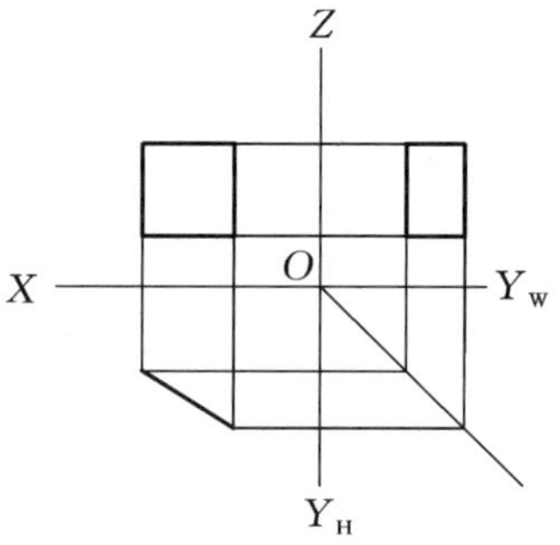	1.水平投影积聚为直线、与投影轴的夹角反映空间平面与投影面的真实倾角。 2.正面投影、侧面投影为缩小的空间平面的类似形
正垂面	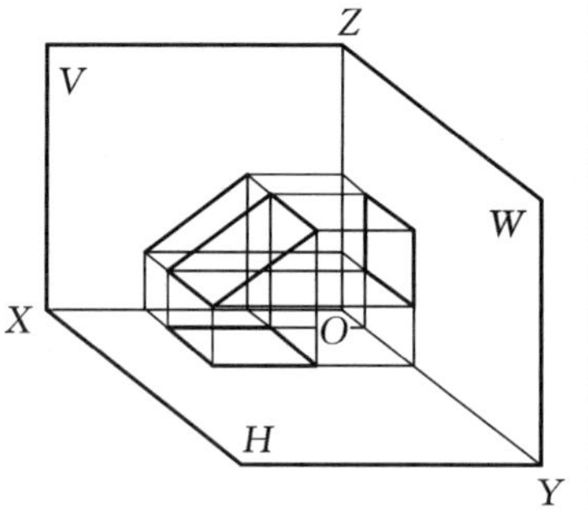	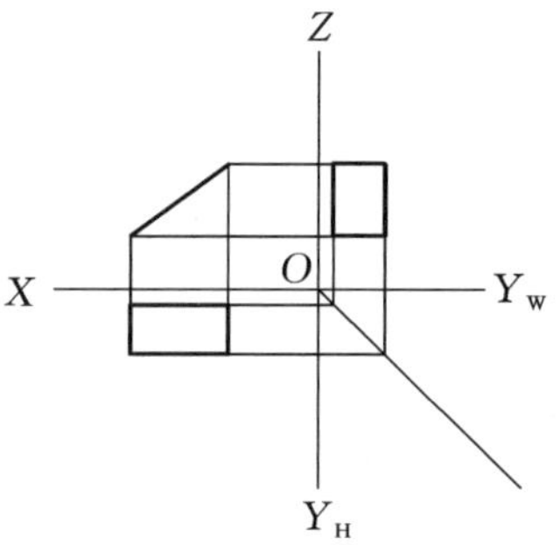	1.正面投影积聚为直线、与投影轴的夹角反映空间平面与投影面的真实倾角。 2.水平投影、侧面投影为缩小的空间平面的类似形

续表1.4

名称	立体图	投影图	投影特性
侧垂面	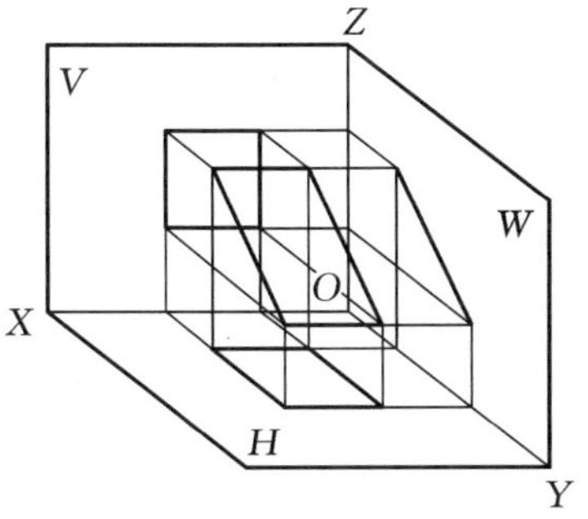	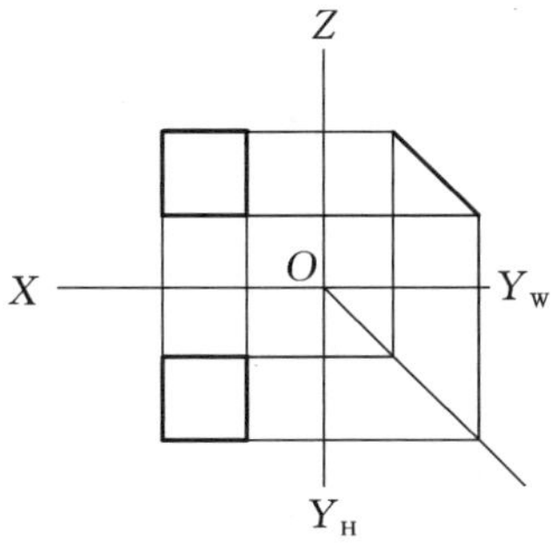	1.侧面投影积聚为直线、与投影轴的夹角反映空间平面与投影面的真实倾角。 2.正面投影、水平投影为缩小的空间平面的类似形

投影面垂直面的投影特性可归纳为：1.在所垂直的投影面上的投影积聚为直线、与投影轴的夹角反映空间平面与另外两投影面的真实倾角；2.在其他面上的投影为缩小的空间平面的类似形。

（三）一般位置平面

一般位置平面对三个投影面都是倾斜的，如图 1.20 所示。平面与 V、H、W 面倾斜，其三面投影均为三角形，且面积比原图形小，反映为类似形。

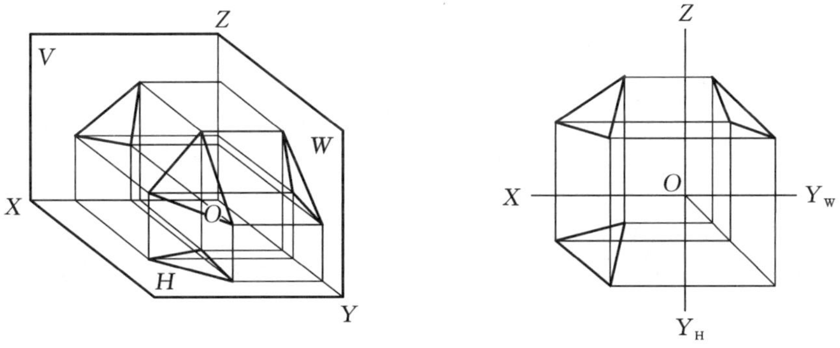

（a）　　　　　　　　（b）

图 1.20　一般位置平面

（a）立体图；（b）投影图

（四）平面上的点和直线

点在平面上的条件是：若点在平面上的某一已知直线上，则点在平面上。

直线在平面上的条件是：

（1）若一直线通过平面上任意两已知点，则直线在平面上。

（2）若一直线通过平面上任一已知点，且平行于该平面上某一条不通过该点的已知直线，则直线在平面上。

【例 1.2】 如图 1.21(a)所示,已知△ABC 上一点 K 的水平投影 k,求其正面投影 k'。

分析:根据点在平面上和直线在平面上的条件,需在平面内找一条过 k 点的已知直线,一般采用辅助直线法,使点在辅助线上,辅助线在平面内,则该点必在平面内。

作图步骤[图 1.21(b)]:

(1) 在水平投影上过 a、k 作辅助线,交 bc 于 d;

(2) 自 d 向上作投影连线,与 $b'c'$ 相交于 d';

(3) 连接 $a'd'$;

(4) 自 k 向上引投影连线,与 $a'd'$ 相交于 k'。

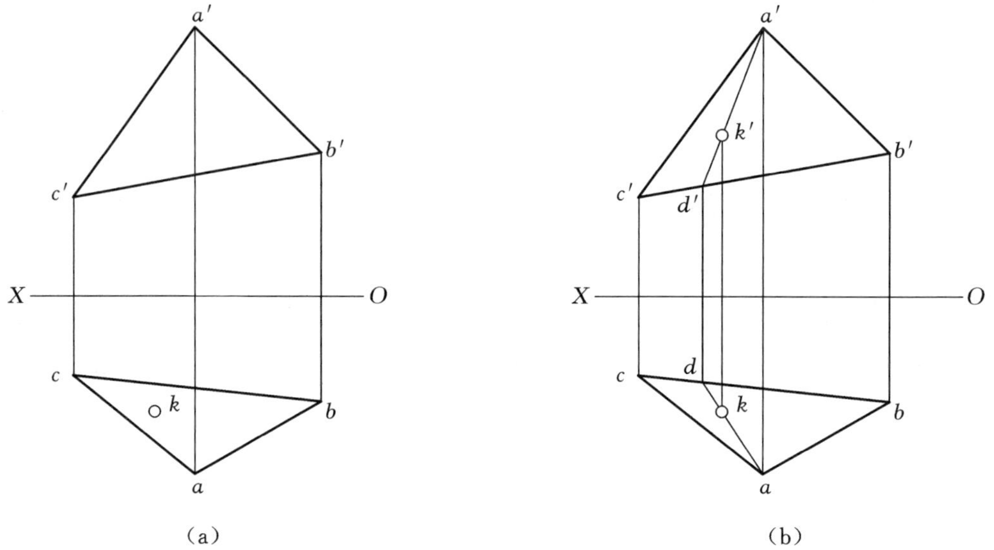

图 1.21 求平面上的点

(a)已知;(b)作图

【例 1.3】 如图 1.22(a)所示,完成四边形的正面投影。

分析:由于四边形 $ABCD$ 为一平面图形,因此可以利用它的对角线确定点 D 的正面投影 d',从而完成四边形的正面投影。

作图步骤[图 1.22(b)]:

(1) 连接 $a'c'$;

(2) 连接 ac、db,相交于点 e;

(3) 由点 e 向上作投影连线,与 $a'c'$ 相交于点 e';

(4) 连接 $b'e'$ 并延长,与 d 点向上的投影连线交于 d';

(5) 用粗实线连接 $a'd'$、$c'd'$,即为所求。

五、直线、平面的相对位置

直线与平面、平面与平面的相对位置可分为平行和相交两种情况。

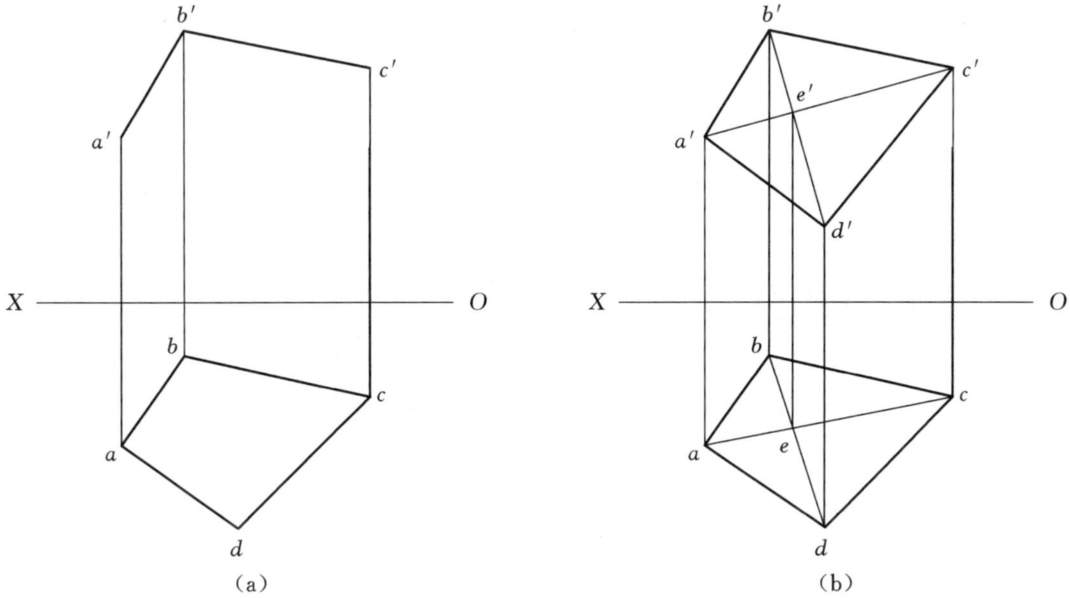

图 1.22　求四边形的投影

(a)已知;(b)作图

(一)直线与平面平行

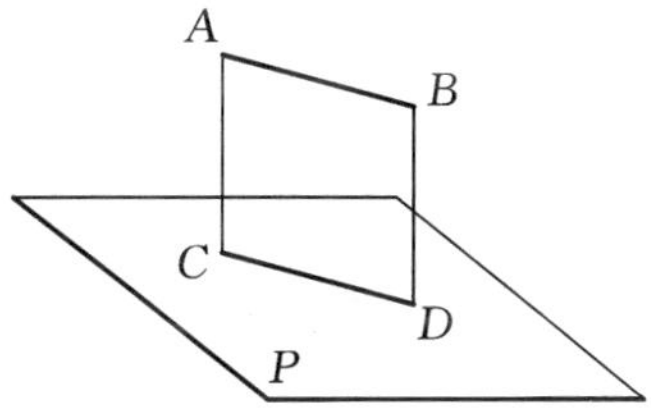

图 1.23　直线与平面平行

若空间一直线平行于平面上的某一直线,则该直线与该平面平行。如图 1.23 所示,空间直线 AB 平行于平面 P 上的直线 CD,则 AB 与平面 P 平行。

根据上述几何条件和平行投影的性质,我们可解决在投影图上判别直线与平面是否平行的问题,也可解决直线与平面平行的投影作图问题。

【例 1.4】 如图 1.24(a)所示,已知直线 $MN /\!/ \triangle ABC$,试完成直线 MN 的水平投影。

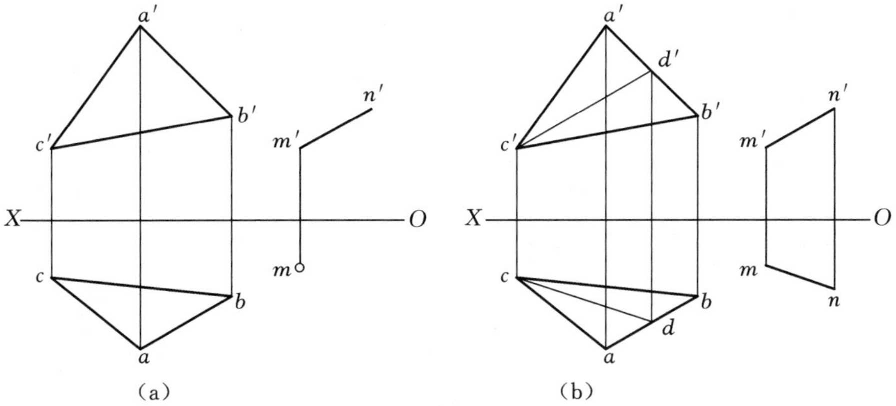

图 1.24　作直线与平面平行

(a)已知;(b)作图

分析：因为直线 MN // △ABC，所以在△ABC 中必可找到一直线与 MN 平行。该直线的投影也必然与 MN 的同面投影平行。

作图步骤［图 1.24(b)］：

(1) 过 c' 作直线 $c'd'$ 平行于 $m'n'$，且与 $a'b'$ 交于点 d'；

(2) 过 d' 作投影连线，在 ab 上得点 d，连接 cd；

(3) 过 m 作 $mn//cd$，即为所求。

（二）平面与平面平行

若一平面上的两相交直线对应平行于另一平面上的两相交直线，则两平面平行。如图 1.25 所示，若属于平面 P 的一对相交直线 L_1、L_2 与属于平面 M 的一对相交直线 L_3、L_4 对应平行，则平面 P // 平面 M。

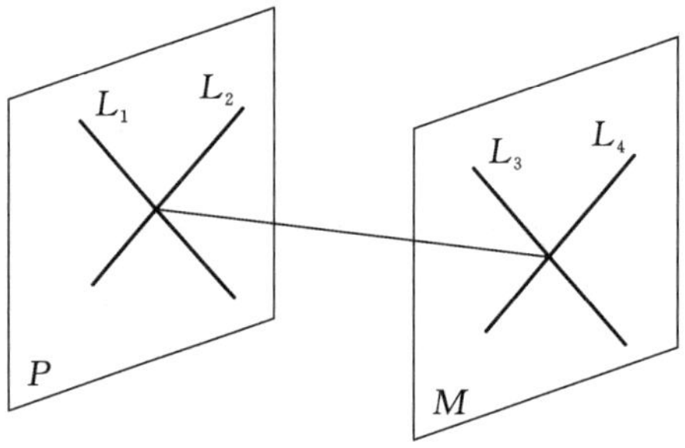

图 1.25　平面与平面平行

（三）直线与平面相交

直线与平面相交的交点是直线与平面的共有点，它既在直线上又在平面上，且交点又是直线投影可见与不可见的分界点。

【例 1.5】 如图 1.26(a)所示，求△ABC 与直线 MN 的交点 K。

分析：直线 MN 为铅垂线，其水平投影积聚为一点 $m(n)$，交点 K 的水平投影 k 与 $m(n)$ 重影，交点 K 既在直线 MN 上，又在△ABC 上，因此可由 k 求 k'。

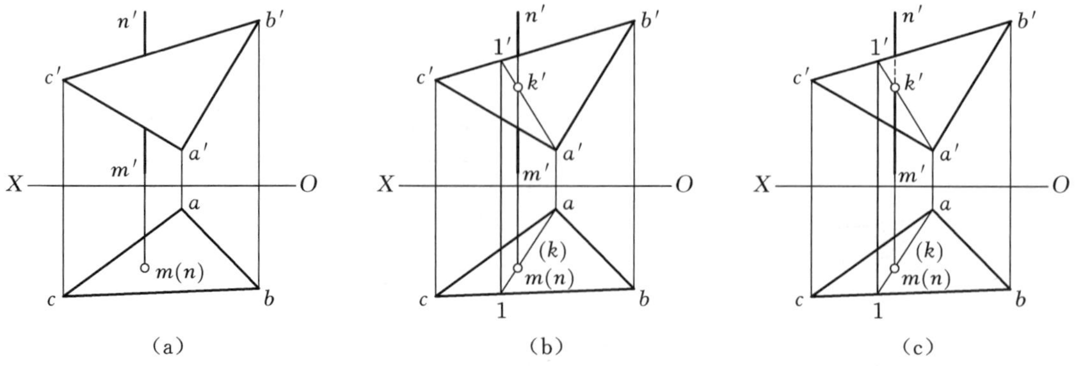

图 1.26　直线与平面相交

(a)已知；(b)找交点；(c)判别可见性

作图步骤[图 1.26(b)]：

(1) 连接 ak 并延长与 bc 交于点 1，过点 1 作竖直联系线与 $b'c'$ 交于 $1'$，在 $a'1'$ 上求得 k'。

(2) 判别可见性。在水平投影中可以看出点 1 在点 K 前，根据前遮后可以判断，直线 MN 以 K 点为分界，直线上部分在△ABC 后面，直线被遮挡部分不可见，画成细虚线；直线下部分在△ABC 前面，可见，画成粗实线。

（四）平面与平面相交

平面与平面相交的交线是两平面共有线，交线既在第一平面上又在第二平面上，且交线又是两平面可见与不可见的分界线。

【例 1.6】 如图 1.27(a)所示，求作平面 $ABCD$ 与△EFG 的交线。

分析：四边形 $ABCD$ 为铅垂面，其水平投影有积聚性，交线 MN 的水平投影 mn 必与四边形 $ABCD$ 的水平投影重合。

作图步骤[图 1.27(b)]：

(1) 求交线。由 eg 与 $abcd$ 的交点 m 作 OX 的垂线与 $e'g'$ 交于点 m'，再由 fg 与 $abcd$ 的交点 n 作 OX 的垂线与 $f'g'$ 交于点 n'，连接 mn、$m'n'$，即求出交线 MN。

(2) 判别可见性。判别重影点 $1'$、$2'$，点 $1'$ 在四边形的 $c'd'$ 边上，点 $2'$ 在三角形 $e'g'$ 边上，由点 $1'$、$2'$ 向下作垂线，可判断点 1 在前、点 2 在后，根据判断 V 面上重影点前遮后的方法，可确定四边形 AB 边中间部分被三角形挡住为不可见，而三角形在交线 MN 以左为可见，交线以右为不可见，不可见的线段画成细虚线。

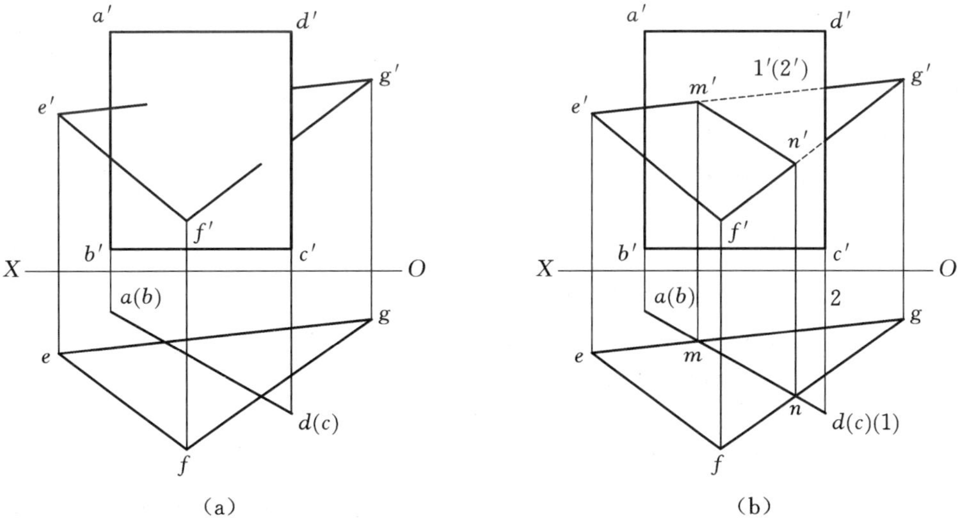

图 1.27　平面与平面相交

(a)已知；(b)作图

六、投影变换

工程中经常要解决这样一些问题，比如：求机件体某个斜面的真实形状；求某两个斜面之间夹角的实际大小；求两个交叉管道之间的实际距离等。对于这些问题，我们都可以用图解法来解决。为作图简便，通常是将物体抽象为点、线、面等几何元素的组合，应用图解法求出结果后，再回到实际的设计中去。

当空间几何元素对投影面处于一般位置时，其投影一般不能反映真实形状和大小，也不具有积聚性。但当它们对投影面处于特殊位置时，则其投影或具有积聚性，或反映其真实形状。因此，当图示、图解一般位置的空间几何元素及其相互间的定位和度量问题时，如能把它改变成特殊位置，则问题就可能比较容易解决。

投影变换就是研究如何改变空间几何元素与投影面的相对位置，从而达到简化解题的目的。投影变换的方法常用的有以下两种：

1. 变换投影面法。变换投影面法简称换面法。保持几何元素的位置不动，而建立新的直角投影面体系，使几何元素在新投影面体系中处于有利于解题的位置，然后用正投影法得到几何元素的新投影。如图 1.28(a)所示，$\triangle ABC$ 为铅垂面，为了求出它的实形，可选取新投影面 V_1 代替 V 面，这时 $V_1 /\!/ \triangle ABC$，所以 $\triangle ABC$ 在 V_1 面上的投影 $\triangle a_1'b_1'c_1'$ 就能反映实形。

换面法必须按正投影法建立新的投影面，要求新投影面必须满足下列两个条件：

(1) 新投影面必须垂直于原投影体系中一个不变的投影面；

(2) 新投影面对空间几何元素应处于有利于解题的位置。

2. 旋转法。保持原直角投影面体系不动，将空间几何元素绕某个选定的轴旋转，使之与投影面处于有利于解题的位置，然后用正投影法将旋转后的几何元素重新投影到投影面上获得新投影，如图 1.28(b)所示。

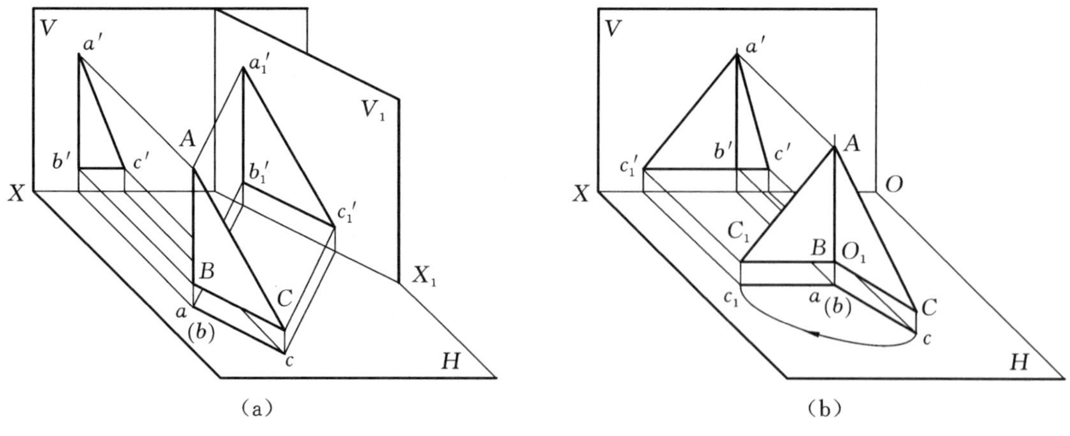

图 1.28 投影变换

(a)换面法；(b)旋转法

（一）点的投影变换

点是最基本的几何元素，掌握点的换面规律，是进行其他几何元素换面的理论基础。

1. 点的一次投影变换

(1) 变换 V 面

如图 1.29(a)所示，空间点 A 在原投影面体系 V/H 中的投影为 a'、a，现以 V_1 面替换 V 面（$V_1 \perp H$），则 V_1/H 为新投影体系，V_1 和 H 两面的交线 O_1X_1 为新投影轴。在新体系中，点 A 在 V_1 面的投影为 a_1'，由于 H 面没有变换，所以点 A 在 H 面的投影 a 位置不变。在正投影图中应将 V_1 面绕 O_1X_1 轴旋转到与 H 面重合（所选择的旋转方向一般应使图形不重叠），得到新的两面投影图，如图 1.29(b)所示。

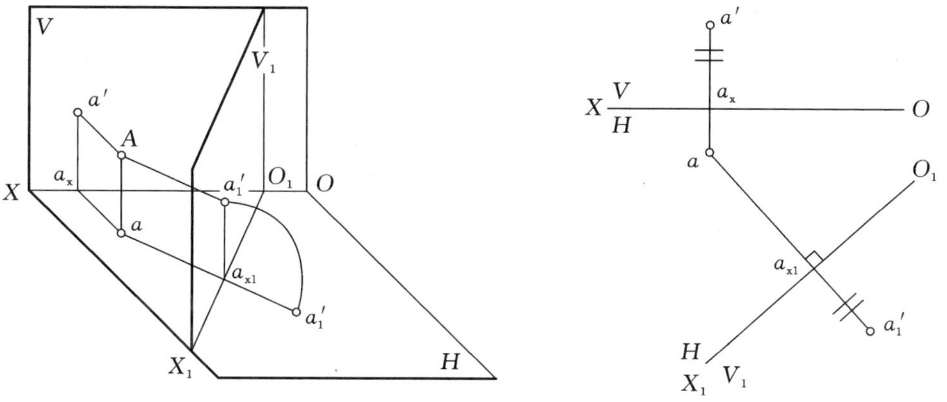

(a)　　　　(b)

图 1.29　变换 V 面

(a)立体图；(b)作图过程

根据正投影原理可知，$a_1'a \perp O_1X_1$。由于新、旧两投影体系具有公共的水平面 H，因此空间点 A 在这两个体系中到 H 面的距离（Z 坐标）没有变化，$a'a_x = Aa = a_1'a_{x1}$，即换 V 面时高标不变。这是新投影与被替换的旧投影间的关系。

根据上述投影变换规律，只要定出新投影轴 O_1X_1 的位置，由 V/H 体系中的(a，a')便可求出 V_1/H 投影体系中的投影(a，a_1')。

作图步骤[图 1.29(b)]：

① 定出新投影轴 O_1X_1；

② 过点 a 作 $a_1'a \perp O_1X_1$；

③ 取 $a_1'a_{x1} = a'a_x$，a_1'即为所求的新投影。

(2) 变换 H 面

变换 H 面的方法与变换 V 面的方法同理，如图 1.30 所示，由 H_1 面替换 H 面（$H_1 \perp V$），建立新的 V/H_1 投影体系，$a'a_1 \perp O_1X_1$，$aa_x = Aa' = a_1a_{x1}$，即纵坐标不变。

作图步骤[图 1.30(b)]：

① 定出新投影轴 O_1X_1；

② 过点 a' 作 $a'a_1 \perp O_1X_1$；

③ 取 $a_1a_{x1}=aa_x$，a_1 即为所求的新投影。

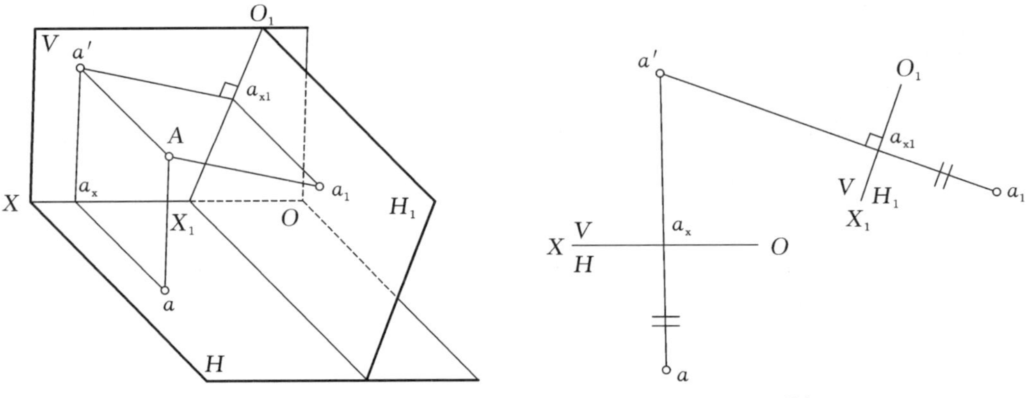

图 1.30　变换 H 面

(a)立体图；(b)作图过程

综上所述可得点的换面规律：

① 点的新投影和保留投影的连线垂直于新投影轴；

② 点的新投影到新投影轴的距离等于被替换的投影到原投影轴的距离。

2. 点的二次投影变换

工程中的一些实际问题，往往需要连续两次或多次变换投影面。图 1.31 表示顺次变换两次投影面求点的新投影的方法，其原理和作图方法与变换一次投影面相同。但必须注意在变换过程中，投影面必须交替变换，即第一次由 V_1 面替换 V 面，形成 V_1/H 投影体系，第二次应以 H_2 面替换 H 面，使投影体系为 V_1/H_2，否则不能按点的投影规律来求出新投影。

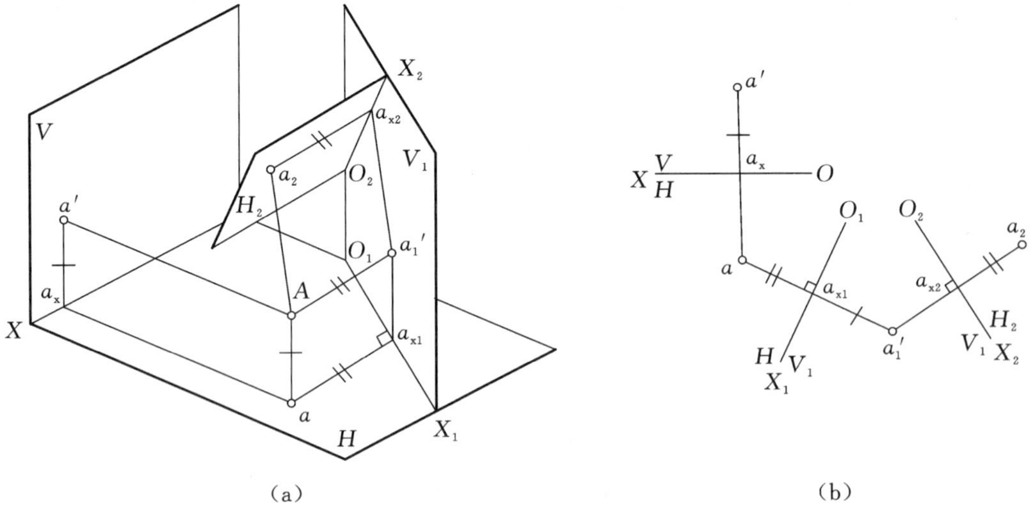

图 1.31　点的二次换面

(a)立体图；(b)作图过程

作图步骤[图 1.31(b)]：

① 定出新投影轴 O_1X_1；

② 根据点的换面规律，求出新投影 a_1'；

③ 作新投影轴 O_2X_2；

④ 过 a_1' 作 $a_1'a_2 \perp O_2X_2$，并取 $a_2a_{x2}=aa_{x1}$，得出 a_2，a_2 即为变换后的新投影。

（二）直线的投影变换

1. 直线的一次投影变换

(1) 一般位置直线变换为新投影面的平行线

对于一般位置直线，总可以找到一个平面与之平行且与一个不变的投影面垂直。如图 1.32 所示，V_1 面平行于一般位置直线 AB，V_1 面垂直于 H 面。从图中可见，直线的水平投影 ab 平行于 O_1X_1 轴。根据点的换面法，可得到直线两端点 A、B 的新投影。新投影 $a_1'b_1'$ 反映一般位置直线 AB 的实长，$a_1'b_1'$ 与 O_1X_1 轴的夹角反映直线 AB 与 H 面夹角的实际大小。

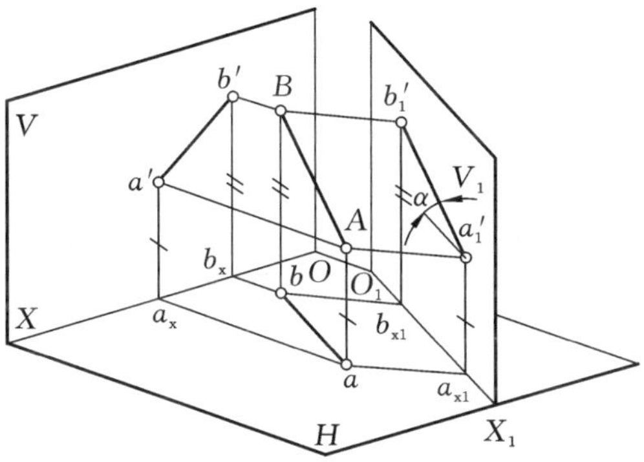

(a)

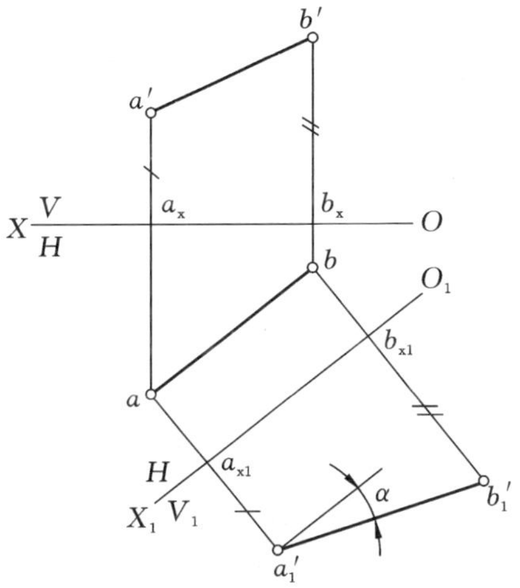

(b)

图 1.32 一般位置直线的一次换面

(a)立体图；(b)作图过程

作图的关键是设立新轴，因为在新的两投影面体系中，一般位置直线 AB 平行于 V_1 面，所以 O_1X_1 轴必平行于直线 AB 的水平投影 ab（此投影不改变）。

作图步骤[图 1.32(b)]：

① 在适当的位置画出新轴 O_1X_1 平行于 ab；

② 过 a、b 分别作 O_1X_1 轴的垂线，量取 $a_1'a_{x1}=a'a_x$，$b_1'b_{x1}=b'b_x$ 得 a_1' 和 b_1'；

③ 连 $a_1'b_1'$ 即为所求，$a_1'b_1'=AB$，反映实长，$a_1'b_1'$ 与 O_1X_1 轴的夹角 α 反映直线 AB 与 H 面夹角的实际大小。

若要求一般位置直线 AB 的实长，也可变换 H 面(可求对 V 面的夹角 β)，即作 O_1X_1 轴

平行于 $a'b'$，求得投影 a_1b_1。

(2) 投影面平行线变换为新投影面的垂直线

如图 1.33 所示，直线 AB 为 V/H 两投影面体系中的正平线，作新投影面 H_1 垂直于直线 AB，由于直线 AB 平行于 V 面，所以 H_1 面垂直于 V 面，由 H_1 面与 V 面构成新投影体系。直线 AB 在新投影体系中处于与 H_1 面垂直的位置，为新投影面的垂直线，新轴 O_1X_1 垂直于 $a'b'$。

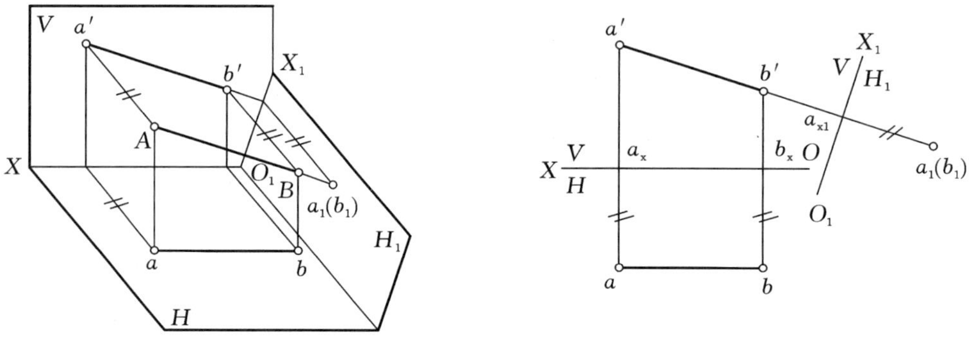

(a)　　　　(b)

图 1.33　投影面平行线的一次换面

(a)立体图；(b)作图过程

作图步骤[图 1.33(b)]：

① 在适当的位置画出新轴 O_1X_1 垂直于 $a'b'$；

② 过 a' 作 O_1X_1 轴的垂线，量取 $aa_x=a_1a_{x1}$，得 $a_1(b_1)$。

因为直线 AB 平行于 V 面，要使投影面平行线变为新投影面的垂直线，只能变换 H 面，而不能变换 V 面。

2. 直线的二次投影变换

要将一般位置直线变换为投影面垂直线，只变换一次投影面是不能实现的，如图 1.34 所示。因为垂直于一般位置直线的平面是一般位置平面，它与原有的两个投影面均不垂直，所以需要经过两次投影变换，首先经过一次换面把直线变换为投影面平行线，再经过一次换面把投影面平行线变换成投影面垂直线。

作图步骤[图 1.34(b)]：

① 在适当的位置画出新轴 O_1X_1 平行于 ab，求得新投影面平行线的投影 $a_1'b_1'$；

② 作新轴 O_2X_2 垂直于 $a_1'b_1'$，求得新投影面垂直线的积聚投影 $a_2(b_2)$。

同样地，先变换 H 面再变换 V 面，也可以将一般直线变为投影面垂直线。

(三) 平面的投影变换

1. 平面的一次投影变换

(1) 一般位置平面变换为新投影面的垂直面

如图 1.35 所示，$\triangle ABC$ 是一般位置平面，为了把它变换为新投影面的垂直面，只要取平面上的一条直线，再把该直线变换为投影面垂直线，那么平面即与新投影面垂直。因为在平

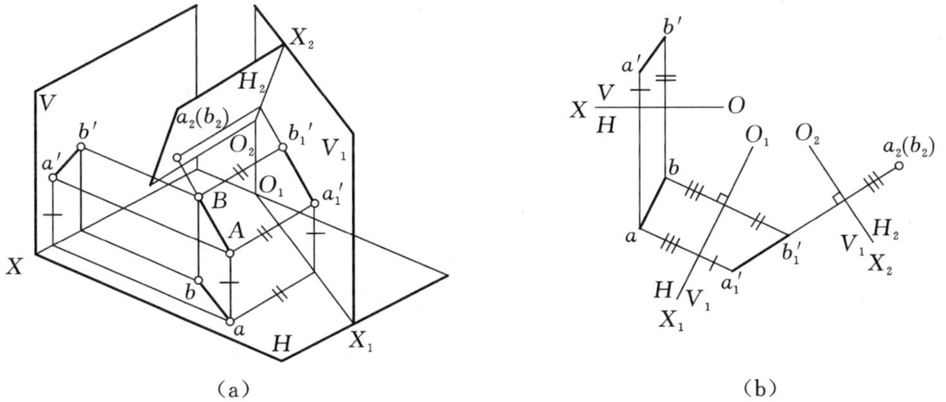

图 1.34　一般位置直线的二次换面

(a)立体图;(b)作图过程

面上取的直线是一般位置直线,作图比较麻烦,所以作图时应取平面上的投影面平行线,这样一次变换就可以把投影面平行线变换为投影面垂直线,即把包含该直线的平面变换为投影面垂直面。

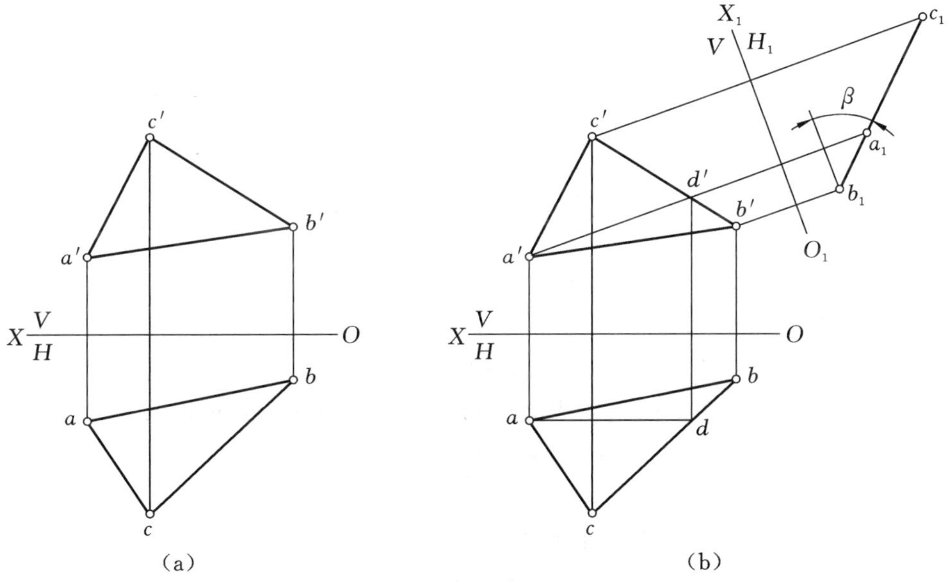

图 1.35　一般位置平面的一次换面

(a)已知;(b)作图过程

作图步骤[图 1.35(b)]:

① 在△ABC 的适当位置取一正平线 AD;

② 作新轴 O_1X_1 垂直于 $a'd'$;

③ 按换面法求出△ABC 各点的新投影,得△ABC 的积聚投影 $a_1b_1c_1$。

积聚投影 $a_1b_1c_1$ 与新轴 O_1X_1 的夹角反映平面与正立投影面 V 夹角 β 的实际大小;如

果取水平线作换面，则可求得平面与水平投影面 H 夹角 α 的实际大小。

(2) 投影面垂直面变换为新投影面的平行面

如图 1.36 所示，$\triangle ABC$ 是 V/H 两投影面体系中的铅垂面，要将它变换成投影面平行面，作图时只要作一新投影面与该投影面的垂直面平行，即变换 V 面，则 $\triangle ABC$ 在新投影面 V_1 中反映实形。

作图步骤[图 1.36(b)]：

① 在适当的位置画出新轴 O_1X_1 平行于 abc；

② 按换面法求出 $\triangle ABC$ 各点的新投影并连线，新投影 $a_1'b_1'c_1'$ 即为所求；

③ $\triangle a_1'b_1'c_1'$ 反映 $\triangle ABC$ 的实形。

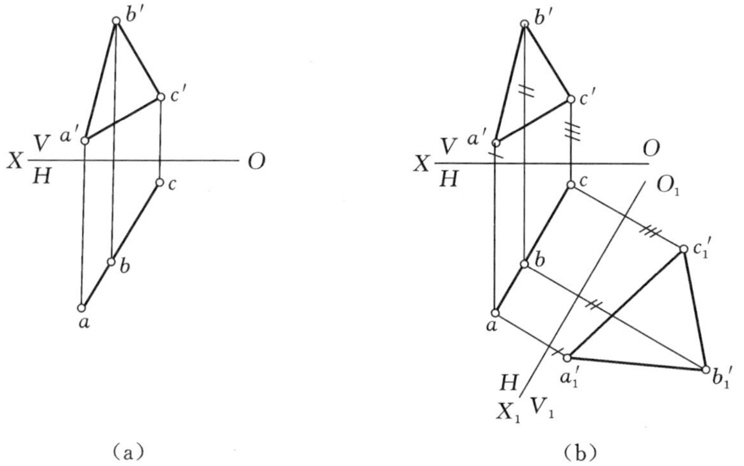

图 1.36 投影面垂直面的一次换面

(a)已知；(b)作图过程

2. 平面的二次投影变换

要把一般位置平面变换成为投影面平行面，只通过一次换面是不可能实现的，需通过两次换面。第一次将一般位置平面变换成为新投影体系中的投影面垂直面，第二次将投影面垂直面变换成为另一新投影体系中的投影面平行面，从而得到平面的实形，如图 1.37 所示。

作图步骤[图 1.37(b)]：

① 第一次换面，在 $\triangle ABC$ 上作正平线 AD 的投影 ad、$a'd'$；

② 把 $\triangle ABC$ 变换为投影面垂直面，作 O_1X_1 垂直于 $a'd'$，求得 $a_1b_1c_1$；

③ 第二次换面，作 O_2X_2 轴平行于 $a_1b_1c_1$，并求得各点的新投影 $a_2'b_2'c_2'$；

④ $\triangle a_2'b_2'c_2'$ 反映 $\triangle ABC$ 的实形。

【任务实施】

七、平面立体的投影

表面都由平面组成的立体称为平面立体，包括棱柱、棱锥。由于平面立体的表面是由若

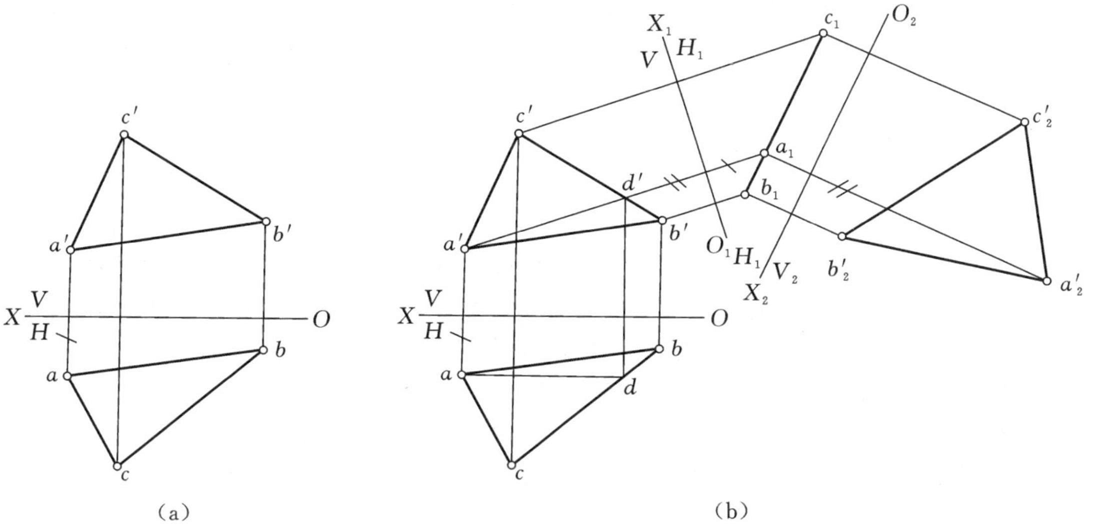

图 1.37　一般位置平面的二次换面

(a)已知;(b)作图过程

干个平面所围成,因此绘制平面立体的投影可归结为绘制其各表面的投影,并判断可见性,可见的平面或棱线的投影(称为轮廓线)画成粗实线,不可见的轮廓线画成细虚线。

(一)棱柱的投影及表面上的点

棱柱由两个多边形底面和相应侧面围成,棱线相互平行。通常用底面多边形的边数来定义棱柱。若棱线垂直于底面,则称为直棱柱,其中底面为正多边形的称为正棱柱。

1. 棱柱的投影

将三棱柱分别向三个投影面作正投射,得到 H、V、W 三面投影,如图 1.38(a)所示。

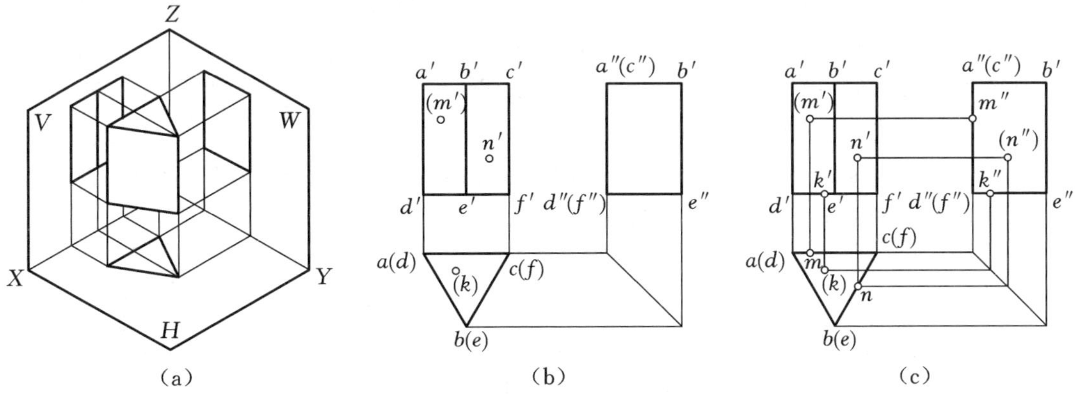

图 1.38　三棱柱的投影及表面上的点

(a)三棱柱立体图;(b)三棱柱的投影;(c)三棱柱表面上的点

由图中可进一步看出,当棱线垂直于 H 面放置时,三棱柱的顶面和底面都是水平面,其 H 面投影为实形,V 面和 W 面投影积聚为直线,且分别平行于相应的投影轴;一个侧面是正平面，其 V 面投影为实形，H 面和 W 面投影积聚为直线，且分别平行于相应的投影轴；另两个侧面都是铅垂面，其 H 面投影积聚为斜直线；三条棱线都是铅垂线，其 H 面投影积聚为点，而 V、W 面投影反映棱线的实长。画棱柱投影图时，应先画出反映底面形状的投影，再由棱线的长度按投影关系画另外两面投影。

2. 棱柱表面上点的投影

由于三棱柱各表面都处于特殊位置，因此可利用投影的积聚性来作图。根据已知点的投影，确定点在立体哪个表面上及该表面的可见性。需要注意的是：点的可见性取决于点所在表面的可见性，不可见表面上点的投影加括号。若点所在的表面投影有积聚性，则点的投影视为可见。如图 1.38(b)所示，由 m'不可见，可知点 M 在后侧面上，该面水平投影积聚成直线，可直接求出 m，再根据 m、m'求出 m''。由 n'可见，可知点 N 在前侧面上，利用积聚性，直接求出水平投影 n，再根据 n、n'求出 n''。由 k 不可见，可知点 K 在下底面上，该面正面投影和侧面投影都积聚成直线，可直接求出 k'和 k''。因点 N 所在三棱柱表面的侧面投影不可见，故 n''不可见。

若求棱柱表面上直线的投影，则应在各表面上分别求出直线的端点投影，判别可见性，顺序相连即可。

（二）棱锥的投影及表面上的点

棱锥与棱柱的不同之处在于棱锥只有一个底面，所有棱线交于一点，称为锥顶。锥顶和底面多边形的重心相连的直线，称为棱锥的轴线。轴线垂直于底面的称为直棱锥，轴线不垂直于底面的称为斜棱锥。当直棱锥的底面为正多边形时，称为正棱锥。

1. 棱锥的投影

如图 1.39(a)所示的正三棱锥，底面 ABC 为水平面，其水平投影 abc 反映实形，正面投影和侧面投影积聚成水平直线；侧面 SAB 为侧垂面，其侧面投影积聚成直线，正面投影和水平投影为相似形；侧面 SAC、SBC 为一般位置平面，三面投影均为相似形，其侧面投影相重合。棱线 SA、SB 为一般位置直线，棱线 SC 为侧平线。

画棱锥投影图时，应先画出底面的三面投影，再定锥顶的三个投影，将锥顶与底面各顶点的同面投影相连，判别各条线的可见性，即可完成。

在作图过程中如采用图 1.39(b)所示添加 45°辅助线的方法作图，要特别注意 45°辅助线起画点的正确位置和确保 45°角度的精准。

2. 棱锥表面上点的投影

凡属于特殊位置表面上的点，可利用积聚性直接求得其投影；而属于一般位置表面上的点，则必须过该点作辅助线，然后利用点、线从属关系求其他两面投影。

棱锥表面上点的可见性判别原则与棱柱相同。

如图 1.40 所示，由 k'不可见，可知点 K 在后侧面上，该面在侧面投影中积聚，所以直接求出 k''，再根据 k'、k''求出 k，k 可见。由 f'可见，可知点 F 在右前侧面上，没有积聚性，过 s'、f'作辅助线交底面于 d'，进而求出点 D 的水平投影 d，连接 sd，由于点 F 在直线 SD 上，根据直线上点的投影规律，作出 F 点的水平投影 f，最后作出 f''。因点 F 所在表面在侧面

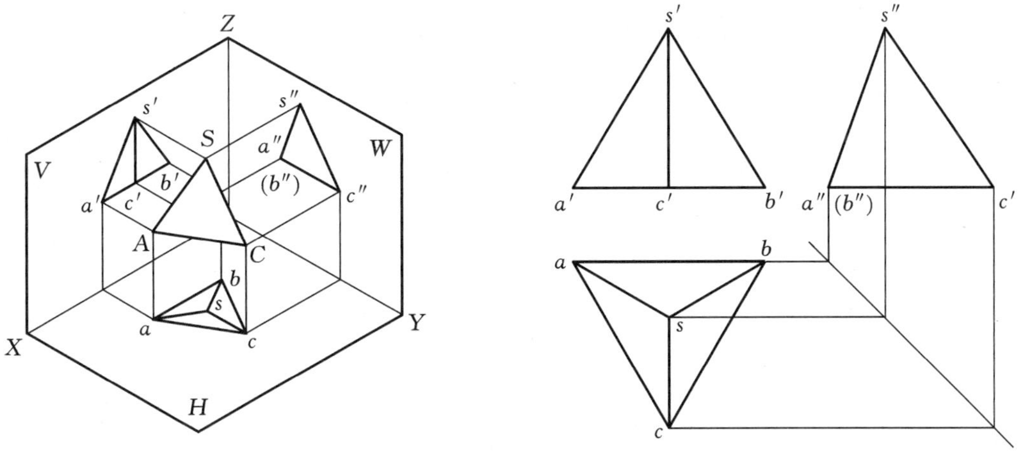

(a)　　　　(b)

图 1.39　三棱锥

(a)立体图；(b)投影图

投影中不可见，故 f'' 不可见。

若求棱锥表面上直线的投影，也应在各表面上分别求出直线的端点投影，判别可见性，顺序相连即可。

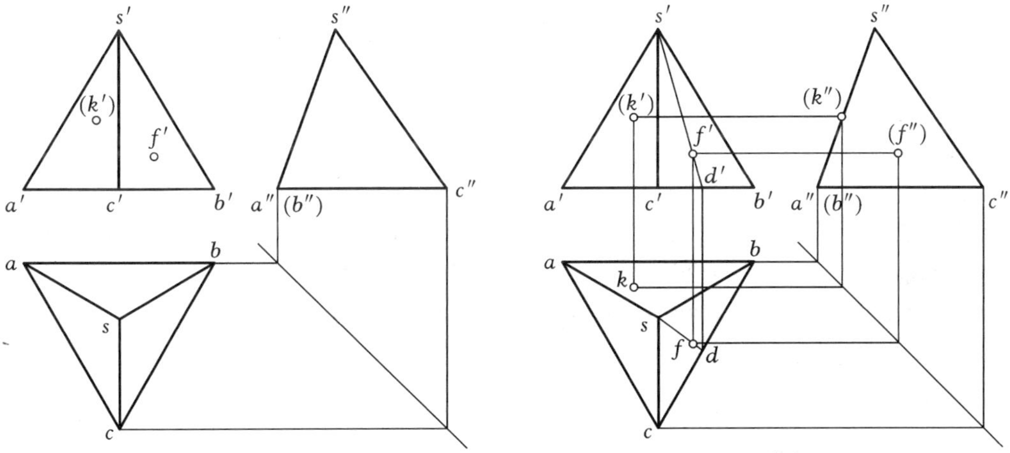

(a)　　　　(b)

图 1.40　三棱锥表面上点的投影

(a)已知；(b)作图

八、曲面立体的投影

形体的表面是由曲面或曲面与平面组合而成的立体称为曲面立体，包括圆柱、圆锥、球和圆环等。

（一）圆柱的投影及表面上的点

圆柱面是由一平行于轴线的母线绕轴线旋转一周形成的，如图 1.41(a)所示。母线在任一时刻的位置称为素线。由于圆柱面的母线是与轴线平行的直线段，所以圆柱面的素线都与轴线平行。母线上一个点运动的轨迹形成的圆称为纬圆，所有纬圆的直径相同，如图 1.41(c)所示。

圆柱有两个底面(圆形表面)和一个回转面(圆柱面)，如图 1.41(b)所示。

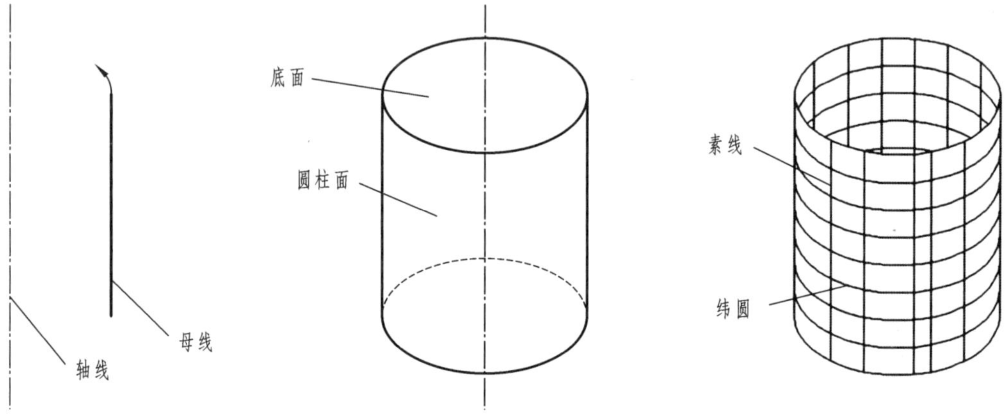

图 1.41　圆柱的形成

(a)圆柱的形成；(b)圆柱的表面；(c)圆柱面的素线和纬圆

1. 圆柱的投影

如图 1.42(a)所示，圆柱的轴线垂直于 H 面，其上、下底圆为水平面，水平投影反映实形，其正面和侧面投影积聚为一直线。圆柱面的水平投影也积聚为圆，与上、下底面的水平投影重合。圆柱面的正面投影是轮廓素线 AA_1、CC_1 的投影 $a'a_1'$、$c'c_1'$，AA_1、CC_1 将圆柱面分成可见的前半部分与不可见的后半部分。圆柱面的侧面投影是轮廓素线 BB_1、DD_1 的投影 $b''b_1''$、$d''d_1''$，BB_1、DD_1 将圆柱面分成可见的左半部分与不可见的右半部分。

作图时，先画出圆柱的轴线和圆的对称中心线，然后画出具有积聚性的水平投影(圆)，再根据投影关系画出正面投影和侧面投影(两个一样大小的长方形)。由于 AA_1、CC_1 仅是圆柱面正面投影的轮廓素线，而不是圆柱面侧面投影的轮廓素线，因此在侧面投影中不画出其投影；同理 BB_1、DD_1 仅是圆柱面侧面投影的轮廓素线，而不是圆柱面正面投影的轮廓素线，因此在正面投影中也不画出其投影，如图 1.41(b)所示。

2. 圆柱表面上点的投影

如图 1.43(a)所示，已知点 A、B、C 在圆柱表面上，并知它们的正面投影 a'、b'、(c')，求出 A、B、C 的另外两个投影。

根据点的已知投影来判断点在圆柱面的哪个位置：由点 A 的正面投影 a' 得知点 A 在圆柱面的左轮廓素线上，由点 B 的正面投影 b' 可知点 B 在圆柱面的前轮廓素线上，又由点 C 的正面投影 (c') 可知点 C 的正面投影不可见，因此点 C 在后半部分圆柱面上。

如图 1.43(b)所示，由于圆柱面的水平投影积聚成圆，故点 A、B、C 的水平投影必然在

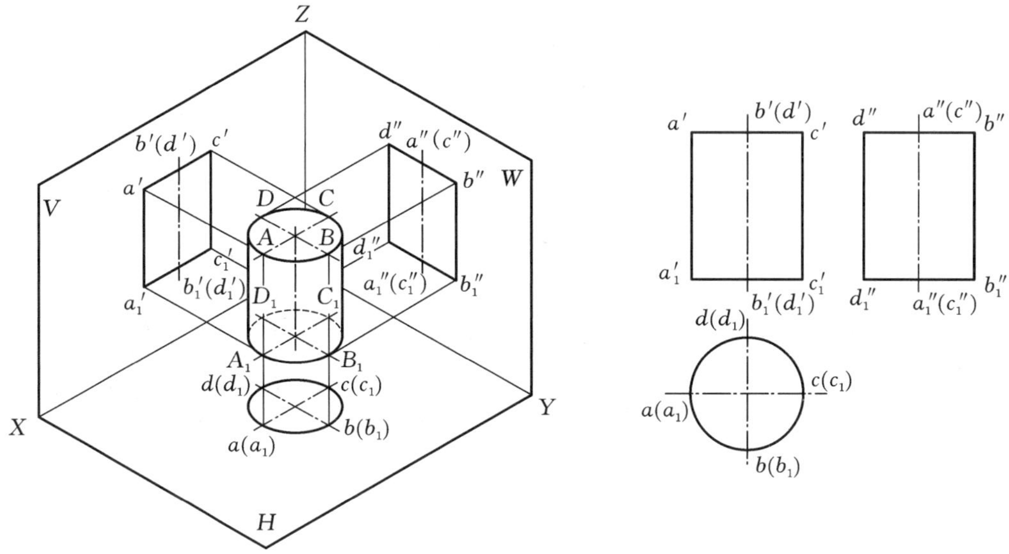

图 1.42　圆柱的投影

(a)立体图;(b)投影图

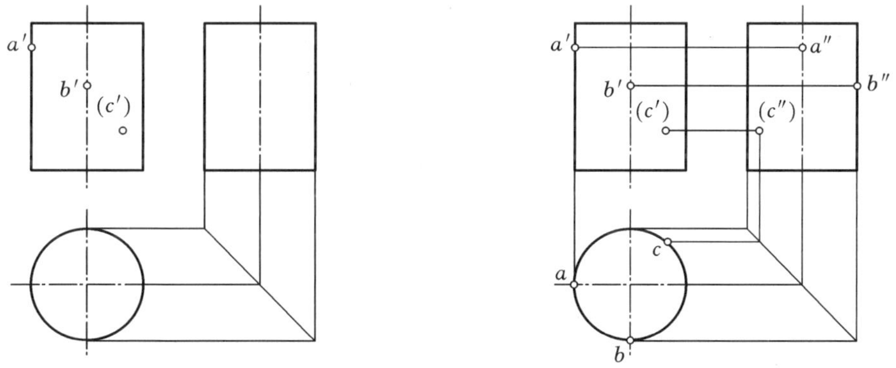

图 1.43　圆柱表面上点的投影

(a)已知;(b)作图

此圆上,由点 a' 向下引投影连线交圆的最左点 a,由 a'、a 可求出 a'',因为点 A 在圆柱面的左轮廓素线上,它的侧面投影可见;由点 b' 向下引投影连线交圆的最前点 b,由 b'、b 可求出 b'',因为点 B 在圆柱面的前轮廓素线上,它的侧面投影也可见;由点(c')向下引投影连线交圆的后半圆周于点 c,由(c')、c 可求出 c'',因为点 C 在右半部分圆柱面上,它的侧面投影(c'')不可见。

(二)圆锥的投影及表面上的点

圆锥面是由一母线绕与它相交的轴线旋转一周形成的,如图 1.44(a)所示。圆锥有一个底面(圆形平面)和一个回转面(圆锥面),母线与轴线的交点称为锥顶,如图 1.44(b)所示。圆锥面的所有素线都交于锥顶,并且与底面的倾角相等。母线上一个点运动的轨迹形成的圆称为纬圆,圆锥面上的纬圆大小不等,越靠近锥顶,直径越小,如图 1.44(c)所示。

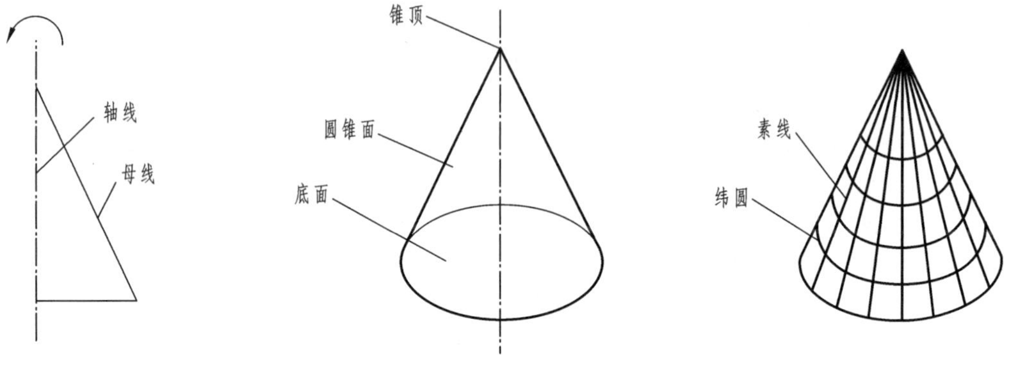

图 1.44 圆锥的形成

(a)圆锥的形成;(b)圆锥的表面;(c)圆锥面的素线和纬圆

1. 圆锥的投影

如图 1.45(a)所示,圆锥在三投影面体系中的位置是圆锥的轴线垂直于 H 面。底面为水平面,水平投影反映实形(圆),其正面和侧面投影各积聚成水平直线。圆锥面的水平投影与底圆重影。圆锥面的正面投影是轮廓素线 SA、SC 的投影 $s'a'$、$s'c'$,SA、SC 将圆锥面分成可见的前半部分与不可见的后半部分。圆锥面的侧面投影是轮廓素线 SB、SD 的投影 $s''b''$、$s''d''$,SB、SD 将圆锥面分成可见的左半部分与不可见的右半部分。

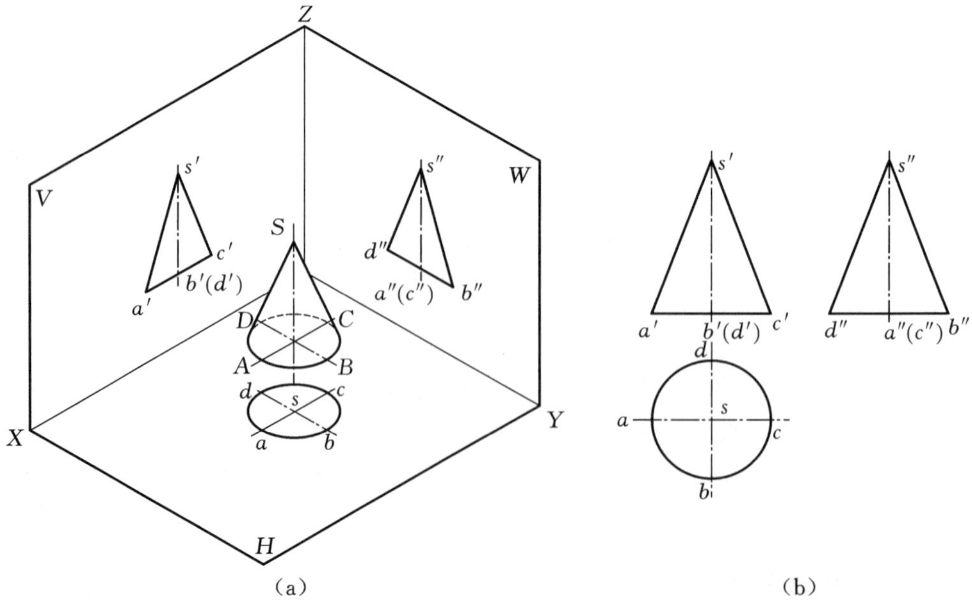

图 1.45 圆锥的投影

(a)立体图;(b)投影图

作图时，先画出轴线和圆的对称中心线的投影，然后画出圆锥的水平投影(圆)，再画它的正面和侧面投影(两个一样大小的三角形)。与圆柱类似，不画出 SA、SC 的侧面投影；也不画出 SB、SD 的正面投影，如图 1.45(b)所示。

2. 圆锥表面上点的投影

如图 1.46(a)所示，已知点 A 在圆锥表面上，并知它的正面投影 a'，可采用下列两种方法求出点 A 的水平投影 a 和侧面投影 a''。

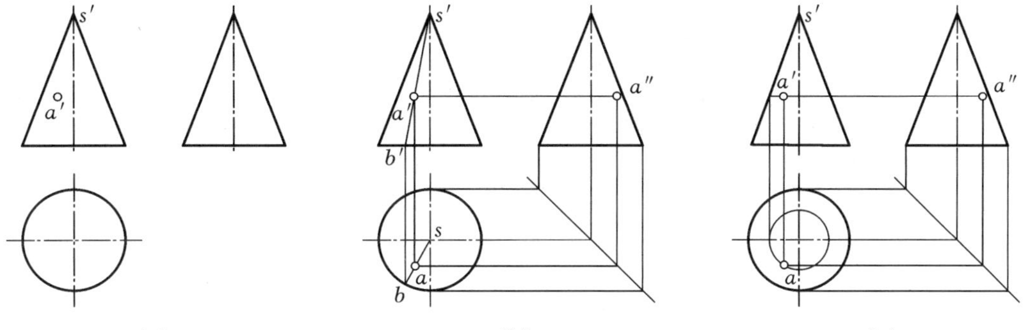

图 1.46　圆锥表面上点的投影

(a)已知；(b)素线法；(c)纬圆法

方法一：素线法。因为 a' 可见，所以点 A 在前半个圆锥面的左边，可判断点 A 的另两面投影均为可见。在锥面上过点 A 作素线 SB，并与底圆的前半圆周交于点 B，点 A 的各个投影必然在直线 SB 的相应投影上。如图 1.46(b)所示，过点 a' 做 $s'b'$，然后作出其水平投影 sb，由于点 A 属于直线 SB，根据点在直线上的从属性可知 a 必在 sb 上，然后作出水平投影 a，再根据 a、a' 可作出 a''。

方法二：纬圆法。如图 1.46(c)所示，过点 A 作一平面平行于底圆，此平面与圆锥面的交线为一个圆，称为纬圆，它的水平投影反映纬圆的实形。点 A 的水平投影在此纬圆的水平投影上。又因为点 A 在左半部分圆锥面上且可见，故可求出 a 在左下角的圆周上。据此，由 a 和 a' 可作出点 A 的侧面投影 a''。

(三) 球的投影及表面上的点

一圆周绕自身一直径旋转一周即形成球。若将圆周的轮廓线看成一个圆母线，则形成的回转面称为球面。母线上一个点运动的轨迹形成的圆称为纬圆。

1. 球的投影

如图 1.47(a)所示的球，球的三个投影均为圆，其直径与球的球面直径相等。这三个圆是球上三个不同方向的轮廓纬圆的投影。正面投影的轮廓素线平行于正立投影面，且将球分为前半球可见、后半球不可见；水平投影的轮廓素线平行于水平投影面，并把球分为上半球可见、下半球不可见；侧面投影的轮廓素线平行于侧立投影面，且将球分为左半球可见、右半球不可见。

作图时，先画出各圆的中心线，然后画出三个等直径的圆，如图 1.47(b)所示。

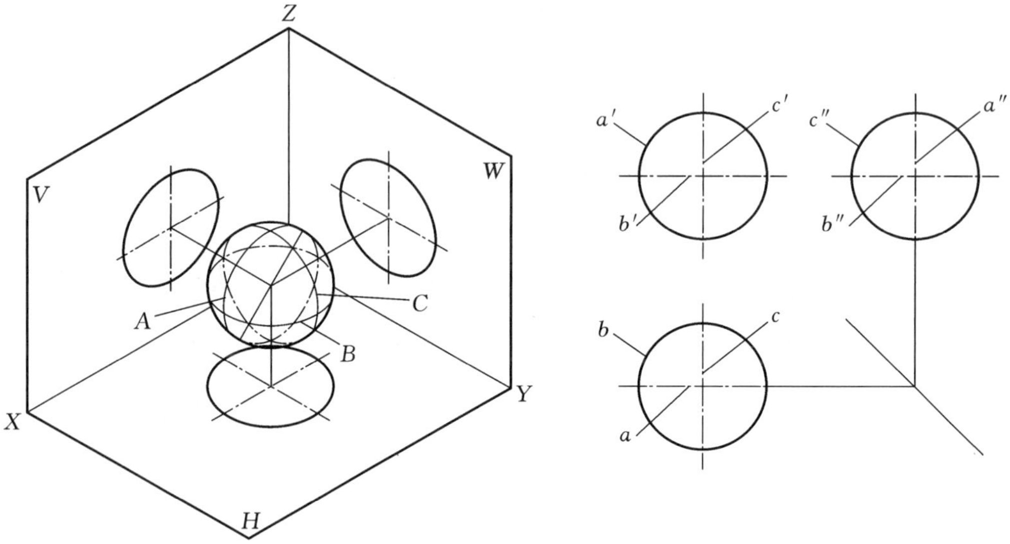

图 1.47　球的投影

(a)立体图;(b)投影图

2. 球面上点的投影

如图 1.48(a)所示,已知点 A 在球面上,并知它的正面投影 a',求出点 A 的另外两个投影。球面的三个投影都无积聚性,需用纬圆法求取球面上点的投影。由点 A 的正面投影 a' 及它的可见性,可知点 A 在左、上、前半部分球面上。过点 A 作一水平面,此平面与球面的交线为一个圆,称为纬圆,它的水平投影反映纬圆的实形,如图 1.48(b)所示,点 A 的水平投影在此纬圆的水平投影上。据此,可作出点 A 的另外两个投影。因为点 A 在上半部分球面上,从上往下看,它的水平投影 a 可见;又因为点 A 在左半部分球面上,从左往右看,它的侧面投影 a'' 也可见。

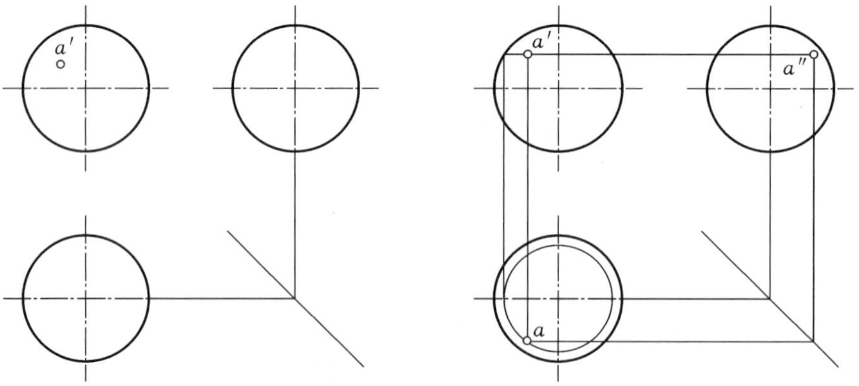

(a)　　(b)

图 1.48　球面上点的投影

(a)已知;(b)作图

任务二　绘制切割体的投影

【任务分析】

在实际的生产中，许多较为常见的机械零件，往往不是单一、完整的基本立体，而是由基本立体进行截切或相交后形成的形体，如图 1.49 所示。如何表达这类形体，关键是要掌握求作截切或相交后形成的交线的投影。

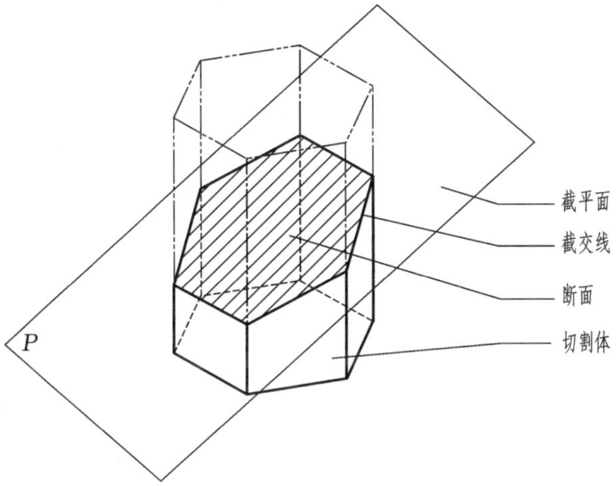

（a）

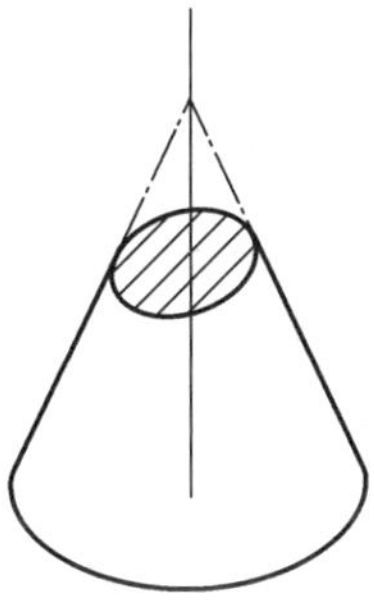

（b）

图 1.49　平面与立体相交

（a）平面立体截交；（b）曲面立体截交

【相关知识】

如图 1.49（a）所示，截切立体的平面称为截平面，平面与立体表面的交线称为截交线，截交线所围成的平面图形称为断面，立体被截后的形体称为切割体，也叫截断体。

截交线的性质如下：

（1）共有性。截交线是截平面与立体表面的共有线，截交线上的点是截平面与立体表面的共有点。

（2）封闭性。立体的表面是封闭的，所以平面与立体的截交线是封闭的交线。

由于截交线是截平面与立体表面的共有线，截交线上的点是截平面与立体表面的共有点。因此，求截交线的问题，实质上就是求截平面与立体表面的全部共有点的集合。即求出截平面与立体表面的一系列共有点，然后依次连接即可。

求截交线上的点，应先求特殊点。所谓特殊点，是指截交线上确定其范围大小和位置的最高最低、最左最右、最前最后及用以判别可见性的转向轮廓线上的点，以及截交线本身的特殊点，如椭圆长短轴的端点、双曲线的顶点等，然后为保证准确性，再根据具体情况求出一些一般点，最后依次连接，并判别可见性。

求截交线上点的方法，既可利用投影的积聚性直接作图，也可通过面上取点的方法求出。

一、平面与平面立体相交

平面与平面立体相交所产生的截交线是一个封闭的平面多边形，如图 1.49(a)所示，多边形的顶点是平面立体轮廓线与截平面的交点，多边形的边是截平面与平面立体表面的交线。

【任务实施】

【例 1.7】如图 1.50(a)所示，六棱柱被切割，已知其正面投影及部分水平投影，补全其水平投影和侧面投影。

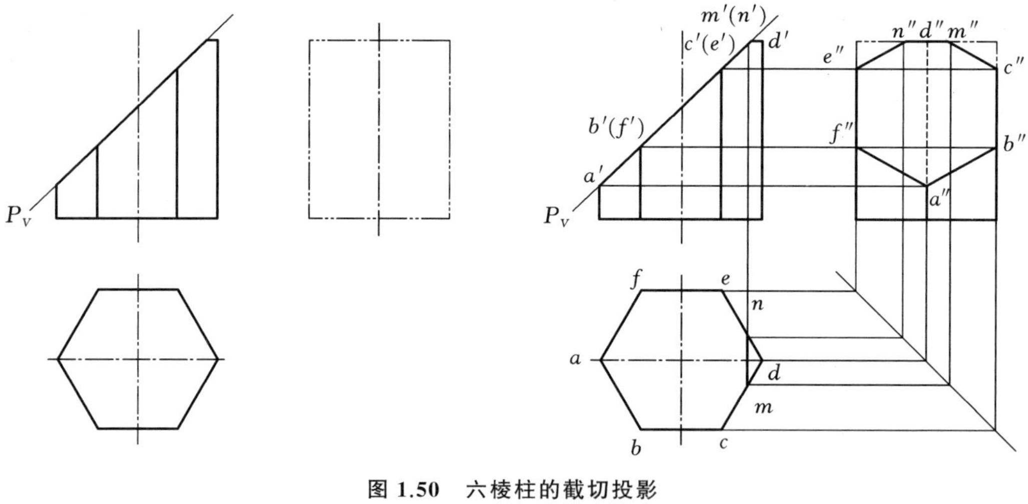

图 1.50　六棱柱的截切投影

(a)已知；(b)作图

分析：六棱柱被正垂面所截，截平面与正六棱柱的六个棱面和顶面均相交，所以截交线为七边形，七边形的顶点为截平面与五条棱线以及顶面上两条边的交点；另外，由于截平面为正垂面，所以截交线的正面投影积聚成一直线，而水平投影和侧面投影为类似形。

作图步骤[图 1.50(b)]：

(1) 画出完整六棱柱的侧面投影。

(2) 求截交线上各顶点的投影。标注出各顶点的正面投影 a'、b'、c'、m'、n'、e'、f'，根据点的投影规律求出各点水平投影和侧面投影。

(3) 连接各顶点的同面投影并判别可见性，即得截交线的投影。

(4) 分析六棱柱的未截轮廓线，判别可见性，不可见的部分用细虚线表示。

【例 1.8】 如图 1.51(a)所示，三棱锥被切割，已知其正面投影和部分水平投影，求其完整水平投影和侧面投影。

分析：三棱锥被正垂面所截，截平面与三棱锥的侧面相交，所以截交线为三角形，三角形的顶点为截平面与棱线的交点；另外，由于截平面为正垂面，所以截交线的正面投影积聚成一直线，而水平投影和侧面投影为类似形。

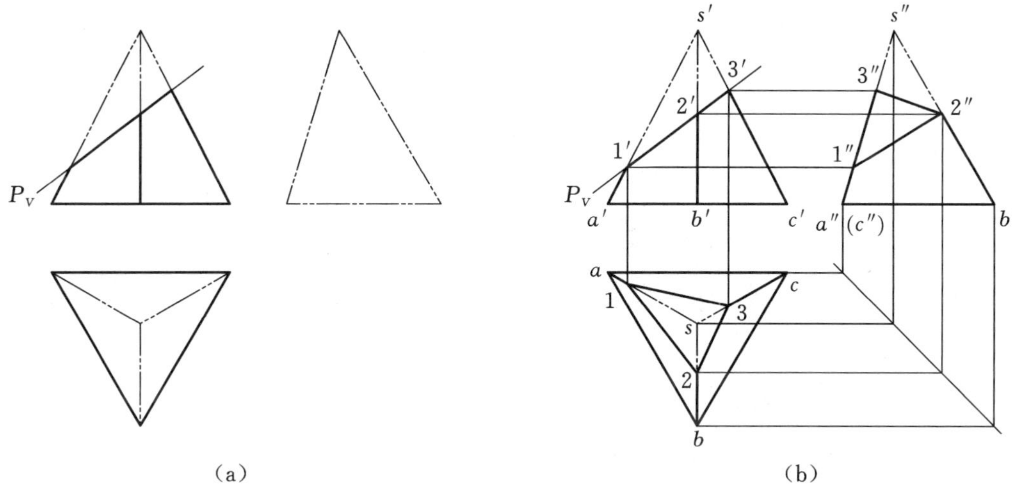

图 1.51　三棱锥的截切投影

(a)已知；(b)作图

作图步骤[图 1.51(b)]：

(1) 画出完整三棱锥的侧面投影。

(2) 求截交线上各顶点的投影。标注出各顶点的正面投影 1′、2′、3′，根据点的投影规律求出各点水平投影和侧面投影。

(3) 连接各顶点的同面投影并判别可见性，即得截交线的投影。

(4) 分析三棱锥的未截轮廓线，判别可见性，不可见的部分用细虚线表示。

【相关知识】

二、平面与曲面立体相交

平面与曲面立体相交时，截交线的性质取决于曲面立体表面的形状及截平面与曲面立体的相对位置。特殊位置平面与常见曲面立体相交所得截交线形状如表 1.5 所示。

表 1.5　平面与曲面立体相交

截平面位置	立体图	投影图	截交线形状
平行于圆柱轴线	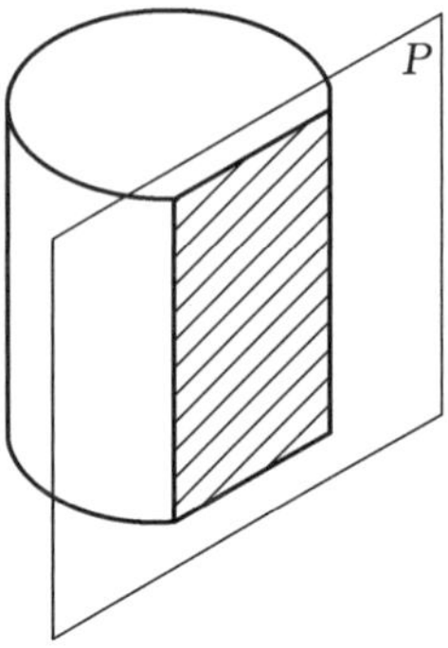	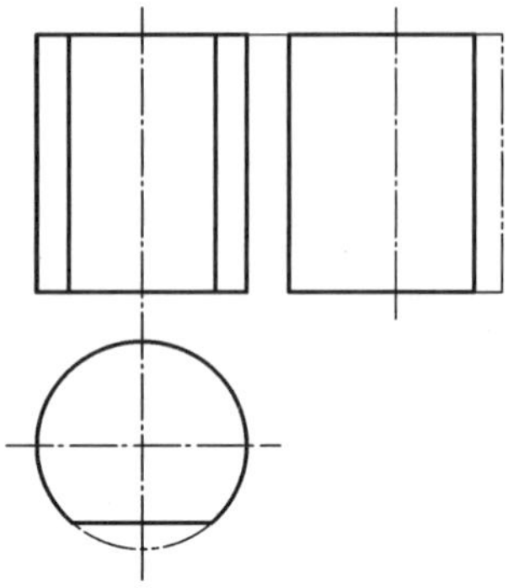	矩形
倾斜于圆柱轴线	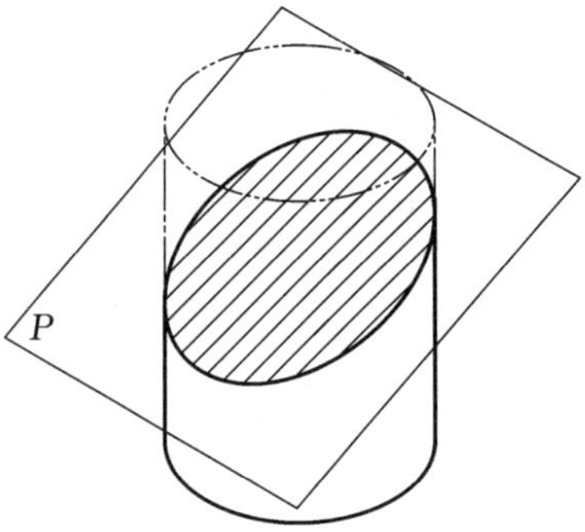	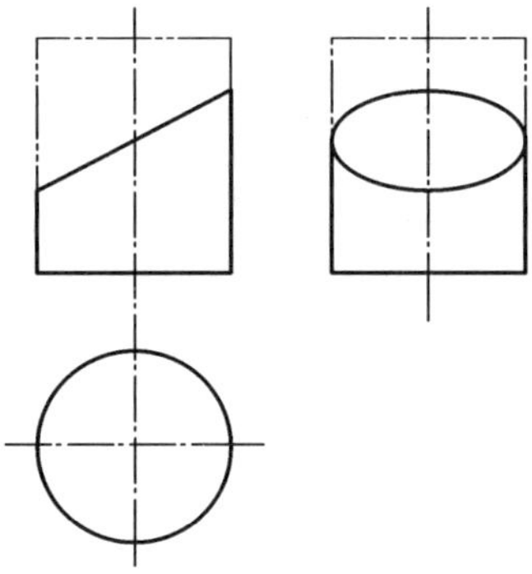	椭圆
垂直于圆锥轴线 $\theta=90°$	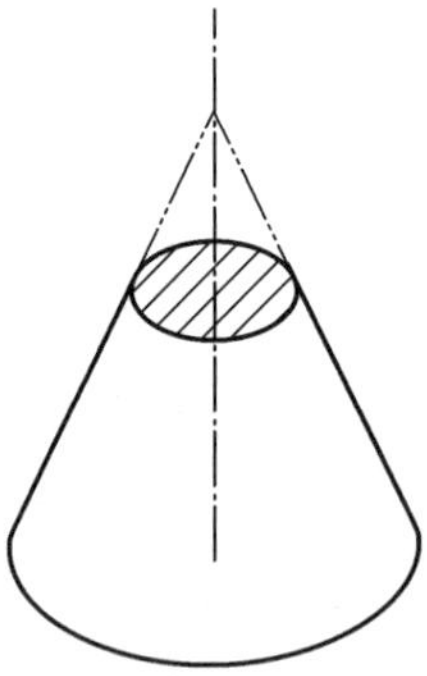	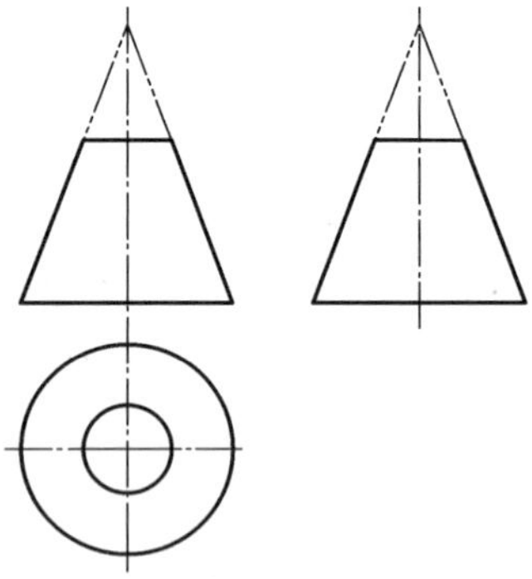	圆
倾斜于圆锥轴线，并与全部素线相交 $\theta>\alpha$	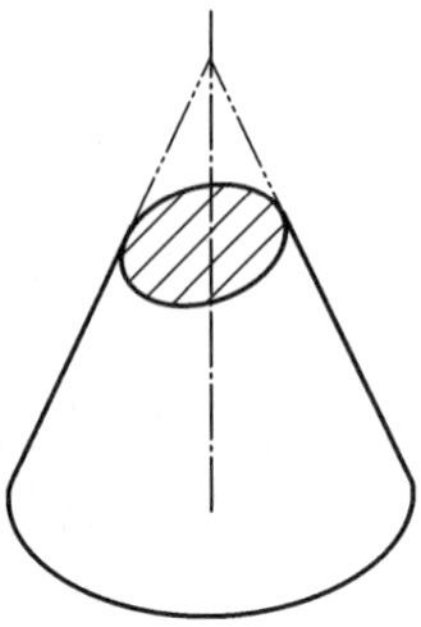	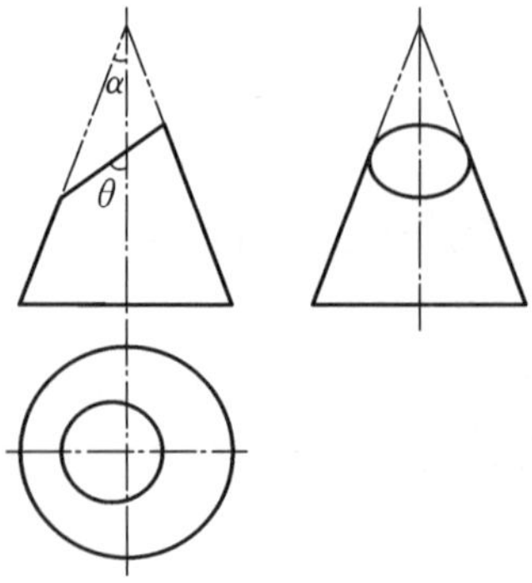	椭圆

续表1.5

截平面位置	立体图	投影图	截交线形状
平行于圆锥一条素线 $\theta=\alpha$	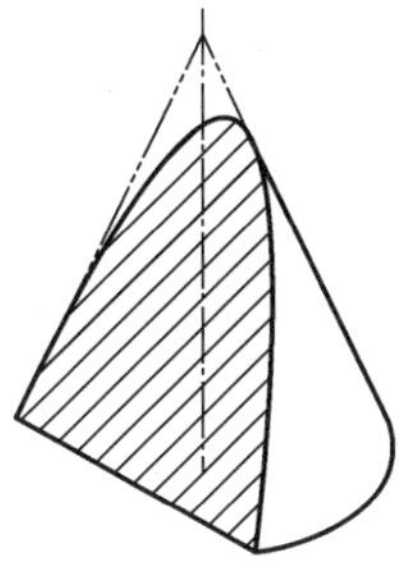	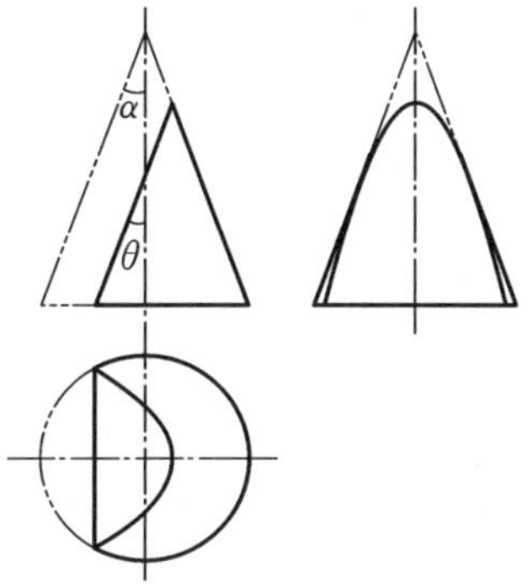	抛物线加直线
平行于圆锥轴线 $\theta=0^\circ$ 或倾斜于圆锥轴线 $\theta<\alpha$	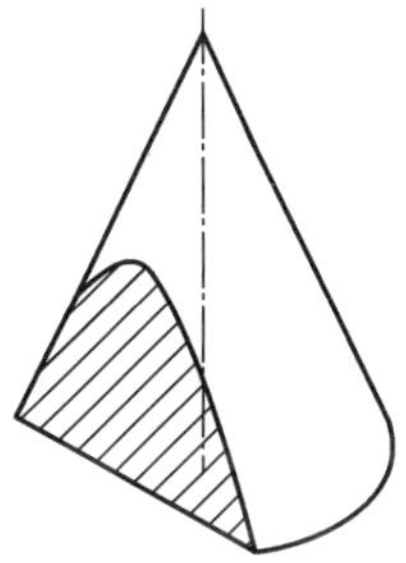	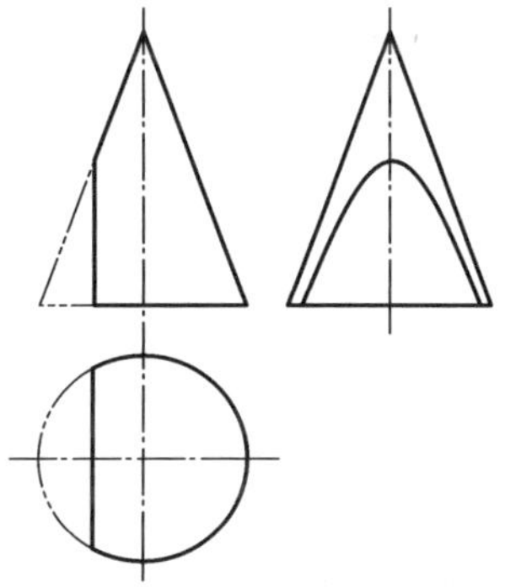	双曲线加直线
过圆锥锥顶	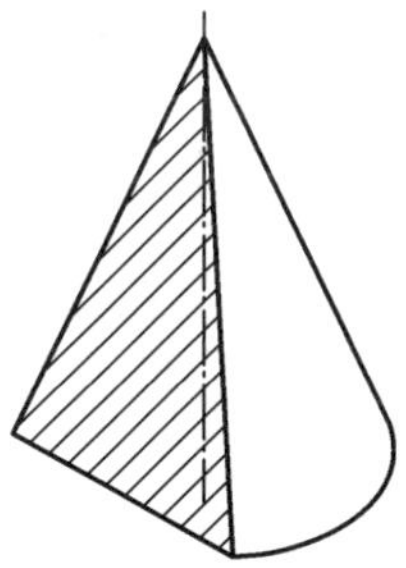	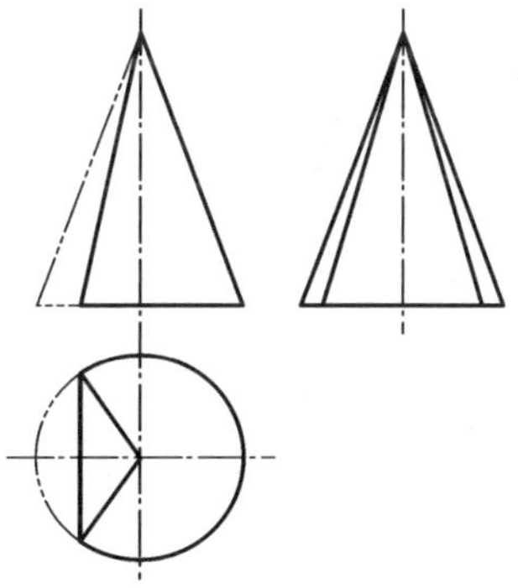	等腰三角形
与球面相交	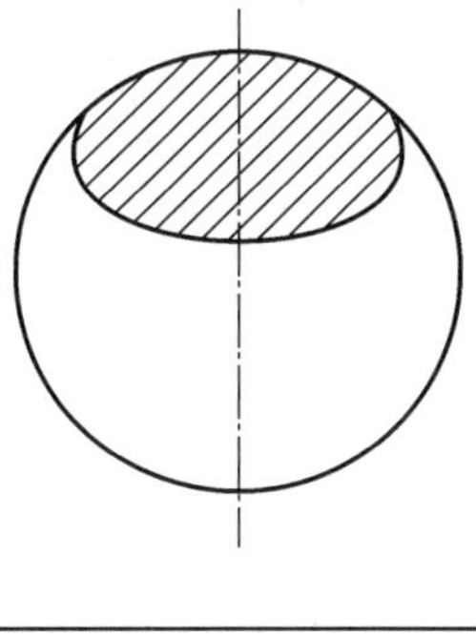	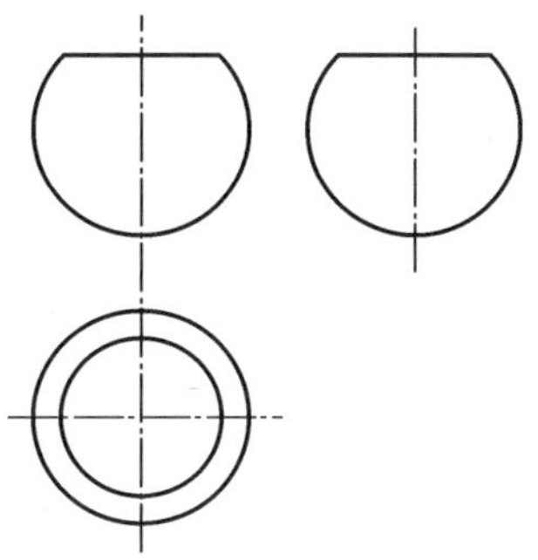	圆

当截交线是圆或直线时，可借助绘图仪器直接作出截交线的投影。当截交线为非圆曲线时，则需采用描点作图。即先作出能确定截交线的形状和范围的特殊点，再作出若干个一般点，判断可见性，然后将这些共有点连成光滑曲线。所谓特殊点包括曲面投影的转向轮廓线上的点，截交线在对称轴上的点，以及截交线上最高、最低点，最左、最右点，最前、最后点等。

求平面与曲面立体相交总体方法步骤一般为：

（1）空间及投影分析。根据平面与曲面立体轴线的位置判断截交线的形状；明确截交线的投影特性，如积聚性、类似性等。

（2）求解截交线的投影。当截交线的投影为非圆曲线时，先求特殊点，再补充一般点，依次光滑连线并判别可见性，最后整理轮廓线，完成作图。

【任务实施】

【例 1.9】 如图 1.52(a)所示，圆柱被与圆柱轴线倾斜的正垂面切割，已知其正面投影和水平投影，求侧面投影。

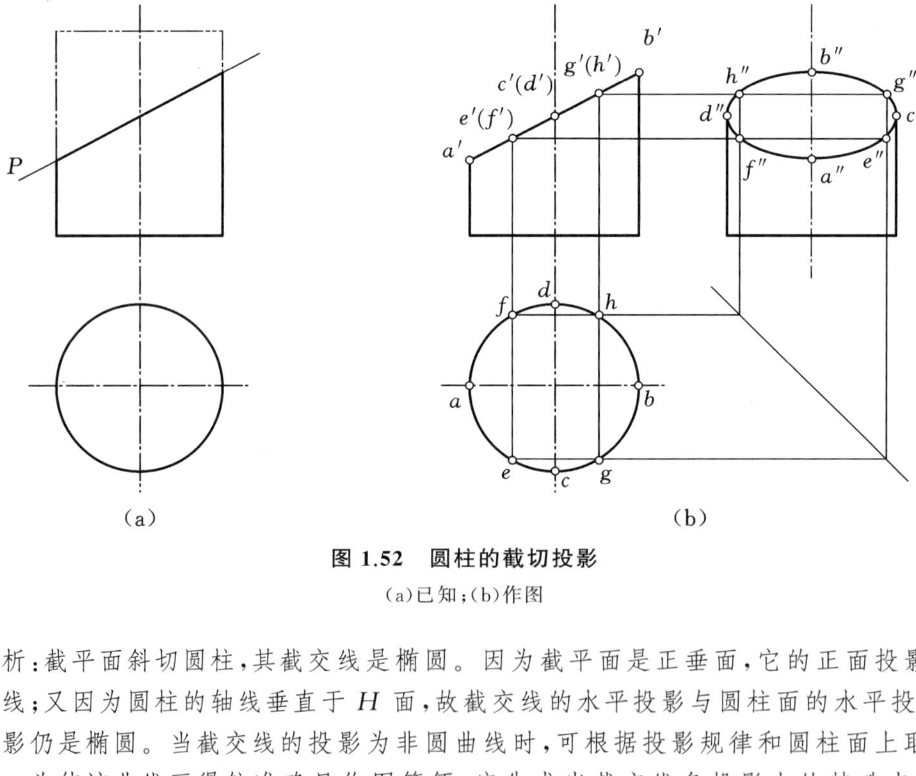

图 1.52　圆柱的截切投影

(a)已知；(b)作图

分析：截平面斜切圆柱，其截交线是椭圆。因为截平面是正垂面，它的正面投影积聚成一条直线；又因为圆柱的轴线垂直于 H 面，故截交线的水平投影与圆柱面的水平投影重合；侧面投影仍是椭圆。当截交线的投影为非圆曲线时，可根据投影规律和圆柱面上取点的方法求之。为使该曲线画得较准确且作图简便，应先求出截交线各投影上的特殊点（如最高点、最低点、最左点、最右点、最前点和最后点等），再求出适当数量的一般点，然后按顺序将各点连接成光滑的曲线。

作图步骤[图 1.52(b)]：

(1) 求截交线的特殊点。对于椭圆，首先要找出长、短轴的四个端点。点 A、B、C、D 是椭圆长、短轴的四个端点。由它们的正面投影 a'、b'、c'、d' 求出水平投影 a、b、c、d 和侧面投

影 a''、b''、c''、d''。点 A、B 是截交线的最左、最右点，也是最低、最高点，点 C、D 是截交线的最前、最后点。根据这些特殊点即可确定截交线的大致范围。

(2) 取截交线的一般点。为了准确地作出截交线，在特殊点之间还需求出适当数量的一般点。任取椭圆上点 E、F、G、H 的水平投影 e、f、g、h，按投影关系可找到其正面投影 e'、f'、g'、h'，再求出侧面投影 e''、f''、g''、h''。

(3) 将这些点的投影依次光滑地连接起来，就得到截交线的投影。

【例 1.10】如图 1.53(a)所示，圆锥被正垂面切割，已知其正面投影，求水平投影和侧面投影。

分析：从图中可知，截平面与圆锥轴线夹角小于圆锥素线与轴线的夹角，所以其与圆锥表面的交线是一条双曲线，它的正面投影积聚成一直线，水平投影和侧面投影为相似形。作图时，可先找出双曲线的顶点和两个端点（即特殊点），再适当作一些一般点，然后用光滑曲线连接起来。

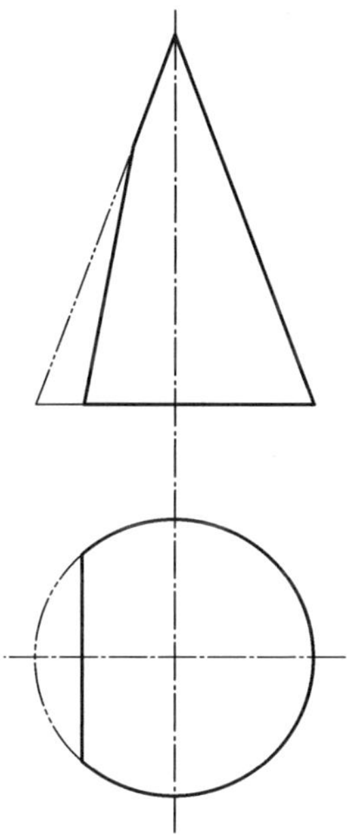
(a)

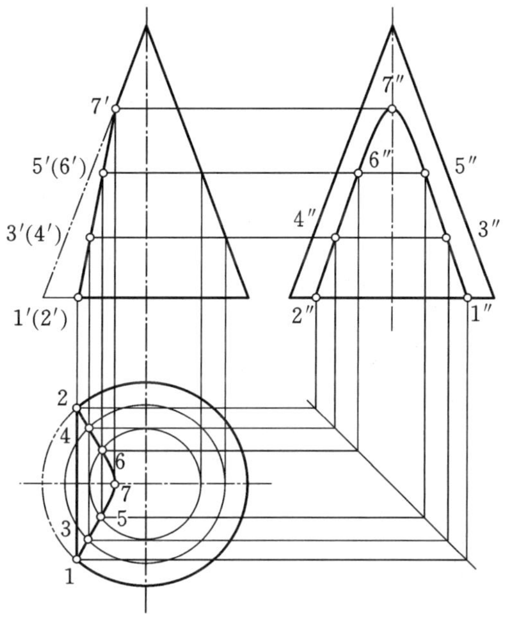

(b)

图 1.53 圆锥的截切投影

(a)已知；(b)作图

作图步骤[图 1.53(b)]：

(1) 画出完整的圆锥的侧面投影。

(2) 求特殊点。点Ⅶ为最高点，位于最左侧素线上，点Ⅰ、Ⅱ为最低点，位于底圆上。可由其正面投影 7′、1′、2′求得其水平投影 7、1、2 和侧面投影 7″、1″、2″。

(3) 求一般点。在截交线已知的正面投影上适当取四个点的投影 3′、4′、5′、6′，然后采用纬圆法在圆锥表面上取点，求得其水平投影 3、4、5、6 和侧面投影 3″、4″、5″、6″。

(4) 判别可见性并光滑连接各点。

【例 1.11】如图 1.54(a)所示，试求圆球被一正垂面截切后的投影。

分析：正垂面截切圆球，截交线为圆，其正面投影积聚成线，截交线的水平投影及侧面投影均为椭圆。

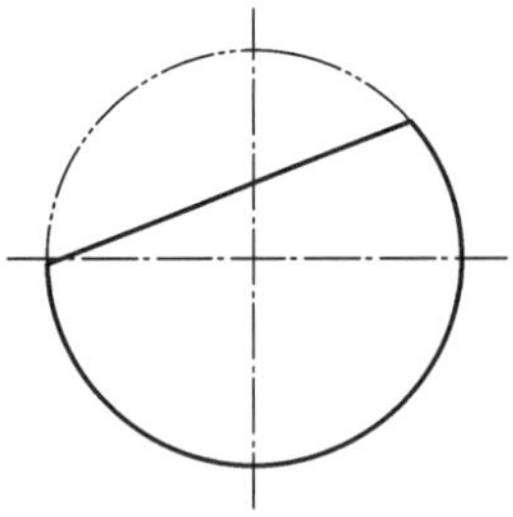

(a)

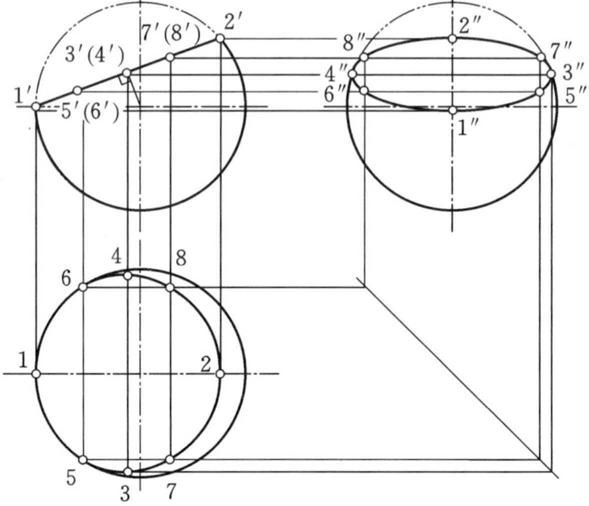

(b)

图 1.54　球的截切投影

(a)已知；(b)作图

作图步骤[图 1.54(b)]：

(1) 画出完整的圆球水平投影及侧面投影。

(2) 作特殊位置的点。其中点 1′、2′为正面转向轮廓线上的点，也是截交线水平投影和侧面投影椭圆的短轴端点；过正面投影圆心作截交线正面投影的垂线，交于点 3′、4′，点 3′、4′为截交线水平投影和侧面投影椭圆的长轴端点。由此，四点的其余投影均可求出。

(3) 取一般位置点 5′、6′、7′、8′，利用纬圆法求出其余的投影。

(4) 判断可见性：由于圆球左上部分被截切，因此水平投影和侧面投影均可见，将求出各点的同面投影依次光滑连接即可。

任务三　绘制轴测图

【任务分析】

多面正投影图能确切表达形体的形状，标注尺寸方便，作图简单，但由于每一个投影只能反映形体的长、宽或长、高或宽、高两个方向，因此立体感差，如图1.55(a)所示。轴测图是物体在一个投影面上能同时反映它的长、宽、高三个方向的投影，因此立体感好，如图1.55(b)所示。

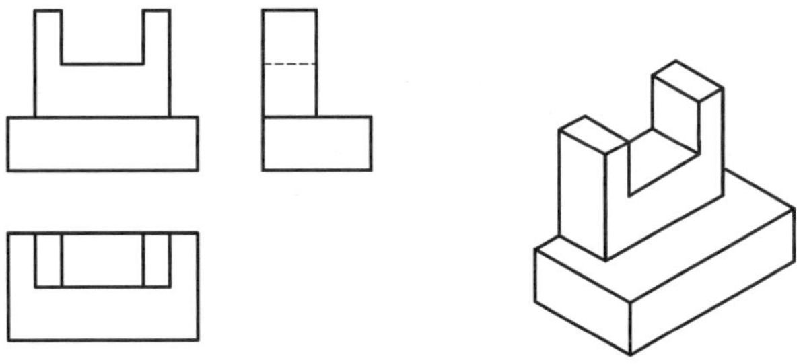

(a)　　　　(b)

图1.55　多面正投影图和轴测图

(a)多面正投影图；(b)轴测图

【相关知识】

一、轴测图的基本知识

要在一个投影面上同时反映形体的三个方向，必须改变形体、投射方向、投影面三者之间的位置关系，使形体的三个方向在投影面上的投影都没有积聚性。途径有两种：

(1) 在正投影的条件下，改变形体和投影面的相对位置，使形体的正面、顶面和侧面与投影面均处于倾斜位置，然后将形体向投影面投射，如图1.56(b)所示。

(2) 保持形体和投影面的相对位置，改变投射方向和投影面的相对位置，使它们处于倾斜位置，然后将形体向投影面投射，如图1.56(c)所示。

轴测投影就是将形体及确定形体 X、Y、Z(长、宽、高)三个方向的坐标轴一起以平行投影的方式投射到单一投影面上所得到的视图。这个投影能同时反映形体 X、Y、Z 三个方向的形状，如图1.56(b)所示。轴测投影使形体富有立体感，很形象，易看懂，是常用的表达形体的投影方法，但这种方法不能真实地反映形体的尺寸和形状。

(一) 轴测投影的基本性质

轴测投影具有平行投影的全部投影特性，而最基本的作图依据是下面两条平行投影基本规律：

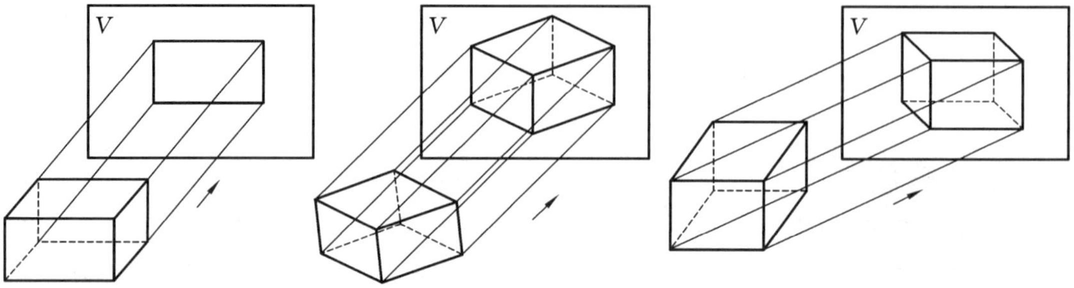

图 1.56　形体的投影

(a)正投影;(b)正轴测投影;(c)斜轴测投影

(1) 平行性。空间相互平行的任意线段的轴测投影也相互平行。因此,凡平行于某直角坐标轴的空间线段,其轴测投影也平行于相应的轴测轴。

(2) 定比性。平行二直线或一直线上的两线段长度的比值等于其轴测投影长度的比值。

(二) 轴间角和轴向伸缩系数

如图 1.57 所示,形体的坐标系为 $OXYZ$,向投影面 P 作轴测投影后得到轴测坐标系 $O_1X_1Y_1Z_1$,轴测坐标系中 O_1X_1、O_1Y_1、O_1Z_1 称为轴测轴,它们之间的夹角称为轴间角,以 α、β、γ 表示;原坐标轴上单位长度的轴测投影与单位长度之比称为轴向伸缩系数,以 p、q、r 表示,则

$$p=O_1X_1/OX;q=O_1Y_1/OY;r=O_1Z_1/OZ$$

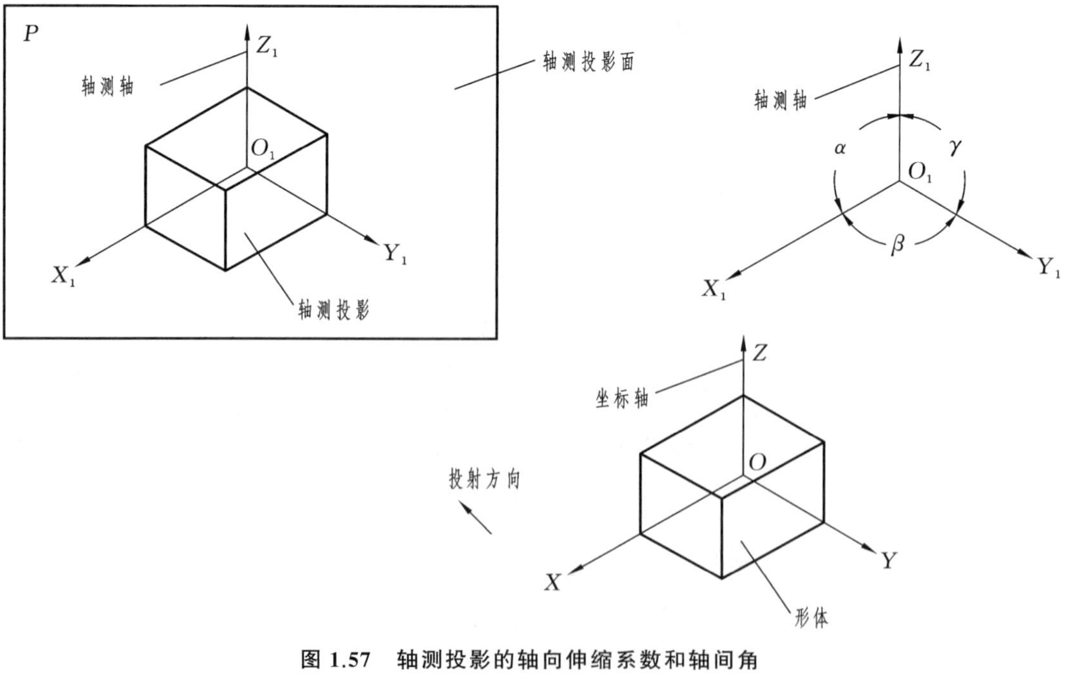

图 1.57　轴测投影的轴向伸缩系数和轴间角

（三）轴测投影的分类

根据投射方向与轴测投影面的关系，轴测图可分为两类：投射方向垂直于轴测投影面的称为正轴测图，投射方向倾斜于轴测投影面的称为斜轴测图。

在每类轴测图中，根据各轴向伸缩系数的不同，轴测图又可分为以下三种：

(1) 正(或斜)等轴测图：$p=q=r$；

(2) 正(或斜)二轴测图：$p=q\neq r$ 或 $p=r\neq q$ 或 $q=r\neq p$，通常情况下采用 $p=r\neq q$；

(3) 正(或斜)三轴测图：$p\neq q\neq r$。

（四）轴测投影的基本作图方法

轴测投影的基本作图方法是坐标法。如果已知空间点 $A(x、y、z)$或其正投影以及轴间角和轴向伸缩系数，则点 A 的轴测投影作图步骤如下：

(1) 建立坐标系 $OXYZ$[图 1.58(a)]。

(2) 在适当的地方画出轴测坐标系 $O_1X_1Y_1Z_1$[图 1.58(b)]，通常先将轴测轴 O_1Z_1 画成竖直，再根据轴间角画出轴测轴 O_1X_1、O_1Y_1。

(3) 在轴测轴 O_1X_1 上截取 $O_1A_X=px_A$，得点 A_X。

(4) 过点 A_X作线段平行于轴测轴 O_1Y_1，在该线段上截取 $A_XA_{XY}=qy_A$，得点 A_{XY}。

(5) 过点 A_{XY}作线段平行于轴测轴 O_1Z_1，在该线段上截取 $A_{XY}A_1=rz_A$，得空间点 A 的轴测投影 A_1。

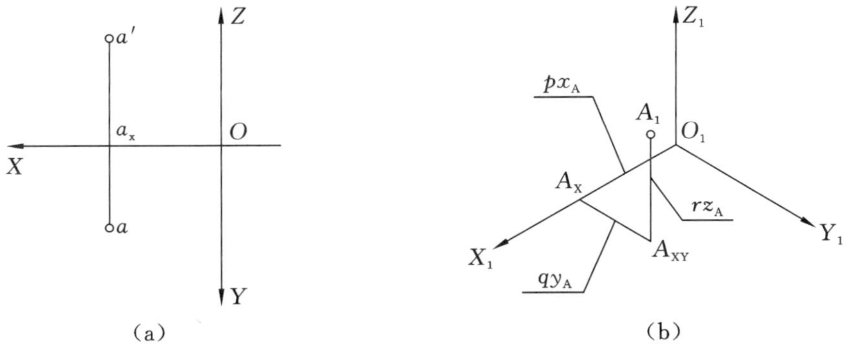

图 1.58　轴测投影的作图方法

(a)正投影；(b)轴测投影

二、正等轴测投影

（一）正等轴测图轴间角和轴向伸缩系数

使形体的空间坐标轴 OX、OY、OZ 与轴测投影面的空间夹角相等，经过正投影以后就形成了正等轴测投影。理论计算表明，正等轴测图中各轴间角互等，即$\angle X_1O_1Y_1=\angle X_1O_1Z_1=\angle Y_1O_1Z_1=120°$，如图 1.59 所示；各轴向伸缩系数互等，即 $p=q=r\approx0.82$，但为了作图方便，通常采用简化的轴向伸缩系数 $p=q=r=1$，因此沿各轴测轴的长度均放大至原图的 1/0.82≈1.22 倍，但形状不变，如图 1.60 所示。

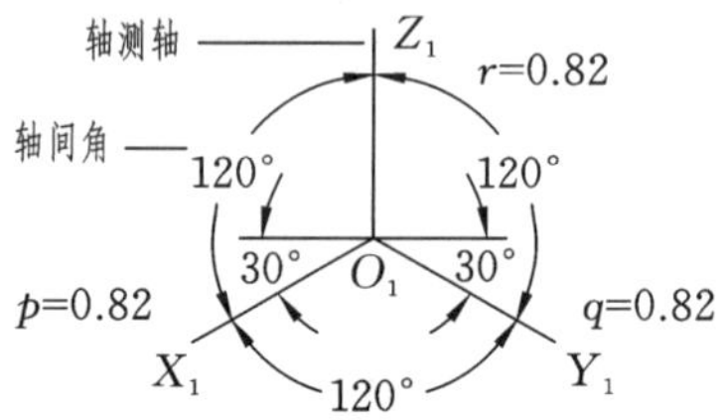

图 1.59 正等轴测图轴间角和轴向伸缩系数

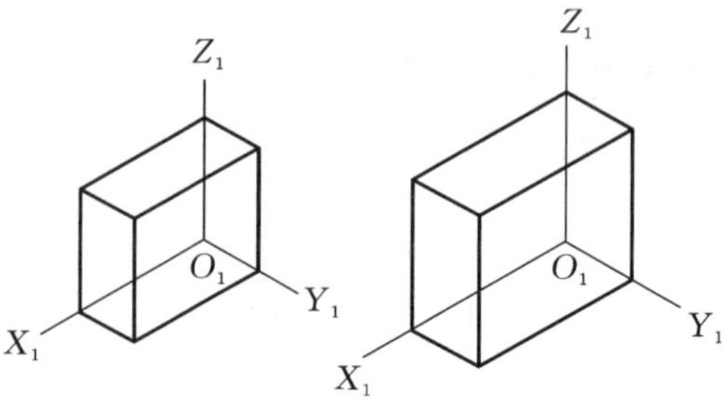

图 1.60 轴向伸缩系数对比图

（二）正等轴测图的画法

轴测图的画法有以下三种方法：坐标法、切割法、叠加法。其中坐标法是基础，多数情况需要将以上三种方法结合起来应用，因此被称为“综合法”。

1. 坐标法

按平面立体表面上各个顶点的坐标，分别画出它们的轴测投影，然后依次连接以完成平面立体的轴测投影。

【例 1.12】 已知六棱柱的正投影，如图 1.61(a)所示，画出它的正等轴测图。

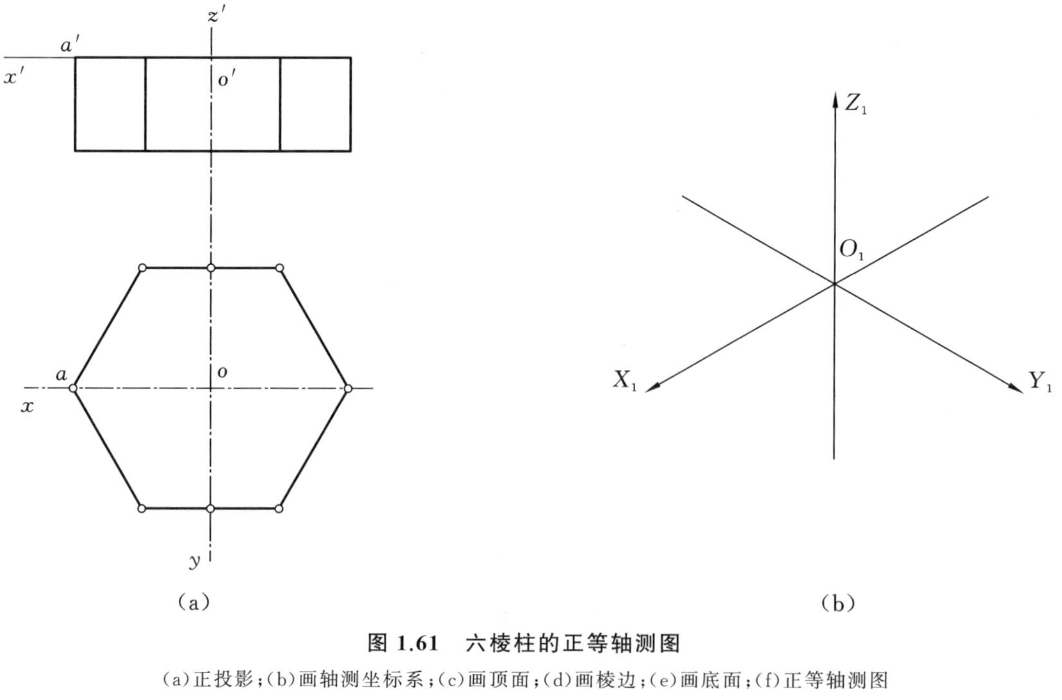

图 1.61 六棱柱的正等轴测图

(a)正投影；(b)画轴测坐标系；(c)画顶面；(d)画棱边；(e)画底面；(f)正等轴测图

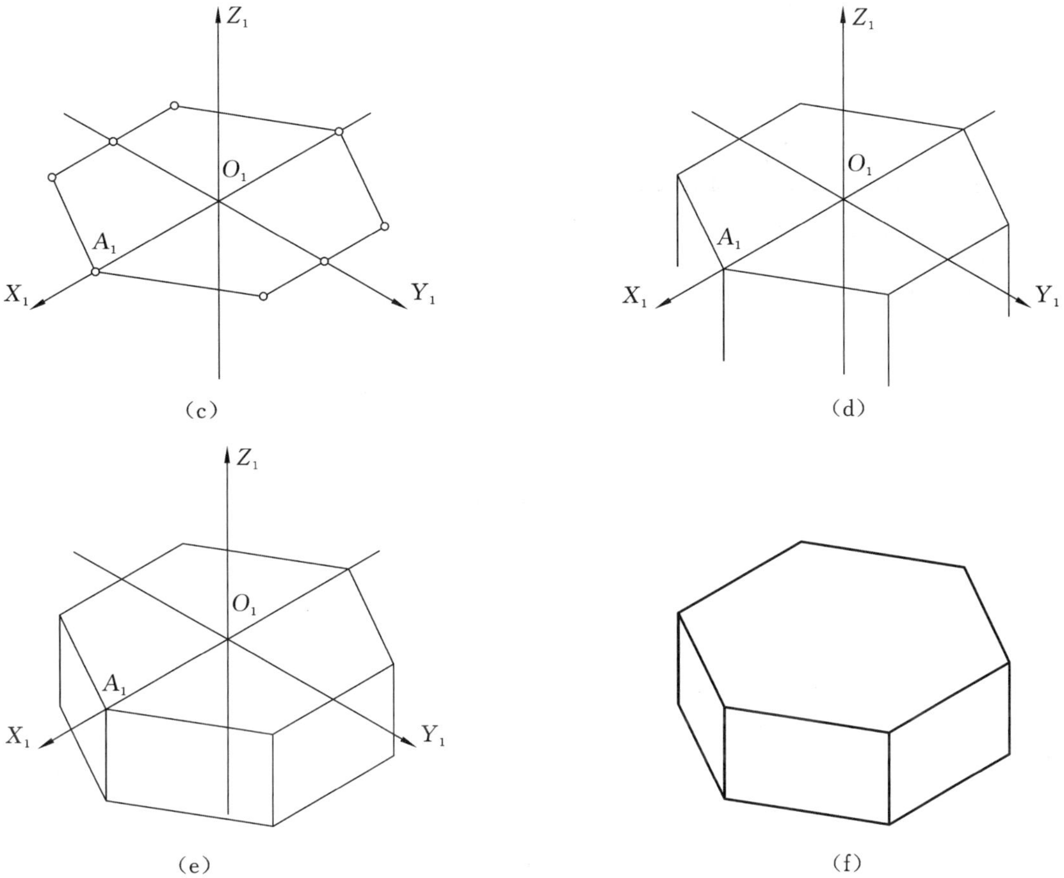

续图 1.61

作图步骤：

(1) 设六棱柱顶面的中心为坐标原点 O，建立形体坐标系 $OXYZ$，如图 1.61(a)所示，并在适当的地方画出正等轴测坐标系 $O_1X_1Y_1Z_1$，如图 1.61(b)所示。

(2) 画六棱柱顶面。O_1X_1 轴上量取 $O_1A_1=OA=oa$，得点 A 的轴测投影，同样量取顶面各顶点的坐标定出各顶点的轴测投影，再用直线段依次连接各顶点，由此画出六棱柱顶面的正等轴测图，如图 1.61(c)所示。

(3) 画六棱柱的侧棱。从各顶点向下引 O_1Z_1 轴平行线，截取棱边实长，如图 1.61(d)所示。

(4) 画六棱柱底面。将棱边各端点依次用直线连接，如图 1.61(e)所示。

(5) 整理，擦去作图线、轴线和不可见的线，加深各可见棱线，即完成作图，如图 1.61(f)所示。

2. 切割法

对不完整的形体，可先用坐标法画出切割前的基本几何体的轴测图，然后根据其结构特点，用切割的方式画出不完整的部分。

【例 1.13】 画出图 1.62(a)所示形体的正等轴测图。

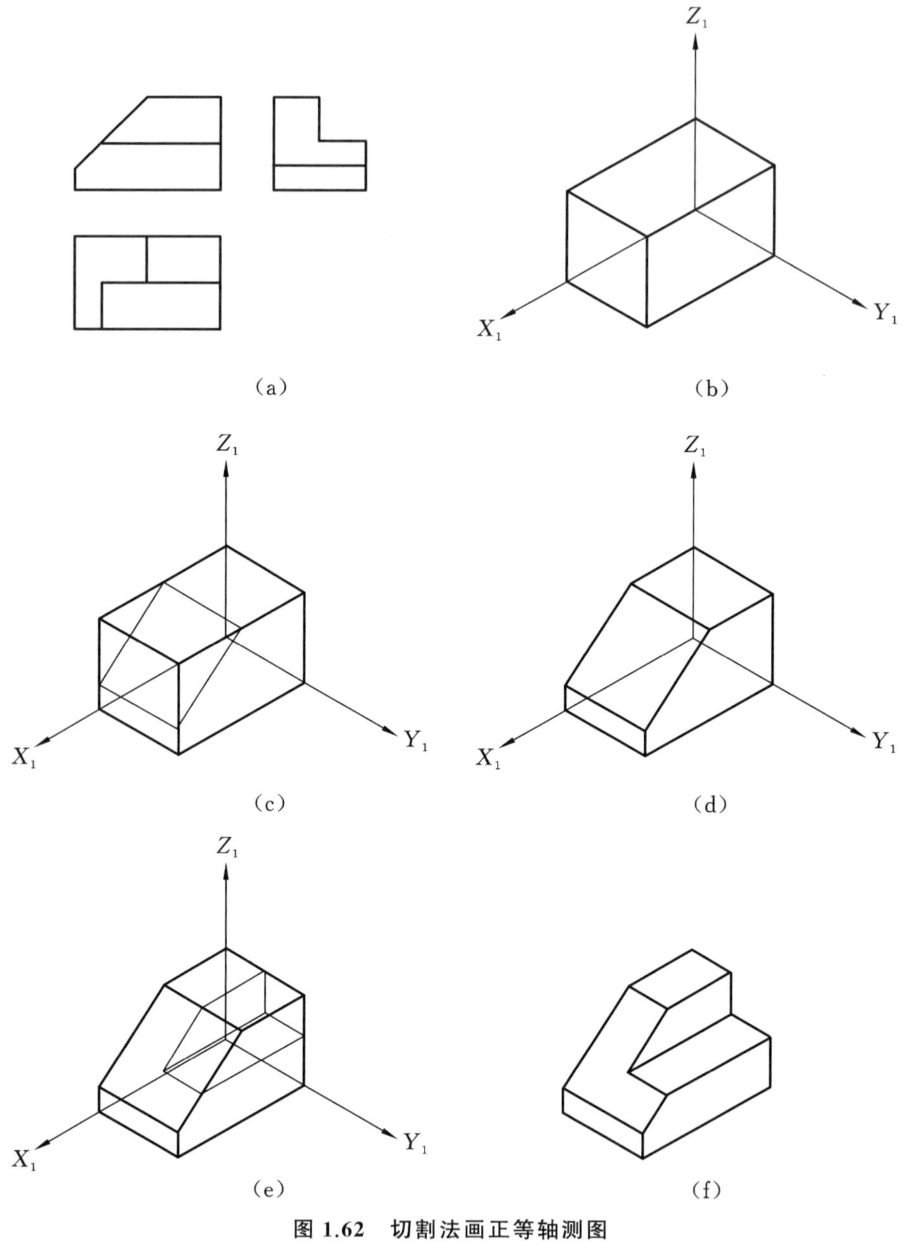

图 1.62 切割法画正等轴测图

(a)正投影;(b)画基本几何体轴测投影;(c)画正垂面;(d)第一次切割;(e)画水平面和正平面;(f)完成

分析:通过已知三视图可知,本题应采用切割法作图,切割基体为长方体,在此基础上切割掉一个三棱柱,然后再切割掉一个四棱柱,如图 1.63 所示。

作图步骤:

(1) 画出正等轴测坐标系,应用坐标法作出切割前基本几何体(长方体)的轴测投影,如图 1.62(b)所示。

(2) 画出正垂面切割长方体的投影,如图 1.62(c)所示。

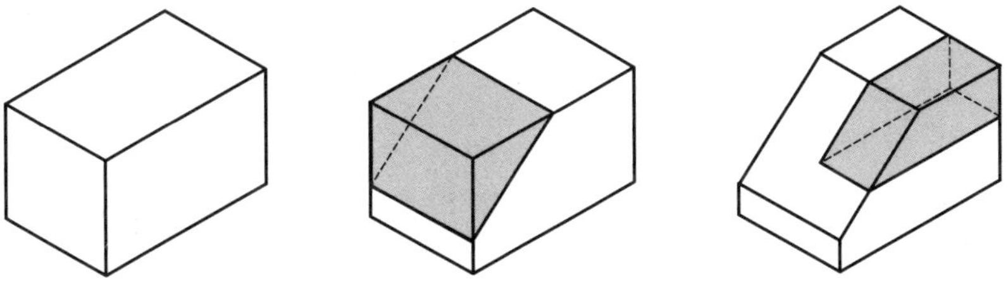

图 1.63　例 1.13 分析图

(3) 擦除多余线，见图 1.62(d)。

(4) 画出水平面和正平面切割长方体的投影，并找到两个截平面的交线，见图 1.62(e)。

(5) 擦除多余线、轴线和不可见的线，加深各可见棱线，即完成作图，见图 1.62(f)。

3. 叠加法

对于一些较复杂的形体，可先将形体分解成几个基本形体，然后按各个基本形体的位置逐一叠加画出，完成整个形体的轴测图。

【例 1.14】 画出图 1.64(a)所示形体的正等轴测图。

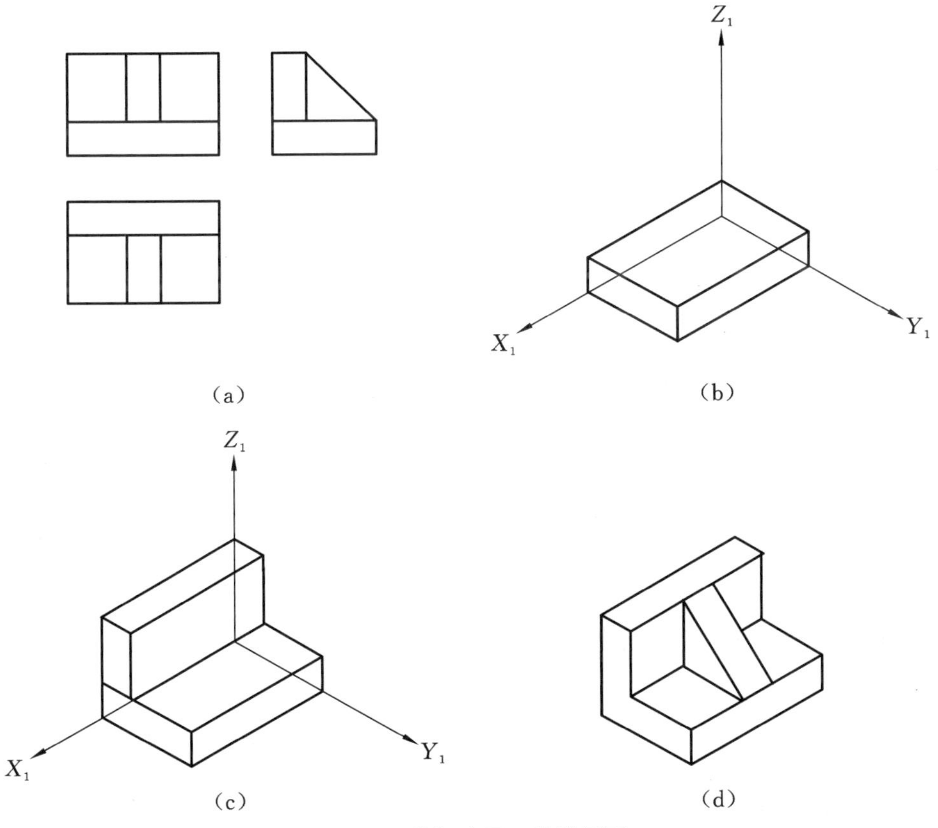

图 1.64　叠加法画正等轴测图

(a)正投影；(b)画底板轴测投影；(c)画侧板轴测投影；(d)完成

分析：通过已知三视图可知，本题应采用叠加法作图，该几何体由底板(长方体)、侧板

(长方体)和筋板(三棱柱)三部分组成,如图 1.65 所示。

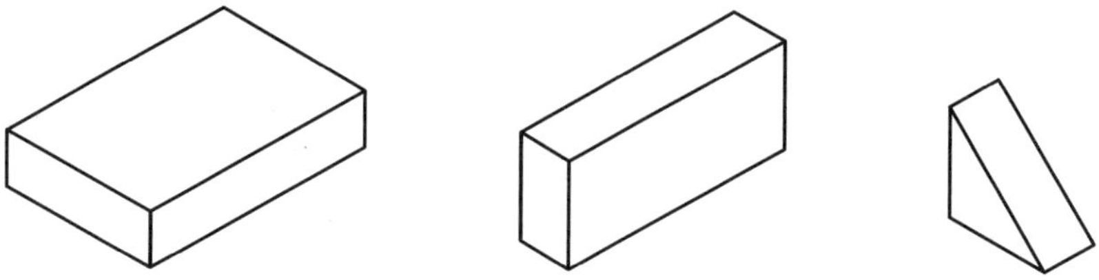

图 1.65 例 1.14 分析图

作图步骤:

(1) 画出正等轴测坐标系,并画出底板的轴测投影,如图 1.64(b)所示。

(2) 画出侧板的轴测投影,如图 1.64(c)所示。

(3) 画出筋板的轴测投影,擦除多余线、轴线和不可见的线,加深各可见棱线,如图 1.64(d)所示。

底板与侧板共面处(两形体的表面平齐连接),两表面重合,在共面处两形体的相接表面之间不画分界线。

4. 圆的正等轴测图画法

在平行投影中,当圆所在平面平行于投影面时,它的投影还是圆。而当圆所在平面倾斜于投影面时,它的投影就变成椭圆。在正等轴测图中,平行于坐标面的圆其投影为椭圆,如图 1.66 所示,圆的正等轴测图常用近似画法——四心法作图(即用四段圆弧近似作出椭圆)。

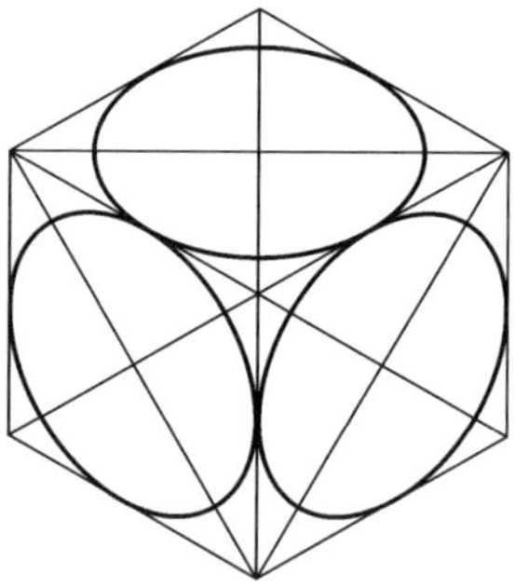

图 1.66 平行于坐标面的圆的正等轴测图

【例 1.15】 已知平行于水平面的圆,如图 1.67(a)所示,画出圆的正等轴测图。

作图步骤:

(1) 画出轴测轴及圆的外切正方形的正等轴测图,切点为 A_1、B_1、C_1、D_1,如图 1.67(b)所示。

(2) 连接 O_2A_1、O_2D_1、O_3B_1、O_3C_1,相交于点 O_4、O_5,如图 1.67(c)所示。

(3) 以 O_2、O_3 为圆心,O_2A_1 为半径画两段大圆弧,再以 O_4、O_5 为圆心,O_4A_1 为半径画两段小圆弧,四段圆弧相连并描深即为所求椭圆,如图 1.67(d)所示。

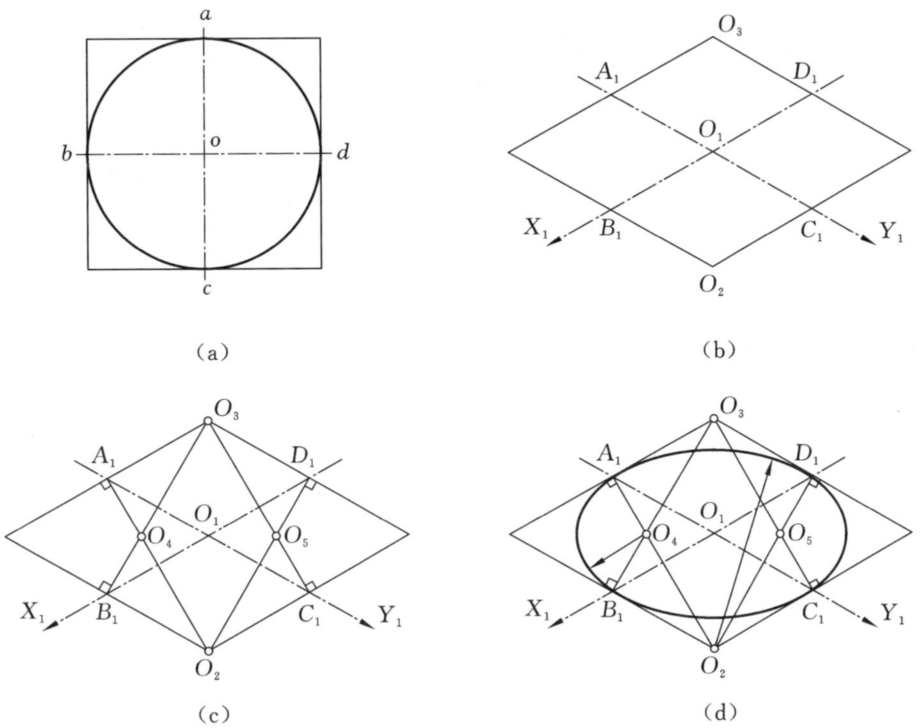

图 1.67　四心法画圆的正等轴测图

(a)已知;(b)画轴测轴及圆的外切正方形的正等轴测图;(c)确定圆心;(d)画出近似椭圆

5. 圆柱的正等轴测图画法

【例 1.16】 画出图 1.68(a)所示圆柱的正等轴测图。

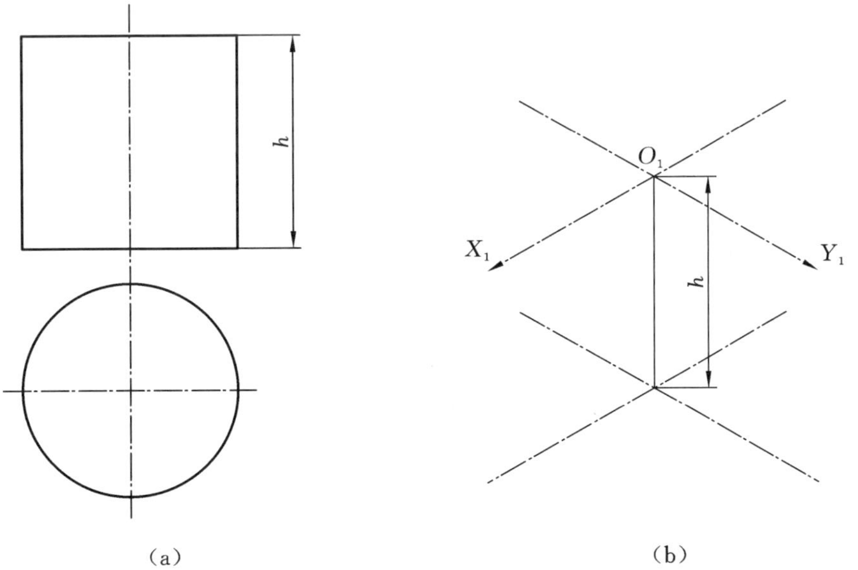

图 1.68　圆柱的正等轴测图

(a)已知;(b)定坐标系及圆心;(c)上、下底圆的轴测图;(d)完成

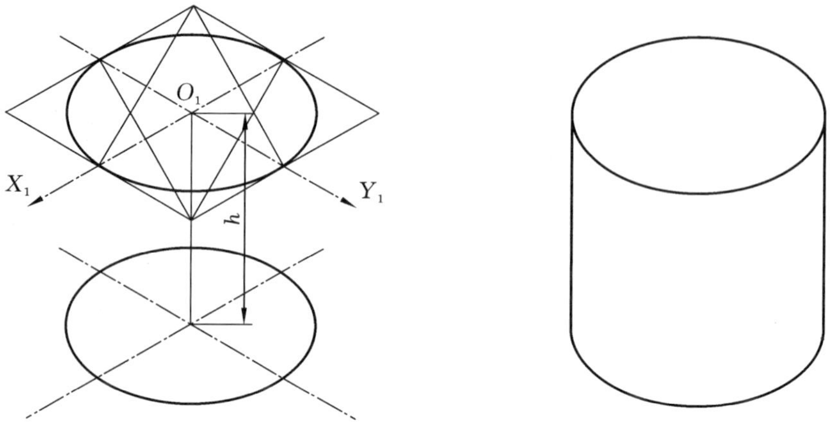

(c)　　　　(d)

续图 1.68

作图步骤：

(1) 取圆柱顶面圆心定为坐标原点，画出正等轴测坐标系，并确定底面圆心位置，如图1.68(b)所示。

(2) 用四心法画出圆柱顶面和底面圆的正等轴测图，如图 1.68(c)所示。

(3) 画两椭圆的公切线，擦除多余线、坐标轴线和不可见的线，加深各可见线，如图 1.68(d)所示。

【任务实施】

【例 1.17】 画出图 1.69(a)所示形体的正等轴测图。

分析：从图 1.69(a)可以看出，形体主要由一水平长方体和一竖直长方体组合而成，在竖直长方体的上方切去一个小长方体。

作图步骤：

(1) 画出水平长方体，如图 1.69(b)所示。

(2) 画出竖直长方体及上方被切掉的小长方体，如图 1.69(c)所示。

(3) 画出水平长方体，如图 1.69(d)所示。

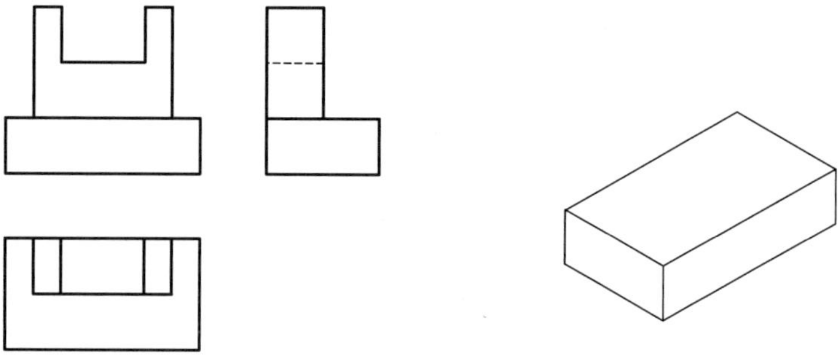

(a)　　　　(b)

图 1.69　正等轴测图的画法

(a)已知；(b)画底板；(c)画立板；(d)完成

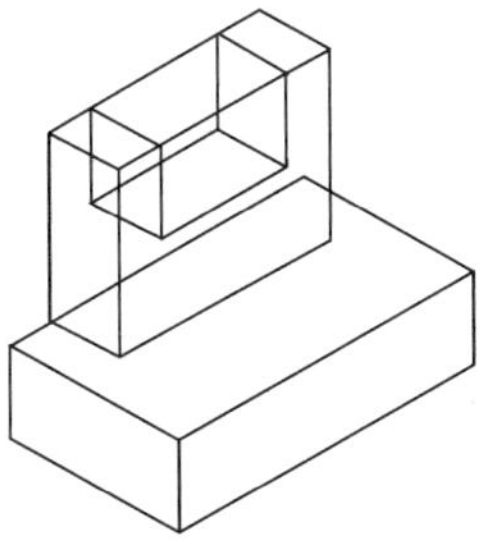

(c)

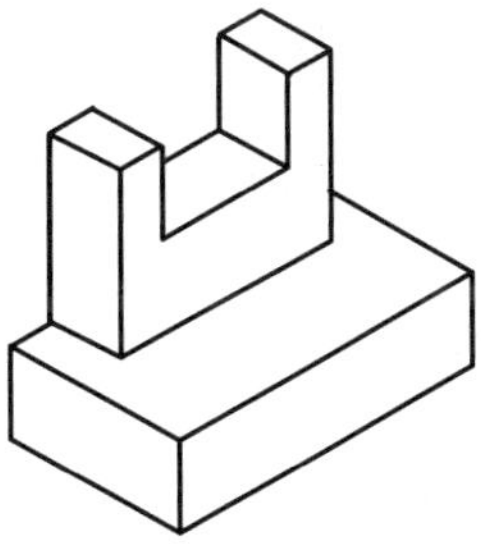

(d)

续图 1.69

(4) 擦除多余线、不可见的线，加深各可见棱线，即完成作图，如图 1.69(d)所示。

【知识拓展】

三、斜二轴测投影

(一) 斜二轴测图轴间角和轴向伸缩系数

如图 1.70 所示，在斜轴测投影中，$p=r=1$，当取 $q=1$ 时，所得的轴测图称为斜等轴测图；当 $q=0.5$ 时，所得的轴测图称为斜二轴测图，此时 $\beta=\gamma=135°$，$\alpha=90°$。斜二轴测图常以正平面为投影面，其投射方向倾斜于投影面。因此，凡平行于正立投影面的平面图形，它们的轴测投影均反映实形。当形体某一轴向表面形状较为复杂时，应用斜二轴测投影画它的轴测图，这样作图比较简便。

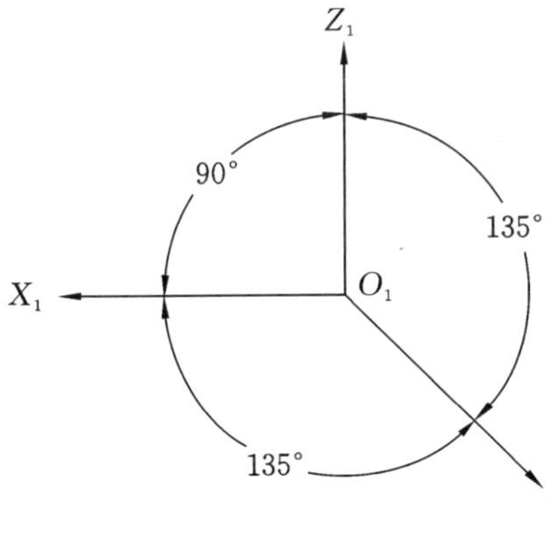

(a)

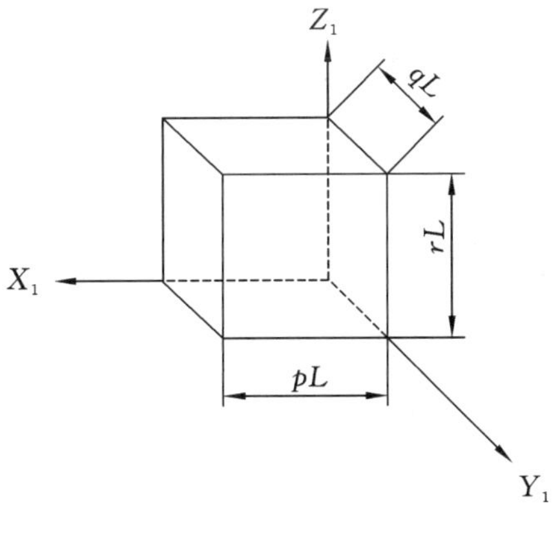

(b)

图 1.70　斜二轴测图的轴间角和轴向伸缩系数

(a)轴间角；(b)轴向伸缩系数

（二）斜二轴测图画法

【例 1.18】 已知形体的正投影如图 1.71(a)所示，求作斜二轴测图。

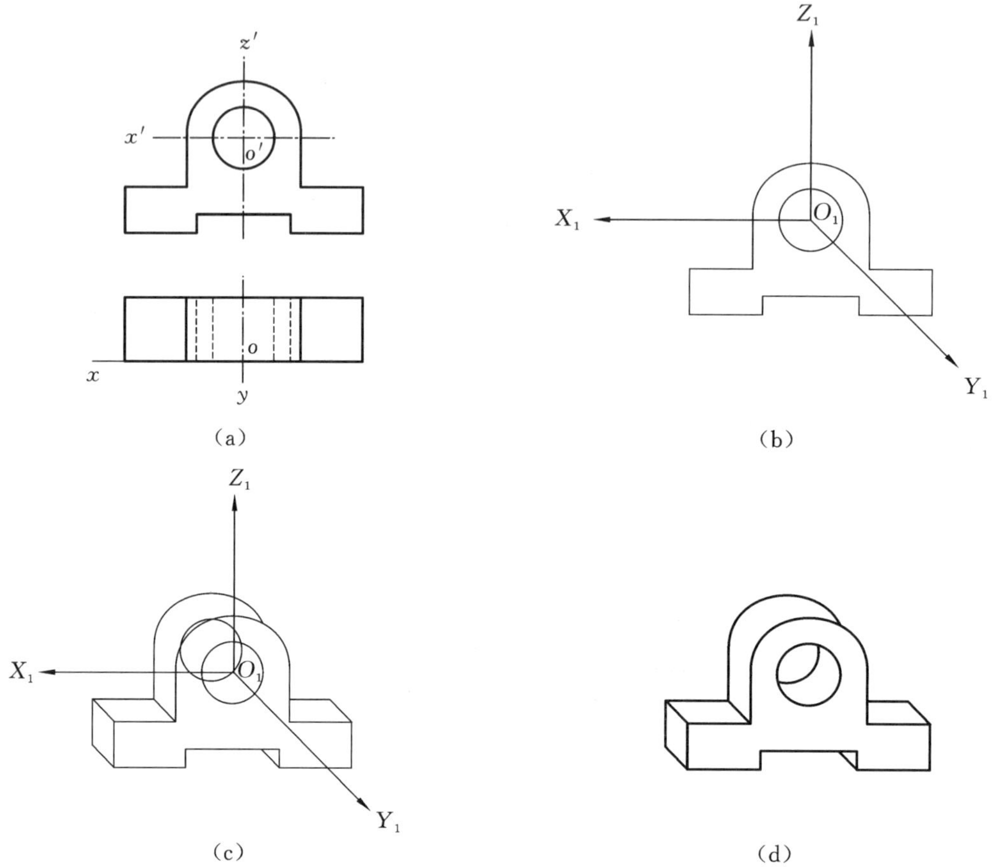

图 1.71　形体的斜二轴测图

(a)正投影；(b)画前表面；(c)画后表面；(d)斜二轴测图

作图步骤：

(1) 在正投影中定出形体坐标系，并在适当的地方作出斜二轴测轴，取 $p=r=1$，即 x、z 坐标的斜二轴测投影均取实际数据，画组合体前表面的斜二轴测图(实形)，不可见部分不画，如图 1.71(b)所示。

(2) 取 $q=0.5$，即 y 坐标的斜二轴测投影取实际数据的一半，沿 O_1Y_1 轴定出后表面的圆心位置，画组合体后表面的斜二轴测图，画其余各面的斜二轴测图，如图 1.71(c)所示。

(3) 擦除多余线、不可见的线，加深各可见棱线，即完成作图，如图 1.71(d)所示。

任务四　绘制组合体的投影

【任务分析】

由若干基本几何形体(基本立体)通过叠加、切割等方式形成的立体称为组合体。任何复杂组合体,都可看成是由若干基本立体通过不同的方式组合而成。工程上常见的机器零件,其结构一般都可以简化和抽象为组合体。为了能快速、准确地表达组合体的结构、形状及大小,必须掌握组合体的形体分析和线面分析方法;同时,必须掌握绘制组合体三视图的基本方法及步骤等相关知识。

【相关知识】

一、组合体的组成与分析

(一) 组合体的三视图

1. 三视图的形成和图样的布置

在工程制图中,运用正投影理论,将组合体向投影面作正投影,所得到的图样称为视图。依据国家标准中第一角画法的规定,结合画法几何中三面投影的定义,将正立投影面的图样称为主视图,将水平投影面的图样称为俯视图,将侧立投影面的图样称为左视图,如图 1.72 所示。从图 1.72(b)可以看出,为了使绘制的图样清晰,可以省略投影间的联系线以及辅助线,三个视图间的距离,可以根据组合体的实际尺寸、图幅大小、图纸比例、标注尺寸等综合确定。当在同一张图纸上绘制的三视图的位置按图 1.72(b)排列时,可以省略视图的名称。

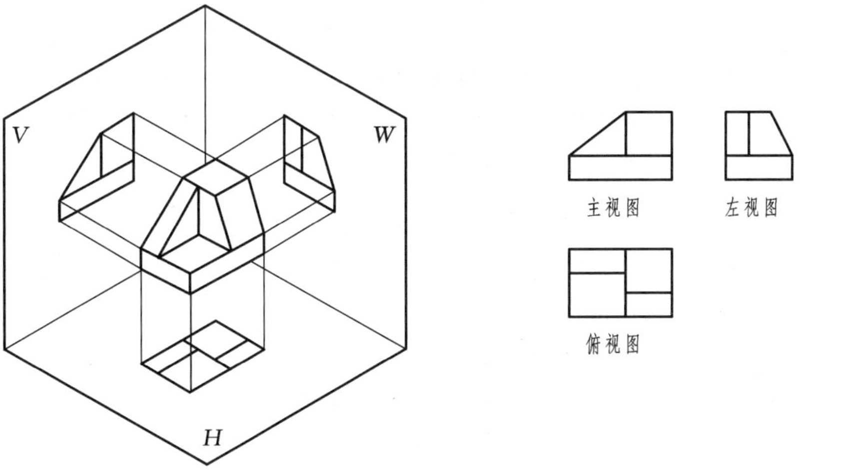

(a)　　　　(b)

图 1.72　三视图的形成

(a)正投影;(b)三视图

2. 三视图的投影规律

如图 1.73 所示，主视图反映了组合体的高度和长度，即视图中的上下、左右的位置关系；俯视图反映了组合体的长度和宽度，即视图中的左右、前后的位置关系；左视图反映了组合体的高度和宽度，即视图中的上下、前后的位置关系。三视图间仍然保持“长对正、宽相等、高平齐”的三等投影规律。

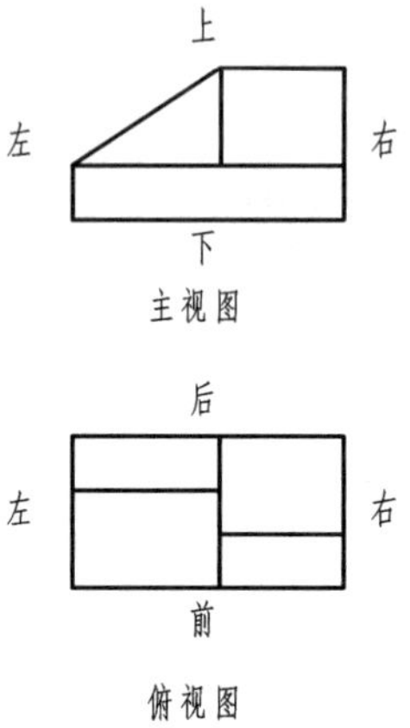

图 1.73　三视图的投影规律

（二）组合体的组成分析

组合体的常见组合形式有叠加、挖切和综合类三种。

1. 叠加

叠加类组合体由平面立体或曲面立体叠加而成，这类叠加又包括相交、相切和共面三种情况。

(1) 相交。两立体相交时，在相邻表面处会产生交线。图 1.74(a)是由两个四棱柱相交形成的组合体，主视图上的交线不仅表示底部四棱柱上表面的正面投影，而且表示两个四棱柱相交处的交线的投影。图 1.74(b)是四棱柱与圆柱相交形成的组合体，俯视图中的圆不仅表示圆柱上表面在水平投影面的投影，而且表示圆柱与四棱柱相交处交线的投影。图 1.74(c)是两个正交圆柱，主视图上需要绘制两圆柱相交处交线的投影。

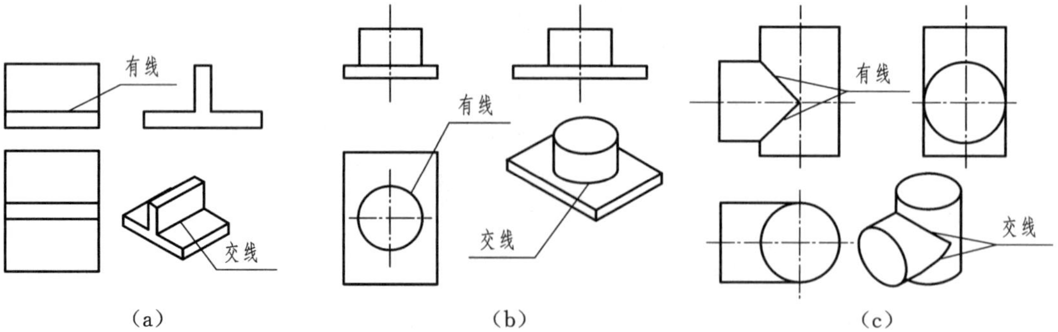

图 1.74　两立体相交

(a)两平面立体相交；(b)平面与曲面立体相交；(c)两曲面立体相交

(2) 相切。两立体相切时，在相邻表面处不应画线。图 1.75(a)组合体中的平面分别与大、小圆柱相切，相切处不存在轮廓线，且主视图、俯视图和左视图中的线只要画到切点即可。图 1.75(b)是圆柱与上半圆球相切，主视图和左视图在相切处均不存在轮廓线。

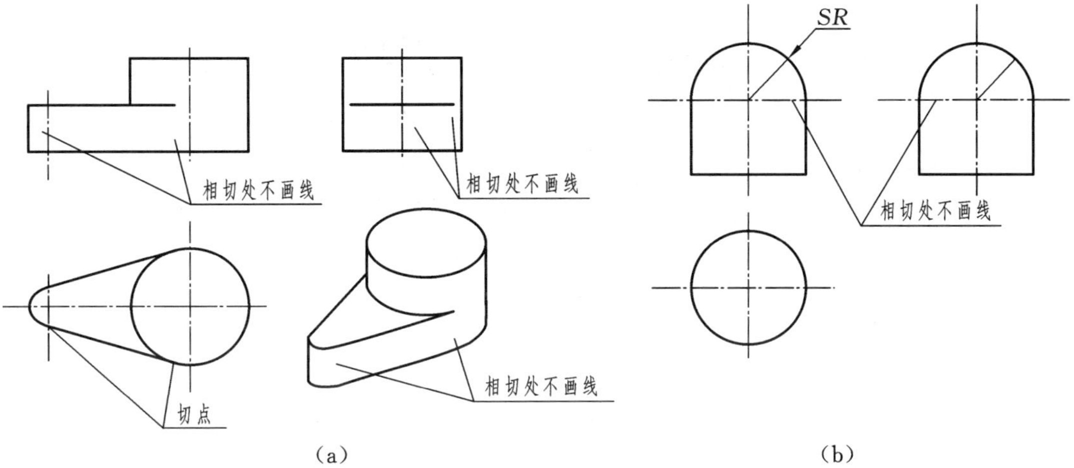

图 1.75　两立体相切

(a)平面与圆柱面相切；(b)圆柱面与球面相切

(3) 共面。两立体共面时，立体上的两个表面相互平齐叠加，相邻表面处不应画线。如图 1.76 所示，图中上、下四棱柱与中部四棱柱在左、右端面是共面的关系，因此在两形体的相接表面之间无须画分界线。

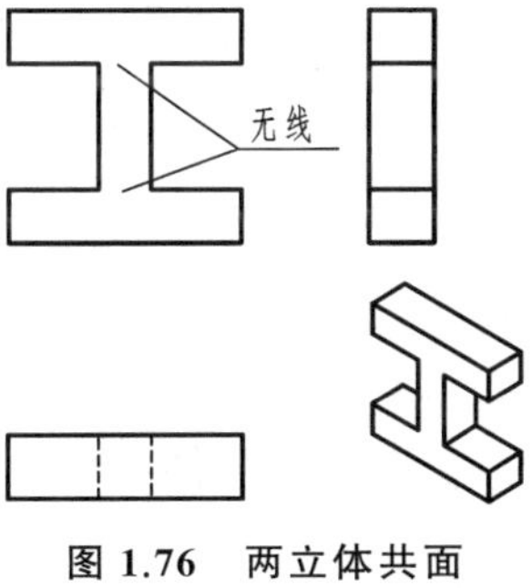

图 1.76　两立体共面

2. 挖切

挖切类组合体是在平面立体或曲面立体上进行切割、钻孔等得到。如图 1.77(a)所示，四棱柱上端切去一个长方体，下端切去一个梯形。如图 1.77(b)所示，圆柱在圆周上进行了四次切割；此外，一个圆孔贯穿圆柱。

3. 综合类

在工程制图中，多数组合体都是以叠加或挖切的形式综合出现，这类组合体称为综合类组合体。如图 1.78 所示模型可以看作由几个简单形体先行叠加组合再经过挖切掉两个圆柱而成。

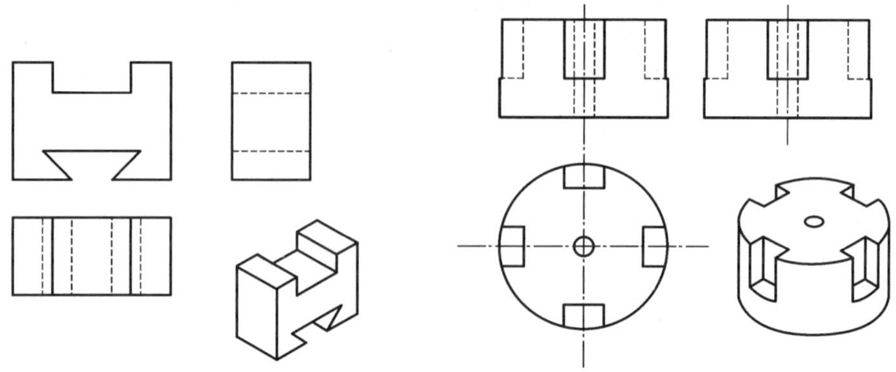

图 1.77　挖切类形体

(a)挖切四棱柱;(b)挖切圆柱

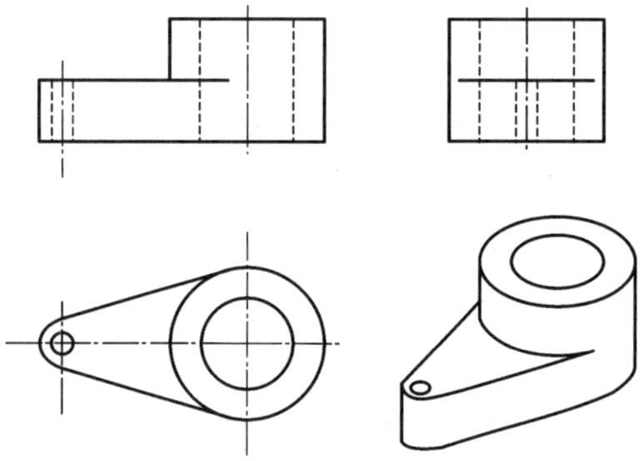

图 1.78　综合类形体

二、组合体视图的读图

组合体视图的读图,就是根据绘制出的投影图样或视图,想象出组合体的空间形状、大小以及各组成部分间的位置关系。

(一) 读图的基本知识

1. 熟练掌握并应用"长对正、宽相等、高平齐"的三等投影规律

读图时,不能只看一个视图,而需要把三个视图联系起来,才能读出正确的组合体。若已知主、俯视图,如图 1.79(a)所示,则不能完全确定组合体的形状,若左视图如图 1.79(b)、(c)、(d)所示,则会出现三种不同形状的组合体。由此可知,若读图 1.79 所示的组合体,应先读最能反映组合体形状特征的左视图。

2. 熟练掌握基本几何体的投影特性

常见的基本几何体包括棱柱(长方体、六棱柱、三棱柱)、三棱锥、圆柱、圆锥以及圆球。若三个视图均为矩形,则可以判断这个形体为长方体;若一个视图是六边形,其余两个视图

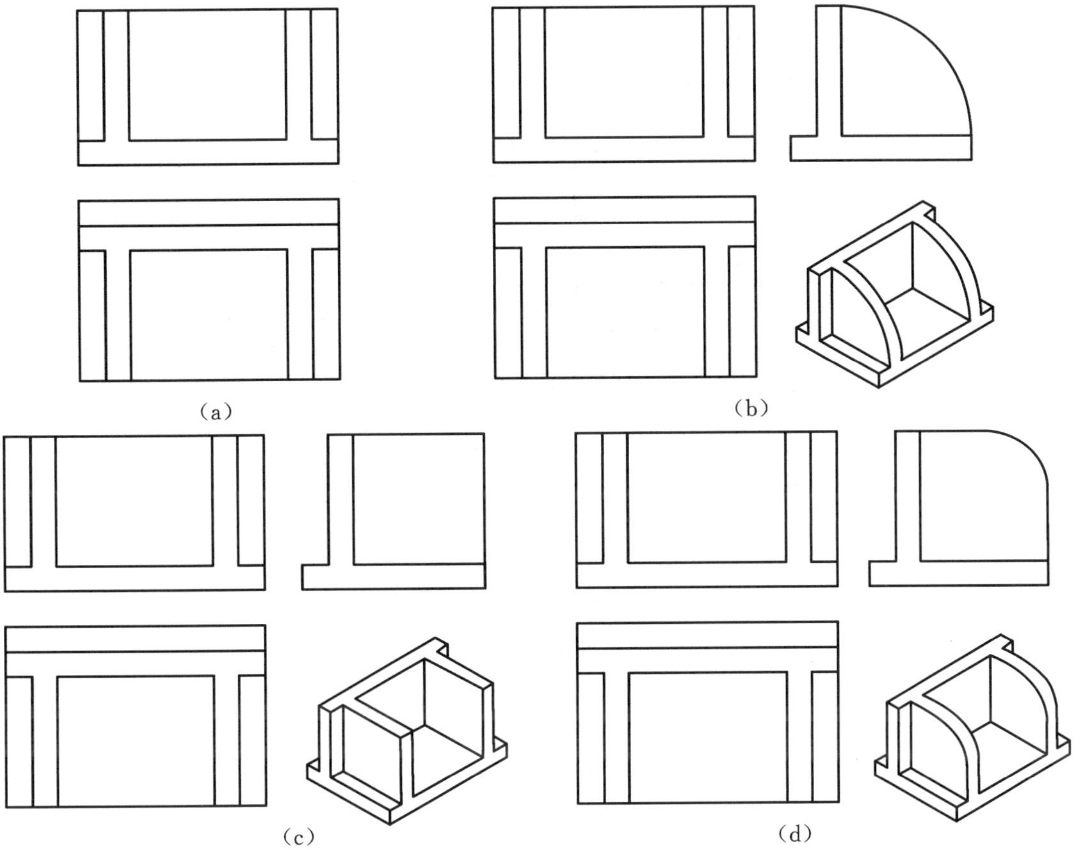

图 1.79　依据两个视图不能确定组合体的形状

(a)主、俯视图；(b)、(c)、(d)主、俯视图相同的三种形状组合体

为若干个矩形组合而成，则可以判断这个形体为六棱柱；若一个视图是三角形，其余两个视图为若干个矩形组合而成，则可以判断这个形体为三棱柱；若三个视图均为三角形或若干三角形组合而成，则可以判断这个形体为三棱锥；若一个视图是圆，其余两个视图为矩形，则可以判断这个形体为圆柱；若一个视图是圆，其余两个视图为三角形，则可以判断这个形体为圆锥；若三个视图均为圆，则可以判断这个形体为圆球。

3. 熟练掌握简单组合体的投影特性

简单组合体可以看作是经过简单的挖切或叠加的形体组合而成。图 1.80 所示主视图反映的特征最明显，所以读图是从主视图开始读，对照左视图和俯视图可知，中间图形为圆孔。

4. 读懂视图中图线和线框的含义

组合体的视图均由图线构成，由图线构成的封闭图形称为线框。

(1) 图线。视图中的图线，在不同的位置可以是不同的含义，如图 1.81 所示，图中①～④指的图线表示正平面的侧面投影为直线；图中⑤～⑧指的图线表示圆柱孔的转向线；图中⑨指的图线表示“[”形面与平面的交线。

(2) 线框。视图中的线框，可以是某些平面或曲面的投影，也可以是两个面的重影。如

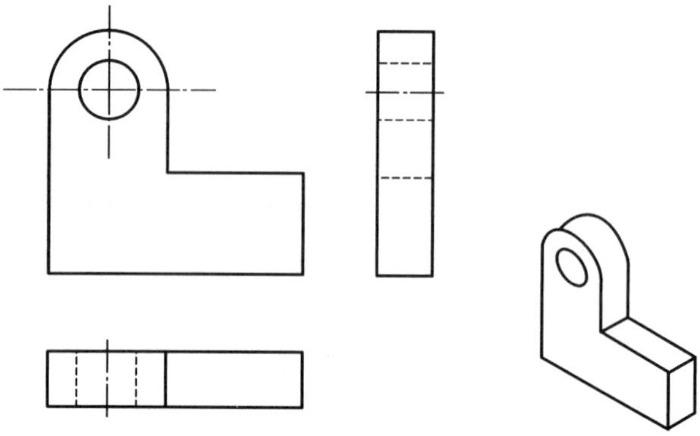

图 1.80　简单组合体的投影特性示例

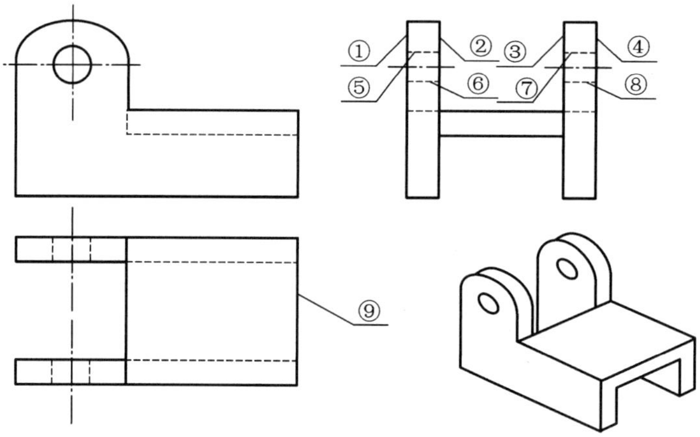

图 1.81　图线的含义

图 1.82 所示，轴测图中区域Ⅰ、Ⅱ、Ⅲ在主视图上对应的投影为 1′、2′、3′，这三个区域也是与区域Ⅰ、Ⅱ、Ⅲ正对着的六棱柱表面的投影，因此属于重影；俯视图中的六边形是组合体上、下表面的投影；俯视图中的圆是组合体圆孔的投影。

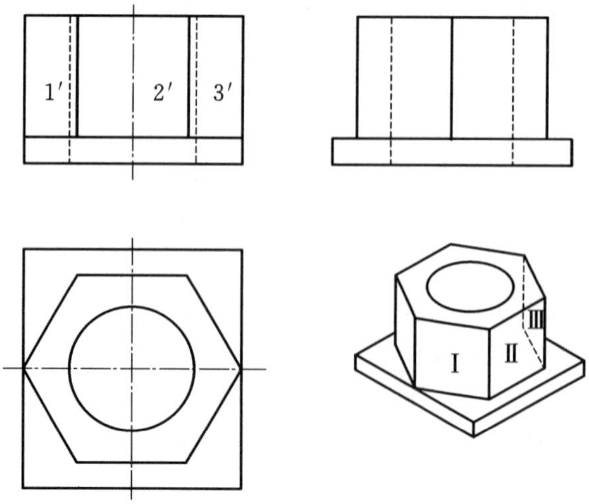

图 1.82　线框的含义

需要说明的是，同一图线或线框也可能包含几种不同的含义。如图 1.82 所示，俯视图中的圆，既可以表示圆孔柱面在水平投影面的投影，也可以表示圆孔上顶面在水平投影面的投影。

（二）组合体视图的阅读方法

读组合体视图的方法有两种，即形体分析法和线面分析法。一般以形体分析法为主，线面分析法为辅。

1. 形体分析法

形体分析法读图一般从反映组合体形状或结构特征的主视图入手，对照其他视图，将组合体分解成若干个基本形体，结合各形体视图间的投影关系，先想象出各形体的形状，再按照各形体间的相对位置，综合想象出组合体的整体形状。

下面以图 1.83 为例，说明形体分析法的具体步骤。

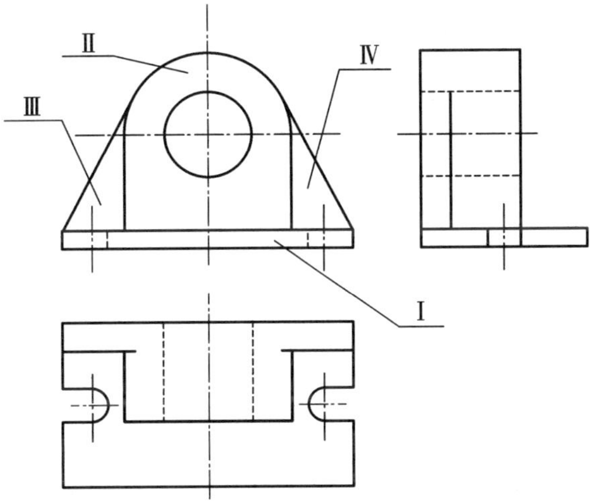

图 1.83　组合体的三视图（一）

（1）读视图，巧分解

结合主视图和左视图可知，图中的组合体可以看成由四个形体组合而成。如图 1.83 所示，先将主视图划分为Ⅰ、Ⅱ、Ⅲ、Ⅳ四个封闭线框，根据长对正、高平齐、宽相等的投影规律，在左视图和俯视图上找到对应的线框。

（2）按投影，想形状

根据上述分出的线框，结合基本形体的投影特性，确定各线框所表达的形体。如图 1.84(a)所示，形体Ⅰ为一个底板，两边开 U 形槽；如图 1.84(b)所示，形体Ⅱ为一支座；如图 1.84(c)所示，形体Ⅲ、Ⅳ为两个筋板。

（3）综合起来想形体

在确定各基本形体后，根据三视图显示的位置关系，综合确定组合体的形状。结合图 1.83中左视图及俯视图分析，确定形体Ⅰ、Ⅱ、Ⅲ、Ⅳ相互位置关系，由此，可想象出组合体的整体形状，如图 1.84(d)所示。

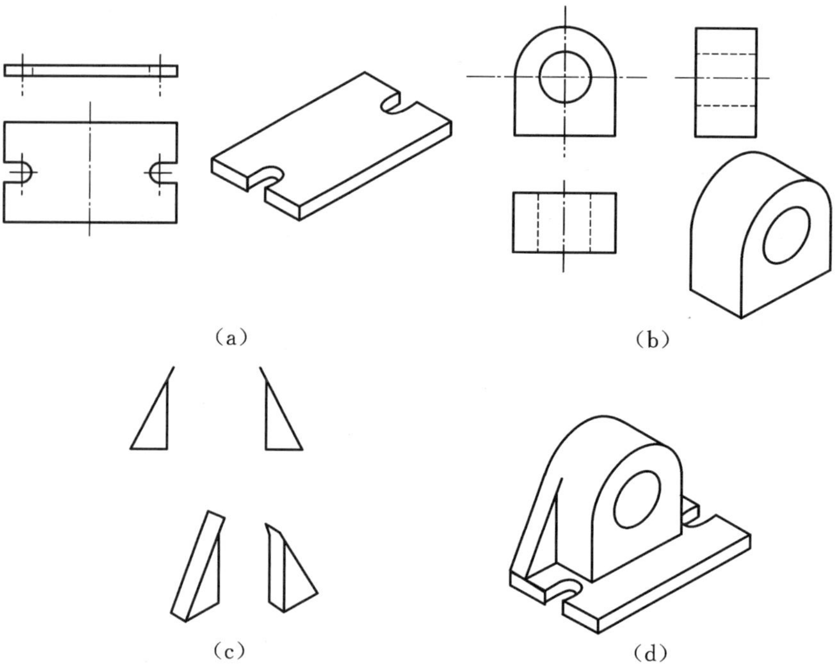

图 1.84　形体分析法读图

(a) Ⅰ部分形状;(b) Ⅱ部分形状;(c) Ⅲ、Ⅳ部分形状;(d)综合想象组合体形状

2. 线面分析法

对于工程中复杂的组合体,用形体分析法较难读出形状时,可结合线、面的投影特性,分析视图中较难读懂的线、线框所表达的含义,从而帮助构思出组合体的整体形状,这种方法称为线面分析法。

下面以图 1.85 为例,说明线面分析法的具体步骤。

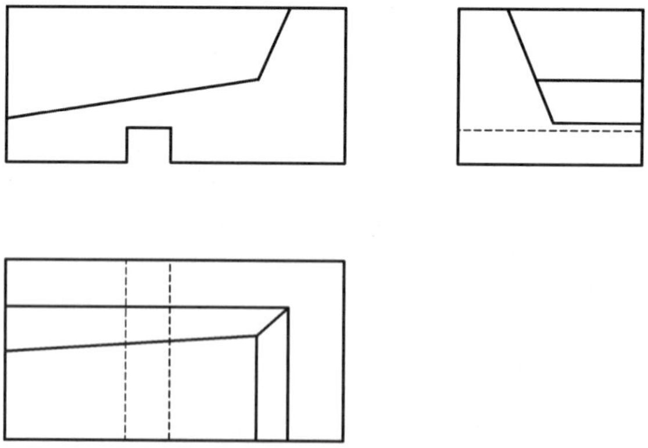

图 1.85　组合体的三视图(二)

(1) 读视图,找线框

首先分析主视图中斜线 a',根据"长对正、宽相等、高平齐"的三等规律,左视图对应的为 a'',俯视图对应的为 a。从三投影可知,主视图投影积聚成一条直线,左、俯视图为相似的多边形,由此可以判断平面 A 为正垂面,如图 1.86(a)所示。同理可以判断平面 B 也为正垂

面，如图 1.86(b)所示。

其次分析左视图中的斜线 c''，根据“长对正、宽相等、高平齐”的三等规律，主视图对应的为 c'，俯视图对应的为 c。从三投影可知，左视图投影积聚成一条直线，主、俯视图为相似的多边形，由此可以判断平面 C 为侧垂面，如图 1.86(c)所示。

接下来分析主视图的直线 d'，根据“长对正、宽相等、高平齐”的三等规律，左视图为多边形 d''，俯视图为一条直线 d。从三投影可知，侧面投影反映实形，另外两面投影积聚成直线，平面 D 为侧平面，如图 1.86(d)所示。

最后分析主视图下端面的“n”形状，在左视图的投影为一条虚线，在俯视图的投影为两条虚线，由此可以判断这是在四棱柱底面开槽。

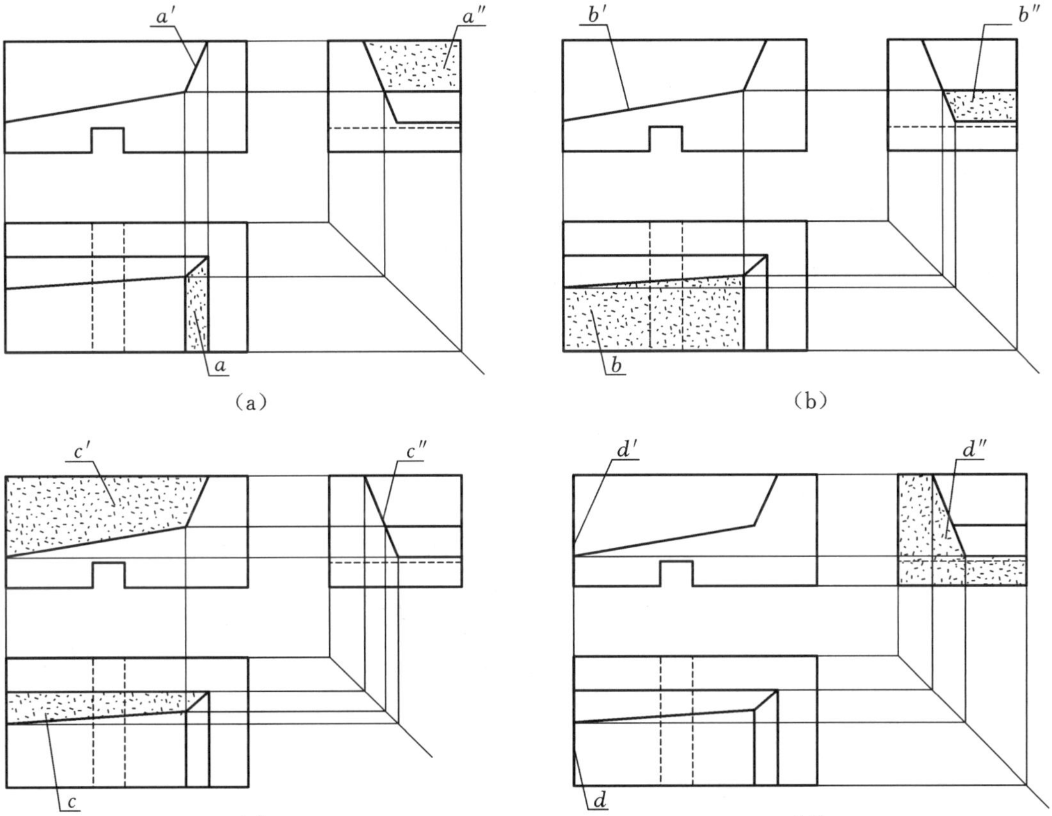

图 1.86　线面分析法读图

(a)A 为正垂面；(b)B 为正垂面；(c)C 为侧垂面；(d)D 为侧平面

(2) 综合起来想形状

综合上述分析结果，并考虑各形体上下、前后、左右的位置关系，可以想象出组合体的形状如图 1.87 所示。

三、组合体视图的画法

通常情况下，组合体由基本形体经过叠加、挖切或综合的形式组成。因此，按这三类对

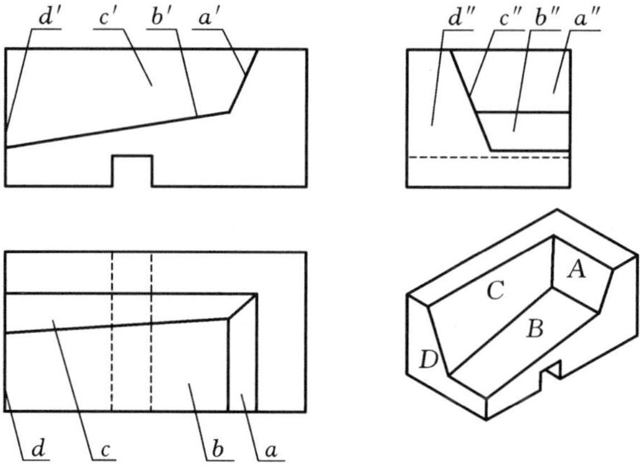

图 1.87　组合体及其三视图

组合体的视图进行绘制。

（一）叠加式组合体的画法

叠加式组合体通常以若干形体叠加而成，绘图时要考虑形体间相交、相切以及共面的关系。以图 1.88(a)所示的组合体立体图为例，说明叠加式组合体的绘图步骤。

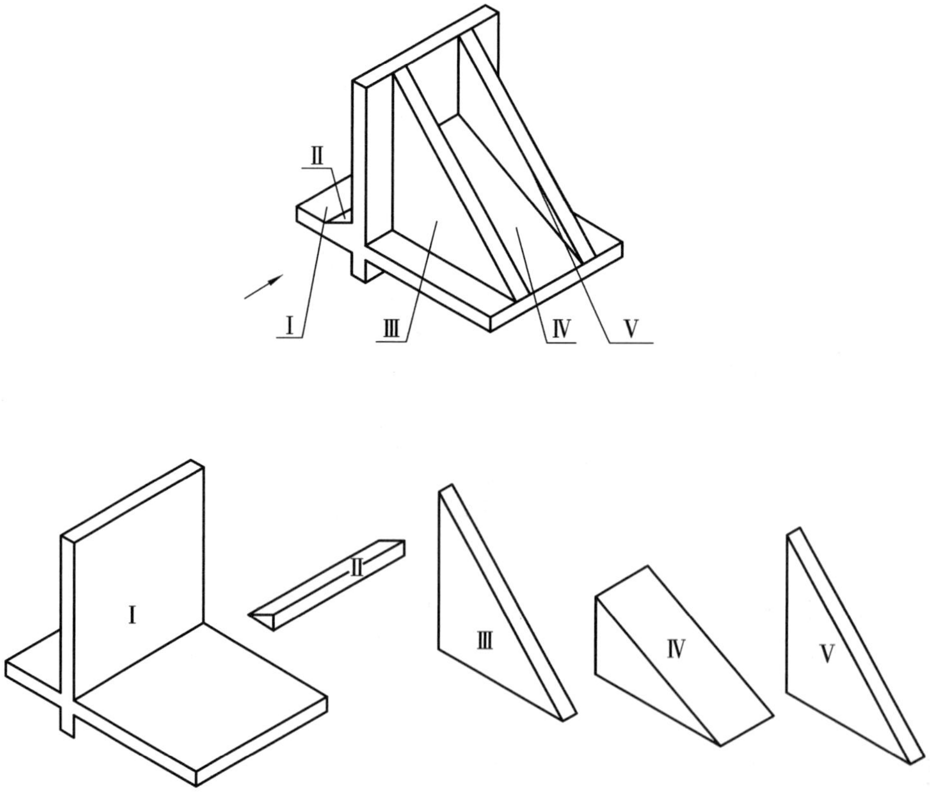

图 1.88　组合体立体图及形体分析(一)

(a)立体图；(b)形体分析

1. 形体分析

如图 1.88(b)所示，该组合体由五部分组成：十字交叉板Ⅰ，三棱柱Ⅱ，支撑板Ⅲ、Ⅳ、Ⅴ。其中支撑板Ⅲ和支撑板Ⅴ大小相等，所有的三棱柱、支撑板均与十字交叉板相交，同时三棱柱Ⅱ和十字交叉板Ⅰ共面。

2. 视图选择

选择视图时，首先尽可能多地将组合体的平面放置成与投影面平行或垂直的位置；然后将最能反映组合体特征或相对位置的方向作为主视图的投射方向，如图 1.88(a)箭头所示方向为主视图方向。主视图确定后，其余视图根据“长对正、宽相等、高平齐”的三等投影规律绘制即可。

3. 布置视图

根据组合体形状、尺寸、图幅以及比例确定各视图在图纸上的位置，绘制各视图的中心线或基准线。本例组合体的基准线选择十字交叉板Ⅰ的左端面，如图 1.89(a)所示。

4. 画底稿

根据步骤 1 中的形体分析，分别绘制各形体的三视图。绘图过程中要注意，各形体的三视图需对应同时画出。首先绘制十字交叉板Ⅰ的三视图，如图 1.89(b)所示。其次绘制三棱柱Ⅱ的三视图，三棱柱Ⅱ和十字交叉板Ⅰ共面，因此主视图中只需画出三棱柱Ⅱ的斜线，另外两个视图画出三棱柱Ⅱ的其余线条，且擦去图 1.88(b)的一处“┘”线条，如图 1.89(c)所示。最后绘制加支撑板Ⅲ、Ⅳ、Ⅴ的三视图，绘制时需要注意支撑板在左、俯视图中的可见性，如图 1.89(d)所示。

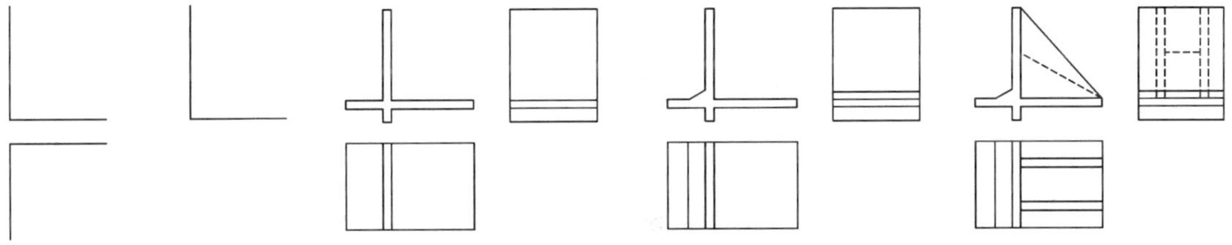
(a)　　(b)　　(c)　　(d)

图 1.89　组合体底稿(一)

(a)选择基准线；(b)绘制十字交叉板Ⅰ的三视图；

(c)绘制加三棱柱Ⅱ的三视图；(d)绘制加支撑板Ⅲ、Ⅳ、Ⅴ的三视图

5. 校核、加深

底稿完成后，根据投影关系对三视图进行校核，无误后加深或上墨，完成全图，如图 1.90 所示。

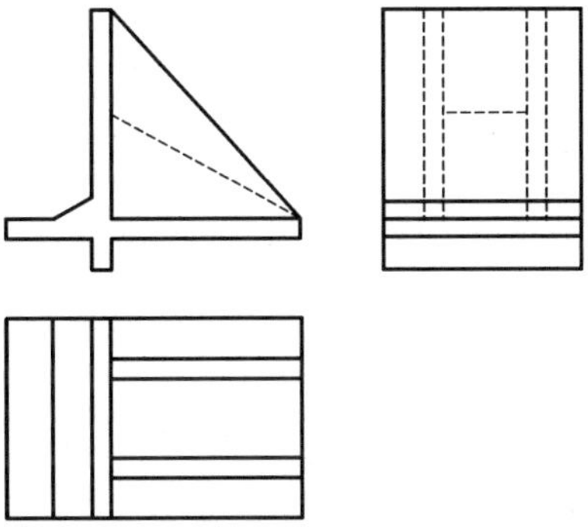

图 1.90　组合体的三视图(三)

(二) 挖切式组合体的画法

挖切式组合体绘图前，可以采用形体分析法分析基本体的原始几何形状，再结合线面分析法分析特殊位置的面和线。以图 1.91(a)所示的组合体立体图为

例，说明挖切式组合体的绘图步骤。

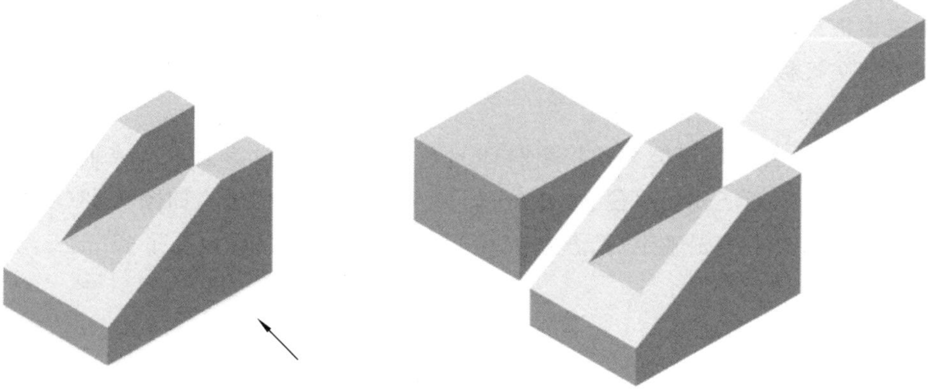

(a)　　(b)

图 1.91　组合体立体图及形体分析(二)

(a)立体图；(b)形体分析

1. 形体分析

图 1.91(a)所示的组合体可以看作是一四棱柱被正垂面切角，然后又对中切去一方形槽而形成，如图 1.91(b)所示。画图时必须注意，每当切割掉一块基本立体后，在组合体表面上一般会产生新的交线，要注意补画其投影。

2. 视图选择

选择主视图的投射方向按自然位置安放好组合体后，选定图 1.91(a)箭头所示方向为主视图的投射方向。主视图确定后，其余视图根据“长对正、宽相等、高平齐”的三等投影规律绘制即可。

3. 布置视图

根据组合体形状、尺寸、图幅以及比例确定各视图在图纸上的位置，绘制各视图的中心线或基准线。本例组合体选择四棱柱的投影作为绘图基准线，如图 1.92(a)所示。

4. 画底稿

根据步骤 1 中的形体分析，先画四棱柱的三视图，如图 1.92(a)所示；再画被正垂面切角的三视图，如图 1.92(b)所示；最后画对中切去方槽的三视图，如图 1.92(c)所示。绘制时需要注意相关线条的可见性。

5. 校核、加深

底稿完成后，根据投影关系对三视图进行校核，仔细检查缺少的线和多余线，无误后加深，完成全图，如图 1.92(d)所示。

（三）综合类组合体的画法

以图 1.93(a)所示的轴承座立体图为例，说明综合类组合体的绘图步骤。

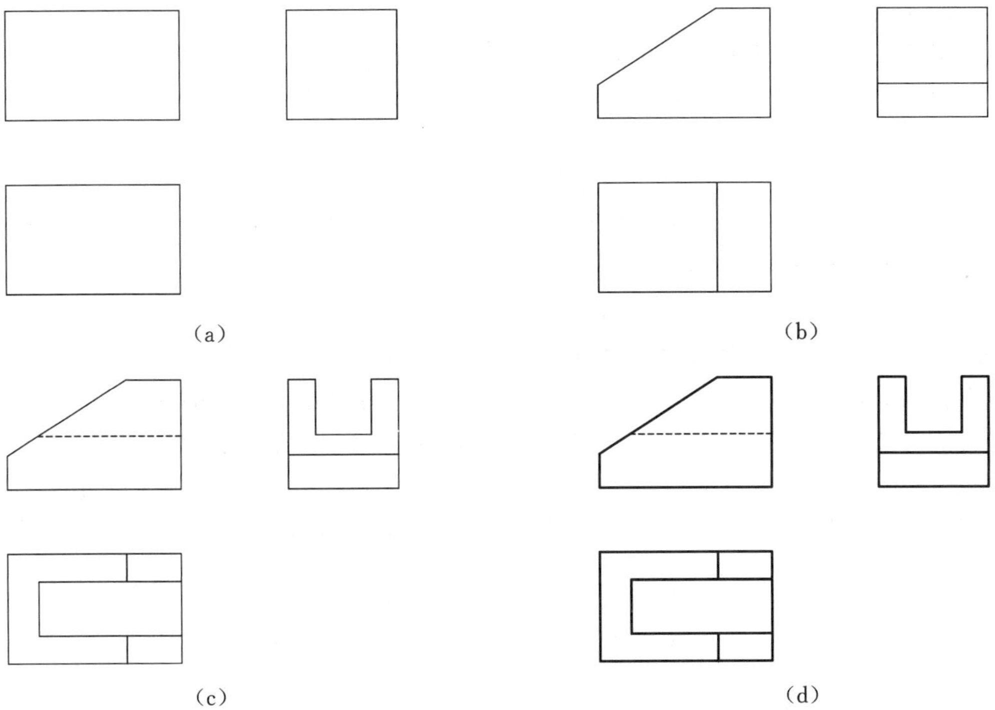

图 1.92　挖切式组合体的画法

(a)画四棱柱;(b)画正垂面切角;(c)画中间方槽;(d)校核并加深

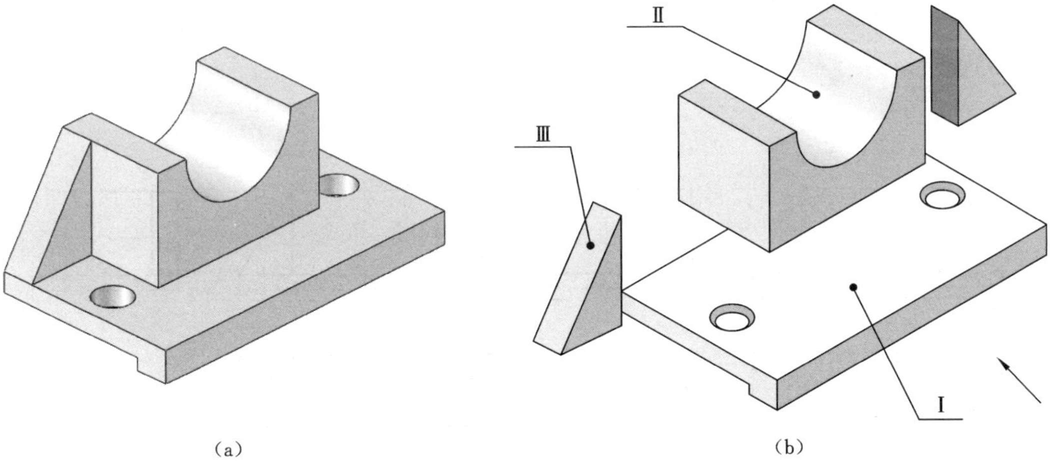

图 1.93　组合体立体图及形体分析(三)

(a)立体图;(b)形体分析

1. 形体分析

如图 1.93(b)所示,该组合体由三大部分组成:底板Ⅰ、座体Ⅱ以及筋板Ⅲ。其中底板Ⅰ由一个大四棱柱挖切掉一个小四棱柱和两个小圆柱形成;主体Ⅱ是在四棱柱上挖切一个半圆槽形成;筋板Ⅲ为三棱柱。

2. 视图选择

图 1.93(b)箭头所示方向反映组合体的形状特征较多，作为主视图的投射方向。主视图确定后，其余视图根据“长对正、宽相等、高平齐”的三等投影规律绘制即可。

3. 布置视图

根据组合体形状、尺寸、图幅以及比例确定各视图在图纸上的位置，绘制各视图的中心线或基准线。本例组合体为左右对称结构，因此，选择对称中心线(即座体圆柱面的中心线)作为绘图基准线，如图 1.94(a)所示。

4. 画底稿

根据步骤 1 中的形体分析，分别绘制各形体的三视图。绘图过程中须注意，各形体的三视图需对应同时画出。画图时，要先用细实线轻而清晰地画出各视图的底稿。画底稿的顺序是：先画主要形体，后画次要形体；先画外形轮廓，后画内部细节；先画可见部分，后画不可见部分。图中的对称中心线和轴线可用点画线直接画出，不可见部分的虚线也可直接画出。在图 1.94(b)中画座体，图 1.94(c)中画底板，图 1.94(d)中画筋板。

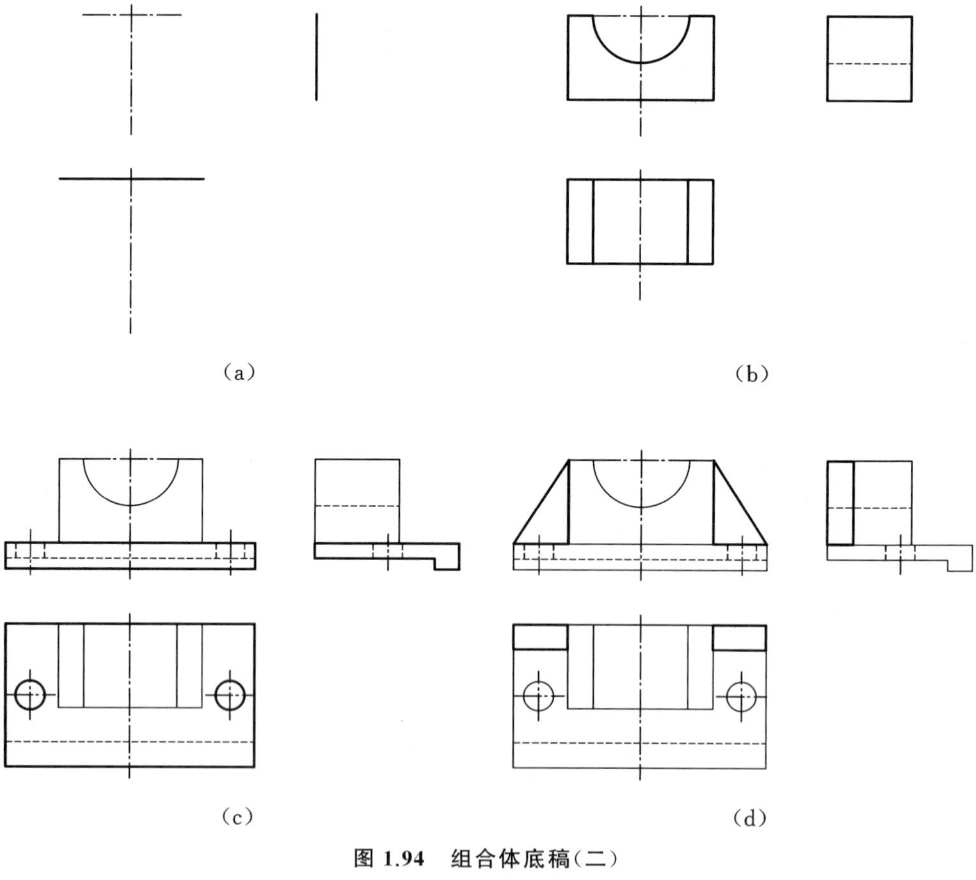

(a)　　　(b)

(c)　　　(d)

图 1.94　组合体底稿(二)

5. 校核、加深

底稿完成后，根据投影关系对三视图进行校核。检查的重点是：各视图中两相邻的形体的"图形线框"间是否该有分界线;截交线与相贯线是否正确,截交与相贯后相应的轮廓线是否处理正确;相切的表面是否画对。检查无误后描深粗实线,完成全图,如图 1.95 所示。

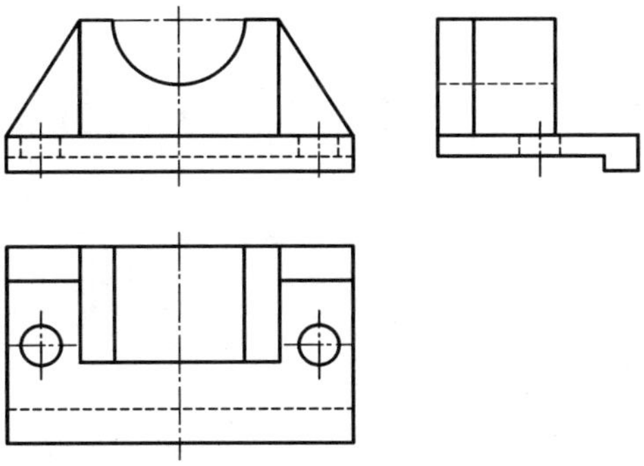

图 1.95　组合体的三视图(四)

项目二　制图的基本知识

【项目目标】

1. 了解国家标准中关于制图标准的基本规定。
2. 掌握机械图样的绘图方法。
3. 掌握绘图工具及其使用方法。
4. 掌握平面图形的绘制方法。
5. 掌握制图的方法与步骤。

任务一　绘制密封垫的平面图形

密封垫如图 2.1 所示，它的用途有两种：一是增强密封性，防止漏油；二是用来调整部件之间的间隙。比如柴油泵每侧盖间的纸垫厚度为 0.1 mm，用来调整供油时间；曲轴瓦与曲轴的轴向间隙也是通过调整飞轮端的侧盖与机体间的纸垫来实现。纸垫如果损坏应及时更换，防止发生漏油现象。

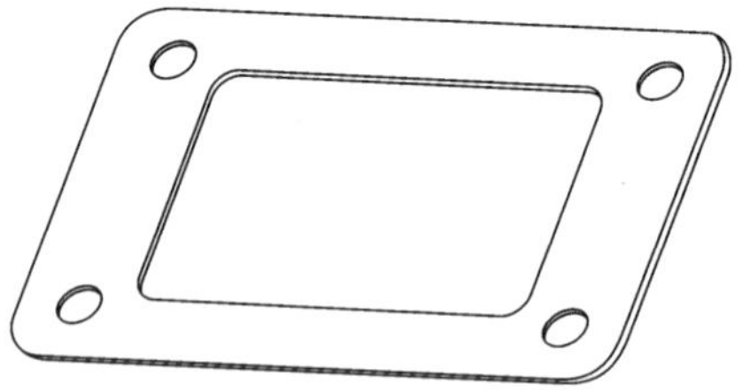

图 2.1　密封垫

图 2.2 为密封垫的零件图，通过图示的形状、尺寸和标题栏相关信息能够准确分析密封垫的结构和形状特点。

【任务分析】

图 2.2 为密封垫的工程图样。在工程技术中，准确地表达物体的形状、尺寸及其技术要求的图形称为工程图样。工程图样不仅是指导生产的重要技术文件，也是进行技术交流的重要工具，工程图样有“工程界的语言”之称。图样可用于不同的工程领域，本书主要介绍“机械图样”。要正确识读、绘制机械图样，首先需要学习国家标准中有关图纸幅面、比例、字体、图线等内容的基本规定。

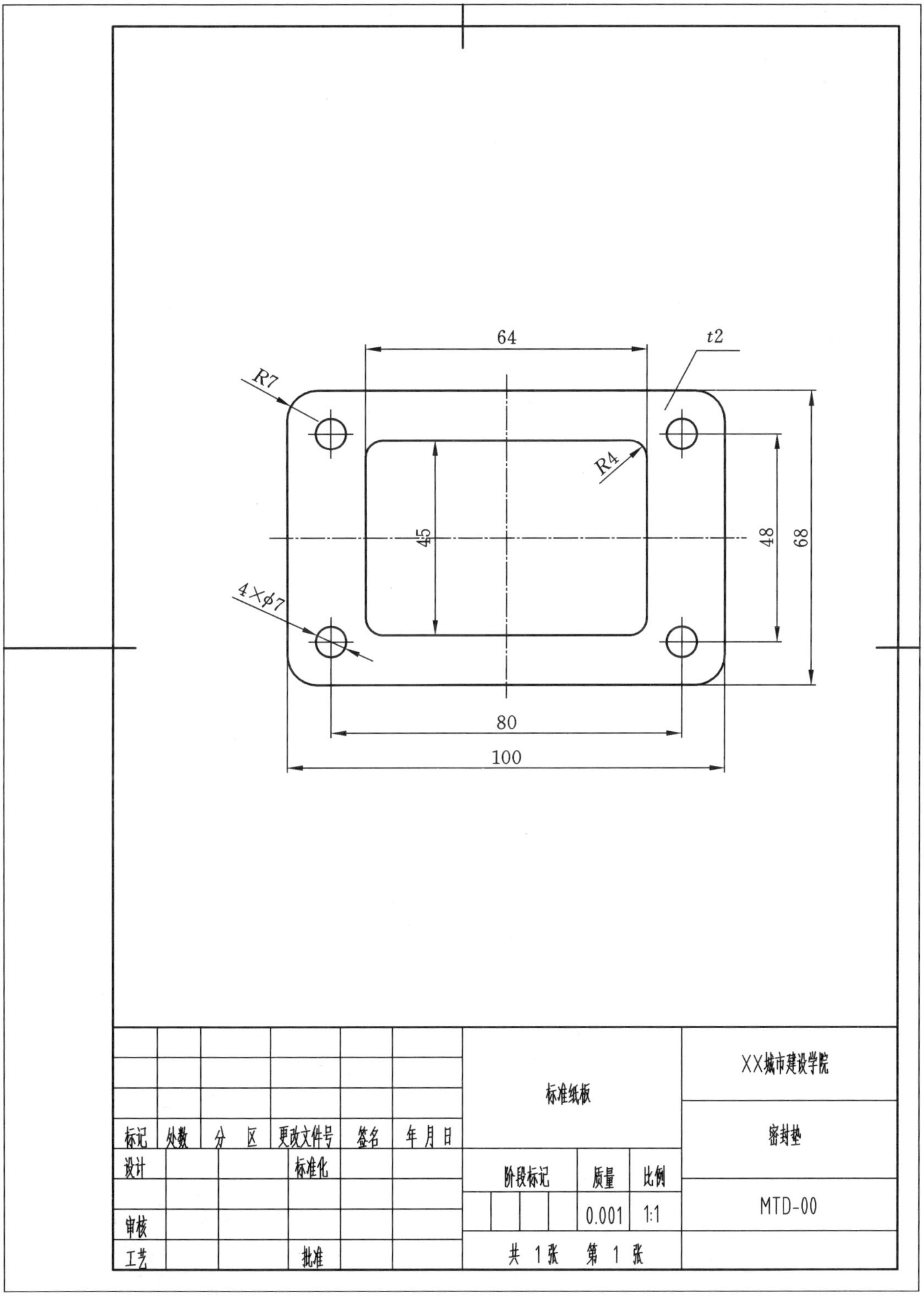
64
t2
R7
R4
45
48
68
4×φ7
80
100
XX城市建设学院
标准纸板
密封垫
MTD-00
标记
处数
分　区
更改文件号
签名
年 月 日
设计
标准化
阶段标记
质量
比例
0.001
1:1
审核
工艺
批准
共 1张　第 1 张

图 2.2　密封垫的零件图

【相关知识】

一、制图标准的基本规定

在标准编号“GB/T 14689—2008”中，“GB/T”为推荐性国家标准，简称“国标”。“14689”表示标准顺序号，“2008”表示该标准颁布或修订的年份。

1.《技术制图 图纸幅面和格式》(GB/T 14689)

(1) 图纸幅面尺寸

绘制图样时，优先采用基本幅面，如表2.1所示。必要时，也可选用表2.1所示的加长幅面(基本幅面沿短边成整数倍增加后得出)。

表 2.1　图纸幅面尺寸

幅面代号	尺寸 $B\times L$	备注
A0	841×1189	基本幅面(第一选择)
A1	594×841	基本幅面(第一选择)
A2	420×594	基本幅面(第一选择)
A3	297×420	基本幅面(第一选择)
A4	210×297	基本幅面(第一选择)
A3×3	420×891	加长幅面(第二选择)
A3×4	420×1189	加长幅面(第二选择)
A4×3	297×630	加长幅面(第二选择)
A4×4	297×841	加长幅面(第二选择)
A4×5	297×1051	加长幅面(第二选择)
A0×2	1189×1682	加长幅面(第三选择)
A0×3	1189×2523	加长幅面(第三选择)
A1×3	841×1783	加长幅面(第三选择)
A1×4	841×2378	加长幅面(第三选择)
A2×3	594×1261	加长幅面(第三选择)
A2×4	594×1682	加长幅面(第三选择)
A2×5	594×2102	加长幅面(第三选择)
A3×5	420×1486	加长幅面(第三选择)
A3×6	420×1783	加长幅面(第三选择)
A3×7	420×2080	加长幅面(第三选择)
A4×6	297×1261	加长幅面(第三选择)
A4×7	297×1471	加长幅面(第三选择)

续表2.1

幅面代号	尺寸 $B\times L$	备注
A4×8	297×1682	加长幅面(第三选择)
A4×9	297×1892	加长幅面(第三选择)

(2) 图框格式

在图纸上必须用粗实线画出图框，其格式分为不留装订边和留装订边两种，如图 2.3 所示。但同一产品的图样只能采用一种格式。

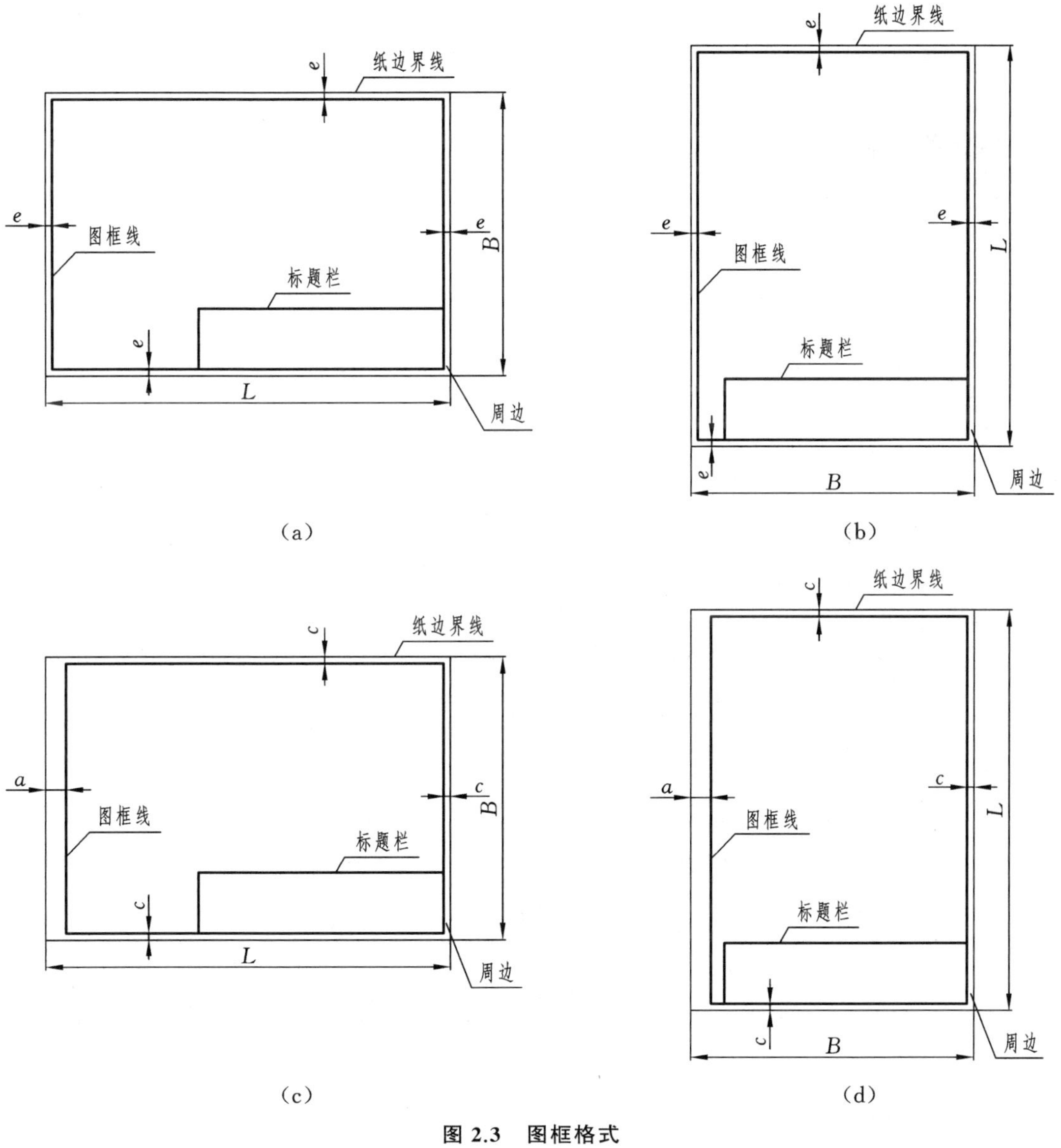

图 2.3　图框格式

(a)无装订边的图框格式(横式)；(b)无装订边的图框格式(立式)；

(c)有装订边的图框格式(横式)；(d)有装订边的图框格式(立式)

图框尺寸按表 2.2 确定。加长幅面的图框尺寸，按所选用的基本幅面大一号的图框尺寸确定。如 A2×3 的图框尺寸，按 A1 的图框尺寸确定。

表 2.2　图框尺寸

幅面代号		A0	A1	A2	A3	A4
尺寸($B\times L$)		841×1189	594×841	420×594	297×420	210 × 297
图框尺寸	e	20		10		
	c	10			5	
	a	25				

(3) 标题栏的方位

每张图纸上都必须画出标题栏。标题栏的格式和尺寸按 GB/T 10609.1 的规定，如图 2.4所示。学校制图作业中，可以采用图 2.5 所示的简化标题栏，简化标题栏里面的格线是细实线，标题栏外框是粗实线。标题栏的位置应位于图纸的右下方，如图 2.3 所示。

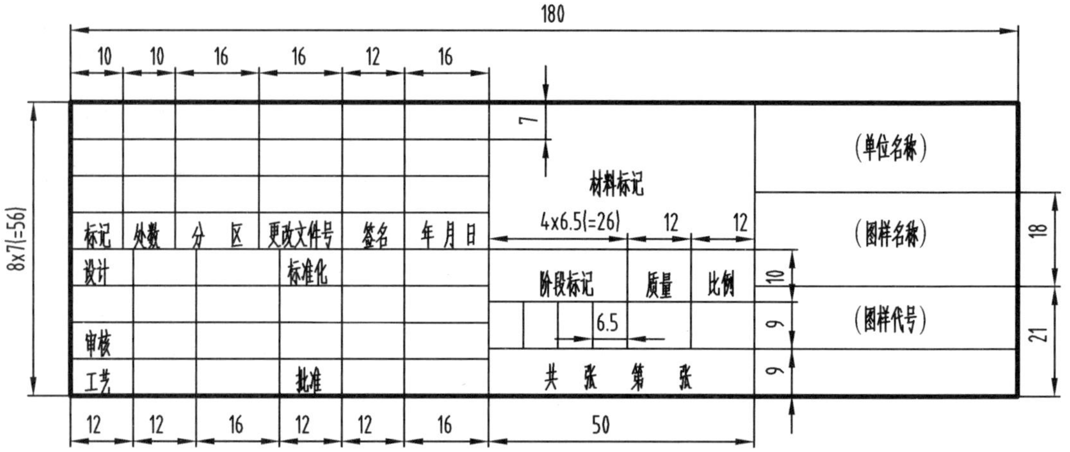

图 2.4　标准标题栏格式

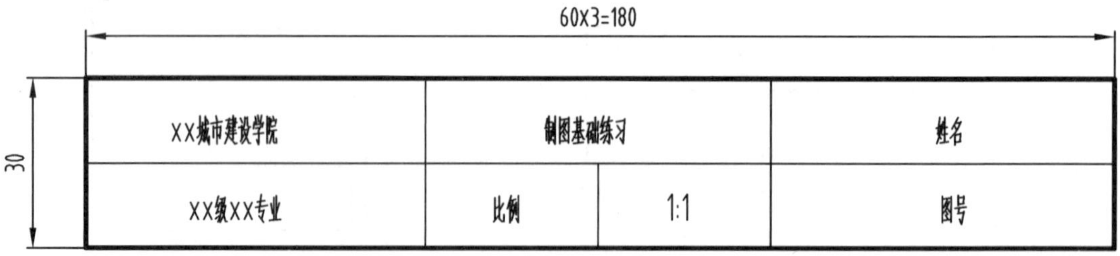

图 2.5　简化标题栏

(4) 对中和方向符号

如图 2.6 所示，为了便于图样复制和微缩摄影时定位，可以利用预先印制的图纸，允许将横式图纸的短边置于水平位置使用，或将立式图纸的长边置于水平位置使用，此时需要在图纸上标明方向符号表示看图的方向，方向符号使用细实线绘制的等边三角形；此外，在图纸各边的中点处分别画出对中符号，对中符号用粗实线绘制，线宽不小于 0.5 mm，长度为从纸边界开始至伸入图框内约 5 mm；当对中符号处在标题栏范围内，伸入标题栏部分省略不画。

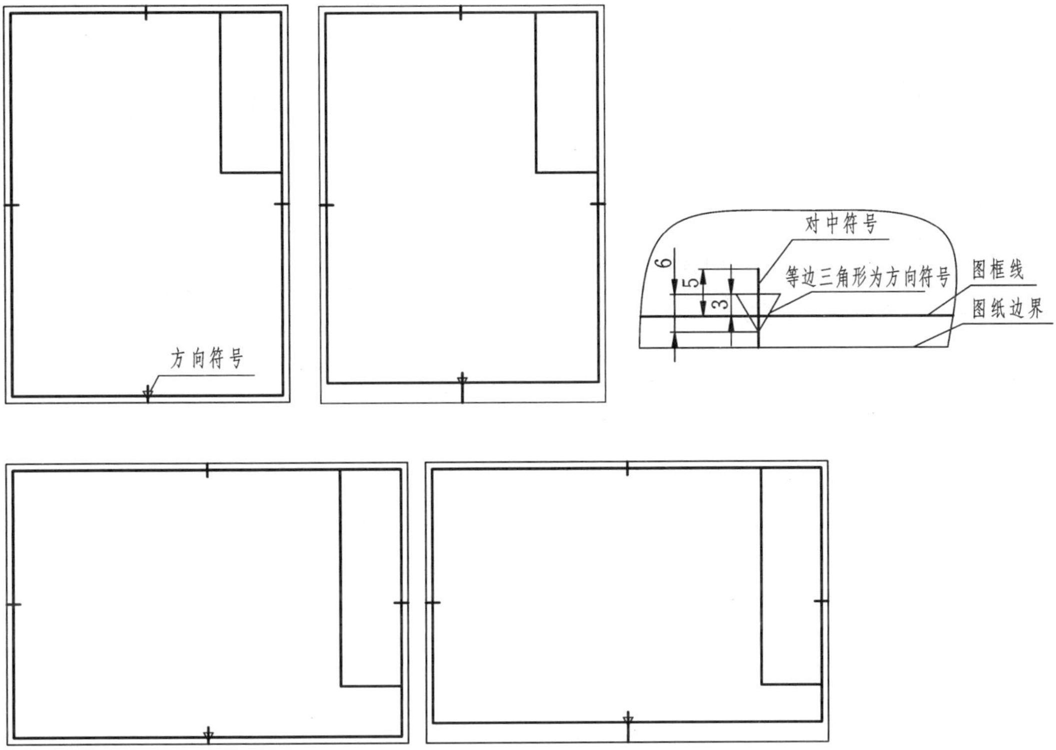

图 2.6　图纸上的对中及方向符号

2.《技术制图 比例》(GB/T 14690)

图中图形与其实物相应要素的线性尺寸之比，称为比例。比例符号应以“∶”表示。比例分为三类：原值比例、放大比例和缩小比例。通常情况下，比例位于标题栏中的比例栏内；图中若有局部放大图，比例可注写在视图名称的下方，如图 2.7 所示。

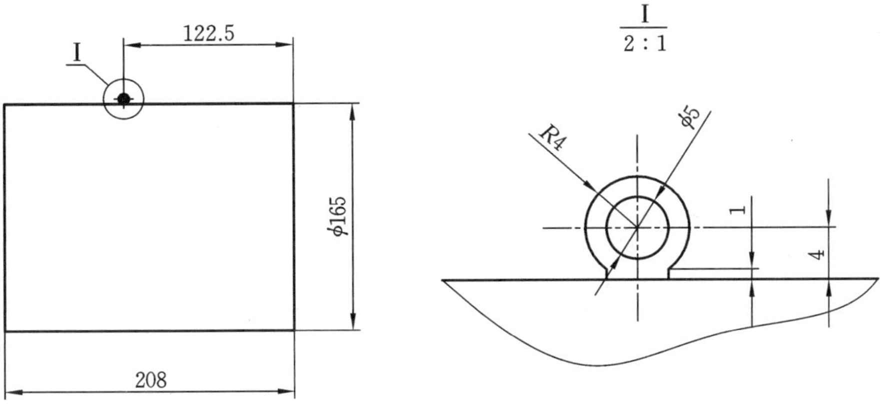

图 2.7　视图中的比例

不管图中使用哪种比例，图形中标注的尺寸数值须为实物的实际大小，与比例无关。优先选用表 2.3 中的比例，也允许选用表 2.4 中的比例。

表 2.3　优先选用比例系数

种类	比例		
原值比例	1∶1		
放大比例	5∶1 5×10^n∶1	2∶1 2×10^n∶1	1×10^n∶1
缩小比例	1∶2 1∶2×10^n	1∶5 1∶5×10^n	1∶10 1∶1×10^n

注：n 为正整数。

表 2.4　允许选用比例系数

种类	比例				
放大比例	4∶1 4×10^n∶1		2.5∶1 2.5×10^n∶1		
缩小比例	1∶1.5 1∶1.5×10^n	1∶2.5 1∶2.5×10^n	1∶3 1∶3×10^n	1∶4 1∶4×10^n	1∶6 1∶6×10^n

注：n 为正整数。

3.《技术制图 字体》(GB/T 14691)

机械图样上会遇到各种字或符号，如汉字、数字、字母等。为了保证图样的规范性和通用性，且使图面清晰美观，均应做到字体工整、笔画清楚、间隔均匀、排列整齐。

字体高度的公称尺寸系列为：1.8 mm、2.5 mm、3.5 mm、5 mm、7 mm、10 mm、14 mm、20 mm。汉字应写成长仿宋体字，汉字的高度 h 不应小于 3.5 mm，字宽一般为 $h/\sqrt{2}$。字母和数字可写成斜体和直体，斜体字头向右倾斜，与水平基准线成 75°；字母和数字分 A 型和 B 型，A 型字体的笔画宽度为字高的 1/14，B 型字体的笔画宽度为字高的 1/10。同一图样上，只允许出现同一种型式的字体。汉字、字线和数字的字体示例见图 2.8。

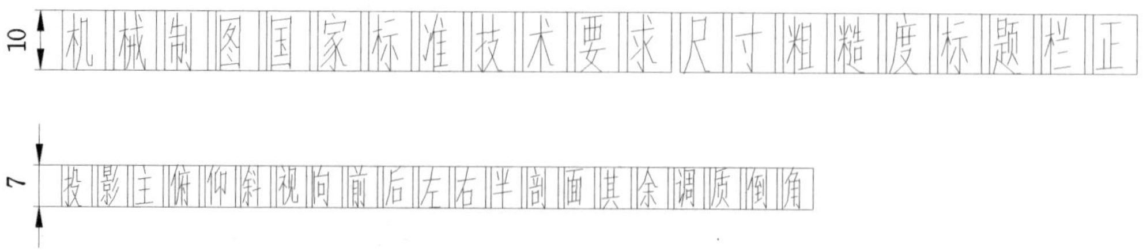

图 2.8　字体示例

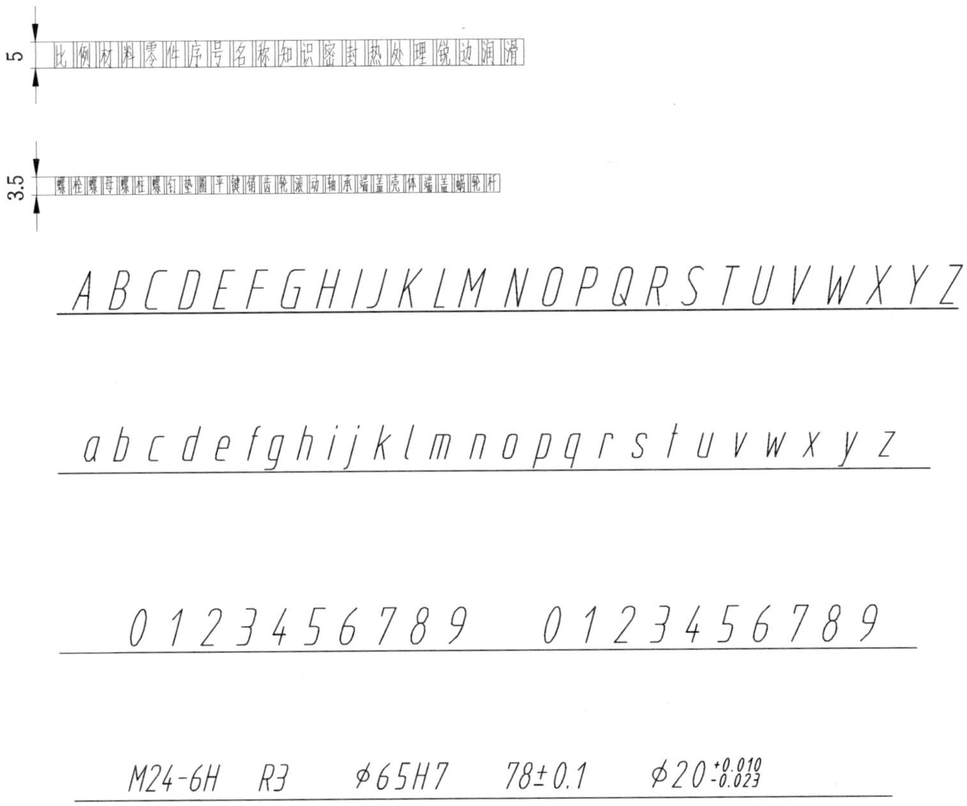

续图 2.8

4.《机械制图 图样画法 图线》(GB/T 4457.4)

机械图样中所采用的各种类型的线,称为图线。国家标准规定了机械图样中的九种线型,图线采用粗细两种线宽,它们之间的比例为 2∶1。图线的应用如表 2.5 所示。

表 2.5　线型及应用

名称	线型	线宽	一般用途
细实线	——————	0.5d	过渡线、尺寸线、尺寸界线、指引线和基准线、剖面线、重合断面的轮廓线、短中心线、螺纹牙底线、辅助线、不连续同一表面连线、成规律分布的相同要素连线、投影线、网格线
粗实线	**——————**	d	可见棱线边、可见轮廓线、相贯线、螺纹牙顶线、长度终止线、齿轮齿顶圆、齿顶线、剖切符号用线、模样分型线
细点画线	-·-·-·-·-·-·-	0.5d	轴线、对称中心线、齿轮分度圆、分度线、孔系分布的中心线、剖切线
细虚线	- - - - - - - - -	0.5d	不可见棱线边、不可见轮廓线

续表2.5

名称	线型	线宽	一般用途
双折线		0.5d	断裂处边界线、视图与剖视图的分界线
波浪线		0.5d	断裂处边界线、视图与剖视图的分界线
细双点画线	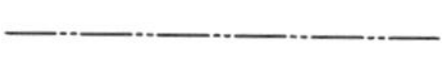	0.5d	相邻辅助零件的轮廓线、可动零件的极限位置的轮廓线、成形前轮廓线、轨迹线、中断线、毛坯图中制成品的轮廓线、特定区域线、延伸公差带表示线、工艺用结构的轮廓线

绘制图样时，应遵守以下要求：

(1) 同一张图样中，同类图线的宽度基本一致。

(2) 虚线、点画线和双点画线的线段长度和间隔应各自大致相等。点画线或双点画线中的“点”是一短画，长约1 mm，不能画成圆点。

(3) 两条平行线(包括剖面线)之间的距离，应不小于粗实线的两倍宽度，其最小距离不得小于0.7 mm。

(4) 绘制圆的对称中心线(细点画线)时，圆心应为线段的交点。

(5) 点画线和双点画线的首末两端应是线段而不是“点”，同时其两端应超出图形的轮廓线3～5 mm。

(6) 在较小的图形上绘制点画线或双点画线有困难时，可用细实线代替。

(7) 虚线、点画线与其他图线相交时，应在线段处相交，不应在点或空隙处相交。当虚线是粗实线的延长线时，粗实线应画到分界点，而虚线与分界点之间应留有空隙。

5.《机械制图 尺寸注法》(GB/T 4458.4)

机件的真实大小应以机械图样上所注的尺寸数值为准，与图形的大小及绘图的准确度无关。当图样中尺寸以mm为单位时，可省略单位符号；若采用其他单位，则应注明相应的单位符号。机件的每一尺寸，一般只标注一次，并应标注在反映该结构最清晰的图形上。标注数字前后常用的特征符号和缩写词见表2.6。

表2.6 常用的特征符号和缩写词

名称	符号和缩写词	名称	符号和缩写词	名称	符号和缩写词
直径	ϕ	球半径	SR	45°倒角	C
半径	R	厚度	t	弧长	⌒
球直径	$S\phi$	正方形	□	均布	EQS

(1) 尺寸的组成

一个完整的尺寸一般由尺寸界线、尺寸线和尺寸数字组成，称为尺寸三要素。如图2.9

所示。

(2) 尺寸界线

尺寸界线用细实线绘制，并应由图形的轮廓线、轴线或对称中心线处引出。也可利用轮廓线、轴线或对称中心线作尺寸界线。如图 2.10 所示。

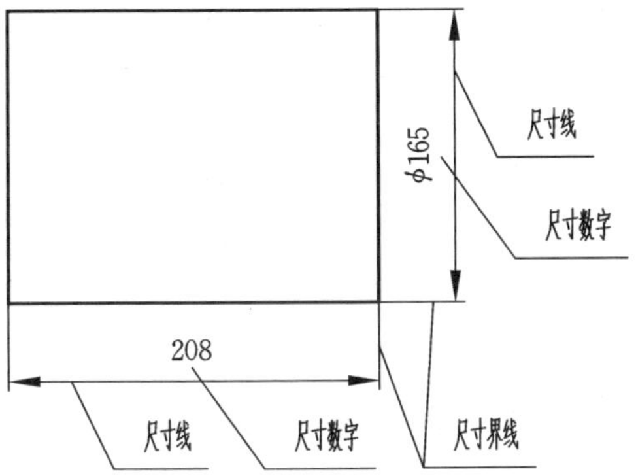

图 2.9　尺寸标注示例

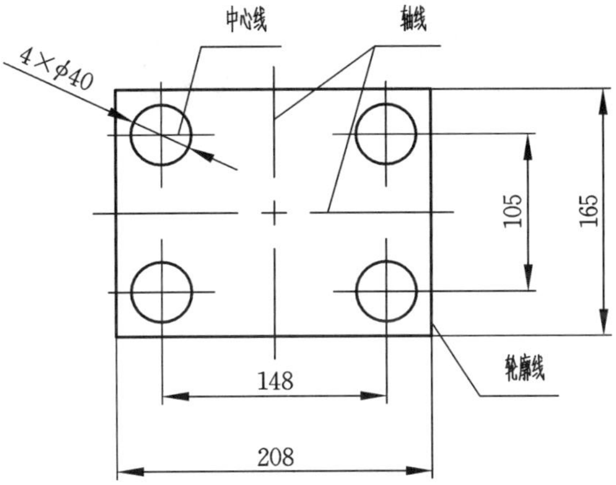

图 2.10　尺寸界线的画法

尺寸界线一般应与尺寸线垂直；当尺寸界线过于贴近轮廓线时，也允许倾斜画出；在光滑过渡处标注尺寸时，应用细实线将轮廓线延长，从它们的交点处引出尺寸界线，如图 2.11 所示。

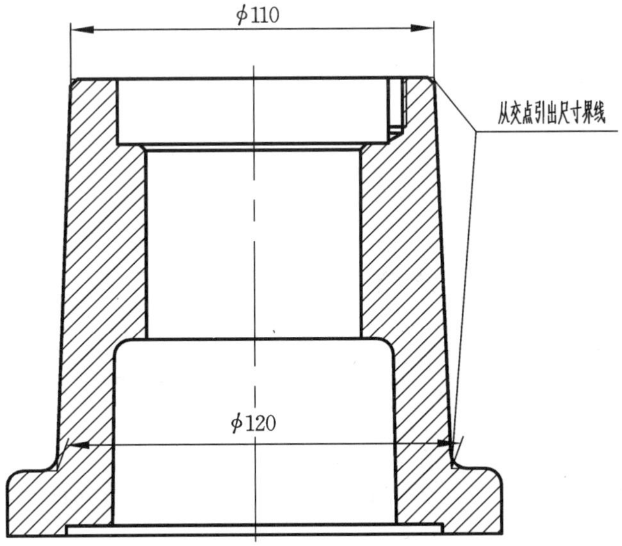

图 2.11　尺寸界线的倾斜画法

标注角度的尺寸界线应沿径向引出；标注弦长的尺寸界线应平行于该弦的垂直平分线；标注弧长的尺寸界线应平行于该弧所对圆心角的角平分线，当弧度较大时，可沿径向引出，如图 2.12 所示。

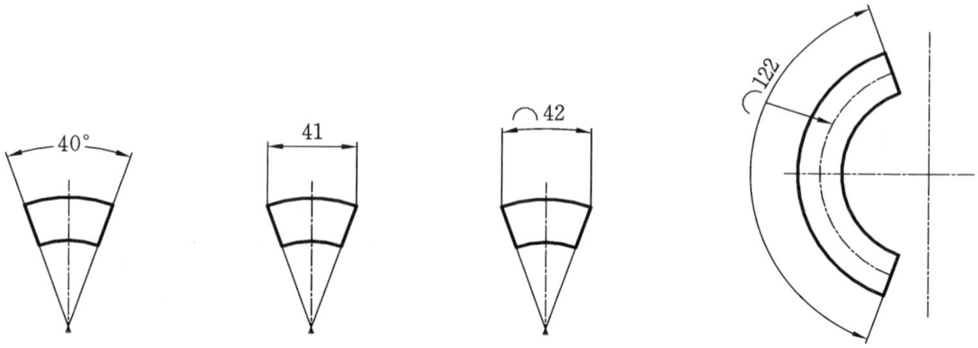

(a)　(b)　(c)　(d)

图 2.12　其余尺寸界线画法

(a)标注角度;(b)标注弦长;(c)标注弧长;(b)标注弧度较大的弧长

(3) 尺寸线

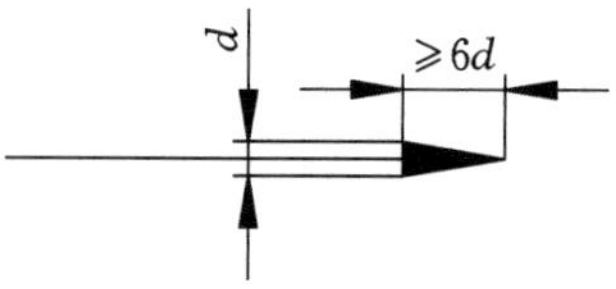

图 2.13　尺寸线终端的箭头

(d:粗实线的宽度)

尺寸线用细实线绘制。尺寸线的终端有箭头或斜线,机械图样中一般采用箭头作为尺寸线的终端,如图 2.13 所示。当尺寸线与尺寸界线相互垂直时,同一张图样中只能采用一种尺寸线终端的形式。标注线性尺寸时,尺寸线应与所标注的线段平行;尺寸线不能用其他图线代替,一般也不得与其他图线重合或画在其延长线上。

(4) 尺寸数字

线性尺寸的数字一般应写在尺寸线的上方,也允许注写在尺寸线的中断处。线性尺寸数字的方向,一般应按图 2.14 所示的方向注写,并尽可能避免在图示 30°范围内标注尺寸;当无法避免时,可按图 2.15 标注。

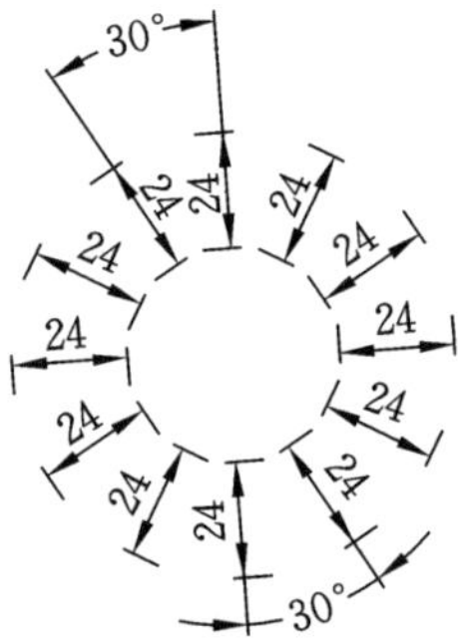

图 2.14　尺寸数字的注写方向

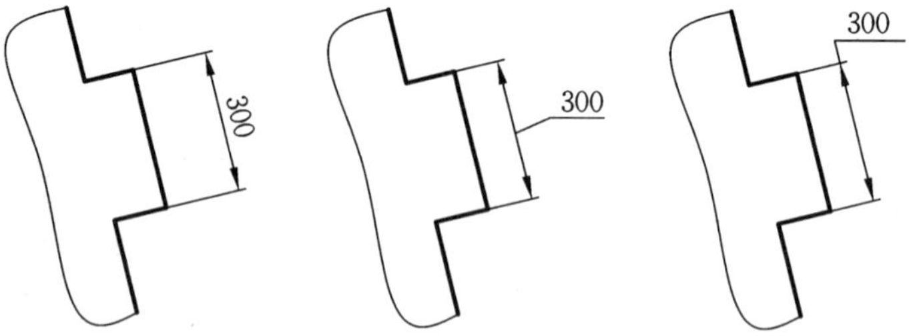

图 2.15　向左倾斜 30°范围内的尺寸数字的注写

(5) 常用圆的直径和圆弧半径尺寸的标注方法

圆的直径和圆弧半径的尺寸线的终端应画成箭头,并按图 2.16 所示的方法标注。

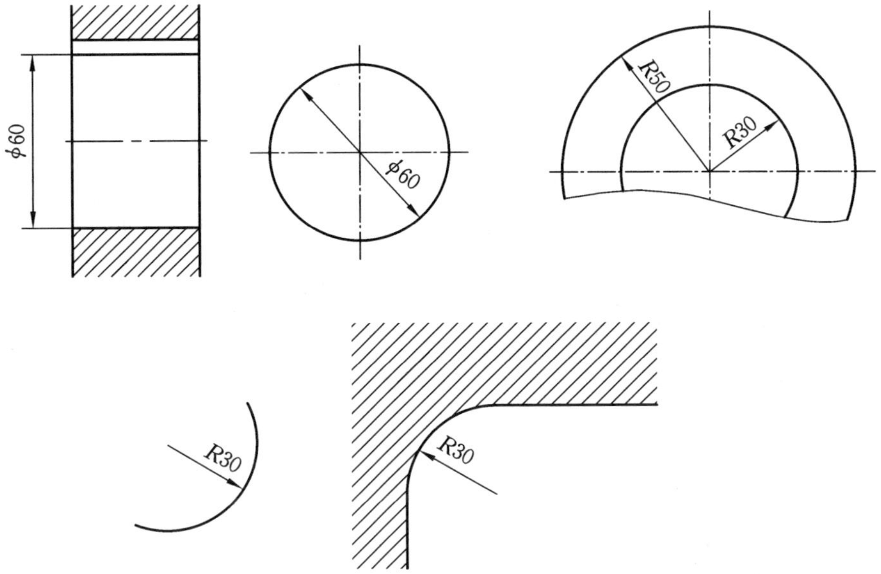

图 2.16　圆的直径和圆弧半径的注法

二、绘图工具及其使用方法

学习制图，要了解各种制图工具的性能，掌握其使用方法，并经常维护保养，这样才能保证绘图质量，提高绘图速度。常用的制图工具有图板、丁字尺、三角板、圆规和铅笔等。

1. 图板

图板的四周工作边要平直，否则用丁字尺画出的平行线就不准确；板面要保持平滑，否则会影响画图质量；图板放在桌面上，不宜用水刷洗或在日光下暴晒。

2. 丁字尺

丁字尺是由尺身和尺头组成。二者互相垂直，尺身带有刻度。丁字尺主要用来画水平线，尺身要牢固地连接在尺头上，尺头的内侧面必须平直，使用时应紧靠绘图板的左侧边；尺头不可以随时调换位置。

图板和丁字尺的使用如图 2.17 所示。

3. 三角板

三角板可以用来画铅垂线，也可以用来画斜线。画铅垂线时，先将丁字尺移动到所绘图线的下方，然后把三角板的任意一条直角边紧靠在丁字尺的长边上，接下来把三角板放在所画图线的右方，左手按住丁字尺和三角板，右手用铅笔自下而上画线。画斜线时，需要利用三角板的斜边或者三角板组成在一起。三角板的使用如图 2.18 所示。

4. 圆规

圆规是用来画圆和圆弧的仪器。使用时，先将两脚分开至所需的半径尺寸，用左手食指把针尖放在圆心位置，将带针插脚轻轻插入圆心处，使带铅芯的插脚接触图纸，然后转动圆规手柄，沿顺时针方向画圆，转动时用力和速度要均匀，并使圆规向转动方向稍微倾斜。圆

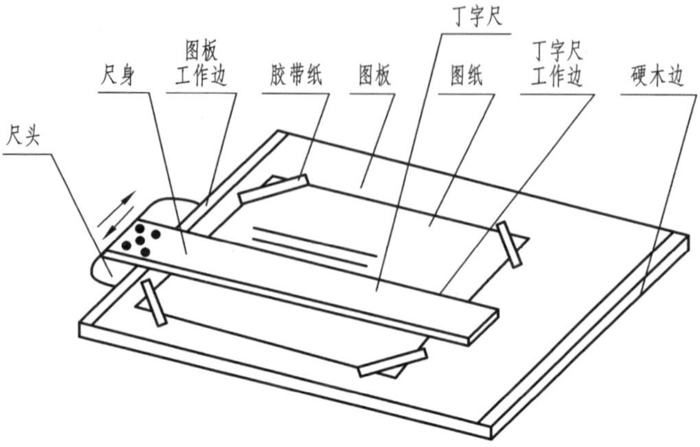

图 2.17　图板和丁字尺

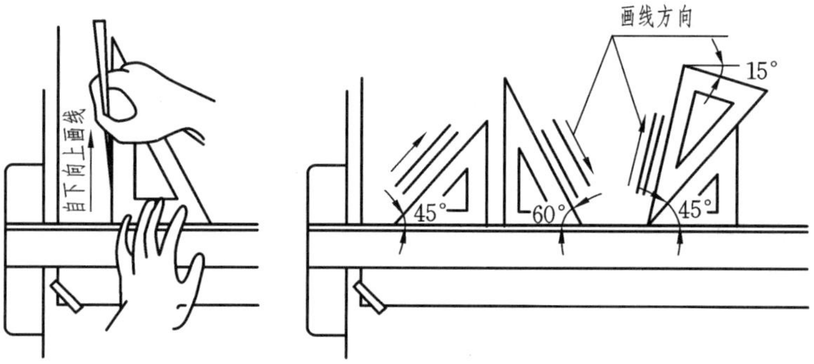

图 2.18　三角板画铅垂线和斜线

或圆弧应一次画完，画大圆时，要在圆规插脚上接大延长杆，要使针尖与铅芯都垂直于纸面，左手按住针尖，右手转动带铅芯的插脚画图。圆规的使用如图 2.19 所示。

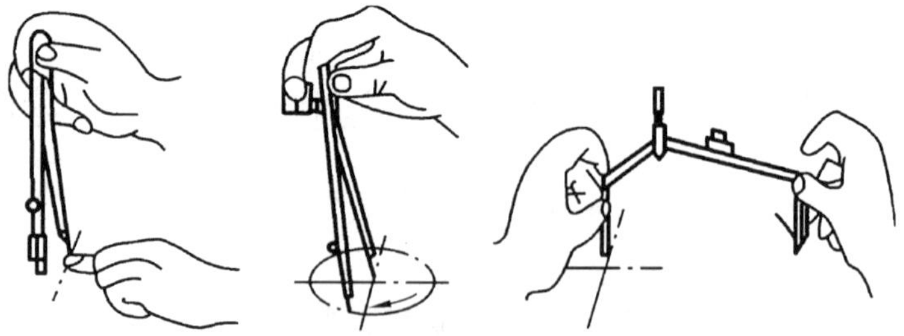

图 2.19　圆规的使用

5. 铅笔

铅笔铅芯的硬度标志，一般用“H”表示硬质铅笔，“B”表示软质铅笔，“HB”表示软硬适中的铅笔。手绘图时，图线的粗细不同，所用的铅笔型号及铅芯削磨的形状也不同。通常用 H～2H 铅笔画底稿；用 HB 铅笔写字、画箭头以及加黑细实线；用 B～2B 铅笔加黑粗实线。

三、几何作图

1. 过已知点作一直线平行于已知直线(图 2.20)

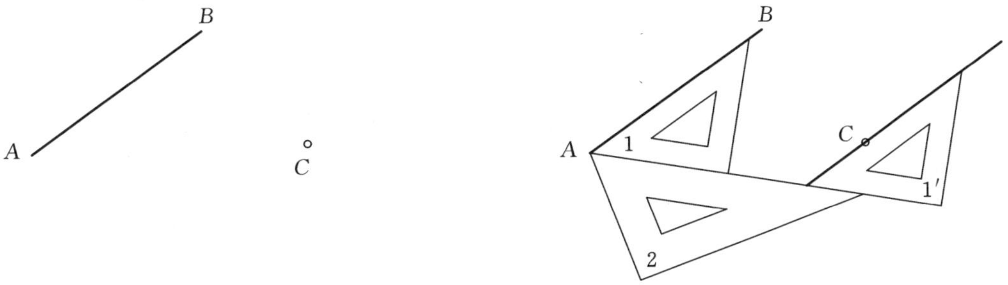

图 2.20　过已知点作一直线平行于已知直线

作图步骤:

(1) 使 45°三角板 1 的斜边紧贴直线 AB,使 60°三角板 2 的斜边紧贴三角板 1 的直角边,如图 2.20 所示。

(2) 60°三角板 2 按住不动,移动三角板 1 到达三角板 1′位置,使得此时三角板 1′的斜边通过 C 点,画出的直线即为所求的平行线。

2. 过已知点作一直线垂直于已知直线(图 2.21)

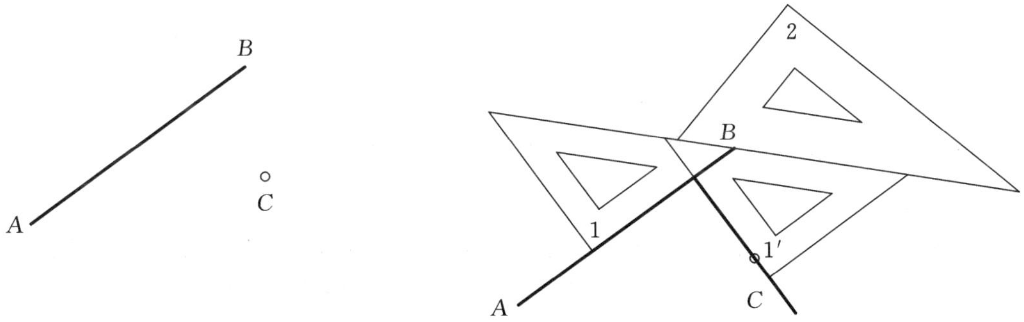

图 2.21　过已知点作一直线垂直于已知直线

作图步骤:

(1) 使 45°三角板 1 的直角边紧贴直线 AB,使 60°三角板 2 的斜边紧贴三角板 1 的斜边,如图 2.21 所示。

(2) 60°三角板 2 按住不动,移动三角板 1 到达三角板 1′位置,使得此时三角板 1′的另一条直角边通过 C 点,画出的直线即为所求的垂直线。

3. 三等分线段(图 2.22)

作图步骤:

(1) 过 A 点作任意一条线段 AC,从点 A 开始在线段 AC 上截取线段,使得 $AD=DE=EC$,如图 2.22 所示。

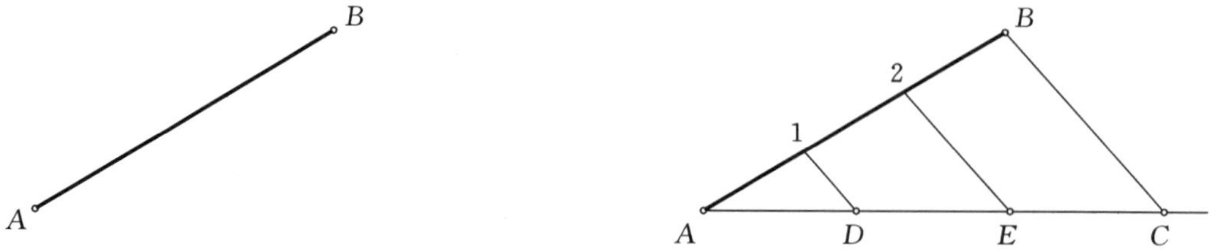

图 2.22　三等分线段

(2) 连接 CB,分别过 D、E 作 $E2/\!/CB/\!/D1$。这些平行线与线段 AB 的交点即为所求的等分点。

4. 过圆外一点作圆的切线(图 2.23)

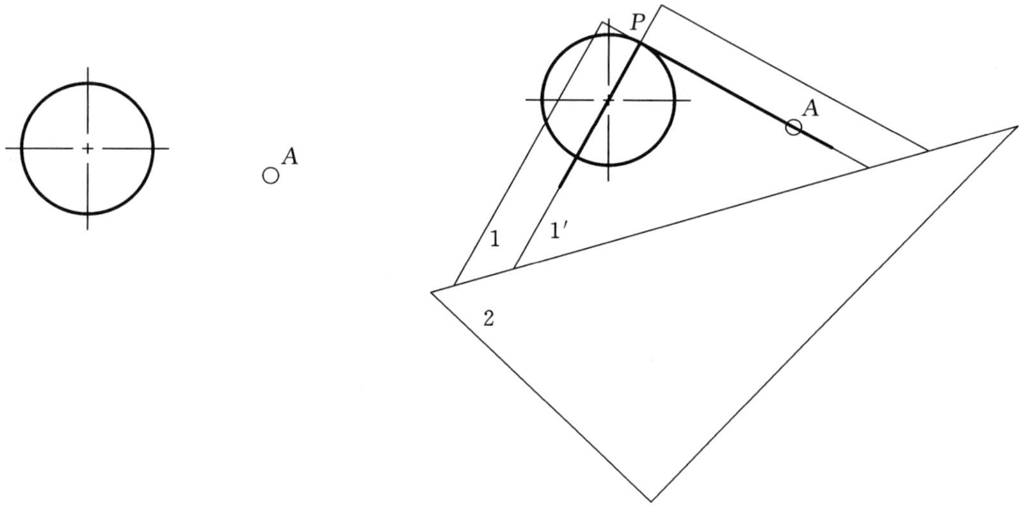

图 2.23　过圆外一点作圆的切线

作图步骤:

(1) 使三角板 1 的一条直角边既过 A 点,又与圆相切,切点为 P,绘制一条直线。

(2) 将三角板 2 的斜边与三角板 1 的斜边靠紧,接下来移动三角板 1 到达 1′的位置,此时三角板 1 的一条直角边过圆心,绘制另一条直线。

(3) 上述两步即可得出圆的一条切线。

5. 圆的内接正五边形的画法(图 2.24)

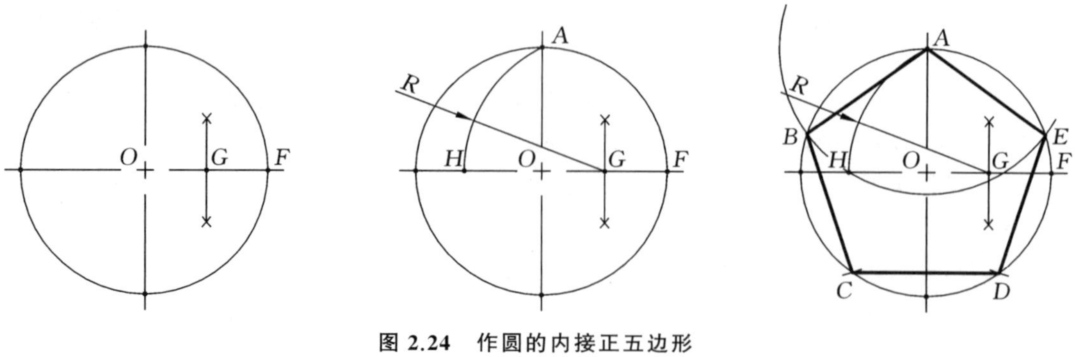

图 2.24　作圆的内接正五边形

作图步骤：

(1) 二等分 OF 得点 G。

(2) 以点 G 为圆心，以 GA 为半径画圆弧交直径于点 H。

(3) 以 AH 为单位分别在圆周上截得五等分点，如图 2.24 所示。

(4) 顺次连接圆周上的五个等分点，得到正五边形。

6. 圆的内接正六边形的画法(图 2.25)

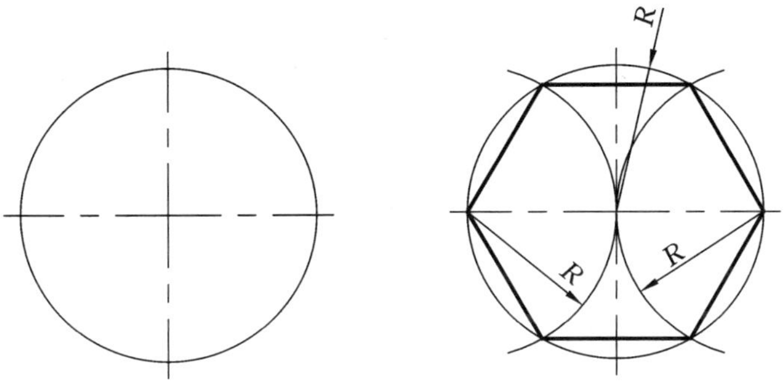

图 2.25　作圆的内接正六边形

作图步骤：

(1) 分别以中心线与圆的左、右两交点为圆心，作半径为 R 的圆弧，找到圆弧与已知圆的交点。

(2) 顺次连接圆周上的六个点，即得到正六边形，如图 2.25 所示。

7. 椭圆的准确画法——同心圆法(图 2.26)

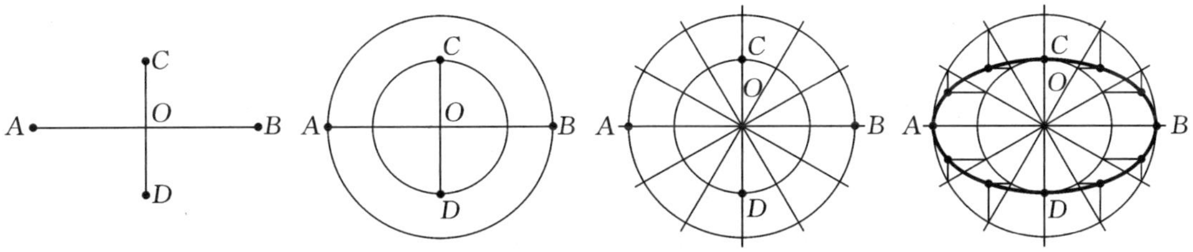

图 2.26　椭圆的准确画法——同心圆法

如图 2.26 所示，已知长轴 AB、短轴 CD，中心为 O，作图步骤：

(1) 以 O 为圆心，以 OA 和 OC 为半径，作两个圆。

(2) 过中心作圆的 12 等分线，夹角为 30°。

(3) 过 12 条等分线与大圆所有的交点作竖直线、过 12 条等分线与小圆所有的交点作水平线。

(4) 竖直线与对应的水平线找交点，共 12 个交点。

(5) 将上述 12 个点依次光滑连接即得到椭圆。

8. 椭圆的近似画法——四心扁圆法(图 2.27)

如图 2.27 所示，已知长轴 AB、短轴 CD，中心为 O，作图步骤：

(1) 连接 AC，并在 AC 上截取 CE，使 $CE=OA-OC$。

(2) 作线 AE 的中垂线，与线 OA 交于点 O_2，与线 OD 交于 O_1；找出 O_1、O_2 的对称点

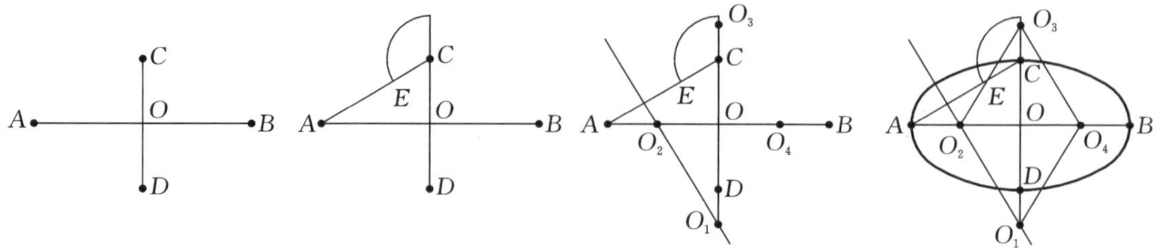

图 2.27　椭圆的近似画法——四心扁圆法

O_3、O_4。

(3) 以 O_1 为圆心，O_1C 为半径作圆；以 O_3 为圆心，O_3D 为半径作圆；以 O_2 为圆心，O_2A 为半径作圆；以 O_4 为圆心，O_4B 为半径作圆。

(4) 上述圆弧按顺序相连，即得近似椭圆。

四、平面图形的绘制方法

平面图形由许多线段或弧线构成，这些线段或弧线之间的相对位置关系需通过尺寸来确定。因此，在绘制平面图形之前，需要进行尺寸分析和线段(弧线)分析。

1. 尺寸分析

(1) 定形尺寸。定形尺寸是确定平面图形中几何元素形状大小的尺寸。例如，直线段的长度、圆和圆弧的直径或半径、角度的大小等。

(2) 定位尺寸。定位尺寸是用于确定平面图形中几何元素位置的尺寸。例如，圆心的位置以及线段的位置等。

(3) 尺寸基准。标注尺寸的起始点称为尺寸基准。对平面图形而言，有水平和垂直两个方向的基准，尺寸基准通常是图形的中心线、较长的底边或边线等。

2. 线段(弧线)分析

平面图形中，有的线段(弧线)具有完整的定形和定位尺寸。绘图时，可根据标注的尺寸直接绘出；有的线段(弧线)要根据所标注的尺寸或相邻线段(弧线)间的关系，几何作图得出。在绘制平面图形时，大多数的线段和圆都是已知尺寸，因此，下文只介绍圆弧连接。圆弧可以分为已知弧、中间弧和连接弧三类。

(1) 已知弧

已知弧具有完整的定形尺寸、定位尺寸和尺寸基准，在绘制已知弧时，完全可以根据这些尺寸画出。

(2) 中间弧

中间弧仅给出半径大小及圆心一个方向的定位尺寸。在绘制中间弧时，需在其相邻的已知弧绘完后才能画出。

(3) 连接弧

连接弧只给出圆弧半径，没有定位尺寸。在绘制连接弧时，需要根据给出的圆弧半径与相邻线段的连接关系通过几何作图画出。

综上所述，在绘图时，需先绘已知弧，再绘中间弧，最后绘连接弧。

五、制图的方法与步骤

1. 准备工作

(1) 擦拭干净绘图工具及仪器，准备好铅笔，收拾整洁绘图桌面。

(2) 根据图形的复杂程度、图形的尺寸以及绘图比例，确定图幅。

(3) 用胶带将图纸固定在图板适当位置，注意要留出丁字尺的位置。

2. 画底稿

(1) 用铅笔画底稿时，底稿线要细而淡。

(2) 画图框、标题栏。水平和竖直线可以利用丁字尺和三角板绘制。

(3) 布图时，先估计各图形的大小及预留尺寸线的位置，避免太紧凑或绘图区留白过多。

(4) 画图形时，一般先画出基准线和定位线，然后按照已知线段(弧线)、中间线段(弧线)、连接线段(弧线)的顺序进行绘制。

同时，需要注意的是，先画出图形的主要轮廓线，然后再画细部；所有图形绘制完成后，再进行尺寸标注。

3. 加深图线

加深图线时，要认真核对底稿，修正错误；经检查无误后，擦去多余的线条。加深图线的一般步骤如下：

(1) 加深所有的细点画线、细虚线。

(2) 加深所有可见的弧线。

(3) 用丁字尺从图的上方开始，依次向下加深所有水平方向的粗实直线。

(4) 用三角板配合丁字尺从图的左方开始，依次向右加深所有铅垂方向的粗实直线。

(5) 从图的左上方开始，依次加深所有倾斜的粗实线和倾斜的虚线。

(6) 加深所有的细实线、折断线、波浪线等。

(7) 加深图框、标题栏框线。

(8) 注写尺寸数字、文字说明，并填写标题栏。

【任务实施】

根据上述知识绘制图 2.2 所示的密封垫的平面图形，步骤如下：

(1) 画图框和标题栏，由于密封垫图形简单、尺寸数量较少，选用 A4 图幅，比例为 1∶1，见图 2.28(a)。

(2) 布图时，根据图幅、比例、线型、尺寸标注，初步将图形布置在绘图区域中间位置。

(3) 对密封垫进行尺寸分析和线段分析。密封垫中，定形尺寸有外框的长 100、宽 68、倒圆角尺寸 $R7$；内框的长 64、宽 45、倒圆角尺寸 $R4$；小圆的直径 7。定位尺寸包括四个小圆长度方向的对称尺寸 80 和宽度方向的对称尺寸 48。通过读图得出，尺寸基准为图形的对称中心。

(4) 画出密封垫的对称线、圆的中心线，见图 2.28(b)。

(5) 绘制密封垫的已知线段(弧线)、中间线段(弧线)以及连接线段(弧线)。

(6) 核对底稿无误后，加深图线，见图 2.28(c)。

(7) 标注尺寸并填写标题栏，见图 2.28(d)。

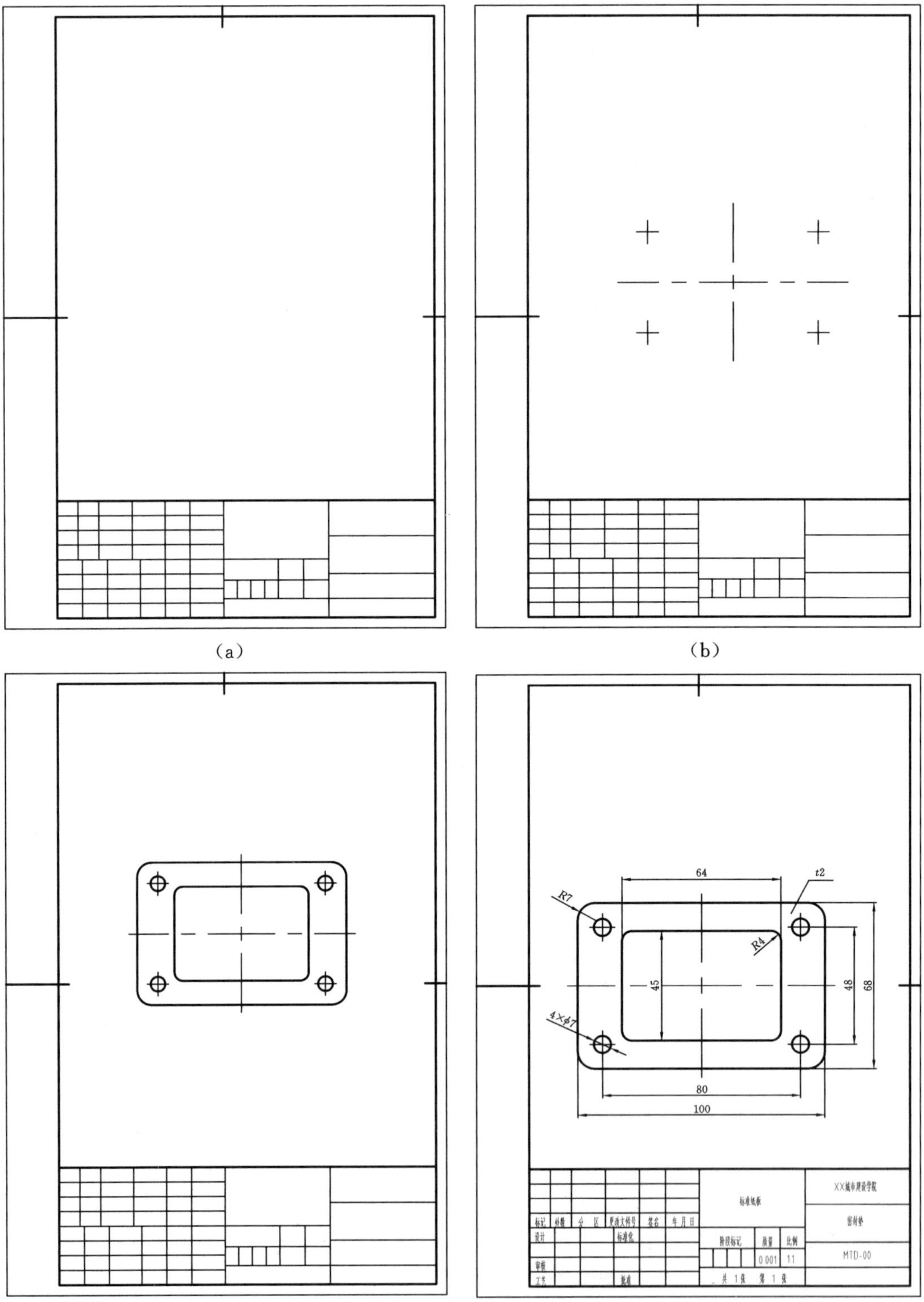

(a) (b) (c) (d)

图 2.28　密封垫的绘图方法和步骤

(a)画图框和标题栏;(b)画出密封垫的对称线、圆的中心线;(c)画底稿,核对后加深图线;(d)标注尺寸并填写标题栏

任务二　绘制吊钩的平面图形

【任务分析】

绘制如图 2.29 所示吊钩的零件图。首先根据该图的复杂程度、实物大小和尺寸标注选择图幅和比例；其次进行布图；再次对吊钩进行尺寸分析和线段分析，从图中可以看出，吊钩主要以圆弧连接为主；最后按顺序画底稿，核对，加深。

【任务实施】

1. 准备工作

(1) 擦拭干净绘图工具及仪器，准备好铅笔，收拾整洁绘图桌面。

(2) 根据吊钩图形的复杂程度、图形的尺寸确定图幅为 A4，绘图比例为 1∶1。

(3) 固定图纸时，一般按对角线方向顺次固定。由于图幅为 A4，因此将图纸布置在图板左下方，但要注意留出丁字尺的位置。

2. 画底稿

(1) 用铅笔画底稿时，底稿线要细而淡。

(2) 画 A4 图框、标题栏。水平和竖直线可以利用丁字尺和三角板绘制，如图 2.30(a)所示。

(3) 布图时，根据吊钩的尺寸，将其放在绘图区域的中间位置。

(4) 画图形时，一般先画出基准线和定位线，吊钩需要画出中心线及上部圆柱的分界线，如图 2.30(b)所示。

(5) 绘制已知线段：通过长度尺寸 30.5、直径 10、倒角 $C2$ 以及倒圆角 $R2$ 可以绘制上部圆柱。

(6) 绘制中间线段(圆弧)：通过偏心距 2.5、$R27$、直径 25 可以确定钩子处的两个圆弧；通过直径 14 确定中间圆柱的左右方向界线；通过尺寸 28 确定钩尖在高度方向上的位置。

步骤(5)和(6)如图 2.30(c)所示。

(7) 然后按照已知线段(弧线)、中间线段(弧线)绘制连接线段(弧线)，如图 2.30(d)和(e)所示。

(8) 所有图形绘制完成后，再绘制尺寸线和尺寸界线，如图 2.30(f)所示。

3. 加深图线

加深图线时，要认真核对底稿，修正错误；经检查无误后，擦去多余的线条。加深图线的一般步骤如下：

(1) 加深所有的单点画线。

(2) 加深所有可见的弧线。

(3) 用丁字尺从图的上方开始，依次向下加深所有水平方向的粗实直线。

(4) 用三角板配合丁字尺从图的左方开始，依次向右加深所有铅垂方向的粗实直线。

(5) 从图的左上方开始，依次加深所有倾斜的粗实线和倾斜的虚线。

(6) 加深图框、标题栏框线。

(7) 注写尺寸数字,并填写标题栏。

(8) 完成吊钩零件图,如图 2.30(g)所示。

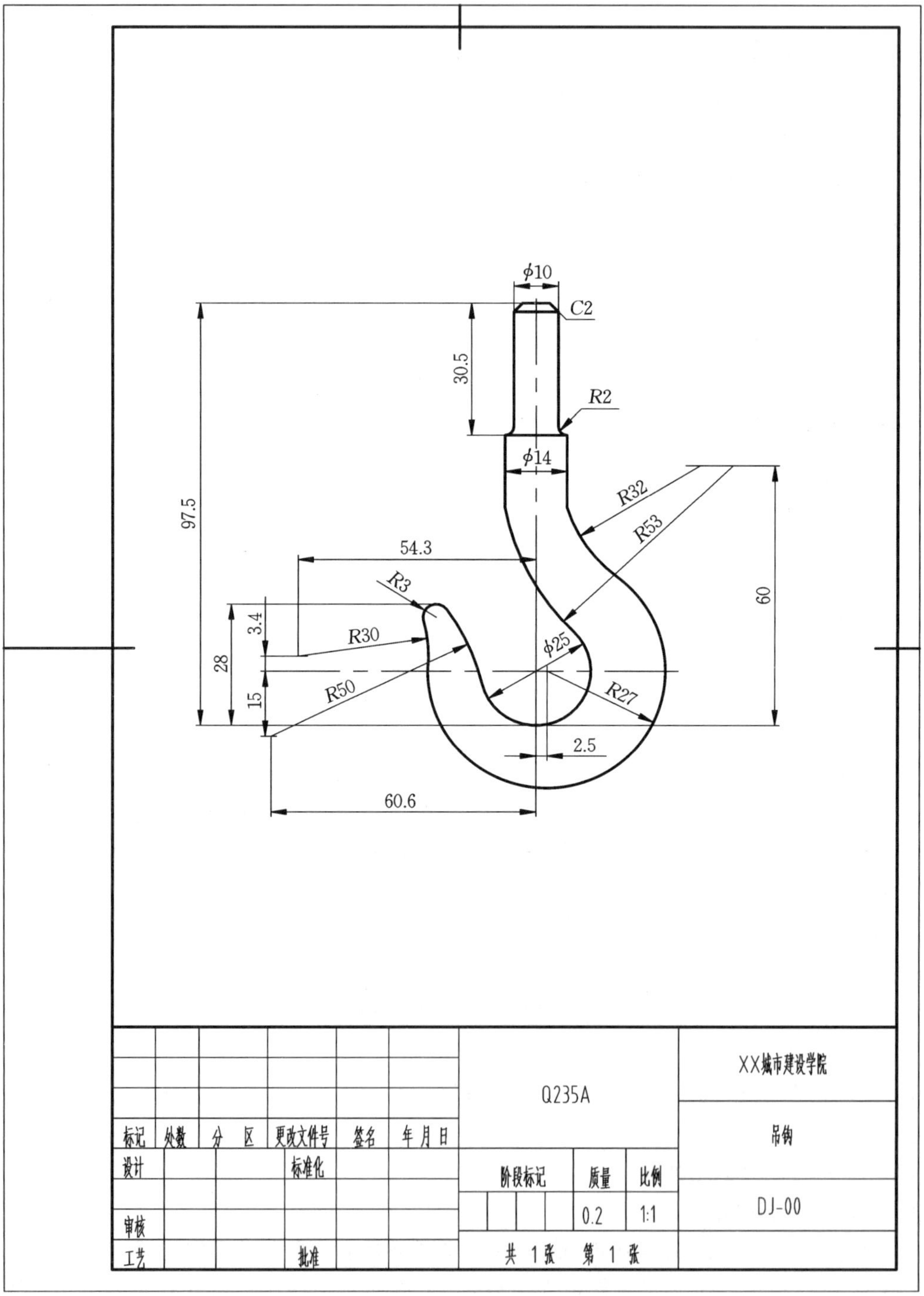

图 2.29 吊钩的零件图

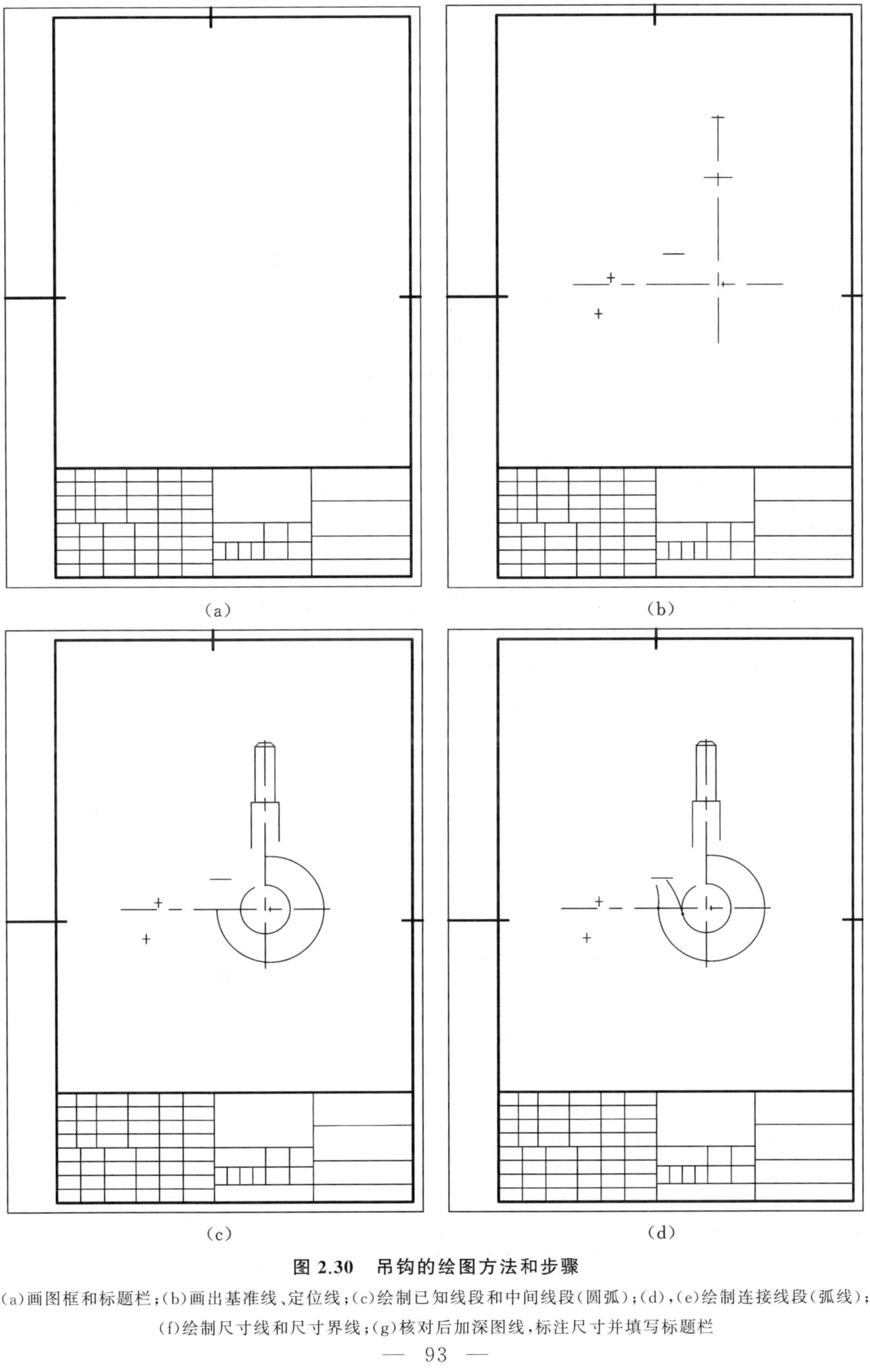

（a） （b） （c） （d）

图 2.30 吊钩的绘图方法和步骤

(a)画图框和标题栏；(b)画出基准线、定位线；(c)绘制已知线段和中间线段(圆弧)；(d)，(e)绘制连接线段(弧线)；(f)绘制尺寸线和尺寸界线；(g)核对后加深图线，标注尺寸并填写标题栏

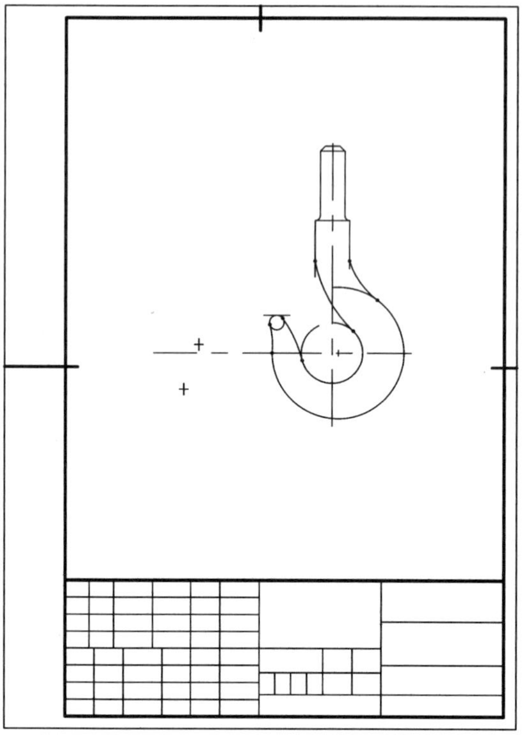

(e)

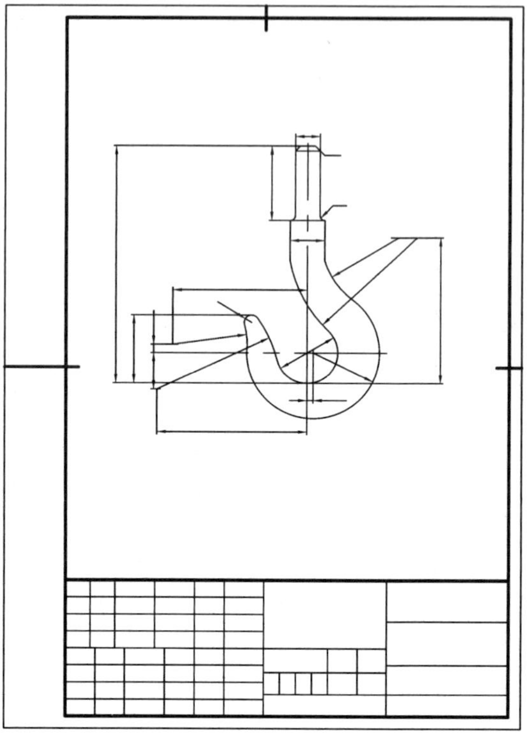

(f)

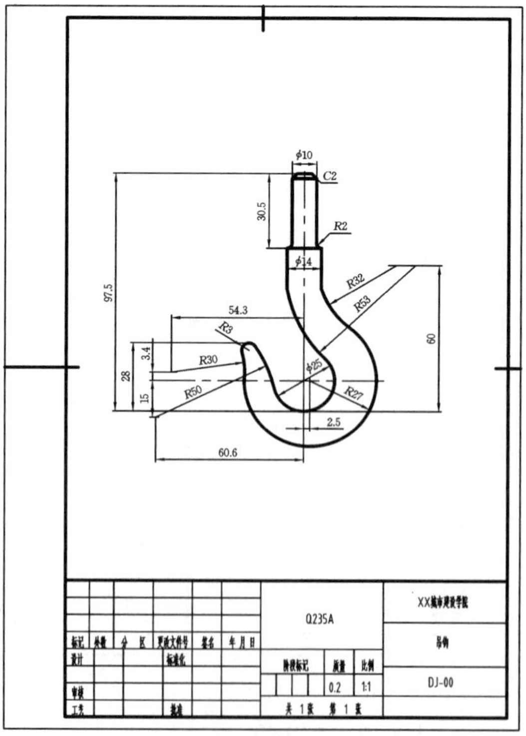
φ10
C2
30.5
R2
φ14
R32
R53
97.5
54.3
R3
3.4
R30
28
φ25
R50
15
R27
2.5
60
60.6
Q235A
XX城市建设学院
吊钩
标记
分 区
更改文件号
签名
年 月 日
设计
标准化
审核
工艺
批准
阶段标记
质量
比例
0.2
1:1
DJ-00
共 1 张 第 1 张

(g)

续图 2.30

【项目总结】

通过本项目的学习，了解国家标准中关于制图标准的图幅、比例、字体、图线、文字等的规定。绘制平面图形时，能进行尺寸分析和线段(弧线)分析，掌握制图的方法，拟定制图步骤，能够清晰、准确、完整地表达图样。同时，能够掌握绘图工具及其使用方法，培养良好的绘图习惯。

项目三　机件的表达方法及零件图

【项目目标】

1. 掌握常用视图、剖视图、断面图的概念、种类、用途和画法。
2. 了解零件图的作用与内容。
3. 掌握典型零件表达方案和尺寸标注方法。
4. 了解零件常见工艺结构。
5. 了解零件图上常见技术要求的含义及标注方法。
6. 能看懂中等难度的零件图，能规范绘制简单的零件图。

任务一　机件外部形状的表达方法

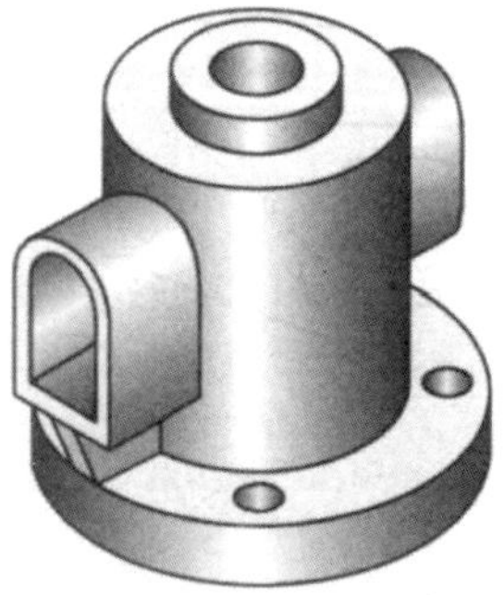

图 3.1　零件三维模型

【任务分析】

如图 3.1 所示机件的三维模型，如果用主、俯、左三个视图表达，由于零件左右两侧的形状不同，则在左视图中将会出现许多虚线，这将给画图和看图带来困难。如何正确用工程图样来表达此机件呢？

【相关知识】

视图主要用来表达机件的外部结构和形状，一般只画出机件的可见部分，必要时才用细虚线表达其不可见部分。根据技术制图相关国家标准的规定，视图分为基本视图、向视图、局部视图和斜视图。

一、基本视图

在工程制图中，运用正投影理论，将正立投影面上的正投影图样称为主视图，将水平投影面上的正投影图样称为俯视图，将侧立投影面上的正投影图样称为左视图。当机件较复杂时，可以增加若干面的投影来表达。按照第一角画法，除主视图、俯视图和左视图外，还有右视图、仰视图和后视图，如图 3.2 所示。

增加三个投影面，每个投影面与相邻的四个投影面都垂直，右视图与左视图相对、仰视

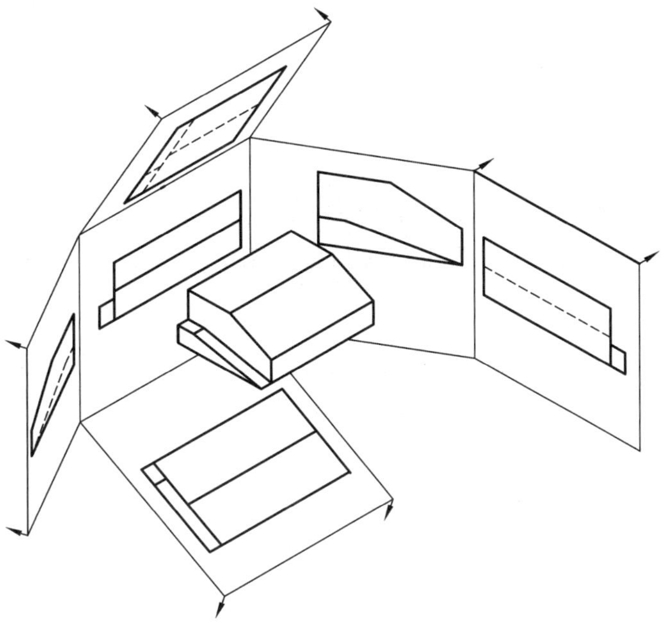

图 3.2　六个基本视图的形成

图与俯视图相对、后视图与主视图相对。六面视图的展开方法是：正立投影面保持不动，其他各投影面逐一展开到与正立投影面共面，六面视图间仍然保持“长对正、宽相等、高平齐”的三等投影规律，展开后如图 3.3 所示。当在同一张图纸上绘制若干视图，且各视图的配置关系如图 3.3 所示时，可不标注视图的名称；否则，每个图样均应标注视图的名称。

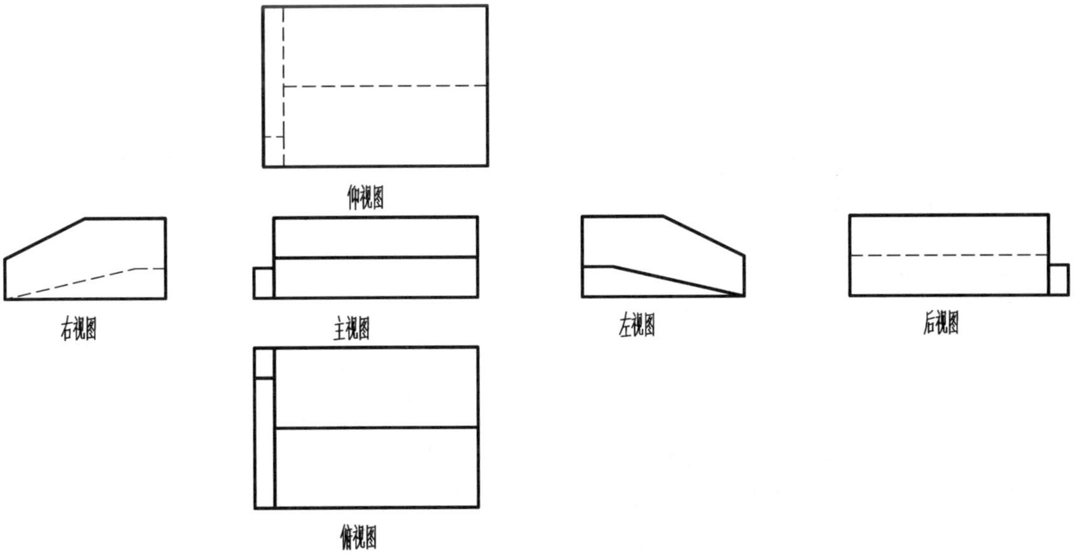

图 3.3　六个基本视图的配置

在实际画图中，并非所有的机件都需要画出六个基本视图，应根据机件的形状特点，选用必要的视图。一般来讲，主视图应尽可能反映机件的主要特征，其他投影图的选用，可在保证机件表达完整、清晰的前提下，投影图数量越少越好，力求制图简便。

二、向视图

向视图是可以自由配置的基本视图。若一个机件的基本视图不按图 3.3 配置，或不能画在同一张图纸上时，则把此基本视图称为向视图。通常在向视图的上方标注"×"("×"为大写拉丁字母)，在相应视图的附近用箭头指明投射方向并且标注相同的字母，如图 3.4 所示。

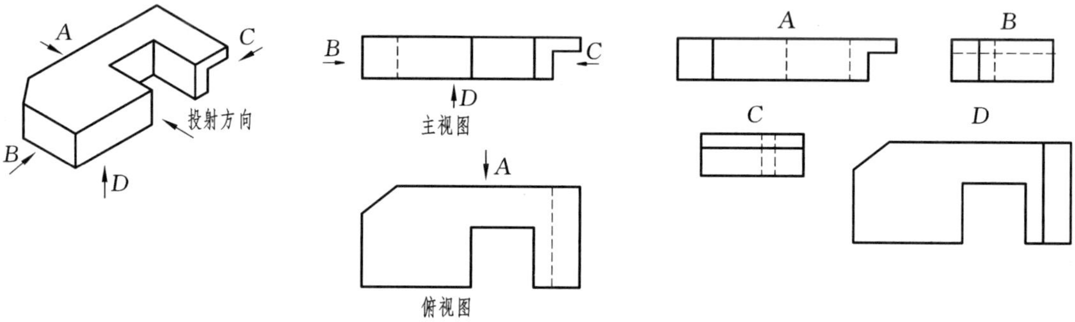

图 3.4　向视图

三、斜视图

斜视图是将机件向不平行于基本投影面的平面投射所得的视图。如图 3.5(a)所示，当机件上有倾斜部分时，若用三视图表达，则倾斜部分的圆弧切口不能反映真实形状；如果增加一个与倾斜部分平行的辅助投影面 Q，将机件倾斜部分向辅助投影面 Q 投影，则可以得到圆弧切口的真实形状，如图 3.5(b)所示。斜视图通常按向视图的形式配置并标注，如图 3.5(c)所示；如有必要，也可将斜视图旋转一定的角度，但应将表示旋转视图的大写字母放到旋转箭头侧，如图 3.5(d)所示。

四、局部视图

将机件的某一部分向基本投影面投射，所得到的视图称为局部视图。如图 3.6 所示，局部视图可按基本视图形式配置，如 A 向视图；也可按向视图形式配置，如 B 向视图。

上图中，局部视图的范围以波浪线(细实线)表示；但当局部视图部分以轮廓线为界时，可省略波浪线，如图 3.6 中的 B 向视图。此外，若采用向视图的形式配置，需要在基本视图上绘制箭头表示局部视图的读图方向，并用大写字母标记。通常情况下，局部视图多用于表达与投影面平行的局部形状。

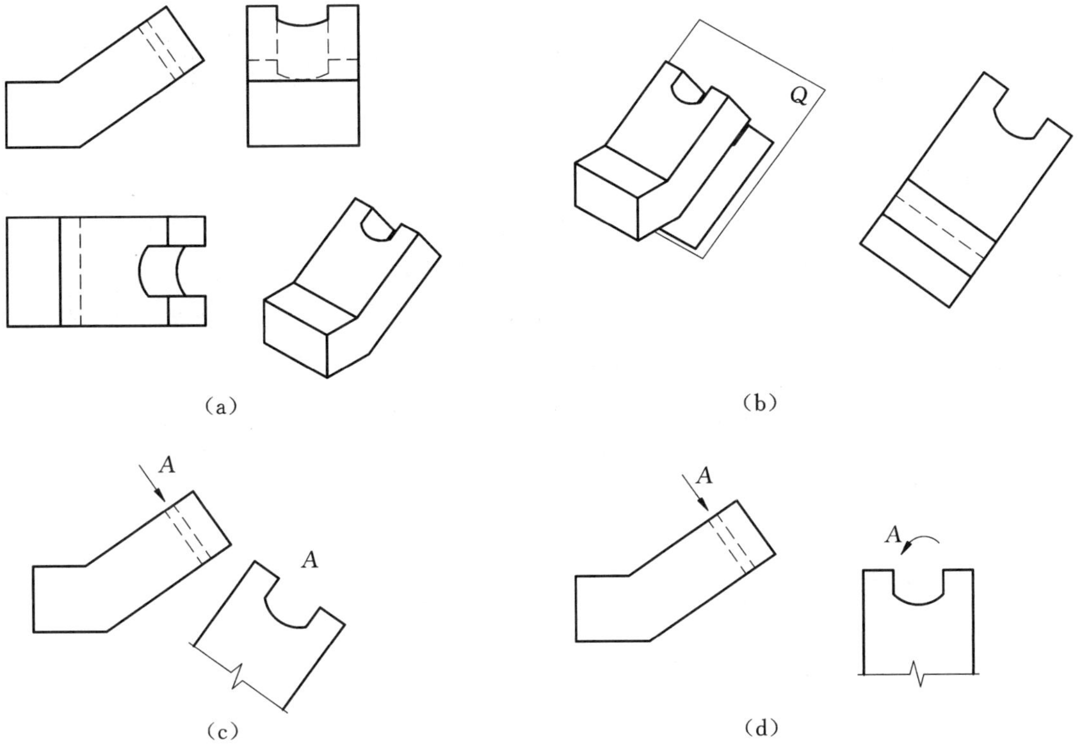

图 3.5　斜视图

(a)三视图;(b)斜视图的形成;(c)斜视图的画法;(d)斜视图的选择

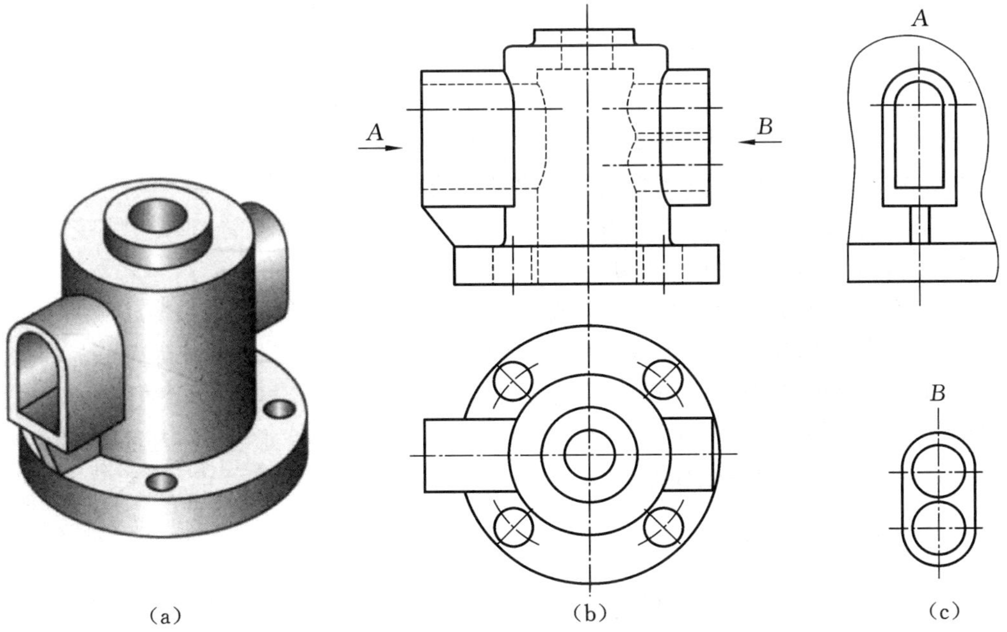

图 3.6　局部视图

(a)立体图;(b)基本视图;(c)局部视图

任务二　机件内部形状的表达方法

【任务分析】

如图 3.6 所示的机件图中，不可见的部分用虚线来表达，因此，内部挖切部分的尺寸标注较为困难；除此之外，如果内部结构较复杂，视图中虚线也会增加，影响了视图的清晰程度，给读图和绘图增加了难度。如何运用适当的表达方法，将机件的内外形状表达清楚呢？

【相关知识】

为了避免绘制内部结构复杂的机件时图形上出现过多的细虚线，给读图、画图带来困难，导致层次不清楚而影响图形表达，机械制图相关国家标准制定了剖视图、断面图的画法，以及一些规定画法和简化画法，使图形更加简化，以加快制图进程。

一、剖视图

假想用一个(几个)剖切平面(曲面)沿机件的某一部分切开，移走剖切平面与观察者之间的部分，将剩余部分向投影面投影，所得到的视图叫剖视图，简称剖视。

(一) 剖视图的画法

以图 3.7 所示的机件在主视图上画剖视图为例，说明画剖视图的步骤。

(1) 分析视图与投影，想清楚机件的内外形状。该机件前后完全对称，且机件上左右两端的孔均处于正平位置的前后对称面上。

(2) 确定剖切面的剖切位置。剖切的位置和方向应根据需要来确定。为清楚表达机件内形，应使剖切面尽量通过机件较多的内部结构(孔、槽等)的轴线、对称面。如图 3.7(a)所示，根据机件的结构特征，选择剖切平面与机件的前后对称面重合。

(3) 确定剖视图的剖视方向。想象清楚剖切后的情况，哪些部分移走，哪些部分剩下。如图 3.7(b)所示，用箭头表示剖视方向。

(4) 画剖视。剖切位置和剖视方向确定后，就可假想把机件剖开，想象出哪些部位被切到，哪些部位看得到，先画出剖切到的部分，剖切平面剖切到的部分画剖面符号，如图 3.7 所示。不强调材料时，图例线通常用 45°细实线表示(有些特殊情况也可用 60°或 30°)，如图 3.7(c)所示。还有，画剖视图时，除了要画出物体被剖切平面切到的图形外，还要画出被保留的后半部分的投影，如图 3.7(d)所示。

(二) 剖视图的标注

剖视图的内容与剖切平面的剖切位置和投影方向有关，因此在图中必须用剖切符号指明剖切位置和投影方向。为了便于读图，还要对每个剖切符号进行编号，并在剖视图下方标注相应的名称。具体标注方法如下。

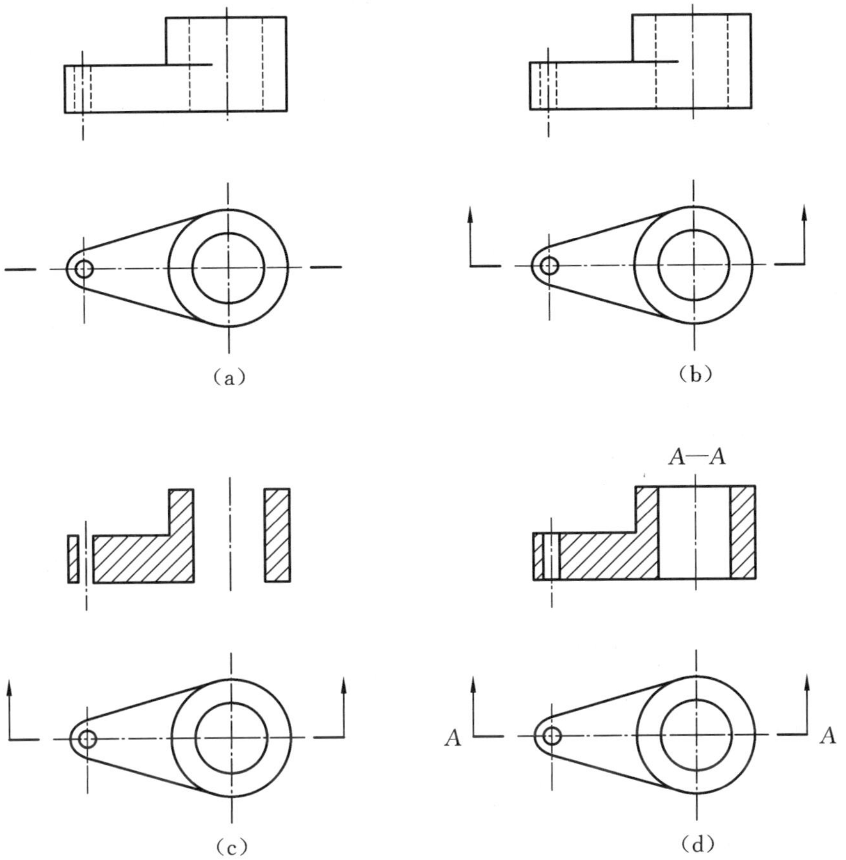

图 3.7　剖视图的画法

(a)确定剖切位置;(b)确定剖视方向;(c)画出剖切平面;(d)剖视图

(1) 剖切位置在图中用剖切位置线表示。剖切位置线用两段粗实线绘制,其长度为 6~10 mm,在图中不得与其他图线相交,如图 3.7(a)所示的"—"。

(2) 投影方向在图中用箭头表示。表示剖视方向的箭头垂直画在剖切位置线的起始两侧,如图 3.7(b)所示。

(3) 剖切符号的编号,要用大写拉丁字母按顺序由左至右,由下至上连续编排,并写在剖视方向箭头的端部,编号字母一律水平书写,如图 3.7(d)所示"*A*"。

(4) 剖视图的名称要用与剖切符号相同的编号命名,命名书写在剖视图的正上方,如图 3.7(d)所示"*A*—*A*"。

当剖切平面通过机件的对称平面,而且剖视又画在投影方向上,中间没有其他图形相隔,上述标注可完全省略。

(三) 剖面符号的画法

假想用剖切面剖开机件,剖切面与机件的接触部分称为剖面区域。在绘制剖视图时,通常应在剖面区域内按规定画出与零件材料相对应的剖面符号,见表 3.1。

表 3.1　常用材料的剖面符号

材料	剖面符号	材料	剖面符号
金属材料(已有规定剖面符号者除外)	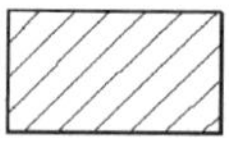	非金属材料(已有规定剖面符号者除外)	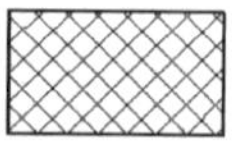
混凝土		钢筋混凝土	
木材纵断面	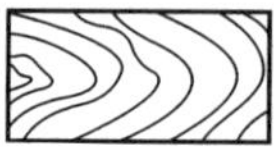	木材横断面	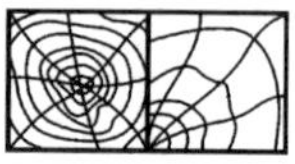
玻璃及供观察用的其他透明材料	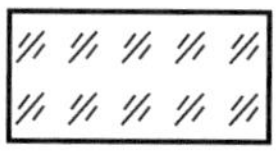	液体	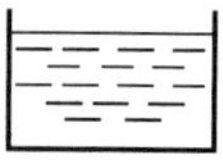
型砂、填砂、砂轮、陶瓷刀片、硬质合金刀片、粉末冶金等	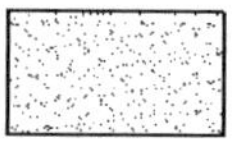	隔网(筛网、过滤网等)	
砖	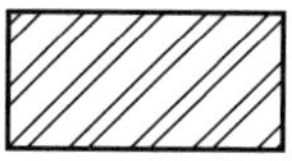	木质胶合板(不分层数)	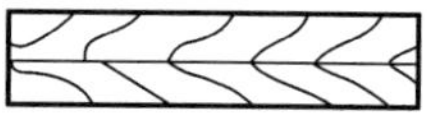
线圈绕组元件	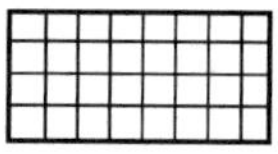	转子、电枢、变压器和电抗器等的叠钢片	

(四) 画剖视图应注意的问题

(1) 由于剖视图是假想用剖切面剖开机件后画出的,因此,当机件的某个视图画成剖视图后,机件的其他视图仍应完整地画出,而不应只画剖切后剩余的部分,图 3.8(a)所示的俯视图是错误的。

(2) 位于剖切断面后方的可见轮廓线应全部绘出,避免漏线和错线,如图 3.8(a)所示的主视图是错误的。

(3) 对于剖切断面后方的不可见部分,若在其他视图中已表达清楚,则剖视图中相应的细虚线应省略,即在一般情况下剖视图中不画细虚线。机件采用剖视图表达后,机件上已经表达清楚的内部结构在其他视图中也不应绘出。如机件上的孔在剖视图和俯视图中已表达清楚,故左视图中孔的细虚线不应绘出。但是,若省略细虚线后,不能确定物体的形状,或画出少量细虚线后能节省一个视图时,则应画出对应的细虚线,如图 3.8(b)所示,如不画虚线,则无法确定内部是方孔还是圆孔。

(五) 剖视图的种类

根据国家标准的规定,剖视图按剖切范围的大小可分为:全剖视图、半剖视图、局部剖视图。

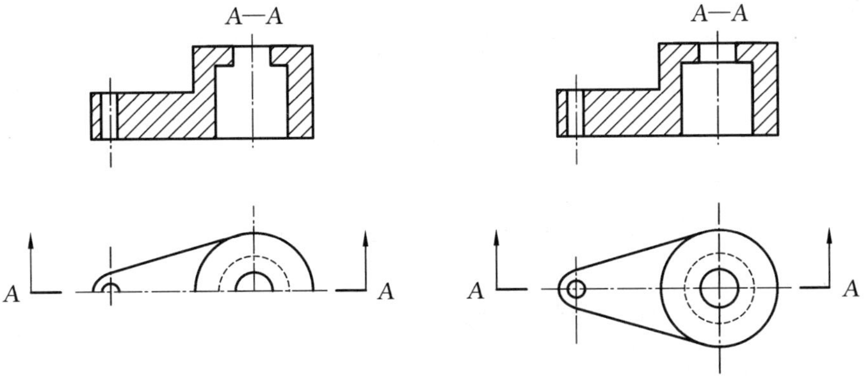

（a）　　（b）

图 3.8　剖视图的常见错误

(a)错误;(b)正确

(1) 全剖视图

当机件的外形比较简单或内部结构复杂[图 3.9(a)、(b)]时,常用剖切平面将机件完全剖开,形成的剖视图称为全剖视图,如图 3.9(c)所示。从图中可以看出,俯视图中的虚线并未受到全剖视图的影响;此外,如果全剖视图按投影关系配置,剖视标注可以省略,如图 3.9(d)所示。

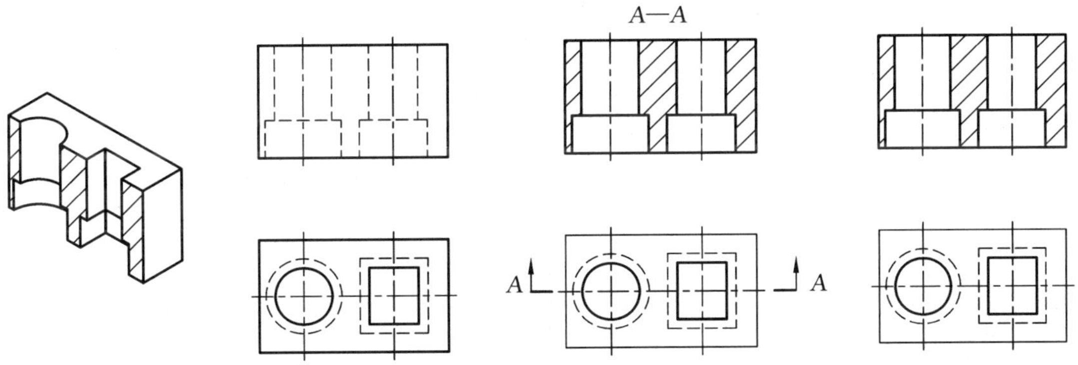

（a）　　（b）　　（c）　　（d）

图 3.9　全剖视图

(a)立体图;(b)基本视图;(c)全剖视图;(d)省略剖视标注

(2) 半剖视图

当具有对称结构机件的外形需要表达,且内部结构表达虚线较多时,常用过对称中心线的剖切平面将机件剖开,中心线一侧绘制机件的外形,另一侧绘制剖视图,这种绘制的视图称为半剖视图,如图 3.10 所示。

图中机件内部进行不通透挖切,因此使用剖视图。但机件外部正面无孔,背面有孔,若使用全剖视图,则不能很好地表达外部形状;使用半剖视图,主视图中心线左侧表达的是外部正面形状,右侧不仅表达内部挖切情况,而且表达了机件背面孔的形状。

(3) 局部剖视图

当机件仅需对内部的局部构造进行表达时，可以采用局部剖切平面，得到局部剖视图，一般情况下，局部剖视图采用波浪线或双折线作为外形与内部剖切区域的分界线，且局部剖视图不需要标注，如图 3.11 所示。

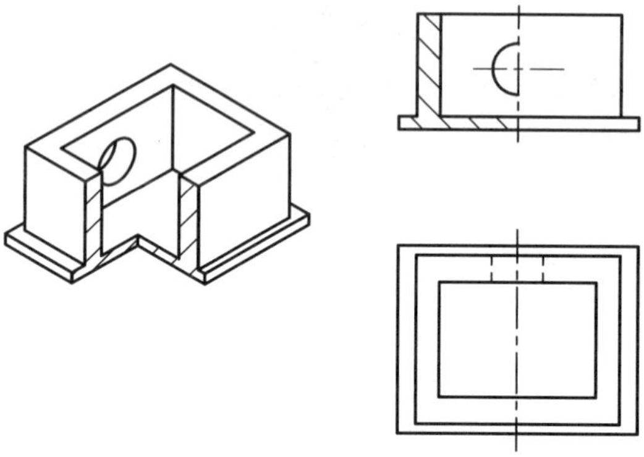

图 3.10　半剖视图

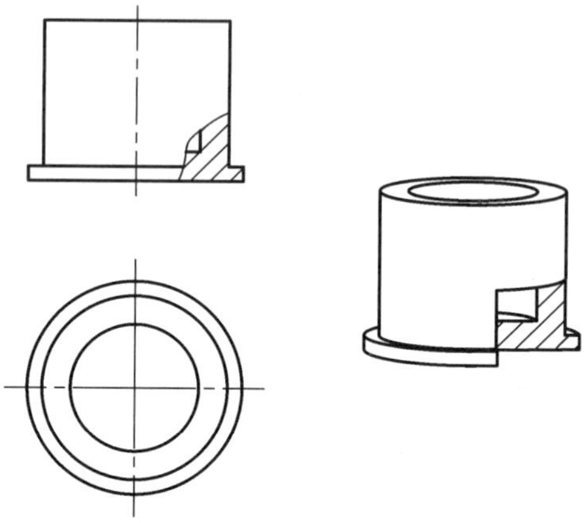

图 3.11　局部剖视图

关于局部剖视图分界线的画法，应注意以下几点：

① 局部剖视图与视图之间用波浪线或双折线分界，但同一图样上一般采用一种线型。

② 波浪线或双折线必须单独画出，不能与图样上其他图线重合，图 3.12(b)所示主视图中第二条竖线既是内四方孔的轮廓线，又作为分界线，表达不合理；应按图 3.12(c)的方法进行绘制。

③ 波浪线不能超出视图轮廓之外，如图 3.12(c)所示。当用双折线时，双折线要超出轮廓线少许。

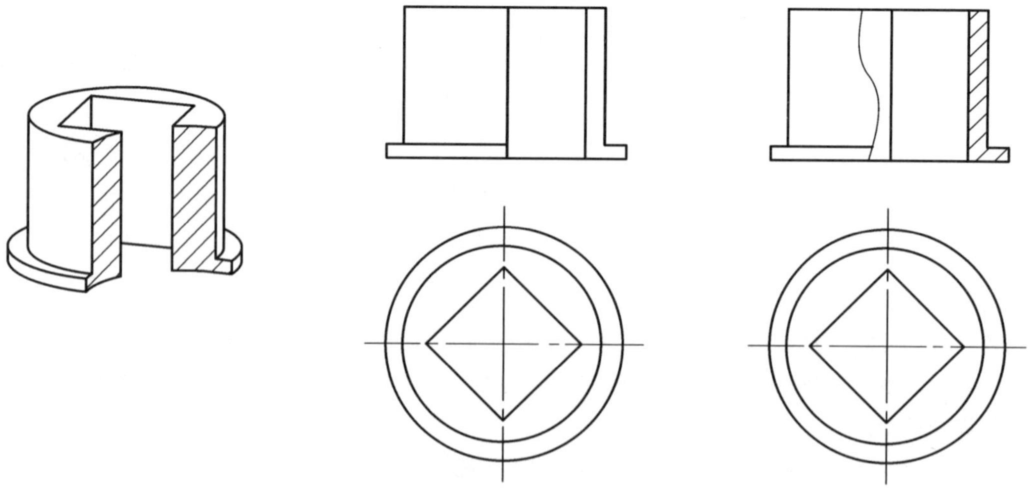

(a)　　(b)　　(c)

图 3.12　分界线不能与其他图线重合

(a)立体图；(b)错误；(c)正确

④ 波浪线遇槽、孔洞等空心结构时不能穿空而过；不能画在轮廓线的延长线上，如图3.13所示。

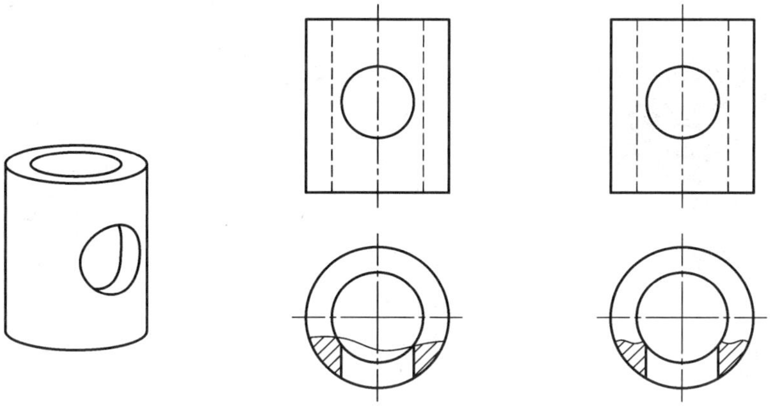

(a)　　(b)　　(c)

图3.13　分界线不能穿空而过

(a)立体图；(b)错误；(c)正确

（六）剖切面的种类

剖视图能否清晰地表达机件的结构形状，剖切面的选择很重要。剖切面共有以下三种：单一剖切面、几个平行的剖切面、几个相交的剖切面。

1. 单一剖切面

常用的单一剖切面有单一剖切平面和单一斜剖切平面两种。

(1)单一剖切平面。这种剖切平面的特征是平行于某一基本投影面。前面所讲的全剖视图、半剖视图、局部剖视图的例子，都是用单一剖切平面剖切得到的，这是一种最为常用的剖切方法。

(2)单一斜剖切平面。这种剖切平面的特征是不平行于任何基本投影面，但垂直于某一基本投影面，这种剖切方法称为斜剖。用来表达机件上倾斜部分的内部结构形状，如图3.14(b)所示的 B—B 剖视图。

用斜剖获得剖视图一般按投影关系配置在与剖切符号相对应的位置，也可将剖视图移至图纸的其他适当位置。在不致引起误解时允许将图形旋转，但旋转后的图名应加注旋转符号，如图3.14(b)所示的 B—B 旋转。

2. 几个平行的剖切面

当机件的内部结构是分层排列时，可采用几个平行的平面同时剖开机件，这种剖切方法称为阶梯剖，如图3.15所示的机件，在左视图中用阶梯剖的剖切方法获得 A—A 全剖视图。

用阶梯剖画剖视图时必须进行标注，用粗短画表示剖切面的起、迄和转折位置，并标上相同的大写字母，在起、迄外侧用箭头表示投射方向，在相应的剖视图上用同样的字母注出(如 A—A)表示剖视图名称，当转折处地方有限又不致引起误解时，允许省略字母。当剖视图按投影关系配置、中间又无其他视图隔开时，可省略表示投射方向的箭头，如图3.15(b)所示。

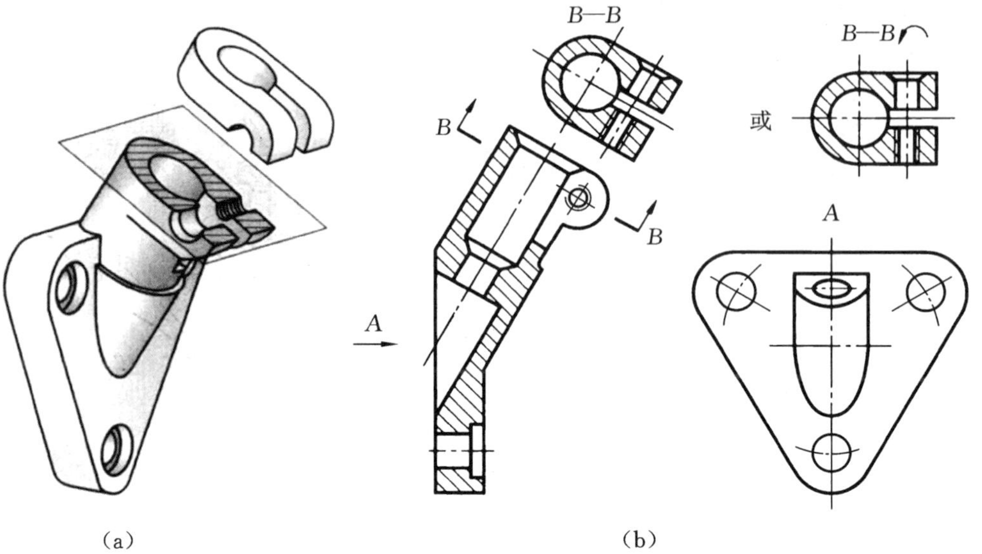

图 3.14　斜剖

(a)立体图;(b)斜剖视图

阶梯剖适用于多个内部结构不共面而难以用单一剖表达的机件。

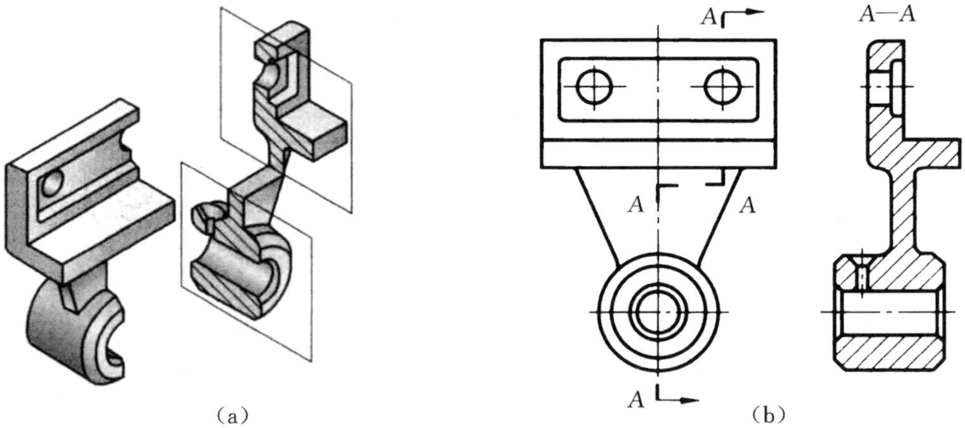

图 3.15　阶梯剖

(a)立体图;(b)阶梯剖

画这种剖视图时应注意:

(1) 由于剖切是假想的,故在剖视图中不应画出剖切平面转折处的分界线,如图 3.16(a)所示;剖切平面的转折处不应与图中的轮廓线重合,如图 3.16(b)所示。

(2) 在剖视图中,相同的内部结构剖切一处即可;不应出现不完整的结构,如半个孔、不完整的肋板等,如图 3.17(a)所示;仅当两个要素在图形上具有公共对称中心线时,方可以各画一半,此时应以对称中心线为界,如图 3.17(b)所示。

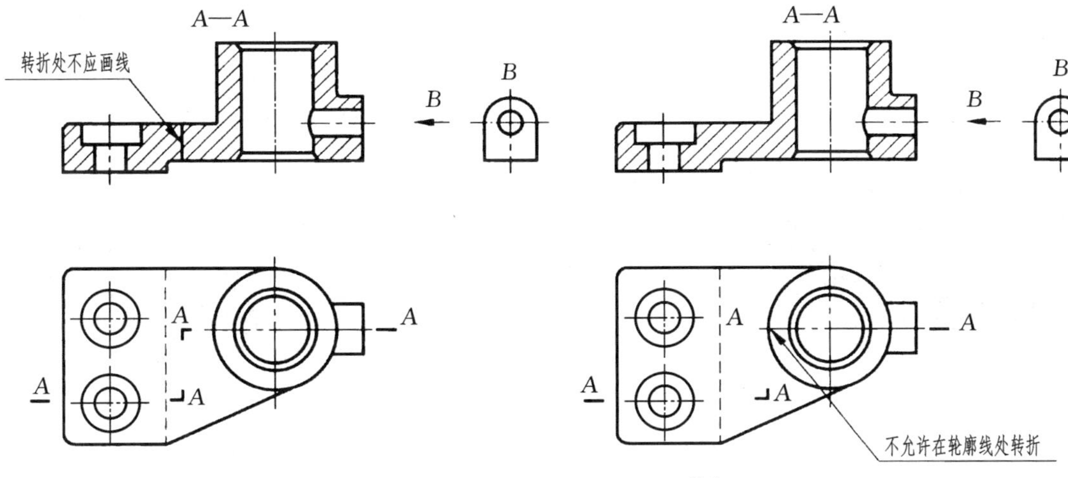

(a)　　(b)

图 3.16　阶梯剖常见错误

(a)转折处不应画线;(b)转折处不应与轮廓线重合

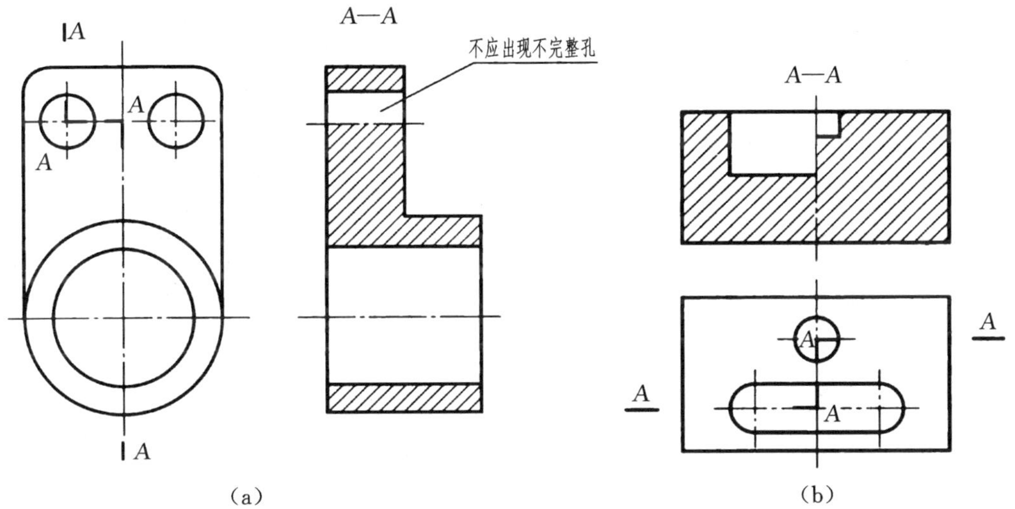

(a)　　(b)

图 3.17　阶梯剖中不完整结构

(a)不应出现不完整结构;(b)允许出现不完整结构

3. 几个相交的剖切面

用两个相交的剖切平面(交线垂直于某一基本投影面)剖开机件的方法称为旋转剖,如图 3.18 所示的俯视图即 $A—A$ 全剖视图。

旋转剖主要用于表达孔、槽等内部结构不在同一剖切平面内,但又具有公共回转轴线的机件。

采用旋转剖画剖视图时应注意:

(1) 当机件具有明显的回转轴时,两个剖切面的交线应与机件上的回转轴线相重合,如图 3.18 所示。

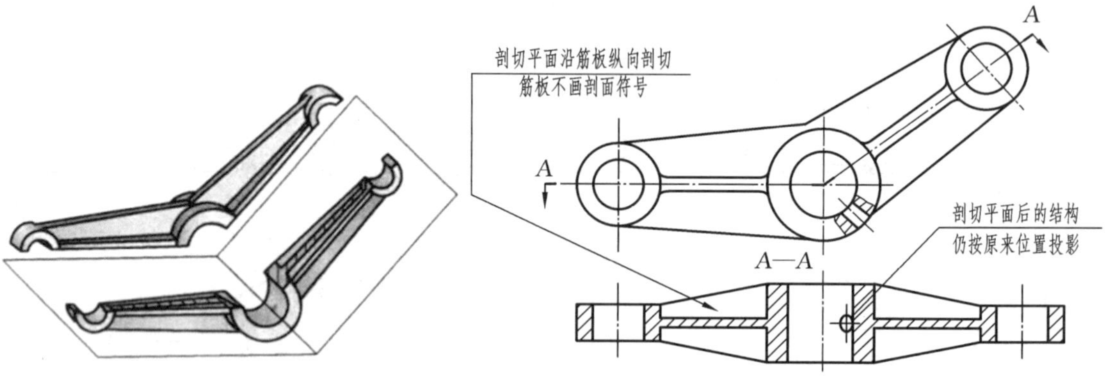

图 3.18　旋转剖视图

(2) 被倾斜的剖切平面剖开的结构，应绕交线旋转到与选定的投影面平行后再进行投射。但处在剖切平面后的其他结构，仍按原来的位置投射，如图 3.18 所示机件下部的小圆孔，其在 *A*—*A* 剖视图中仍按原来位置投射画出。

(3) 当两相交平面剖切到机件上的结构产生不完整要素时，则这部分按不剖绘制，如图 3.19 所示。

(4) 采用旋转剖画出的剖视图必须标注，标注方法与阶梯剖相同，如图 3.19 所示。

(a)

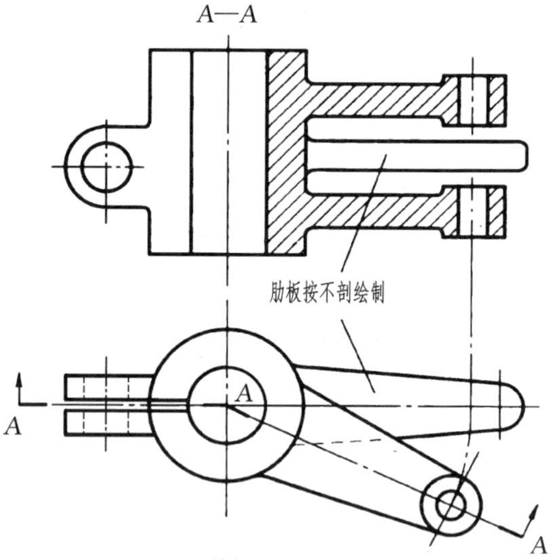

(b)

图 3.19　两相交平面剖切

二、断面图

(一) 断面图的基本概念

假想用剖切平面将形体剖开，仅画出剖切后的形体与剖切平面接触处的投影，称为断面图，简称断面。由此可知，断面图只体现剖切后某处断面的形状和材料。如图 3.20 所示，为了得到键槽的断面形状，假想用一个垂直于轴线的剖切平面在键槽处将轴切断，只画出它的断面形状，并画上剖面符号。

断面图与剖视图的区别是：断面图是形体剖开后与剖切平面接触处的投影，因此不体现剩余形体的投影；而剖视图不仅包含接触处的投影，剩余形体的投影也需要表达。总之，同一剖切位置处，剖视图包含断面图。

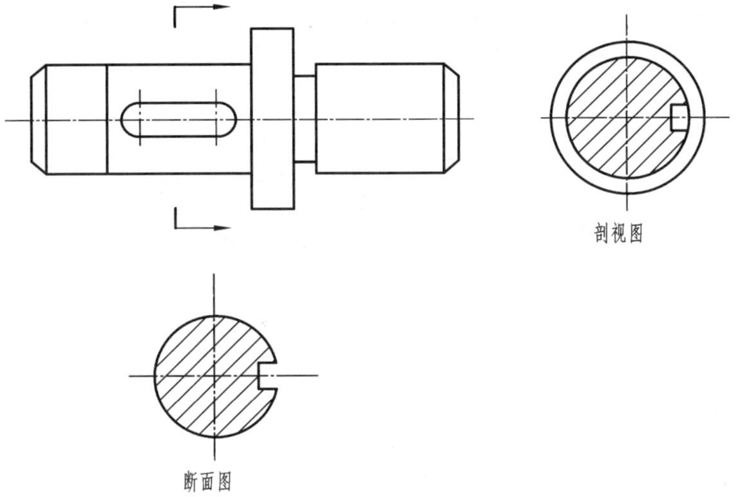

图 3.20　断面图和剖视图的区别

（二）断面图的种类

根据断面图在绘制时所配置的位置不同，断面图分为移出断面和重合断面两种。

1. 移出断面图

画在视图轮廓之外的断面图称为移出断面图，通常按以下原则绘制和配置：

① 移出断面图的图形应画在视图之外，轮廓线用粗实线绘制，在断面区域内一般要画剖面符号。移出断面图应尽量配置在剖切符号或剖切平面迹线的延长线上，移出断面一般应用粗短画表示剖切位置，用箭头表示投射方向并注上字母，如图 3.21 所示。

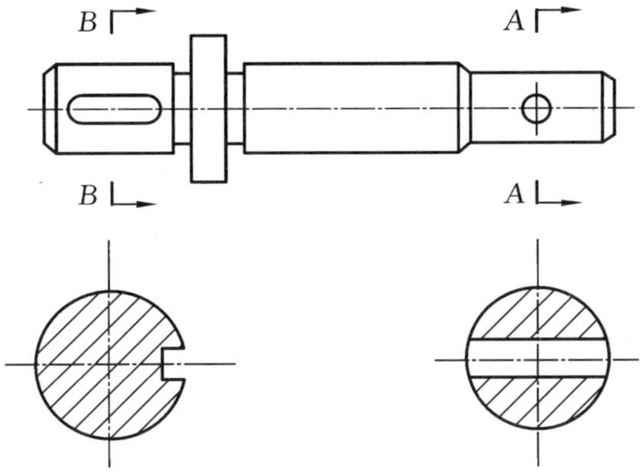

图 3.21　移出断面图的画法（一）

② 当断面图对称时，可画在视图的中断处并省略标注，如图 3.22 所示。

③ 必要时可将移出断面配置在其他适当位置并简化标注，如图 3.23 所示。

④ 当剖切平面通过回转面形成的孔或凹坑的轴线时，这些结构按剖视绘制，如图 3.24 所示。

⑤ 剖切平面通过非圆孔而导致出现完全分离的两个断面时，则这些结构应按剖视绘制，在不致引起误解时，允许将图形旋转，如图 3.25 所示。

⑥ 断面图是表示机件结构的正断面形状，因此剖切面要垂直于该结构的主要轮廓线或轴线，由两个或多个相交剖切平面得出的移出断面，中间应断开，如图 3.26 所示。

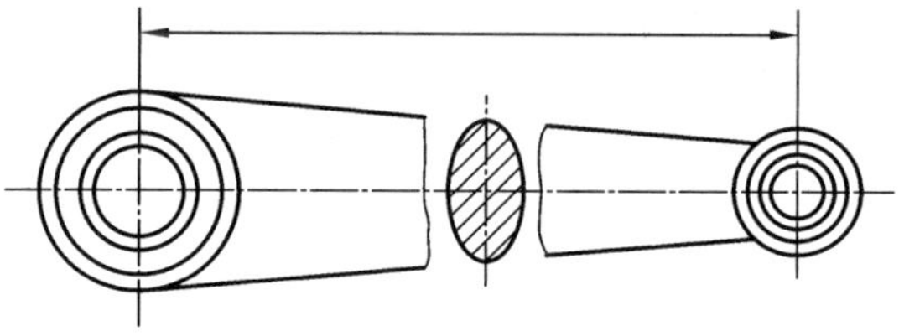

图 3.22　移出断面图的画法(二)

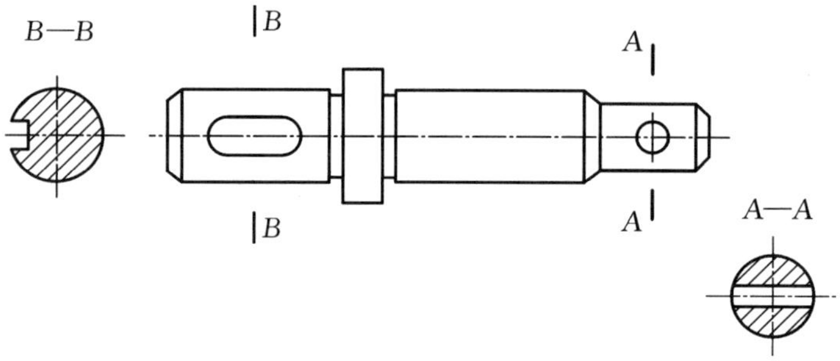

图 3.23　移出断面图的画法(三)

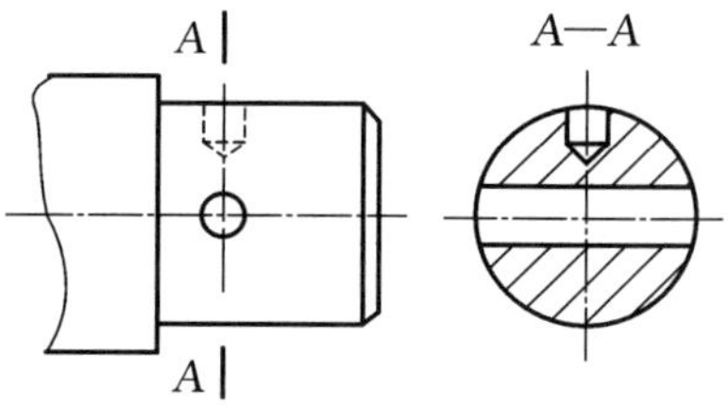

图 3.24　移出断面图的画法(四)

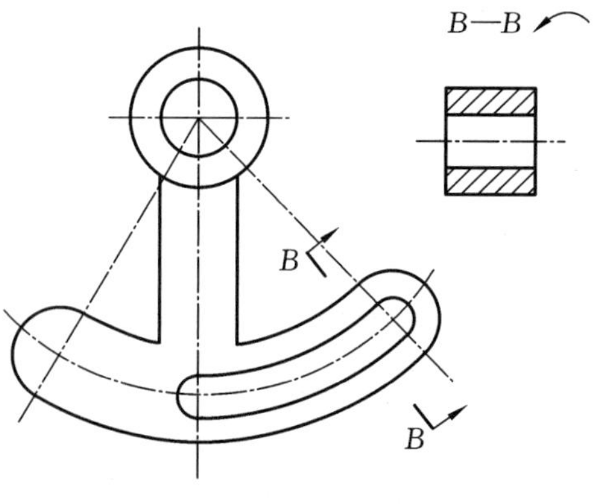

图 3.25　移出断面图的画法(五)

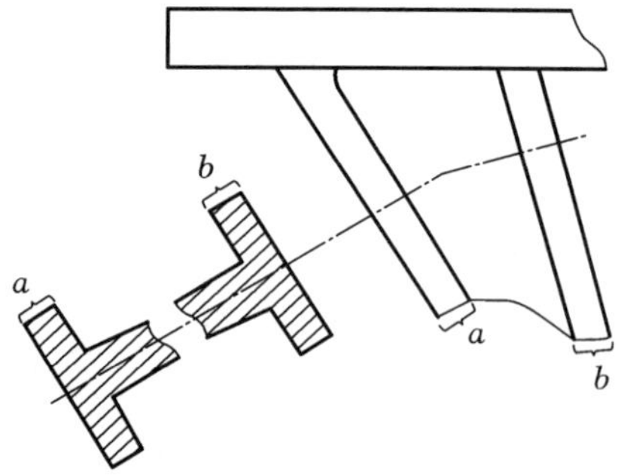

图 3.26　移出断面图的画法(六)

2. 重合断面图

在不影响图形清晰的前提下，断面也可按投影关系画在视图内。画在视图内的断面图称为重合断面图，简称重合断面，如图 3.27 所示。

重合断面的轮廓线用细实线绘制，当视图中的轮廓线与重合断面轮廓线重叠时，视图中的轮廓线仍然应连续画出，不可间断。对称的重合断面不必标注剖切位置、断面图的名称和投射方向；不对称的重合断面图不必标注字母，但仍要画上剖切符号和表示投影方向的箭头，如图 3.28 所示。

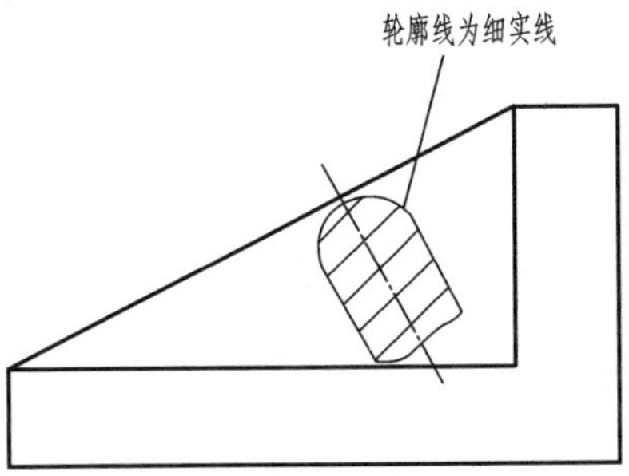

图 3.27　重合断面图(一)

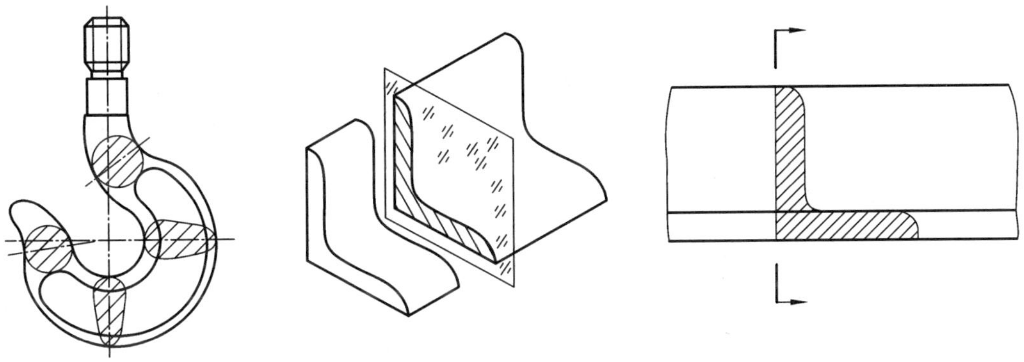

图 3.28　重合断面图(二)

三、规定画法与简化画法

为了更清晰地反映某些零件或装配体的特征或结构形状，使图形更加简化，机械制图相关国家标准制定了一些规定画法和简化画法，以加快制图进程。

1. 局部放大图

用大于原图形的比例画出机件上部分结构的图形，称为局部放大图，局部放大图可视需要画成视图、剖视图或断面图，而与被放大部位原来的表达方式及原来所采用的比例无关。

画局部放大图时，原视图上被放大部位应用细实线圆(或长圆)圈出，如图 3.29 所示。若同一机件有多处被放大，需在小圆外用罗马数字依次标明，并在局部放大图的上方正中以分数的形式注出相应的罗马数字及所用比例。当机件只有一处被放大时，只需注出所用比例。

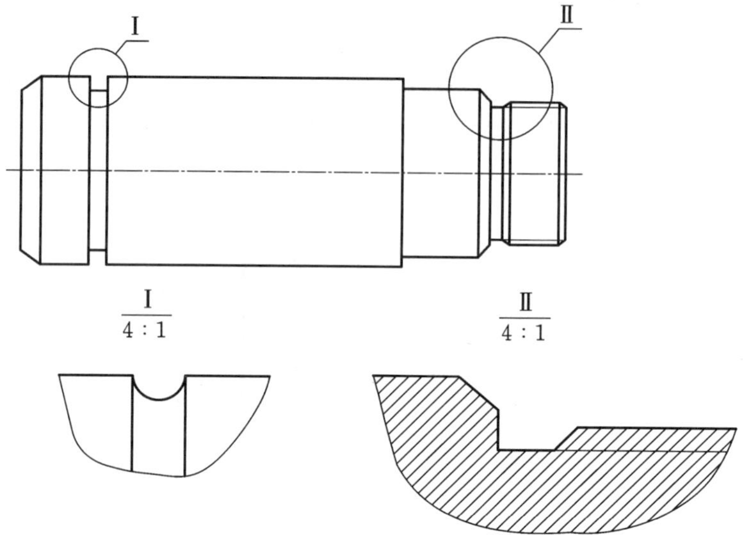

图 3.29　局部放大图的画法

2. 肋、轮辐及薄壁的画法

对于机件的肋、轮辐及薄壁等，如按纵向剖切，这些结构都不画剖面符号，而用粗实线将其与邻接部分分开。当零件回转体上均匀分布的肋、轮辐、孔等结构不处于剖切平面上时，可将这些结构旋转到剖切平面上画出，如图 3.30 所示。

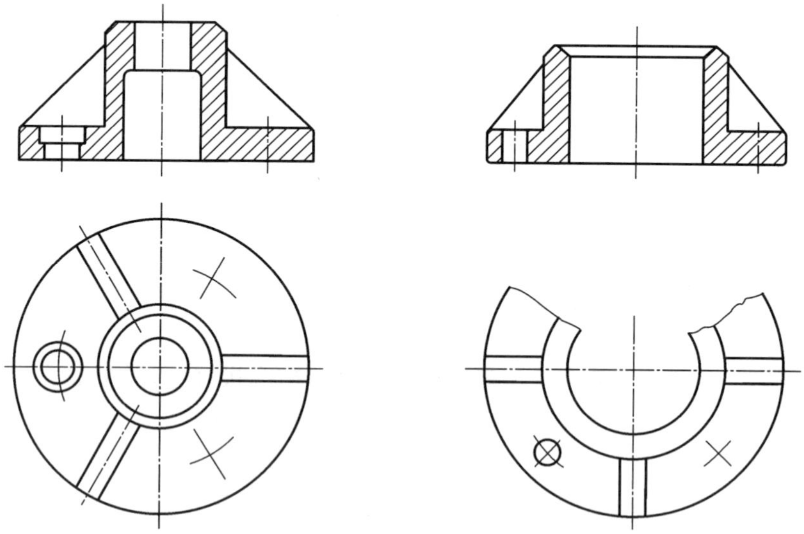

图 3.30　肋、轮辐及薄壁的画法

3. 断开画法

较长的机件（轴、杆、型材、连杆等）沿长度方向的形状一致或按一定规律变化时，可断开后缩短绘制，断开后的结构应按实际长度标注尺寸，断裂边界可用波浪线、双折线绘制，如图 3.31 所示。

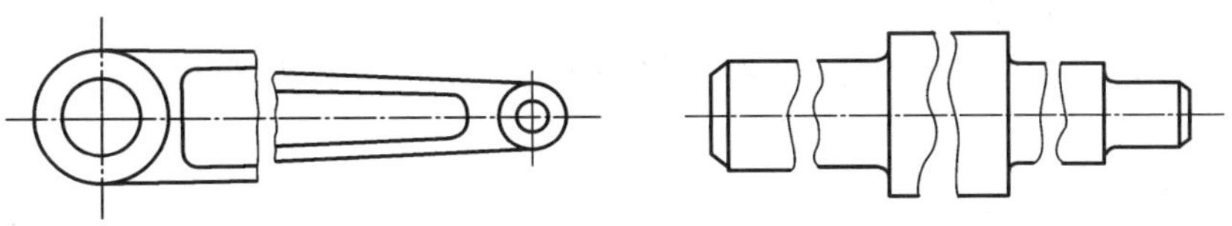

图 3.31　断开画法

4. 相同结构要素的画法

当机件具有若干相同结构(如齿、槽等),并按一定规律分布时,只需画出几个完整的结构,其余用细实线连接,并注明该结构的总数,如图 3.32 所示。

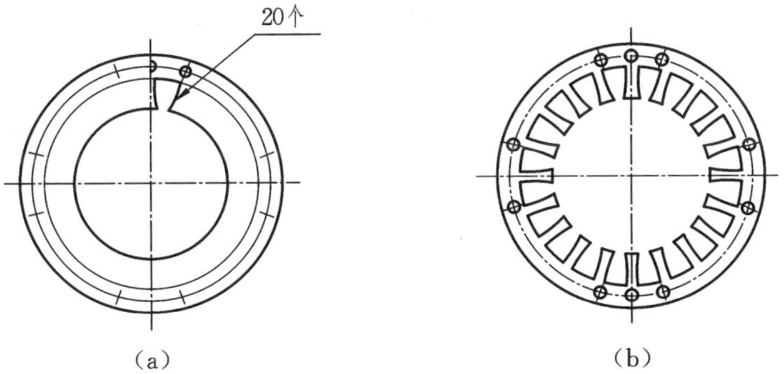

图 3.32　均匀分布的相同结构要素画法

(a)简化后;(b)简化前

5. 较小结构的画法

手工绘图时,对于投影面倾斜角度不大于 30°的圆或圆弧,其投影可用圆或圆弧代替,如图 3.33 所示。

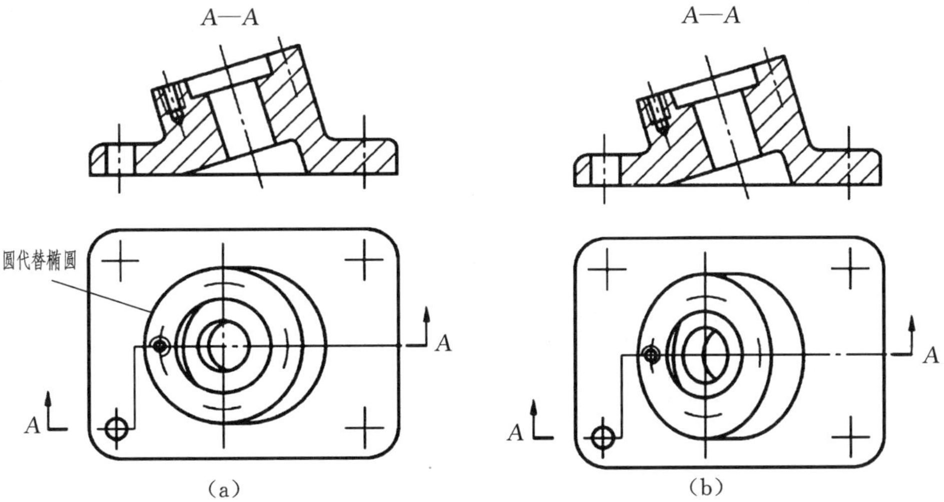

图 3.33　较小结构的画法

(a)简化后;(b)简化前

6. 回转体平面的画法

当回转体零件上的平面在图形中不能充分表达时，可以用两条相交的细实线表示这些平面，如图 3.34 所示。

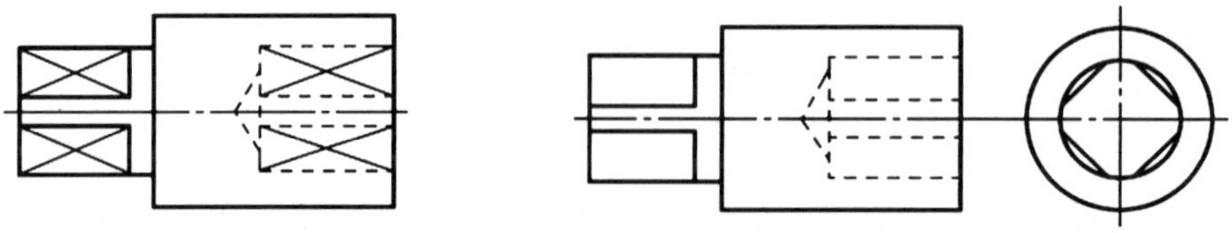

(a)　　　　(b)

图 3.34　回转体平面的画法

(a)简化后；(b)简化前

任务三　绘制螺栓连接图

【任务分析】

在各种机械、仪器及设备中，广泛地使用着螺钉、螺栓、螺柱、螺母、垫圈等螺纹紧固件，由于这类零件应用广、用量大，国家标准对其结构与规格实行了标准化，因此这类零件也称为标准件。另一类机械中常用的传动件，如齿轮、蜗轮、蜗杆等，在结构、尺寸与重要参数上也都实行了标准化、系列化，因此这类零件称为常用件。

【相关知识】

一、螺纹的基本知识

螺纹是零件上常见的结构形式，它主要用于连接零件，也可以传递动力和改变运动的方向，前者称为连接螺纹，而后者称为传动螺纹。

1. 螺纹的形成

圆柱面（或圆锥面）上一动点绕其轴线做匀速旋转运动，同时又沿着母线做匀速直线运动，该动点的复合运动轨迹即为螺旋线，如图 3.35(a)、(b)所示。

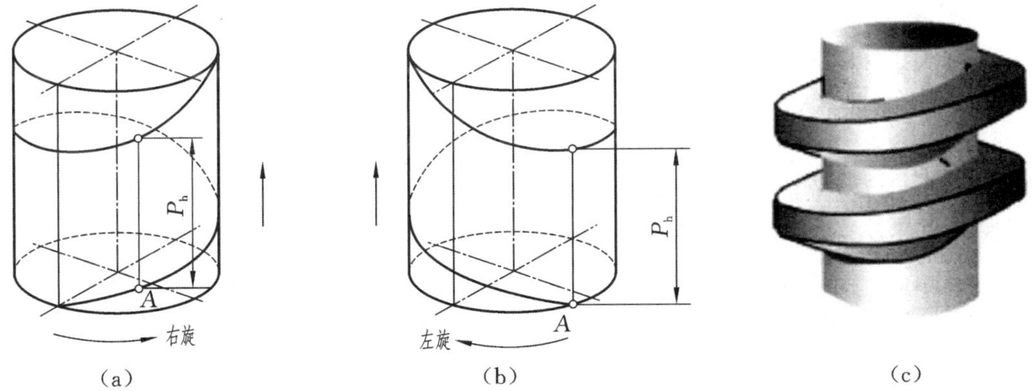

图 3.35　螺纹的形成

螺纹可认为是一平面图形沿圆柱（或圆锥）表面上的螺旋线运动而形成具有相同断面的连续凸起和沟槽。螺纹有内螺纹与外螺纹之分：在圆柱（或圆锥）外表面上所形成的螺纹称为外螺纹（如螺钉、螺栓等），如图 3.35(c)所示；在圆柱（或圆锥）内表面上所形成的螺纹称为内螺纹（如螺孔、螺母等）。

螺纹加工的方法很多，常见的有在车床上车削内、外螺纹，也可碾压螺纹，还可用丝锥和板牙等手工工具加工螺纹，如图 3.36 所示。

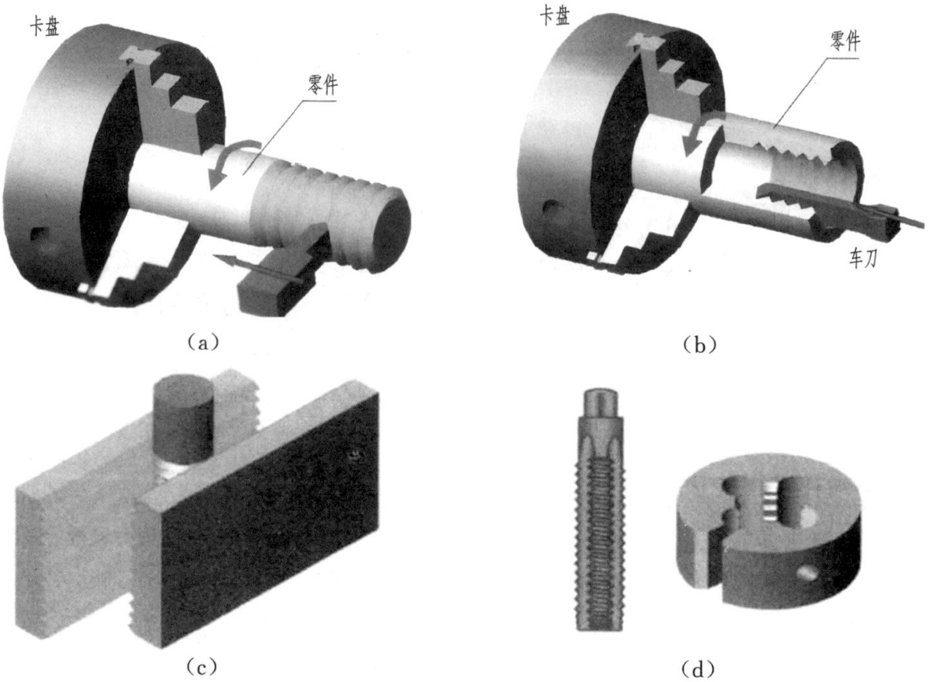

图 3.36　内外螺纹的加工方法

(a)在车床上加工外螺纹;(b) 在车床上加工内螺纹;(c) 辗压螺纹(大批量);(d) 手工加工螺纹用的工具

2. 螺纹的基本要素

(1) 牙型。在通过回转体轴线的断面上,螺纹断面轮廓的形状称为螺纹牙型。常见的牙型有三角形、梯形等,不同的牙型其用法也不同,如图 3.37(a)所示。

(2) 公称直径。指螺纹尺寸的直径,即螺纹牙型的最大直径(外螺纹的牙顶,内螺纹的牙底),也称作大径,分别用 D、d 表示。而外(内)螺纹的牙底(顶)称为小径,用 D_1、d_1 表示,如图 3.37(b)所示。

(3) 线数 n。螺纹有单线和多线之分,沿一条螺旋线形成的螺纹称为单线螺纹,沿两条或两条以上,在轴间等距分布的螺旋线所形成的螺纹称为多线螺纹,如图 3.37(c)所示。

(4) 螺距 P 和导程 P_h。螺纹相邻两牙在中径线上对应点之间的轴向距离称为螺距 P。同一条螺旋线上相邻两牙中径线上对应点之间的轴向距离称为导程 P_h,单线螺纹 $P_h=P$,多线螺纹 $P_h=nP$,如图 3.37(c)所示。

(5) 旋向。螺纹的旋向是内、外螺纹旋进的方向,有左旋、右旋之分,按顺时针旋转时旋入为右旋螺纹,右旋用 RH 表示,反之则为左旋螺纹,左旋用 LH 表示,如图 3.37(d)所示。

当内、外螺纹旋合连接时,两者的上述要素必须一致。螺纹的牙型、公称直径(大径)和螺距是决定螺纹的最基本要素,称为螺纹三要素。国家标准对这三要素规定了标准值,见书后附表 1-1。凡是符合三要素标准的称为标准螺纹,凡是螺纹牙型符合标准,而直径和螺距不符合标准的称为特殊螺纹,如果螺纹牙型不符合标准,则称为非标准螺纹。

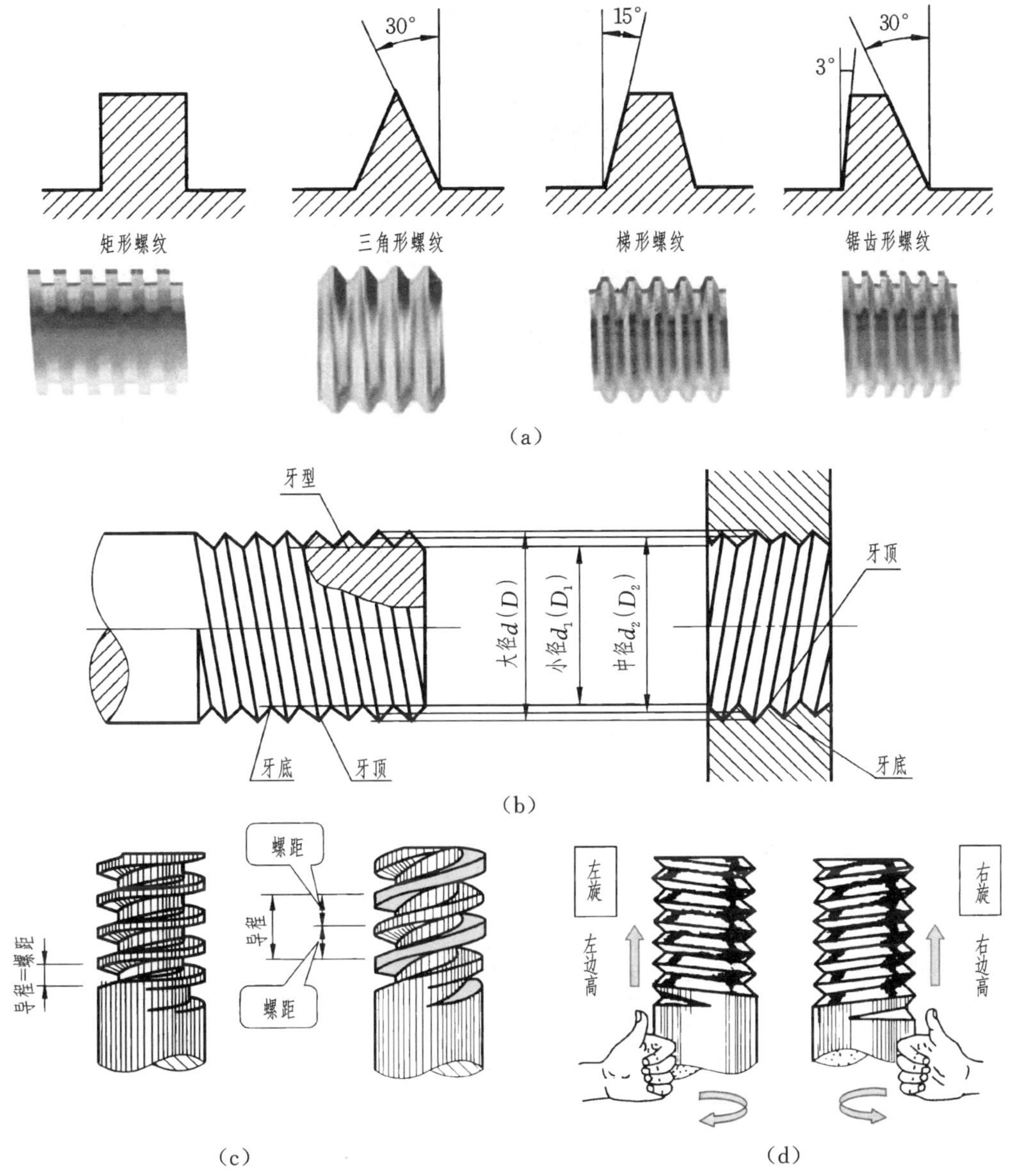

图 3.37　螺纹的要素

(a)常见的螺纹牙型;(b)螺纹的大小径;(c)螺纹的线数、导程和螺距(左图为单线,右图为多线);(d)螺纹的旋向

3. 螺纹的代号及分类

螺纹按其用途可分为连接螺纹和传动螺纹两类。连接螺纹包括普通螺纹和管螺纹,传动螺纹包括梯形螺纹、锯齿形螺纹等,不同螺纹有不同的代号,如表 3.2 所示。

4. 螺纹的规定画法

画法参见机械制图相关国家标准《机械制图 螺纹及螺纹紧固件表示法》(GB/T 4459.1—1995)。

表 3.2 常用螺纹的分类

螺纹分类				牙型及牙型角	特征符号	说明
连接螺纹	普通螺纹	粗牙		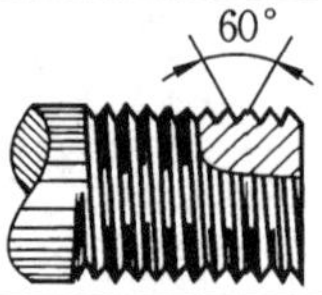	M	用于一般零件的连接
		细牙				用于精密零件、薄壁零件或负荷大的零件
	管螺纹	非螺纹密封		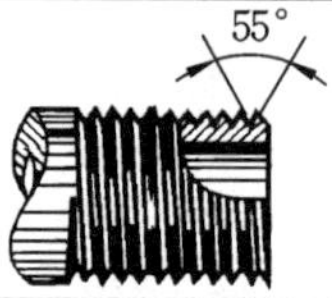	G	用于非螺纹密封的低压管路的连接
		用螺纹密封的管螺纹	圆锥外	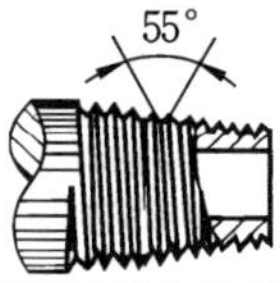	R	用于螺纹密封的中高压管路的连接
			圆锥内	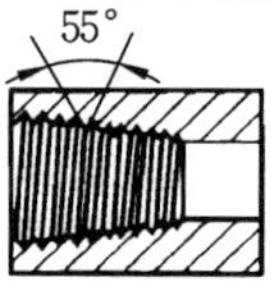	Rc	
			圆柱内	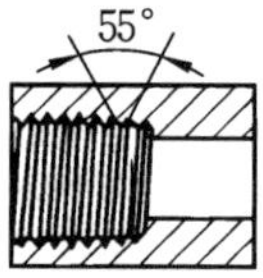	Rp	
传动螺纹	梯形螺纹			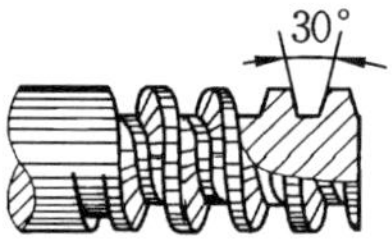	Tr	可双向传递运动和动力
	锯齿形螺纹			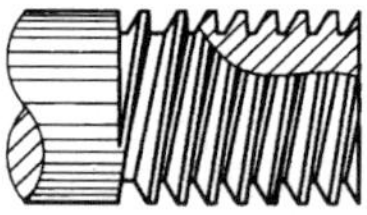	B	只能传递单向动力

(1) 外螺纹的规定画法。外螺纹牙顶所在的轮廓线(即大径),画成粗实线;螺纹牙底所在的轮廓线(即小径),画成细实线。小径通常画成大径的 0.85 倍。螺纹终止线用粗实线表示,如图 3.38(a)所示,如剖切,则如图 3.38(b)所示。

在非圆视图中小径应画入倒角;在投影为圆的视图中,倒角规定不必画出,小径圆也只画出大约 3/4 圆周。

(2) 内螺纹的规定画法。内螺纹在非圆视图中通常采用剖切作图,如图 3.39(a)所示,内螺纹牙顶所在的轮廓线(即小径),画成粗实线;螺纹牙底所在的轮廓线(即大径),画成细实线。小径仍为大径的 0.85 倍,螺纹终止线也用粗实线表示。此时螺纹小径不应画入倒角,剖面线画至表示螺纹小径的粗实线为止;在投影为圆的视图中,倒角规定不必画出,大径圆也只画大约 3/4 圆周。对于不穿通的螺孔,钻孔深度应大于螺孔深度。由于钻头的刃锥

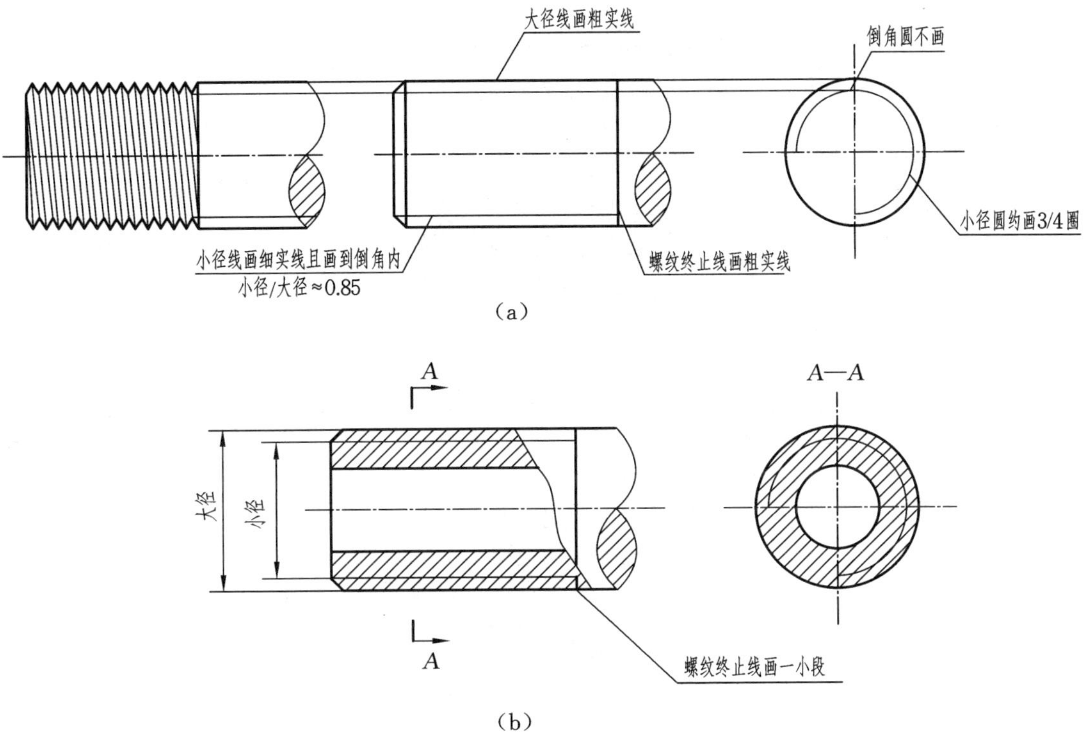

图 3.38　外螺纹的画法

(a)规定画法；(b)剖切画法

角约为 120°，因此孔端的锥坑应画成 120°，如图 3.39(b)所示。

(3) 内、外螺纹的旋合画法。内、外螺纹的旋合通常采用剖视方法表示。在剖视图中，旋合部分按外螺纹绘制，其余部分仍按各自的画法表示，如图 3.40 所示。

(4) 螺纹牙型表示法。当需要表示螺纹牙型时，可采用局部剖视图表示、局部放大图表示，或者直接在剖视图中表示，如图 3.41 所示。

(5) 其他规定画法：

① 不穿通螺纹孔的画法。在绘制不穿通的螺孔时，一般应将钻孔深度与螺纹深度分别画出。钻孔深度一般应比螺纹深度大 0.5D，其中 D 为螺纹大径。钻头端部有一圆锥，锥顶角为 118°，钻孔时，不穿通孔(称为盲孔)底部形成一圆锥面，在画图时钻孔底部锥面的顶角可以简化为 120°，如图 3.42 所示。

② 螺孔中相贯线的画法。螺孔与螺孔或光孔相交时，只在螺纹小径画一条相贯线，如图 3.43 所示。

③ 剖面线画法。无论是外螺纹或内螺纹，在剖视图和断面图中的剖面线都应画到粗实线，如图 3.38、图 3.39 所示。

④ 部分螺孔的画法。机件上有时会出现部分螺孔，绘制这种螺纹的投影为圆的视图时，牙底圆应适当空出一段，如图 3.44 所示。

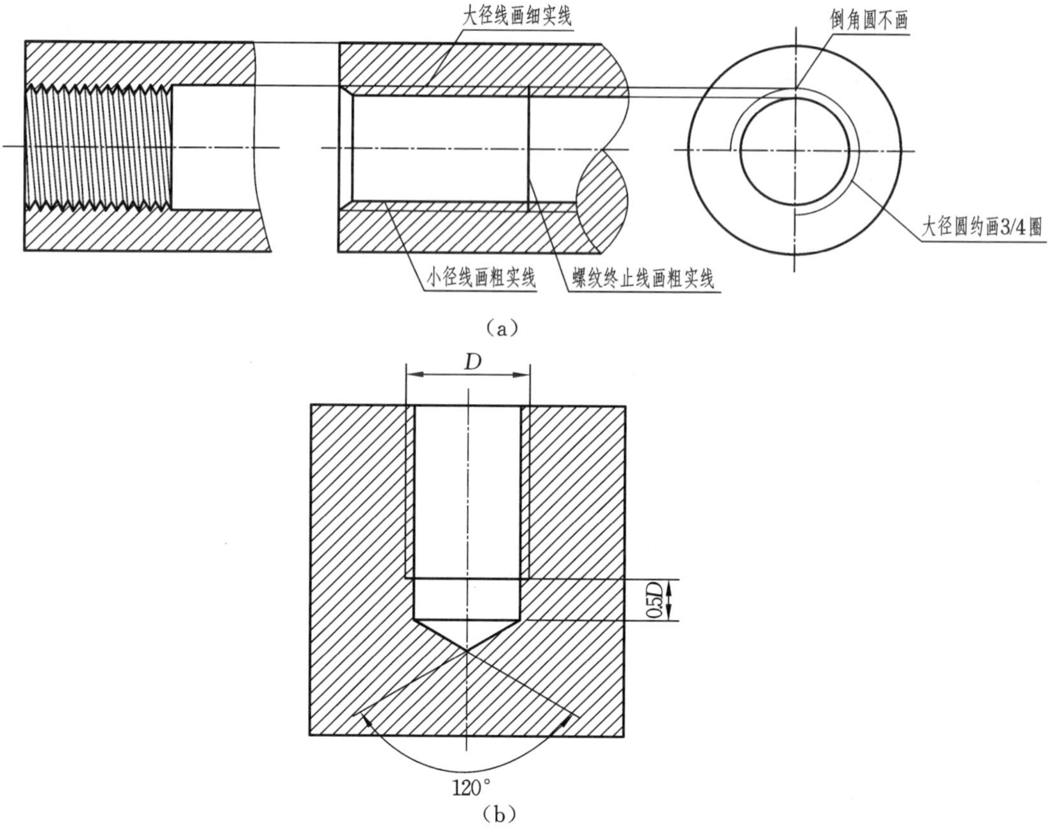

图 3.39　内螺纹的画法

(a)规定画法;(b)锥坑画法

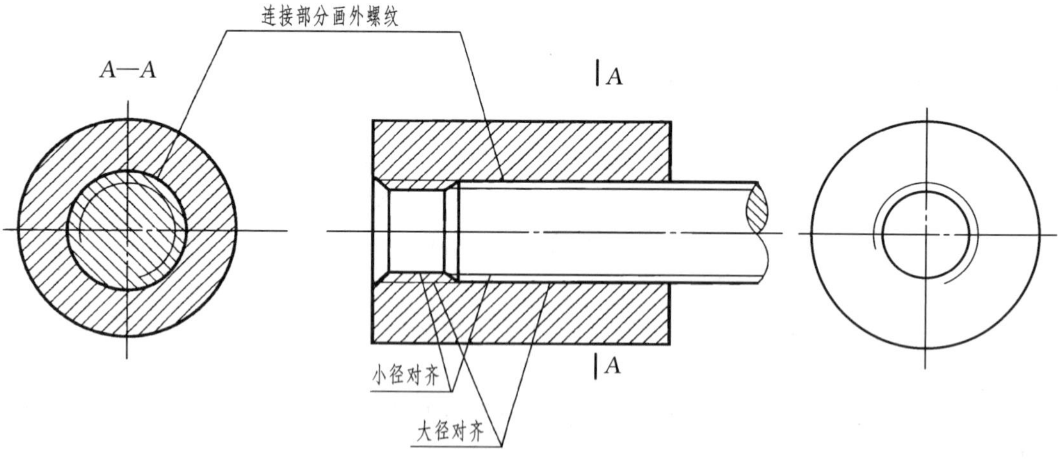

图 3.40　内、外螺纹的旋合画法

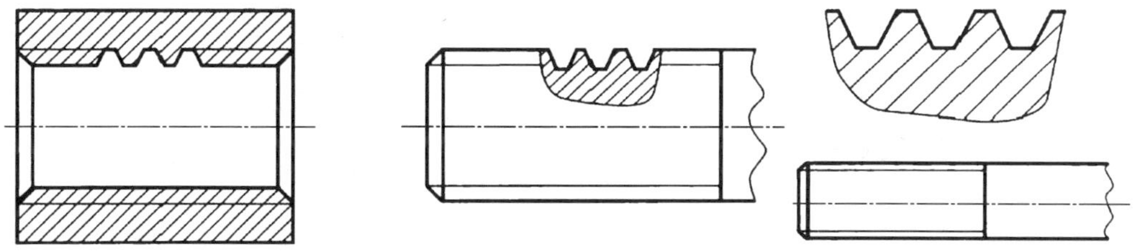

图 3.41　螺纹牙型画法

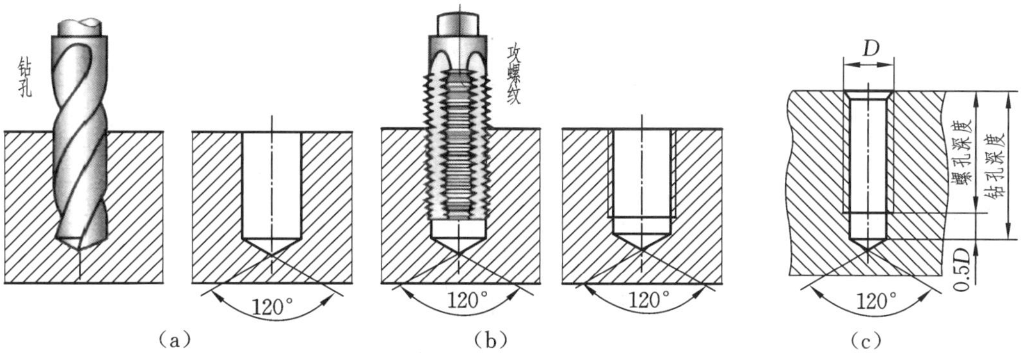

图 3.42　不穿通螺纹孔的画法

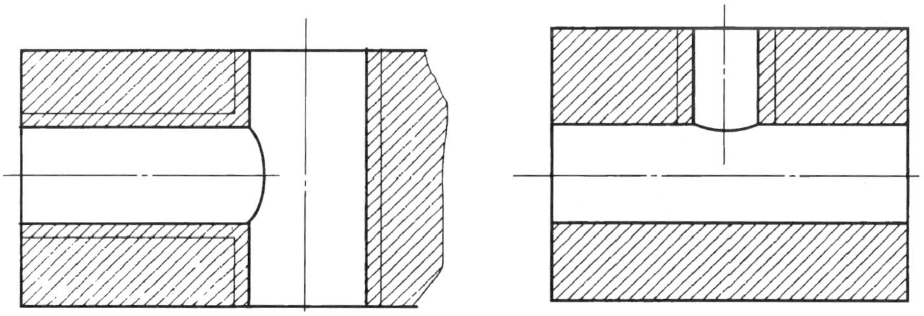

图 3.43　螺孔相贯线的画法

⑤ 圆锥螺纹的画法。加工在圆锥表面的螺纹称为锥螺纹，如图 3.45 所示。锥螺纹左视图按左侧大端螺纹画，右视图按右侧小端螺纹画。

5. 螺纹的标注方法

由于螺纹的投影采用了简化画法，各种螺纹的画法相同，在图样中不反映牙型、螺距线数、旋向等要素，因此必须对螺纹进行标注。

(1) 普通螺纹、梯形螺纹、锯齿形螺纹的标注。普通螺纹是牙型为三角形的螺纹，其螺纹代号为“M”，国家标准规定普通螺纹代号标注的顺序和格式为：

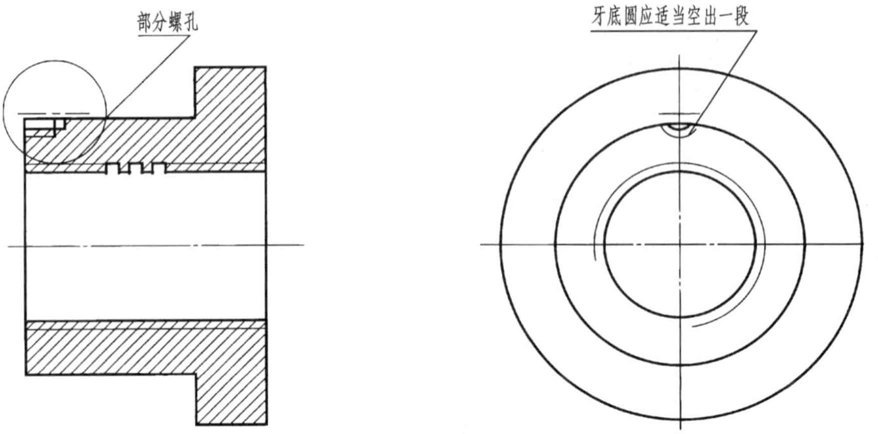

图 3.44　部分螺孔的画法

螺纹代号 | 公称直径 × 螺距(导程/线数) | 旋向 | 公差带代号 | 旋合长度代号

例如，M20×2LH-5g6g-S 的含义为：

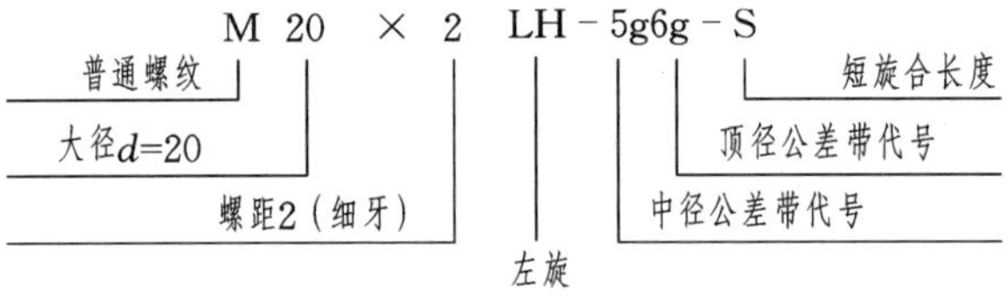

普通细牙螺纹需注出螺距，普通粗牙螺纹不必注写螺距。右旋螺纹不必注写旋向，左旋螺纹的旋向用“LH”表示。

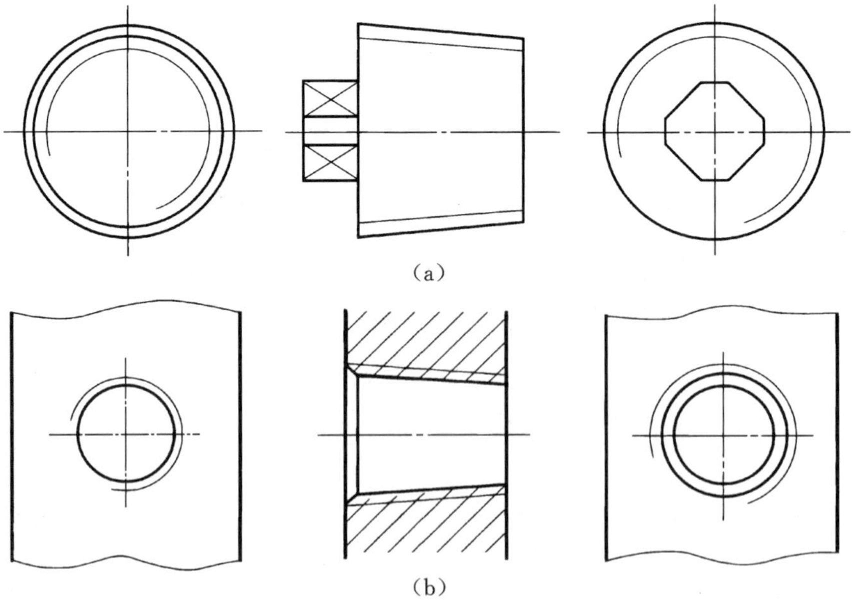

(a)

(b)

图 3.45　圆锥螺纹的画法

(a)外螺纹；(b)内螺纹

螺纹公差带代号包括螺纹中径和顶径的公差带代号，当中径和顶径的公差带代号相同时，只需注写一个。螺纹的旋合长度分长、中、短三个等级，它们分别用字母“L、N、S”表示，当螺纹的旋合长度为中等时，不必注写；特殊需要时，可直接注出旋合长度的数值。

梯形螺纹和锯齿形螺纹常用于传递运动和动力的丝杠上。梯形螺纹工作时牙的两侧均受力，而锯齿形螺纹在工作时是单侧面受力。梯形螺纹和锯齿形螺纹的标记与普通螺纹类同。

例如，Tr40×14(P7)-7H-L 的含义为：

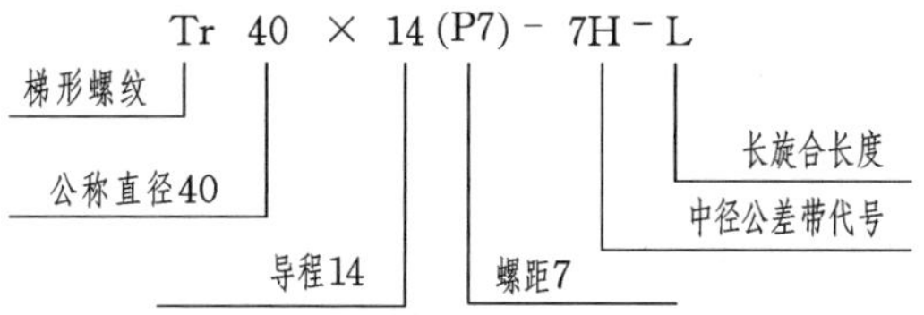

注意：只标注中径公差带代号，旋合长度只有两种(代号 N 和 L)，当为中等旋合长度时，N 省略不注。

梯形螺纹的螺纹副表示为 Tr40×7-7H/7e，内螺纹的公差带在前，外螺纹的公差带在后，二者之间用“/”分开。

螺纹的标注应直接注在螺纹大径的尺寸线上或其引出线上，如图 3.46 所示。

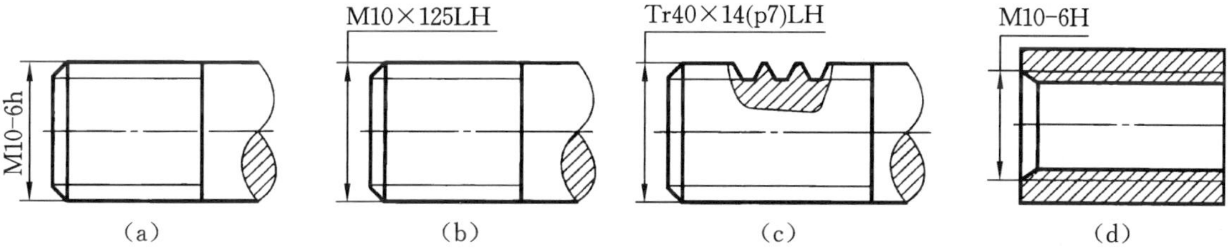

图 3.46　一般螺纹的标注

(2)管螺纹的标注方法。管螺纹一般用于管路(水管、油管、煤气管等)的连接中。管螺纹的标记用指引的方法标注，指引线指到螺纹的大径上。国家标准规定管螺纹代号标注的顺序和格式为：

螺纹代号	尺寸代号	中径公差带等级	旋向

例如，$R_2$1/2-LH 的含义为：

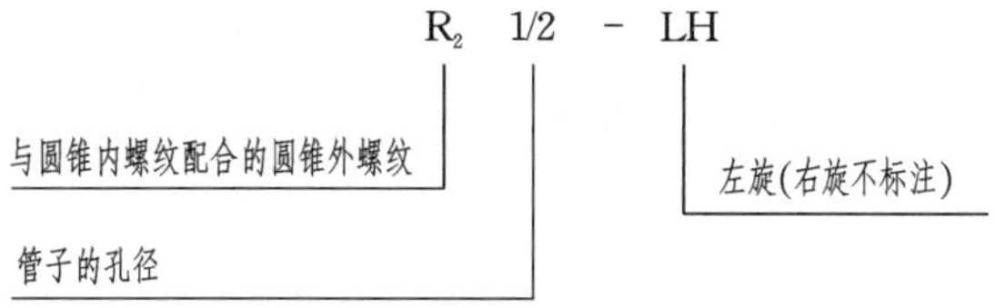

各项说明如下：

各种管螺纹的螺纹代号如表 3.1 所示；尺寸代号不是管螺纹的大径，而是近似等于管子的孔径，并且以英寸为单位，但不标注单位；只有螺纹代号为 G 的非螺纹密封的管螺纹才有中径公差带等级；右旋螺纹的旋向省略不标，左旋螺纹的旋向标“LH”。管螺纹的标记一律写在引出线上，引出线应由大径处引出，如图 3.47 所示。

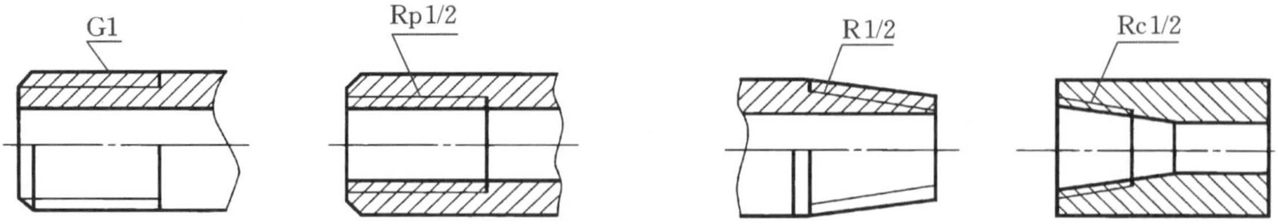

(a)　(b)　(c)　(d)

图 3.47　管螺纹的标注

(3) 内、外螺纹旋合的标注。内、外螺纹旋合在一起时，其公差带代号可用斜线分开，分子表示内螺纹公差带代号，分母表示外螺纹公差带代号。米制螺纹直接标注在大径尺寸线上，如图 3.48(a)所示；管螺纹标注在引出线上，如图 3.48(b)所示。

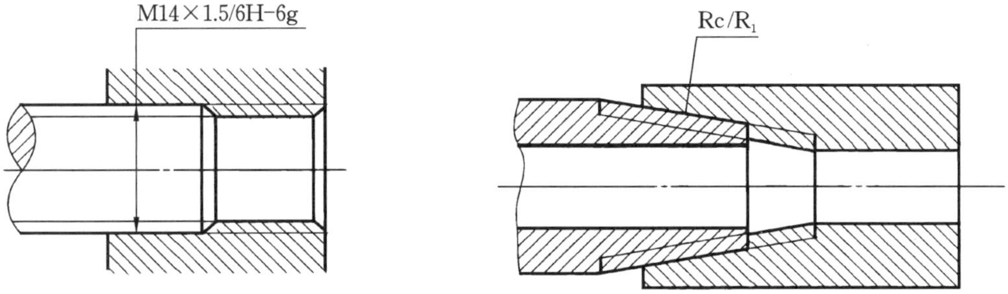

(a)　(b)

图 3.48　内、外螺纹旋合的标注

部分螺纹的标注如表 3.3 所示。

二、螺纹紧固件

螺纹紧固就是利用一对内、外螺纹的连接作用来连接或紧固一些零件。常用的螺纹紧固件有螺栓、双头螺柱、螺钉、螺母和垫圈等，如图 3.49 所示。

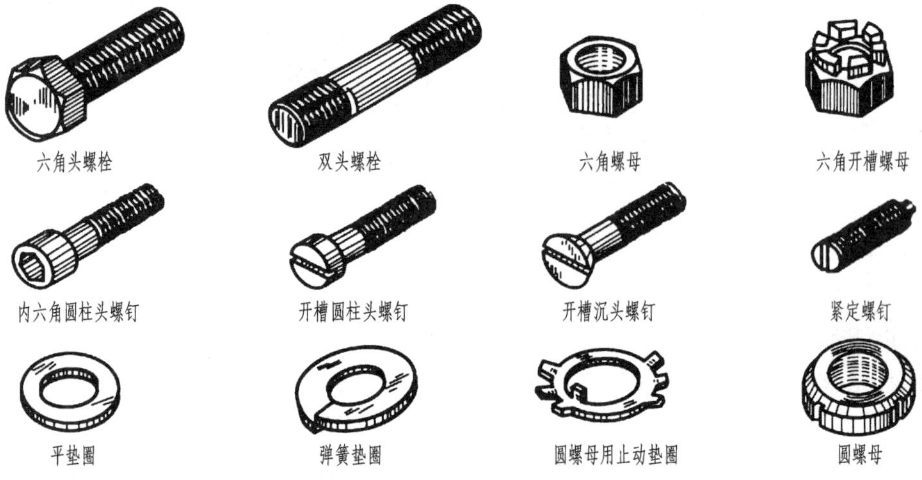

图 3.49　常用的螺纹紧固件

表 3.3　常见螺纹的标注示例

螺纹类别		特征代号		标注示例	说明
连接螺纹	普通螺纹	M	粗牙	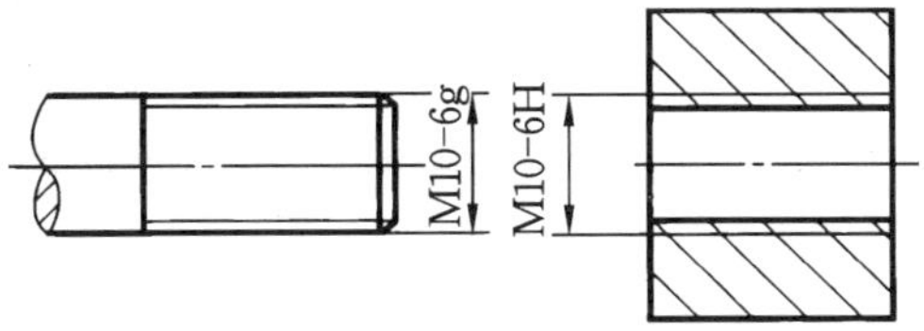	粗牙普通螺纹，公称直径 $\phi 10$，螺距 1.5（查表获得）；外螺纹中径和顶径公差带代号都是 6g；内螺纹中径和顶径公差带代号都是 6H；中等旋合长度；右旋
			细牙	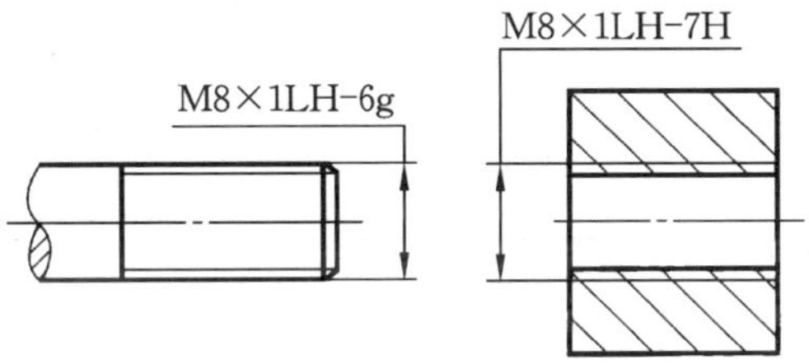	细牙普通螺纹，公称直径 $\phi 8$，螺距 1，左旋；外螺纹中径和顶径公差带代号都是 6g（公称直径≥1.6 mm，公差带代号为 6g 时不标注）；内螺纹中径和顶径公差带代号都是 7H；中等旋合长度
	管螺纹	G	55°非密封管螺纹	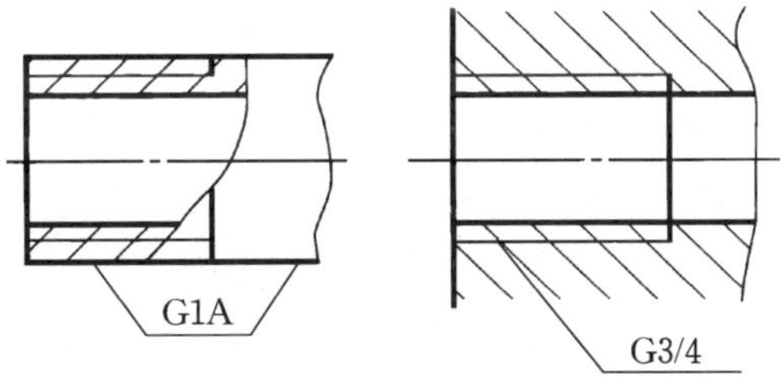	55°非密封管螺纹，外管螺纹的尺寸代号为 1，公差等级为 A 级；内管螺纹的尺寸代号为 3/4，内螺纹公差等级只有一种，省略不标注
		Rc Rp R_1 R_2	55°密封圆锥管螺纹	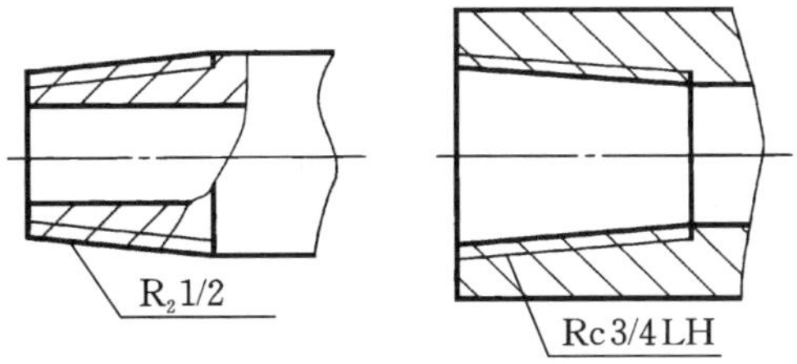	55°密封圆锥管螺纹，与圆锥内螺纹配合的圆锥外螺纹的尺寸代号为 1/2，右旋；圆锥内螺纹的尺寸代号为 3/4，左旋；公差等级只有一种，省略不标注。Rp、Rc 是圆柱内螺纹的特征代号，R_1、R_2 是与圆柱内螺纹配合的圆锥外螺纹的特征代号

续表3.3

螺纹类别		特征代号		标注示例	说明
传动螺纹	梯形螺纹	Tr		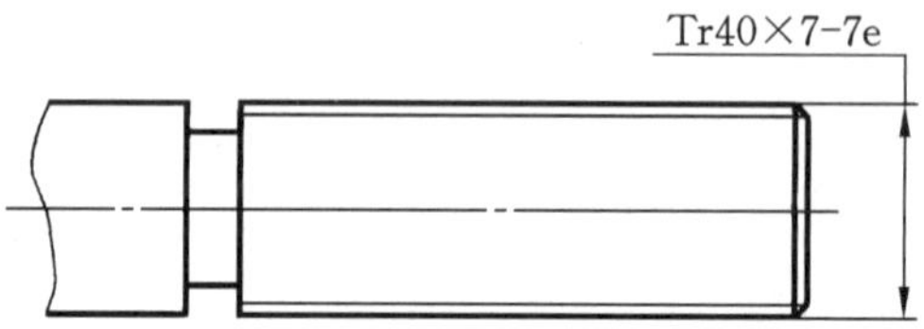	梯形外螺纹，公称直径 ϕ40，单线，螺距 7，右旋，中径公差带代号 7e，中等旋合长度
	锯齿形螺纹	B		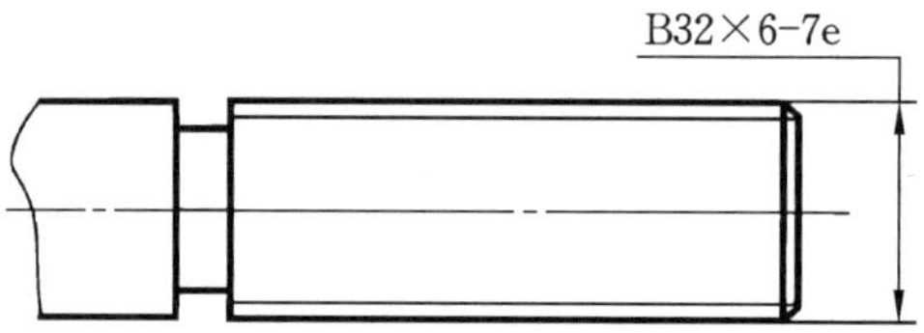	锯齿形外螺纹，公称直径 ϕ32，单线，螺距 6，右旋，中径公差带代号 7e，中等旋合长度
	矩形螺纹			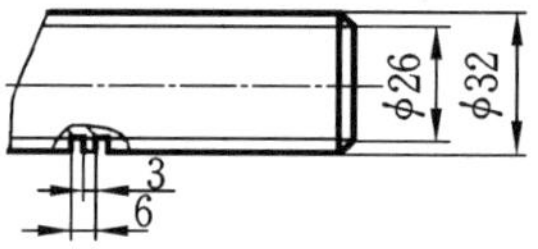 注法一 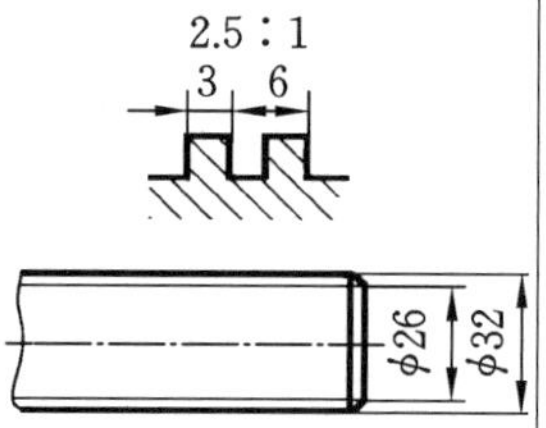 注法二	矩形螺纹为非标准螺纹，无特征代号和螺纹代号，要标注螺纹的所有尺寸，单线，右旋

1. 螺纹紧固件的标记（GB/T 1237—2000）

螺纹紧固件的结构、尺寸已经标准化，详见书后附表 2-1 至附表 2-9 所示。因此，符合标准的螺纹紧固件不需画零件图，可根据规定的标记在相应的国家标准中查找有关尺寸。

螺纹紧固件的规定标记分为完整标记和简化标记两种，完整标记一般格式为：

名称 标准编号 型式与尺寸、规格等 性能等级等 表面处理

当产品标准中只有一种型式、精度、性能等级或材料及热处理以及表面处理时标记允许省略。常用螺纹紧固件的标记如表 3.4 所示。

表 3.4 螺纹紧固件的标注

名称	规定标记示例	名称	规定标记示例
六角头螺栓 C 级 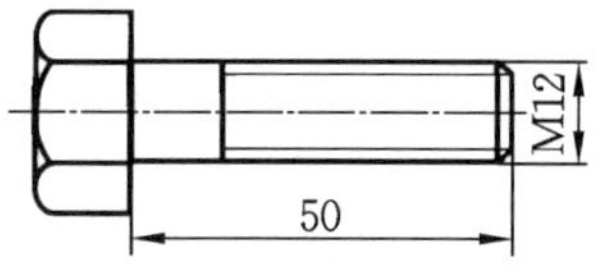	螺栓 GB/T 5780 M12×50	内六角圆柱头螺钉 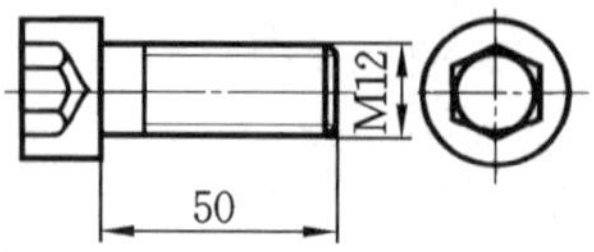	螺钉 GB/T 70.1 M12×50

续表3.4

名称	规定标记示例	名称	规定标记示例
双头螺柱 A 型 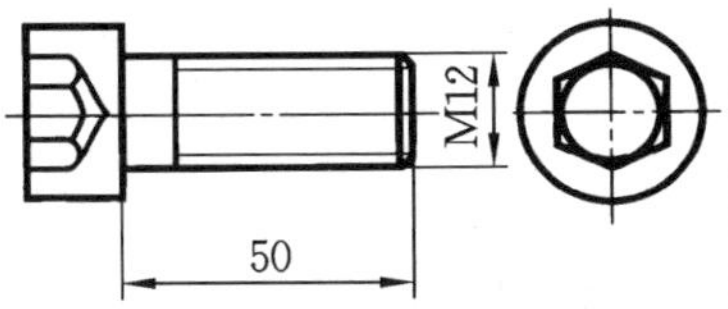	螺柱 GB/T 897 AM12×50	六角螺母—C 级 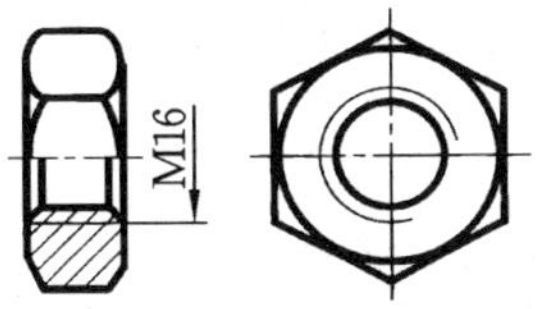	螺母 GB/T 41 M16
开槽圆柱头螺钉 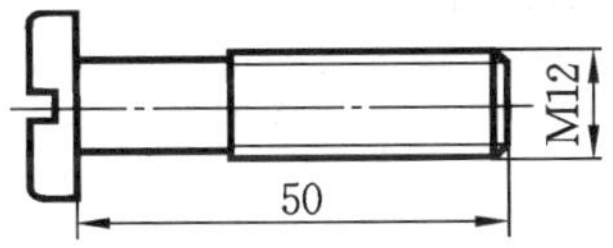	螺钉 GB/T 65 M12×50	1 型六角开槽螺母 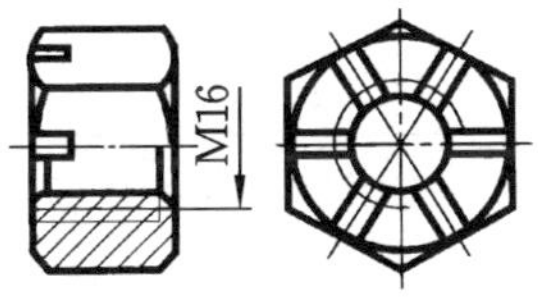	螺母 GB/T 6178 M16
开槽沉头螺钉 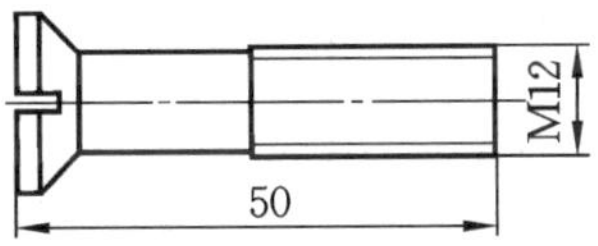	螺钉 GB/T 68 M12×50	平垫圈 A 级 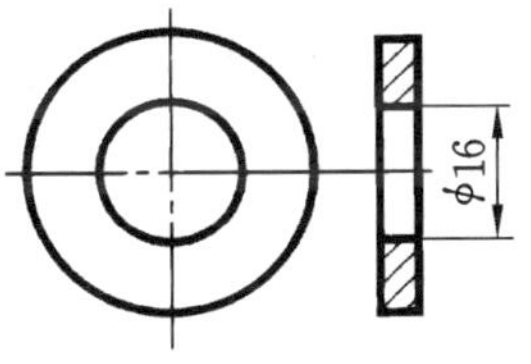	垫圈 GB/T 97.1 M16
开槽锥端紧定螺钉 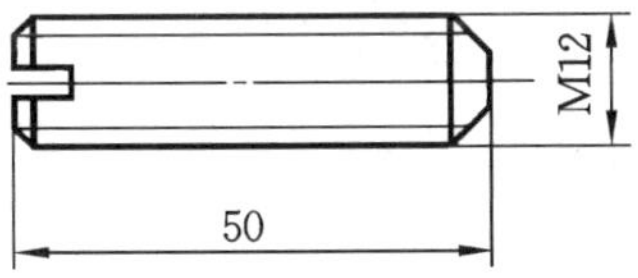	螺钉 GB/T 71 M12×50-14H	标准型弹簧垫圈 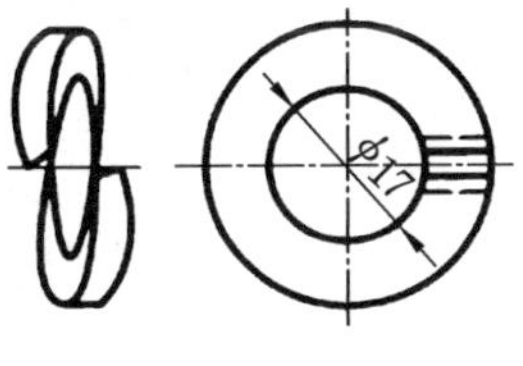	垫圈 GB/T 93 M17

2. 螺纹紧固件的画法

螺纹紧固件有按标准数据画图和按比例画图两种方法。

(1) 按标准数据画图　紧固件各部分可根据规定标记在国家标准中查出有关尺寸，按标准规定的数据画图。

(2) 按比例画图　为提高画图速度，螺纹紧固件各部分的尺寸(有效长度除外)都可按螺纹的公称直径 d 或 D 的一定比例关系画图，称为比例画法。目前的设计多用比例画法。常用螺纹紧固件的比例画法如图 3.50 所示。

3. 螺纹紧固件的装配画法

螺纹紧固件连接的基本形式有螺栓连接、双头螺柱连接和螺钉连接，如图 3.51 所示。画螺纹紧固件连接图时必须遵守如下基本规定：

① 两零件接触面处画一条粗实线,非接触面处画两条粗实线。

② 当剖切平面沿实心零件或标准件(螺栓、螺母、垫圈等)的轴线(或对称线)剖切时,这零件均按不剖绘制,即仍画其外形。

③ 在剖视图中,相互接触的两零件的剖面线方向应相反或间隔不同,而同一个零件在各剖视中,剖面线的方向和间隔应相同。

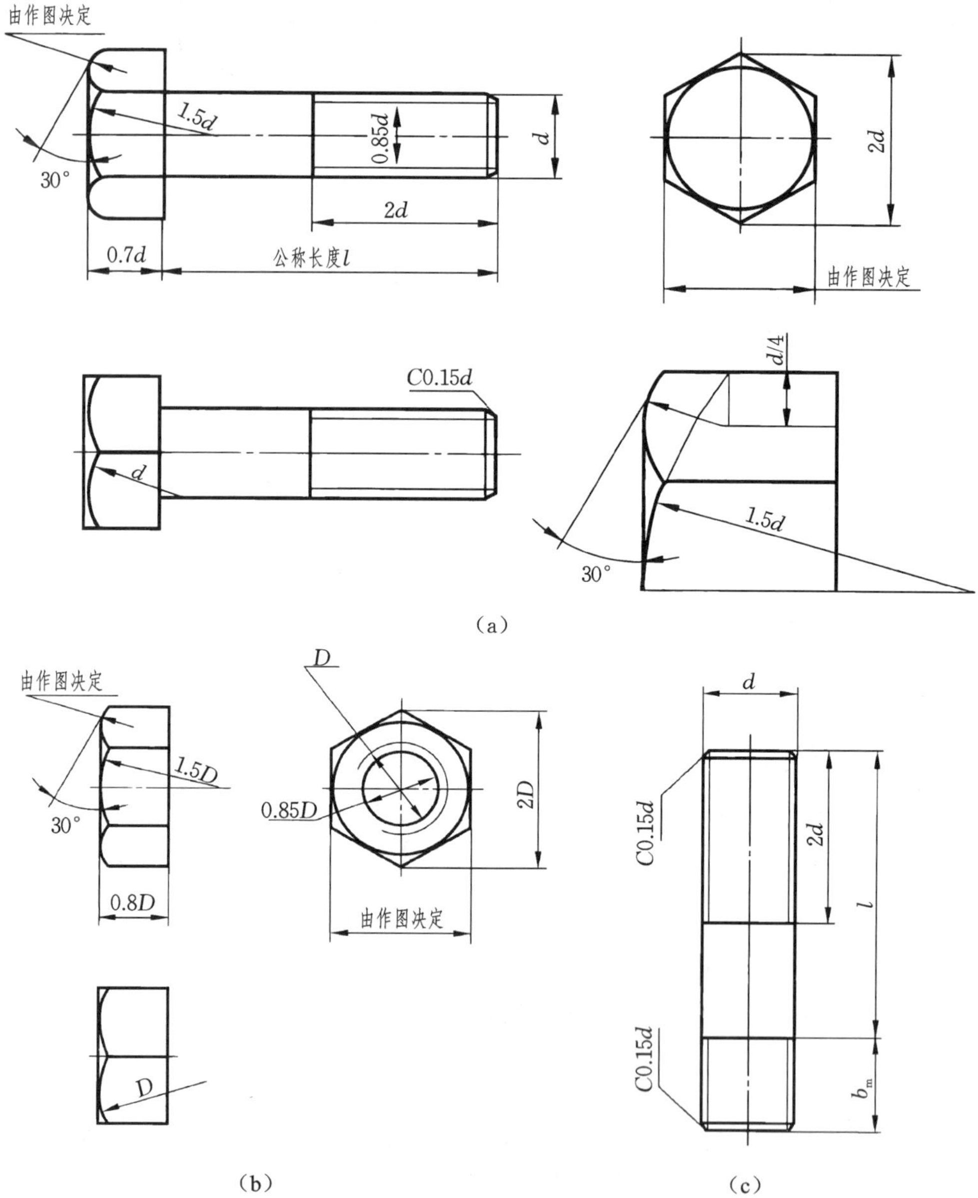

图 3.50　螺纹紧固件的比例画法

(a)螺栓的比例画法;(b)螺母的比例画法;(c)双头螺柱的比例画法;

(d)钻孔、螺孔、光孔的比例画法;(e)螺钉的比例画法;(f)垫圈的比例画法

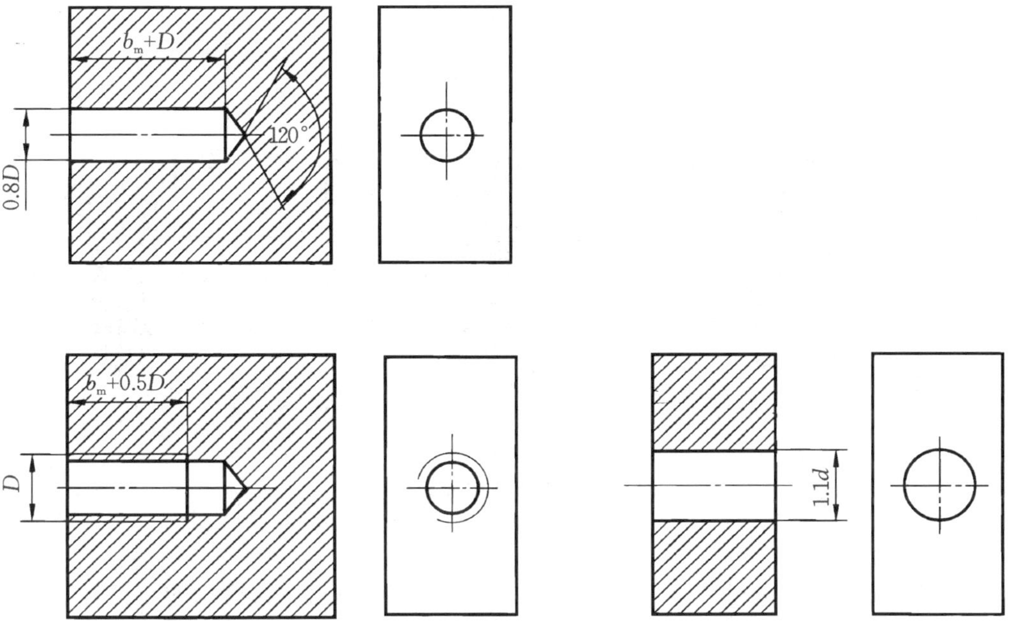
b_m+D
120°
0.8D
b_m+0.5D
D
1.1d

（d）

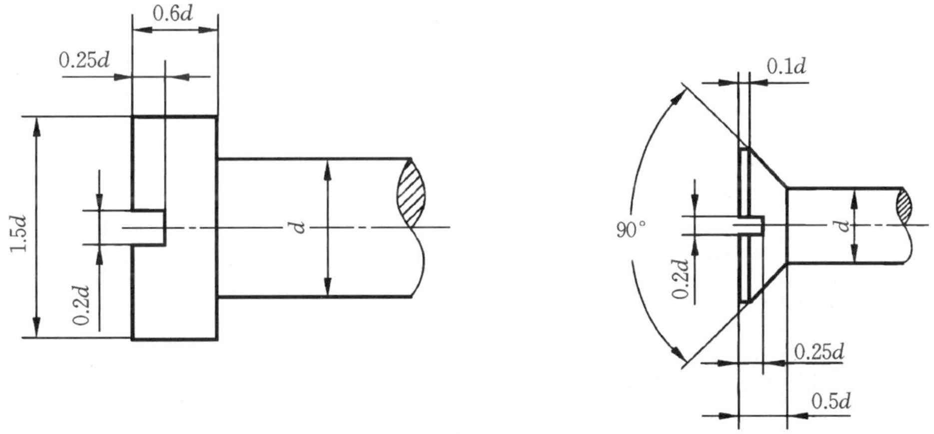
0.6d
0.25d
1.5d
0.2d
d
0.1d
90°
0.2d
d
0.25d
0.5d

（e）

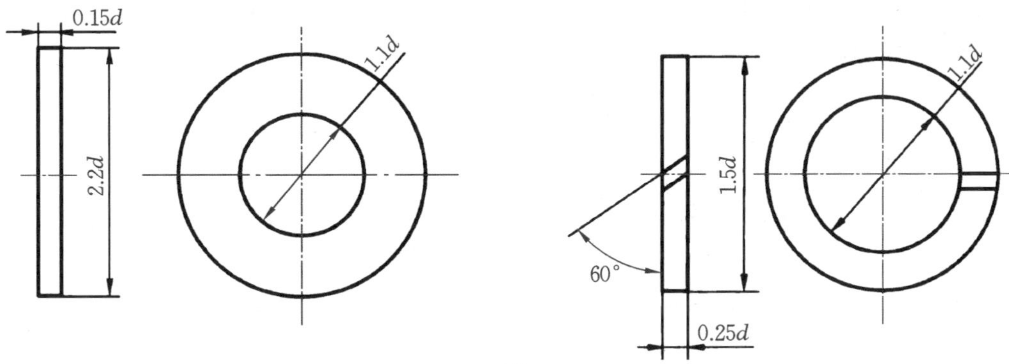
0.15d
2.2d
1.1d
1.5d
60°
0.25d
1.1d

（f）

续图 3.50

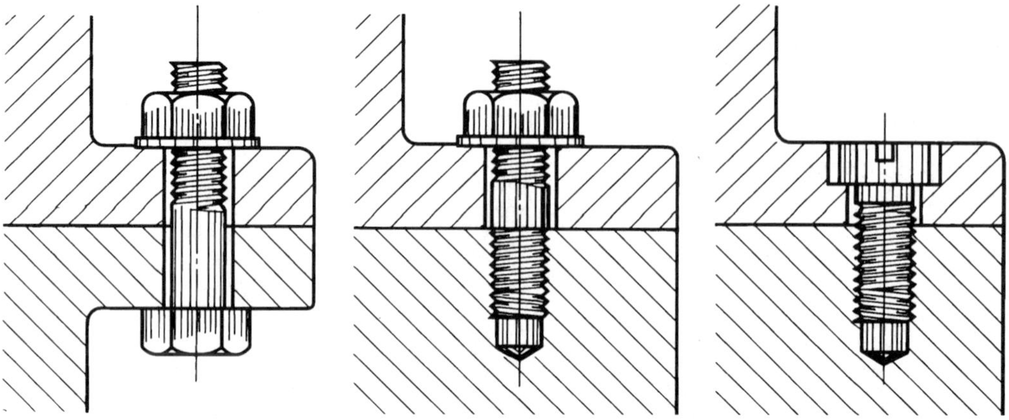
(a)　　　　(b)　　　　(c)

图 3.51　螺纹紧固件连接形式

(a)螺栓连接;(b)双头螺柱连接;(c)螺钉连接

(1) 螺栓连接　各类设备上常用螺栓连接不太厚的、并能钻成通孔的零件,螺栓连接由螺栓、螺母、垫圈组成,如图 3.52(a)所示。螺栓的公称长度 L,可根据所选零件厚度、螺母和垫圈厚度等计算得出,即

$$L=\delta_1+\delta_2+0.15d+0.8d+0.3d$$

式中　δ_1,δ_2——两连接零件的厚度;

$0.15d$——垫圈厚度(d 是螺栓上螺纹的公称直径);

$0.8d$——螺母厚度;

$0.3d$——螺栓伸出螺母的长度。

按上式计算后,然后根据估算的数值可查附录,选取相近的标准数值。

例如,$d=20$ mm,$\delta_1=32$ mm、$\delta_2=30$ mm,则

$$l\approx\delta_1+\delta_2+0.15d+0.8d+0.3d=87\ \text{mm}$$

查阅相关标准,得出与其相近的数值为:$l=90$ mm。

图 3.52(b)所示为用螺栓连接两块板的画法,图中被连接的两块板钻有直径比螺栓略大的孔(孔径≈1.1d),连接时,将螺栓插入两个孔中,再套上垫圈,以增加支承面积,防止损伤零件的表面,最后用螺母拧紧。

画螺栓连接时应注意:

① 被连接件的孔径必须大于螺栓的大径,否则成组装配时,由于孔间距有误差而装不进去。

② 在螺栓连接剖视图中,被连接零件的接触面(投影图上为线)画到螺栓大径处。

③ 螺母及螺栓的六角头的三个视图应符合投影关系。

④ 螺栓的螺纹终止线必须画到垫圈之下(应在被连接两零件接触面的上方),否则螺母可能拧不紧。

螺栓连接的画图步骤如图 3.53 所示。

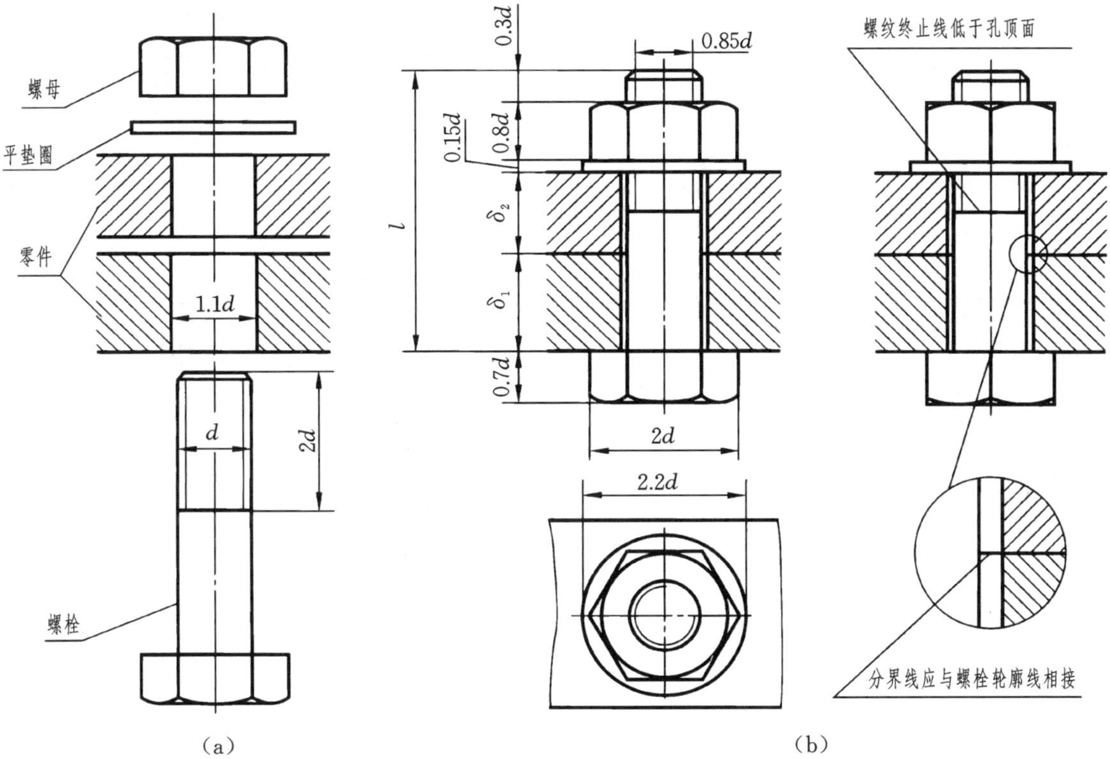

图 3.52　螺栓连接

(a)连接前;(b)连接画法

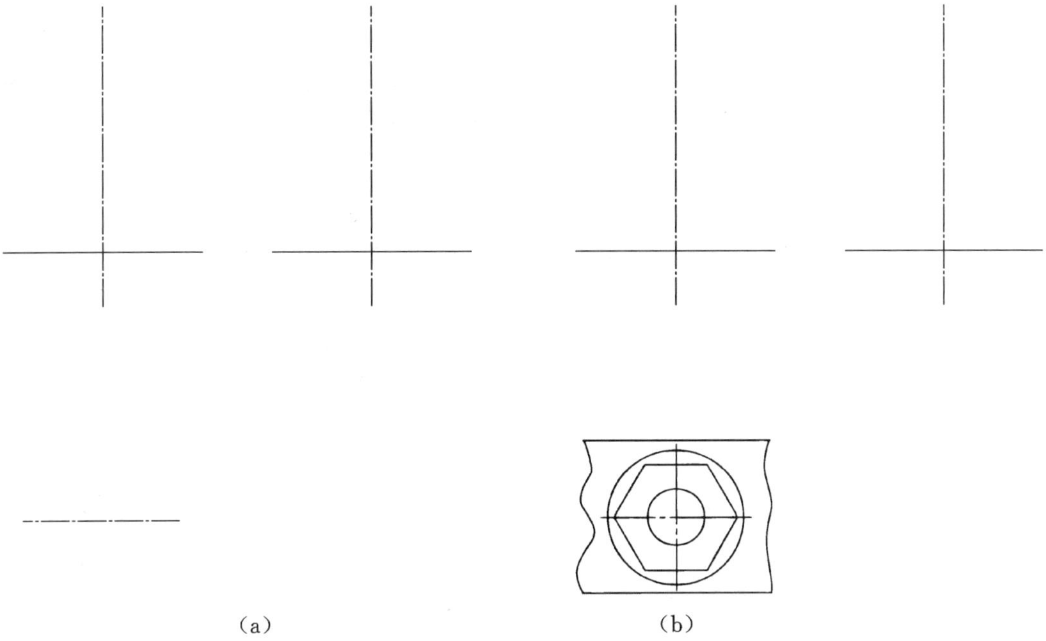

图 3.53　螺栓连接画图步骤

(a)画基准线;(b) 画俯视图;(c)画螺栓;(d)画连接板;(e)画螺母;(f)画剖面线、检查、加深

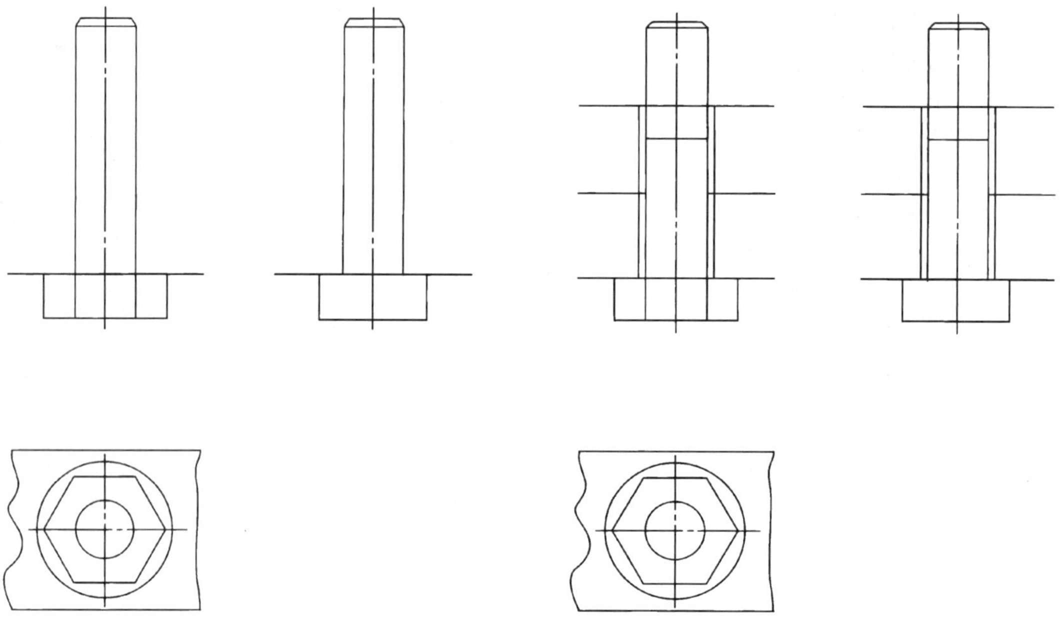

（c）　　　　（d）

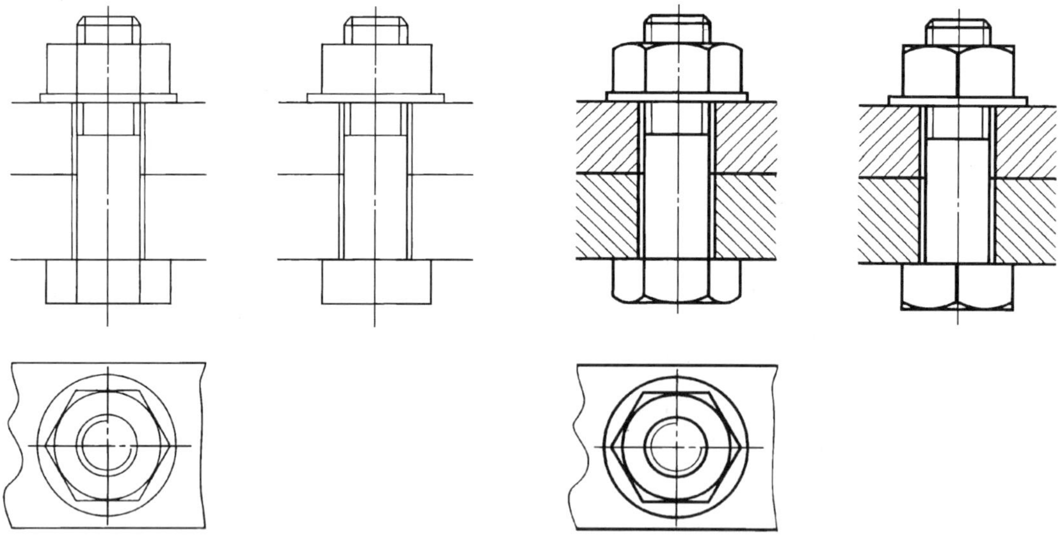

（e）　　　　（f）

续图 3.53

(2) 双头螺柱连接　双头螺柱的两端都有螺纹，当被连接两零件之一较厚，不允许被钻成通孔时，可采用螺柱连接。连接前，先在较厚的零件上加工出螺纹孔，在另一零件上加工出通孔，如图 3.54(a)所示；将螺柱的一端全部旋入该螺孔内，再在另一端套上通孔零件，加上垫圈，拧紧螺母，即完成了螺柱连接，如图 3.54(b)所示。

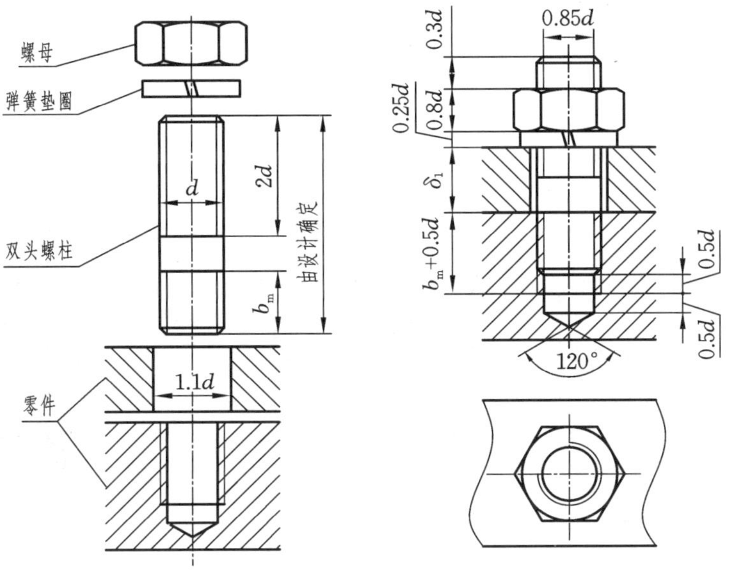

图 3.54　双头螺柱连接

双头螺柱的公称长度 L，也根据所选零件厚度、螺母和垫圈厚度等计算得出，即

$$L=\delta_1+0.25d+0.8d+0.3d$$

式中　δ_1——连接零件的厚度；

$0.25d$——弹簧垫圈厚度（d 是螺栓上螺纹的公称直径）；

$0.8d$——螺母厚度；

$0.3d$——螺栓伸出螺母的长度。

按上式计算后，然后根据估算的数值可查阅标准，选取相近的标准数值（方法同螺栓连接）。

螺柱旋入长度 b_m 与连接件的材料有关，如表 3.5 所示。螺柱旋入端全部旋入螺孔内，所以螺柱旋入端螺纹终止线应与螺孔件的孔口平齐。

表 3.5　螺柱旋入长度

被旋入零件的材料	旋入长度 b_m
钢、青铜	d
铸铁	$1.25d$ 或 $1.5d$
铝	$2d$

（3）螺钉连接　螺钉按用途分为连接螺钉［图 3.51(c)］和紧定螺钉（图 3.55）。连接螺钉适用于不经常拆卸、受力不大或被连接件之一较厚不便加工通孔的情况。螺钉连接不用螺母，而是直接将螺钉拧入零件的螺孔内，螺钉根据头部的形状不同分为多种。

紧定螺钉用来固定两个零件的相对位置，使它们不产生相对运动。如图 3.55 所示轴和套筒，用一个开槽锥端紧定螺钉旋入套筒的螺孔，使螺钉端部的 90°锥顶与轴上的 90°锥坑压紧，从而固定了轴和套筒的相对位置。

图 3.56 所示为开槽圆柱头螺钉的连接画法，图 3.57 所示为开槽沉头螺钉的连接画法。

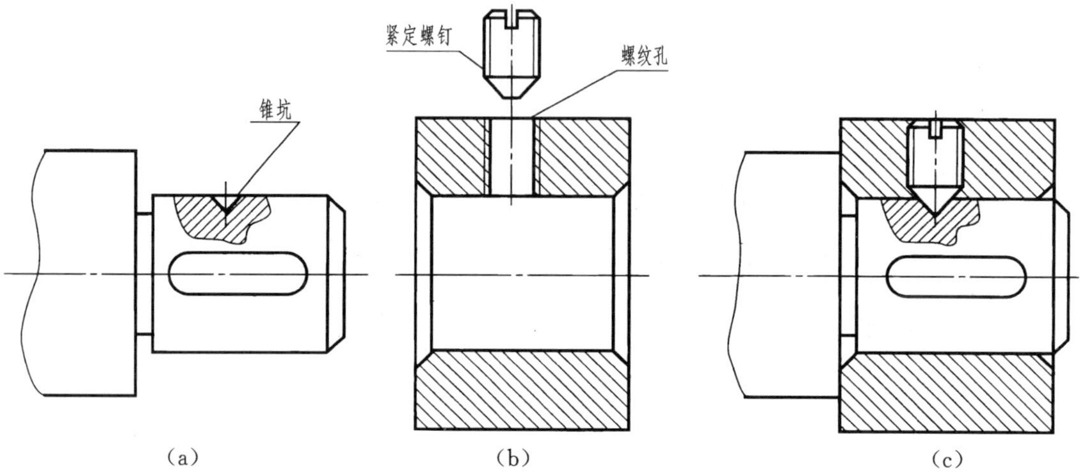

图 3.55　紧定螺钉连接

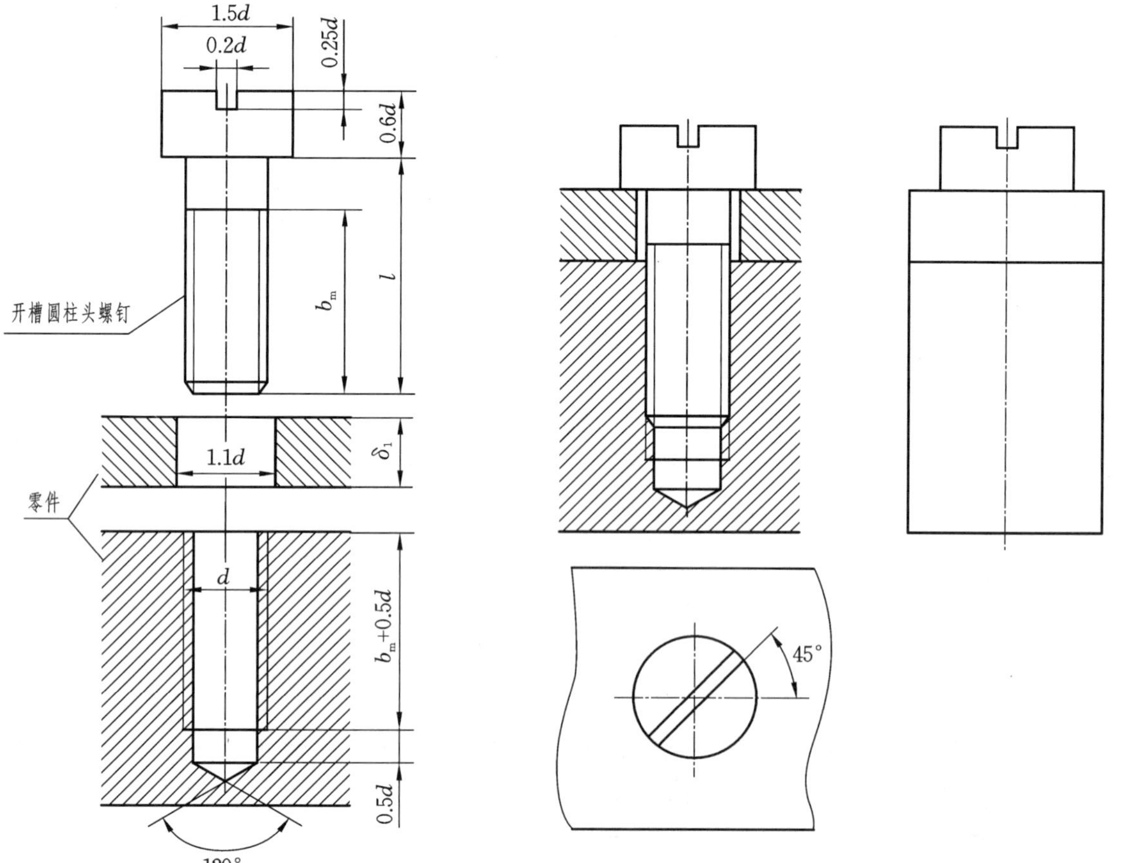

图 3.56　开槽圆柱头螺钉的画法

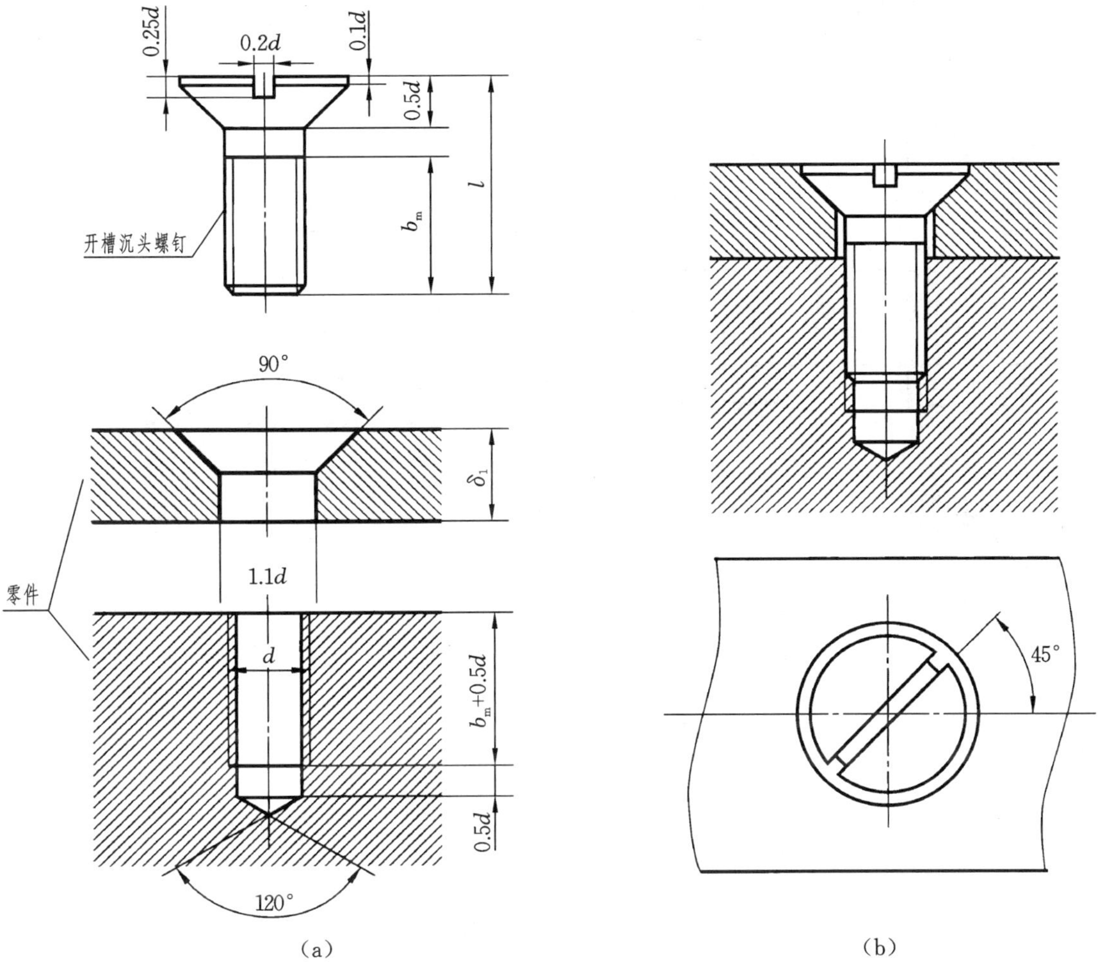

图 3.57　开槽沉头螺钉的画法

画螺钉连接时应注意以下几点：

① 螺钉的有效长度 L 可按下式估算

$$L=\delta_1+b_m$$

式中　δ_1——连接零件的厚度；

　　　b_m——根据被旋入零件的材料确定，如表 3.5 所示。

根据估算的数值，查阅相关标准，选取相近的标准数值(方法同螺栓、双头螺柱连接)。

② 螺钉的螺纹终止线不能与接合面平齐，应画入光孔件范围。

③ 螺纹孔深度应大于旋入螺纹的长度。

④ 钻孔锥角为 120°，被连接件的孔径为 1.1d。

⑤ 螺钉头部的一字槽在通过螺钉轴线的剖切图上应按垂直于投影面的位置画出，而在垂直于投影面上投影按 45°画出，且向右倾斜，如图 3.56(b)、图 3.57(b)的俯视图所示。

4. 螺纹紧固件连接的简化画法

工程实践中为简化作图，螺纹紧固件连接图一般采用简化画法，如图 3.58 所示。

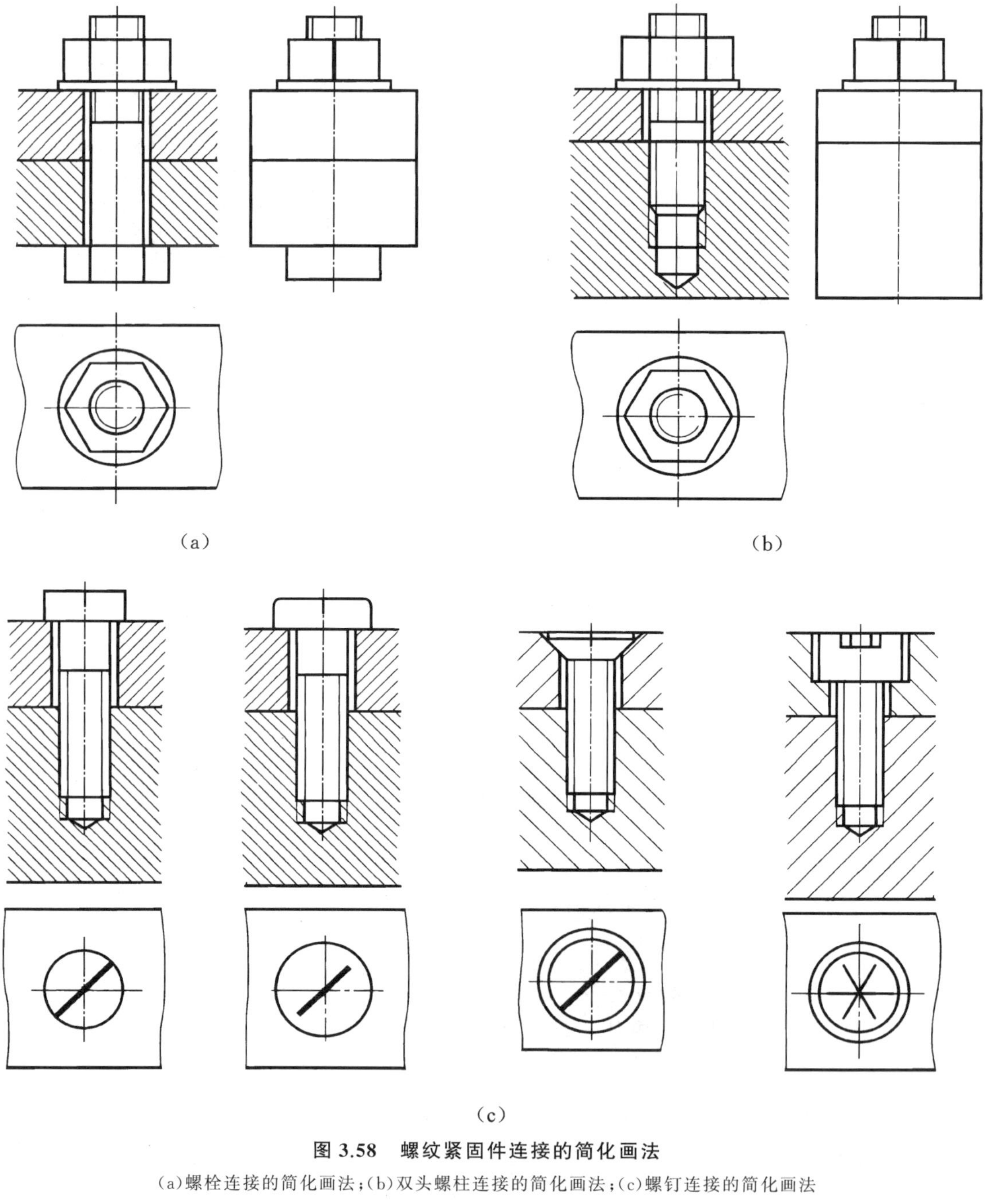

图 3.58　螺纹紧固件连接的简化画法

(a)螺栓连接的简化画法；(b)双头螺柱连接的简化画法；(c)螺钉连接的简化画法

任务四　常用件的表达方法

【任务分析】

齿轮、键、销、滚动轴承等在各种机械、仪器及设备中被广泛使用，其主要参数上也都实行了标准化、系列化，机械制图相关国家标准制定了规定画法。

【相关知识】

一、齿轮的规定画法

齿轮是机械传动中广泛应用的传动零件，它可用来传递动力，改变速度和方向。齿轮参数中只有模数和压力角已标准化，齿轮属于常用件。齿轮的种类很多，根据其传动情况可以分为三类：

① 圆柱齿轮——用于两轴平行时传动，如图3.59(a)所示为直齿圆柱齿轮。

② 圆锥齿轮——用于两轴相交时传动，如图3.59(b)所示。

③ 蜗轮和蜗杆——用于两轴交叉时传动，如图3.59(c)所示。

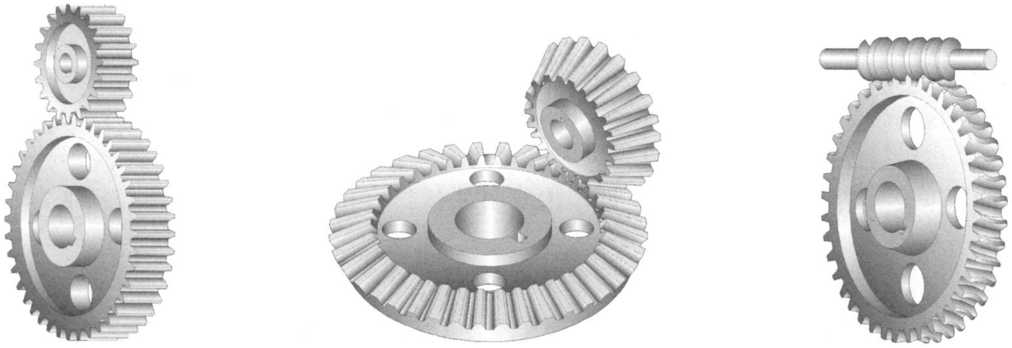

(a)　　(b)　　(c)

图3.59　常见的齿轮传动

(a)直齿圆柱齿轮；(b)圆锥齿轮；(c)蜗轮和蜗杆

(一) 圆柱齿轮

圆柱齿轮的轮齿又有直齿、斜齿和人字齿等。直齿圆柱齿轮的几何要素有分度圆、齿顶圆、齿顶高、齿根高、齿距、模数、压力角等，其中模数 m 是设计与制造齿轮的重要参数，如图3.60所示。

1. 圆柱齿轮各部分的名称及尺寸关系

(1) 齿顶圆　通过轮齿顶部的圆称为齿顶圆，其直径以 d_a 来表示。

(2) 齿根圆　通过轮齿根部的圆称为齿根圆，其直径以 d_f 来表示。

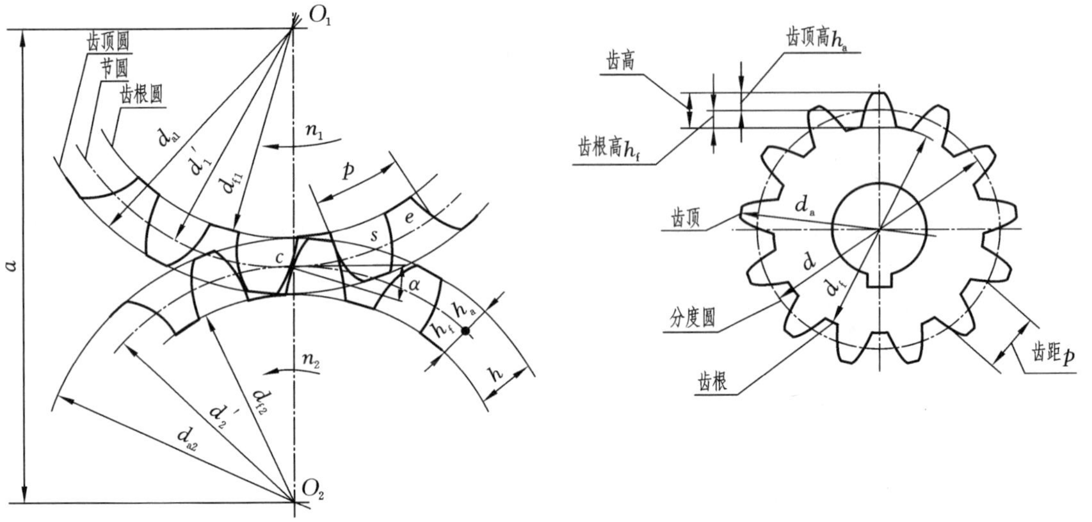

(a) (b)

图 3.60 圆柱齿轮的参数

(a)啮合圆;(b)投影图

(3) 节圆 连心线 O_1O_2 上两相切的圆称为节圆，其直径用 d' 表示。标准齿轮的齿厚与槽宽相等的圆称为分度圆，其直径以 d 表示。在标准齿轮中，$d'=d$。在一对啮合齿轮上，两节圆的切点称为节点。

(4) 齿高 齿顶圆与齿根圆之间的径向距离称为齿高，以 h 表示。齿顶圆与分度圆的径向距离称齿顶高，用 h_a 表示；分度圆与齿根圆的径向距离称齿根高，用 h_f 表示。$h=h_a+h_f$。

(5) 齿距 分度圆上相邻两齿的对应点之间的弧长称为齿距，以 p 表示。一个轮齿齿廓间的弧长称齿厚，用 s 表示；一个齿槽齿廓间的弧长称槽宽，用 e 表示。在标准齿轮中，$s=e$，$p=e+s$。

(6) 模数 取 $m=p/\pi$，我们把 m 称为模数。

设齿轮的齿数为 z，则分度圆的周长为 $zp=\pi d$，即 $d=zp/\pi$。

取 $m=p/\pi$，则有 $d=mz$。

由此可以看出，模数愈大，齿轮就愈大。互相啮合的两齿轮，其齿距 p 应相等，模数 m 亦应相等。为减少加工齿轮刀具的数量，国家标准对齿轮的模数作了统一的规定，如表 3.6 所示。

表 3.6 标准模数

第一系列	1,1.25,1.5,2,2.5,3,4,5,6,8,10,12,16,20,25,32,40,50
第二系列	1.125,1.375,1.75,2.25,2.75,3.5,4.5,5.5,(6.5),7,9,11,14,18,22,28.35,45

(7) 压力角 在分度圆齿廓上的点 C 在齿轮转动时，它的运动方向（分度圆的切线方向）和正压力方向（渐开线的法线方向）所夹的锐角，称为压力角。加工齿轮用的基本齿条的法向压力角，称为齿形角。

压力角和齿形角均以 α 表示。我国标准规定 α 为 20°。

只有模数和压力角都相同的齿轮才能相互啮合。

设计齿轮时，首先要确定模数 m 和齿数 z，其他各要素尺寸都与模数和齿数有关，具体计算公式如表 3.7 所示。

表 3.7 标准直齿轮各基本尺寸的计算公式及举例

基本参数：模数(m)、齿数(z)			已知：$m=2$ mm，$z=29$
名称	符号	计算公式	计算举例
齿距	p	$p=\pi m$	$p=6.28$ mm
齿顶高	h_a	$h_a=m$	$h_a=2$ mm
齿根高	h_f	$h_f=1.25m$	$h_f=2.5$ mm
齿高	h	$h=2.25m$	$h=4.5$ mm
分度圆直径	d	$d=mz$	$d=58$ mm
齿顶圆直径	d_a	$d_a=m(z+2)$	$d_a=62$ mm
齿根圆直径	d_f	$d_f=m(z-2.5)$	$d_f=53$ mm
中心距	a	$a=m(z_1+z_2)/2$	

2. 单个齿轮的画法

齿轮的轮齿是在专用的机床上加工出来的，一般不必画出其真实投影。国家标准 GB/T 4459.2—2003 规定了齿轮的画法。

① 齿顶圆和齿顶线用粗实线绘制，分度圆和分度线用点画线绘制，齿根圆和齿根线用细实线绘制，如图 3.61(a)所示，也可省略不画。

② 在剖视图中，当剖切平面通过齿轮的轴线时，轮齿一律按不剖处理，齿根线用粗实线绘制，如图 3.61(b)所示。

③ 如系斜齿轮或人字齿轮，当需要表示齿线的特征时，可用三条与齿线方向一致的细实线表示，如图 3.61(c)、(d)所示。

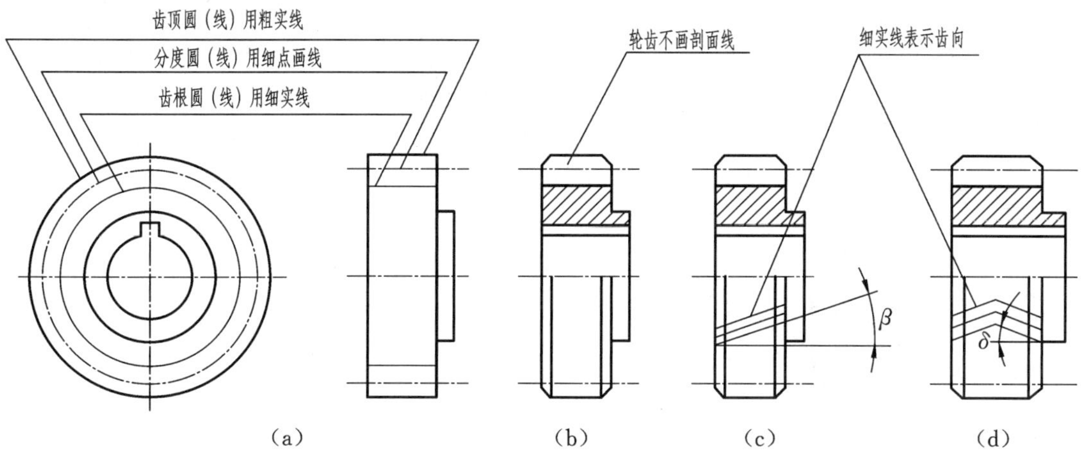

图 3.61 单个齿轮的画法

(a)外形视图；(b)剖视图画法；(c)、(d)齿线的表示法

3. 啮合画法

两标准齿轮相互啮合时，啮合部分的规定画法如下：

① 在垂直于圆柱齿轮轴线的投影面的视图中，两分度圆相切；啮合区的齿顶圆用粗实线绘制，如图 3.62(a)所示，也可省略不画，如图 3.62(b)所示；齿根圆全部不画。

② 在平行于圆柱齿轮轴线的投影面的视图中，啮合区内的齿顶线不画；分度线画成粗实线，如图 3.62(c)所示。

③ 在剖视图中，在啮合区内，两齿轮的分度线重合，用点画线表示。齿根线用粗实线表示。齿顶线的画法是将一个齿轮的轮齿作为可见，用粗实线表示，另一个齿轮的轮齿被遮挡，齿顶线画虚线，如图 3.62(a)所示，也可以省略不画。

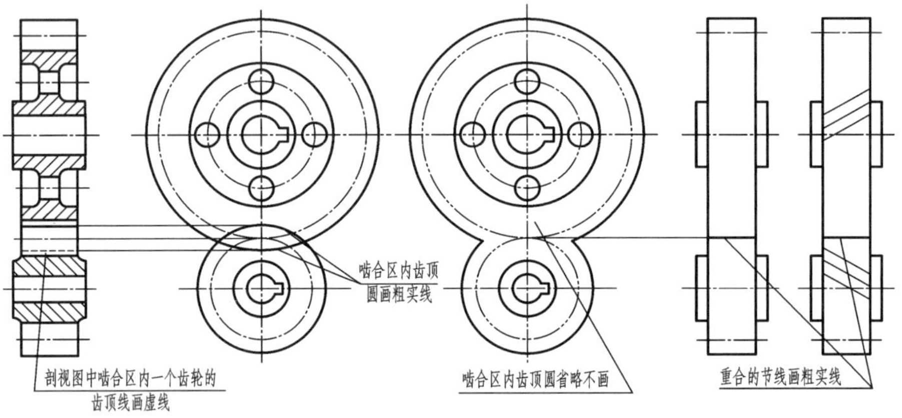

(a) (b) (c)

图 3.62 单个齿轮的画法

(a)规定画法；(b)省略画法；(c)外形视图

常见齿轮工作图如图 3.63 所示。

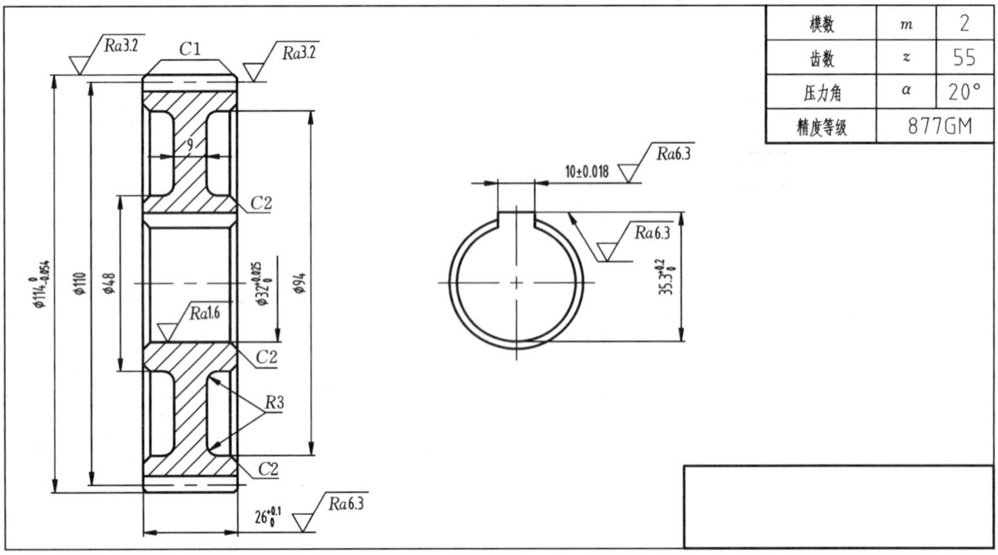

图 3.63 齿轮工作图

（二）圆锥齿轮

圆锥齿轮俗称伞齿轮，用于传递两相交轴间的回转运动，以两轴相交成直角的圆锥齿轮传动应用最广泛。

1. 直齿圆锥齿轮的基本参数

由于锥齿轮的轮齿位于锥面上，所以轮齿的齿厚从大端到小端逐渐变小，模数和分度圆也随之变化。为了设计和制造方便，规定几何尺寸的计算以大端为准，因此以大端模数为标准模数，来计算大端轮齿的各部分尺寸。直齿圆锥齿轮轮齿各部分名称及尺寸关系如图 3.64 所示。直齿圆锥齿轮各公称尺寸计算如表 3.8 所示。

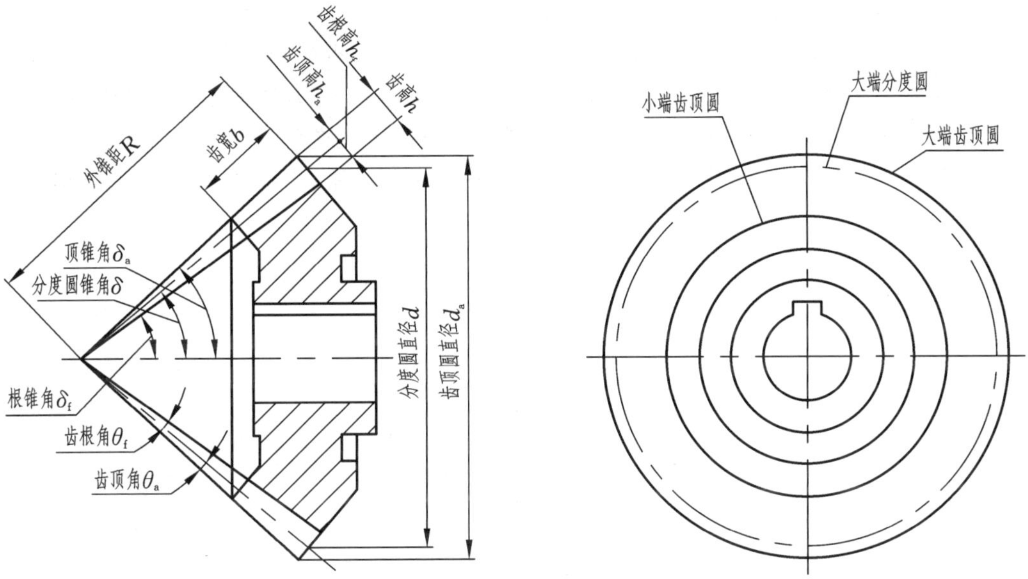

图 3.64　直齿圆锥齿轮各部分名称

表 3.8　直齿圆锥齿轮基本尺寸计算公式

名称	计算公式
分度圆锥角 δ	$\tan\delta_1 = z_1/z_2$，$\delta_2 = 90° - \delta_1$；或 $\tan\delta_2 = z_2/z_1$
分度圆直径 d	$d = mz$
齿顶高 h_a	$h_a = m$
齿根高 h_f	$h_f = 1.25\ \mathrm{m}$
齿高 h	$h = 2.25\ \mathrm{m}$
齿顶圆直径 d_a	$d_a = m(z + 2\cos\delta)$
齿根圆直径 d_f	$d_f = m(z - 2.4\cos\delta)$
外锥距 R	$R = mz/(2\sin\delta)$

续表3.8

名称	计算公式
齿宽 b	$b \leqslant R/3$
齿顶角 θ_a	$\tan\theta_a = h_a/R = 2\sin\delta/z$
齿根角 θ_f	$\tan\theta_f = h_f/R = 2.4\sin\delta/z$
顶锥角 δ_a	$\delta_a = \delta + \theta_a$
根锥角 δ_f	$\delta_f = \delta - \theta_f$

2. 圆锥齿轮的画法

(1) 单个圆锥齿轮的画法如图 3.65 所示，一般用主、左两视图表示，主视图画成全剖视图。在齿轮外形视图中，分度锥线用点画线表示，顶锥线用粗实钱表示，根锥线省略不画。在投影为圆的视图上，大端及小端的齿顶圆用粗实线表示，大端的分度圆用点画线表示。在投影为非圆的视图上，常用剖视图表达，轮齿部分按不剖处理，顶锥线和根锥线都用粗实线表示。

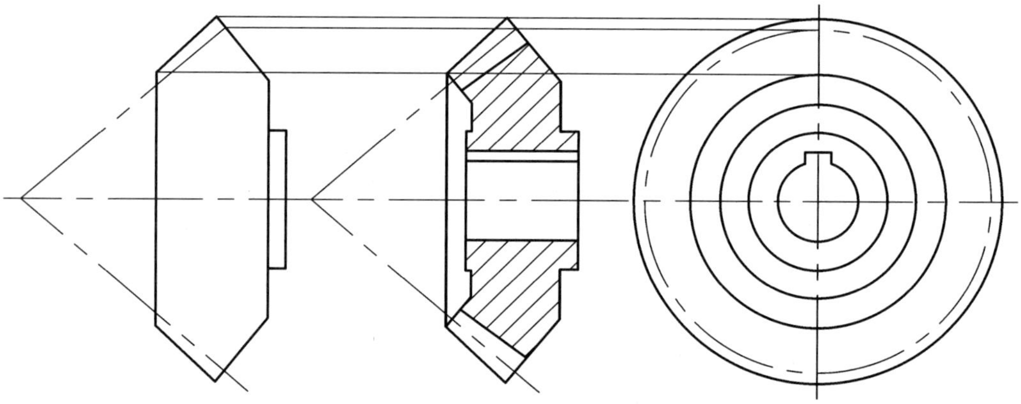

图 3.65　单个圆锥齿轮的画法

(2) 一对锥齿轮啮合，也必须有相同的模数。圆锥齿轮的啮合画法，如图 3.66 所示。主视图画成剖视图，由于两齿轮的节圆锥面相切，因此其节线重合，画成点画线。在啮合区内应将其中一个齿轮的齿顶线画成粗实线，而另一个齿轮的齿顶线画成虚线或省略不画。左视图画成外形视图。

(三) 蜗轮和蜗杆

蜗轮和蜗杆用于空间交叉两轴之间的传动，最常见的是两轴交叉成直角。

蜗杆的齿数 z_1，称为头数，相当于螺杆上螺纹的线数。用蜗杆和蜗轮传动，可得到较大的传动比($i = z_2/z_1$，z_2为蜗轮齿数)。通常蜗杆是主动的，蜗轮是从动件。蜗杆、蜗轮的传动比大，结构紧凑，但效率低。

蜗杆和蜗轮的画法，与圆柱齿轮基本相同，但是在蜗轮投影为圆的视图中，只画出分度

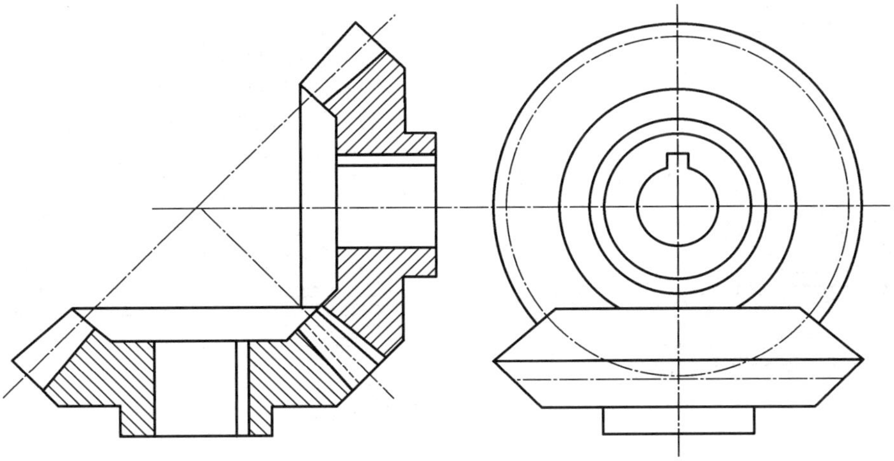

图 3.66　圆锥齿轮的啮合画法

圆和最外圆，不画出齿顶圆与齿根圆；在外形视图中，蜗杆的齿根圆和齿根线用细实线绘制或省略不画，如图 3.67 和 3.68 所示。

蜗杆和蜗轮啮合的画法如图 3.69 所示，在主视图中，蜗轮被蜗杆遮住的部分不画出；在左视图中，蜗轮的分度圆与蜗杆的分度线相切。

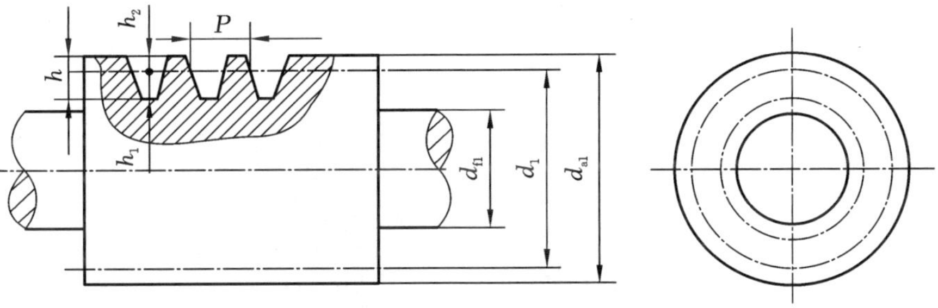

图 3.67　蜗杆的画法

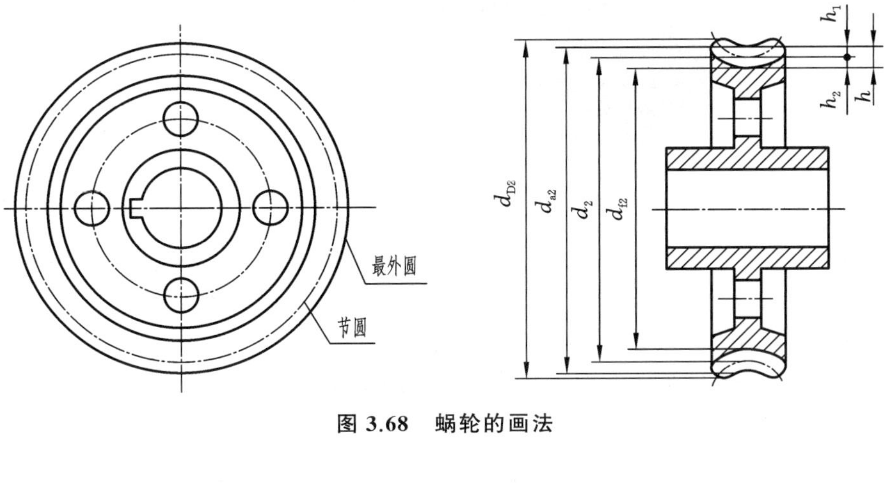

图 3.68　蜗轮的画法

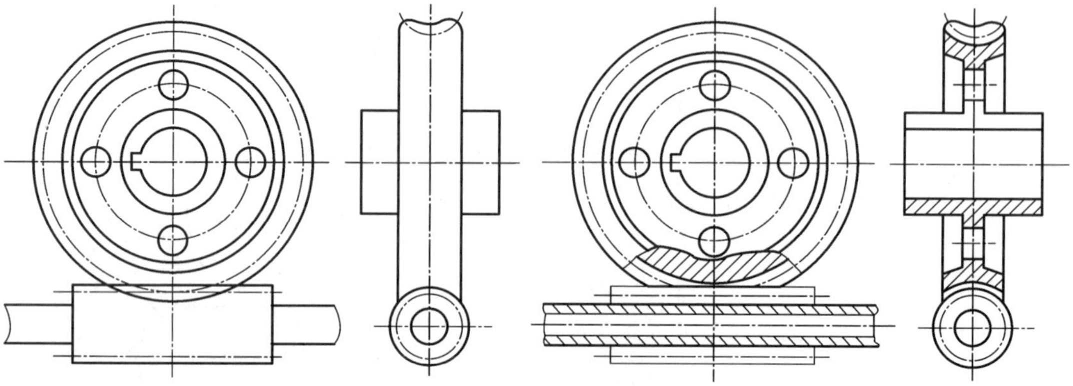

图 3.69　蜗杆和蜗轮啮合的画法

二、键、销及其连接画法

（一）键连接

键是一种标准件，是在机械上用来连接皮带轮、齿轮与轴同时转动的一种连接件。它的一部分被安装在轴上键槽内，另一凸出部分则嵌入轮毂槽内，使两个零件一起转动，起到传递扭矩的作用，如图 3.70 所示。

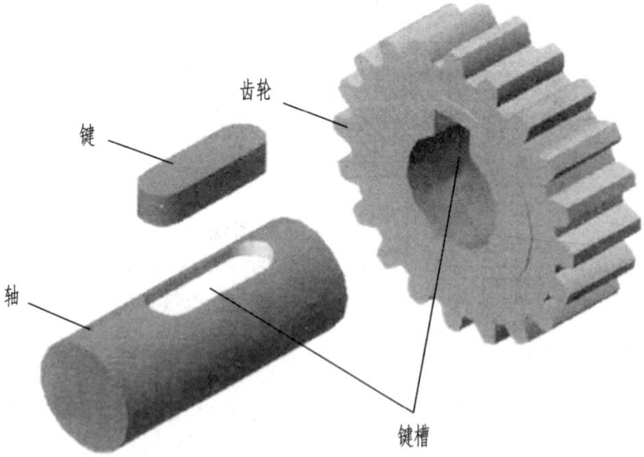

图 3.70　键连接

1. 常用键

键的种类很多，常用的有普通平键、半圆键、钩头楔键等，如图 3.71 所示。

2. 键的画法及标记

键的大小由被连接的轴孔所传递的扭矩大小所决定。

(1)普通型平键　普通型平键有 A 型（圆头）、B 型（方头）和 C 型（单圆头）三种，如图 3.72 所示。

图 3.71　键

(a)普通平键;(b)半圆键;(c)楔键

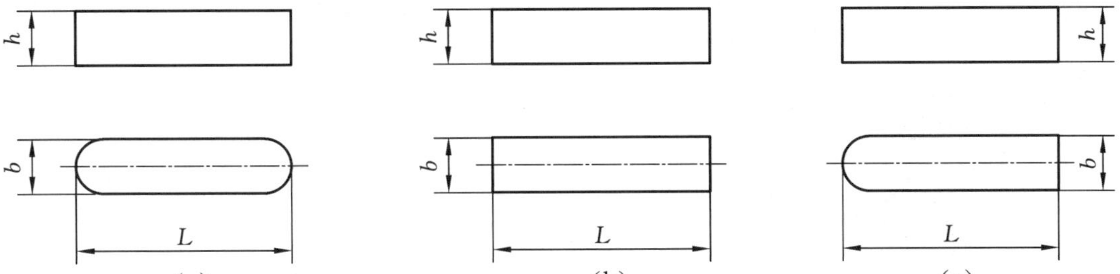

图 3.72　普通平键

(a)A 型;(b)B 型;(c)C 型

用于轴、孔连接时,键的顶面与轮毂中的键槽底面有间隙,应画两条线;键的两侧面与轴上的键槽、轮毂上的键槽两侧均接触,应画一条线;键的底面与轴上键槽的底面也接触,应画一条线,具体画法如图 3.73 所示。

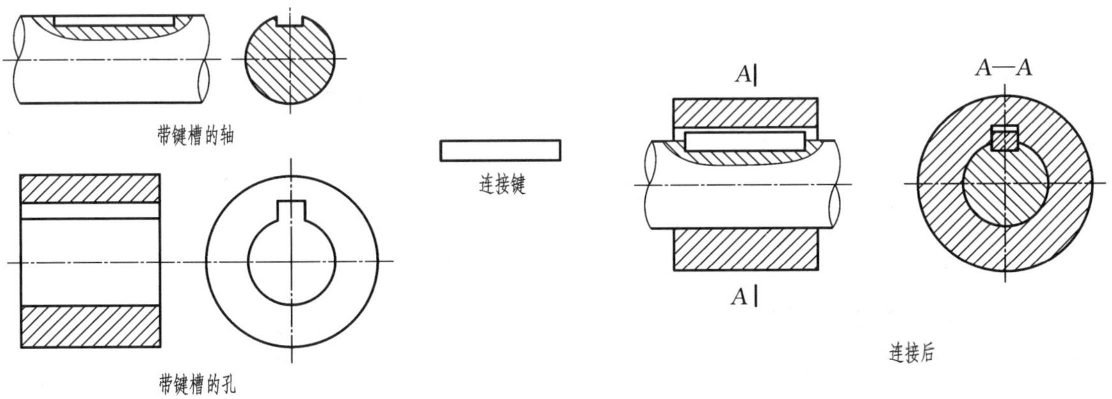

图 3.73　普通型平键连接的画法

键的标记由标准编号、名称、型式与尺寸三部分组成。

例如,A 型(圆头)普通型平键,$b=12$ mm、$h=8$ mm、$L=50$ mm,其标记为:

GB/T 1096　键 12×8×50

又如,C 型(单圆头)普通型平键,$b=18$ mm、$h=11$ mm、$L=100$ mm,其标记为:

GB/T 1096　键 C18×11×100

标记中 A 型键的"A"字省略不注，而 B 型和 C 型要标注"B"和"C"。

(2) 普通型半圆键　半圆键的两侧面为工作面，与轴和轮上的键槽两侧面接触，而半圆键的顶面与轮子键槽顶面之间不接触，则留有间隙。由于半圆键在键槽中能绕槽底圆弧摆动，可以自动适应轮毂中键槽的斜度，因此适用于具有锥度的轴，如图 3.74 所示。

普通型半圆键的标记：

例如，普通型半圆键，$b=6$ mm、$h=10$ mm、$D=25$ mm，其标记为：

GB/T 1099.1　键 6×10×25

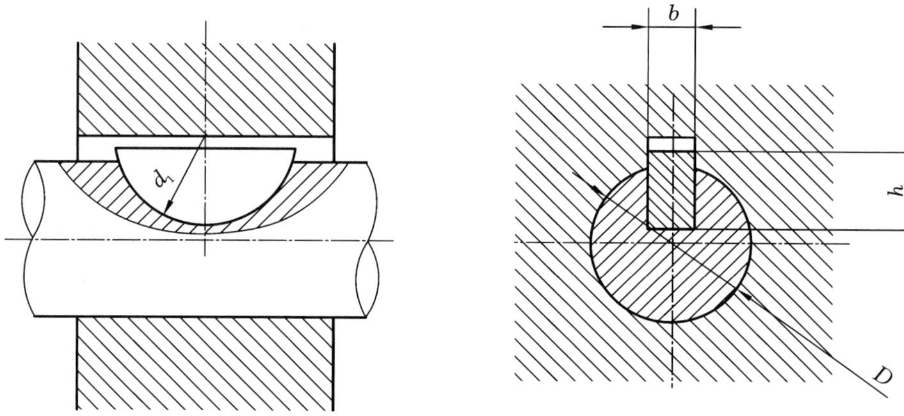

图 3.74　普通型半圆键连接的画法

(3) 楔键连接　楔键有普通型楔键和钩头型楔键两种。普通型楔键有 A 型(圆头)、B 型(方头)和 C 型(单圆头)三种。

钩头型楔键的上下两面是工作面，而键的两侧为非工作面，楔键的上表面有 1∶100 的斜度，装配时打入轴和轮毂的键槽内，靠楔面作用传递扭矩，能轴向固定零件和传递单向的轴向力，如图 3.75 所示。

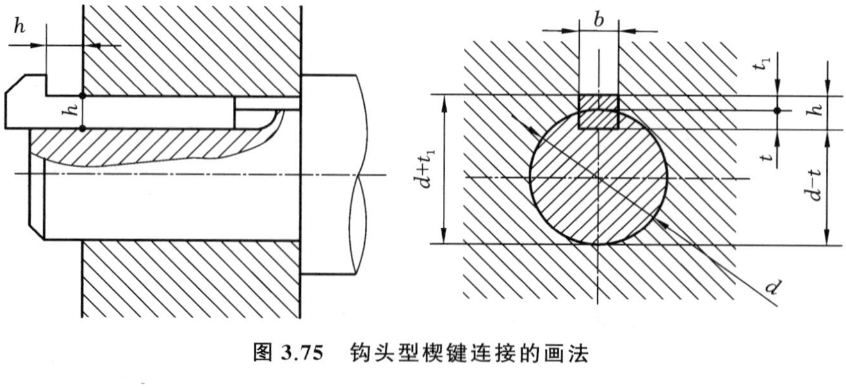

图 3.75　钩头型楔键连接的画法

普通型楔键的标记：

例如，C型(单圆头)普通型钩头楔键，$b=16$ mm、$h=10$ mm、$L=100$ mm，其标记为：

GB/T 1564　键 C16×100

标记中A型键的"A"字省略不注，而B型和C型要在尺寸前标注"B"和"C"。

钩头型楔键的标记：

例如，钩头型楔键，$b=18$ mm、$h=11$ mm、$L=100$ mm，其标记为：

GB/T 1565　键 18×100

（二）销连接

1. 销

销主要用于零件之间的定位，也可用于零件之间的连接，但只能传递不大的扭矩。常用的有圆柱销、圆锥销和开口销等，如图3.76所示。

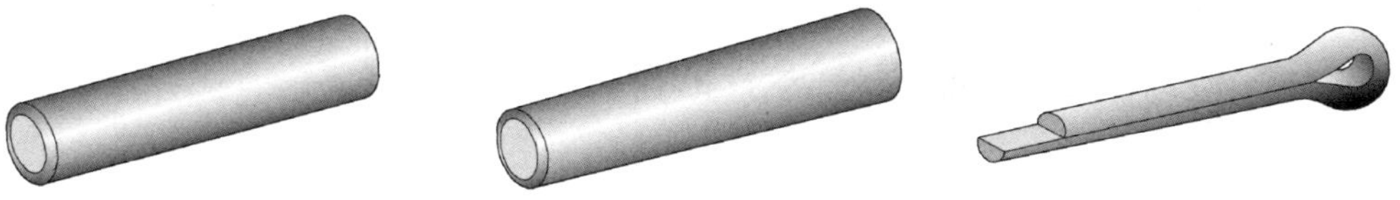

(a)　(b)　(c)

图 3.76　销

(a)圆柱销；(b)圆锥销；(c)开口销

圆柱销和圆锥销可起定位和连接作用，如图3.77所示。

开口销常与六角开槽螺母配合使用，开口销穿过六角开槽螺母上的槽和螺杆上的孔以防螺母松动或限定其他零件在装配体中的位置，如图3.78所示。

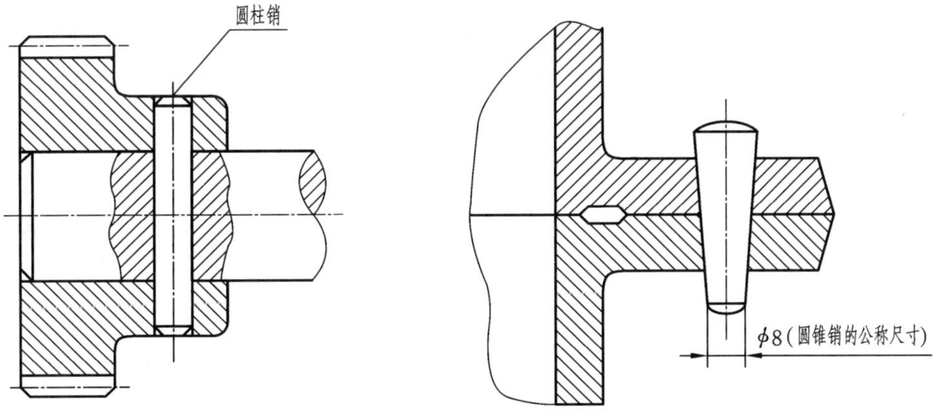

(a)　(b)

图 3.77　销连接

(a)圆柱销；(b)圆锥销

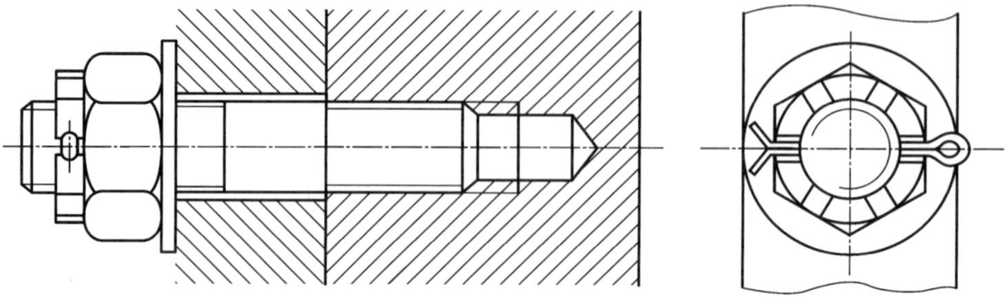

(a)

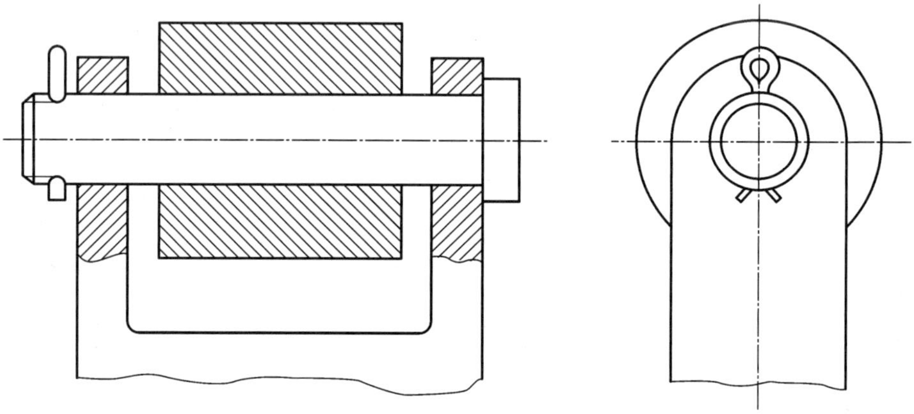

(b)

图 3.78　开口销连接

(a)防止螺母松动;(b)限定零件在装配体中的位置

2. 销的画法和标记

销的标记如表 3.9 所示。

表 3.9　销的画法和标记

名称	标记示例
圆柱销	例如 d=8 mm、公差 m6、l=30 mm,其标记为 销 GB/T 119.1　8m6×30
内螺纹圆柱销	例如 d=8 mm、公差 m6、l=30 mm,其标记为 销 GB/T 120.1　8×30
圆锥销	例如 d=6 mm、l=30 mm,其标记为 销 GB/T 117　6×30
开口销	例如 d=5 mm、l=50 mm,其标记为 销 GB/T 91　5×50

画销连接时注意:

① 画销连接图时,当剖切平面通过销的轴线时,销按不剖绘制,轴取局部剖。

② 由于用销连接的两个零件上的销孔通常需一起加工，因此，在图样中标注销孔尺寸时一般要注写“配作”。

③ 圆锥销的公称直径是小端直径，在圆锥销孔上需用引线标注尺寸。

三、滚动轴承的规定画法

（一）滚动轴承的结构

滚动轴承的结构一般由外圈、内圈、滚动体和保持架组成，如图 3.79 所示。

外圈——装在机体或轴承座内，一般固定不动。

内圈——装在轴上，与轴紧密配合且随轴转动。

滚动体——装在内外圈之间的滚道中，有滚珠、滚柱、滚锥等类型。

保持架——用来均匀分隔滚动体，防止滚动体之间相互摩擦与碰撞。

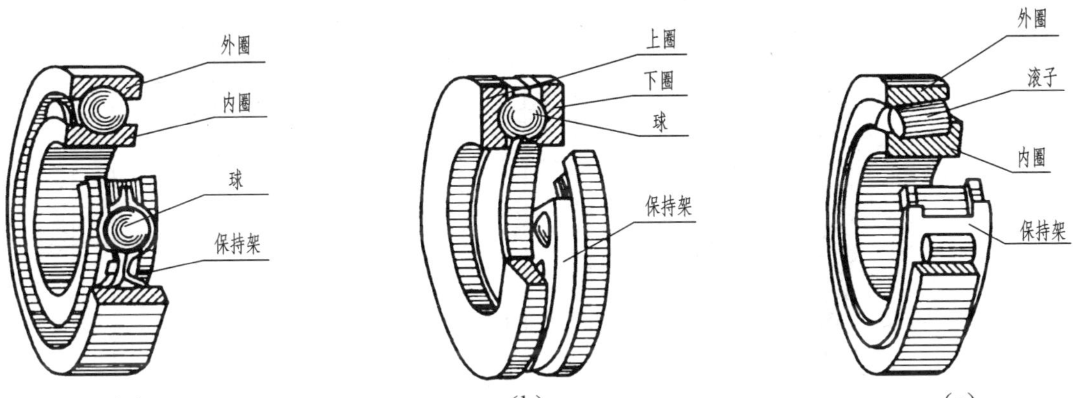

图 3.79　开口销连接

(a)深沟球轴承；(b)推力球轴承；(c)圆锥滚子轴承

（二）滚动轴承的分类

滚动轴承按承受载荷的方向可分为以下三种类型：

(1) 向心轴承。主要承载径向载荷，如：深沟球轴承。

(2) 推力轴承。只承受轴向载荷，如：推力球轴承。

(3) 向心推力轴承。同时承载轴向和径向载荷，如：圆锥滚子轴承。

（三）滚动轴承的画法

滚动轴承是标准组件，不需要画各组成部分的零件图。画图时，应先根据轴承代号由国家标准查出轴承的外径 D、内径 d、宽度 B 等几个主要数据，然后将其他尺寸按与主要尺寸的比例关系画出。在装配图中，滚动轴承可以用通用画法、特征画法和规定画法三种方法来绘制。

1. 基本规定

① 三种画法中各种符号、矩形线框和轮廓线均用粗实线绘制。

② 绘制滚动轴承时,外框轮廓的大小应与滚动轴承的外形尺寸一致。

③ 在剖视图中,用通用画法和特征画法绘制滚动轴承时,一律不画剖面符号。采用规定画法绘制时,其各套圈可画成方向和间隔相同的剖面线。

2. 规定画法和特征画法

如需较详细地表示滚动轴承的主要结构,可采用如表 3.10 所示的规定画法和特征画法。

表 3.10 常用滚动轴承的规定画法和特征画法

轴承名称及代号	结构形式	规定画法	特征画法
深沟球轴承 GB/T 276 主要参数 *D*、*d*、*B*		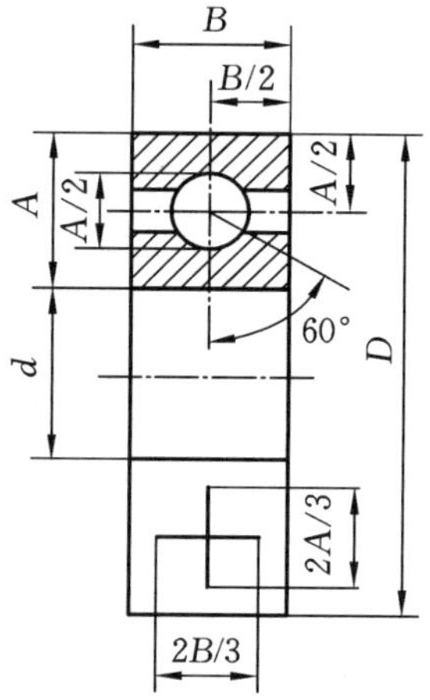	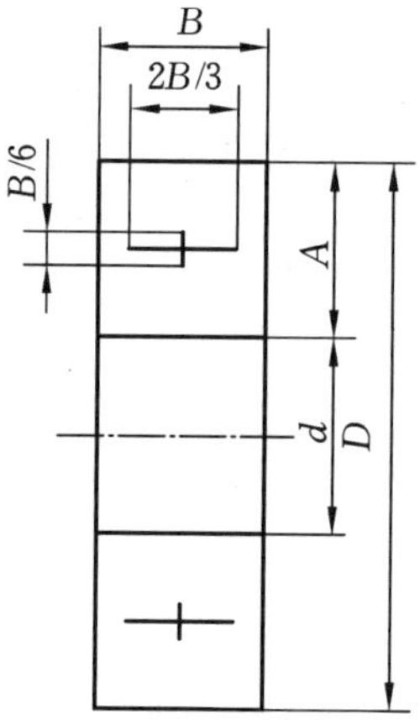
圆锥滚子轴承 GB/T 297 主要参数 *D*、*d*、*T*	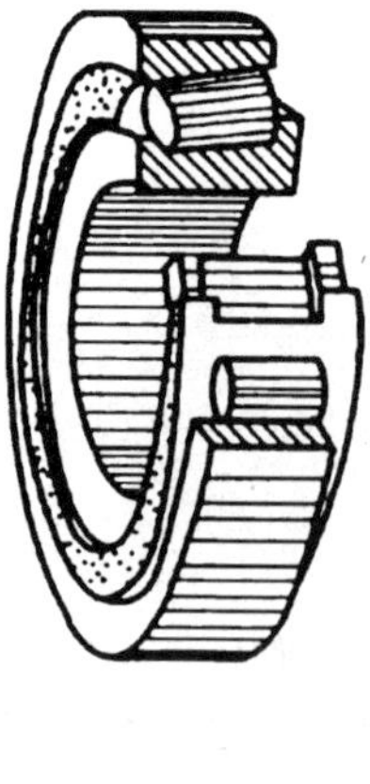	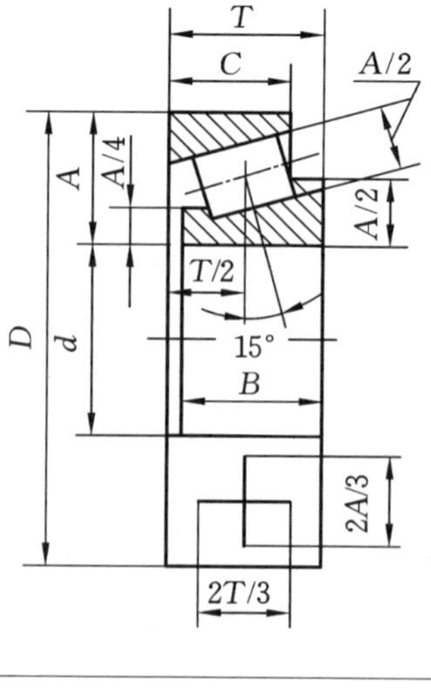	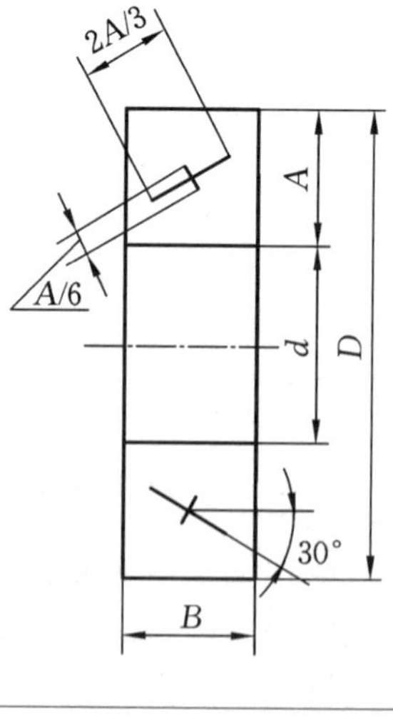

续表3.10

轴承名称及代号	结构形式	规定画法	特征画法
推力球轴承 GB/T 301 主要参数 D、d、T	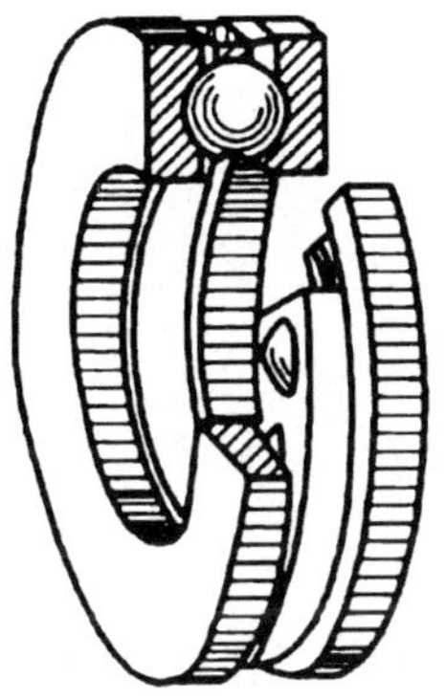	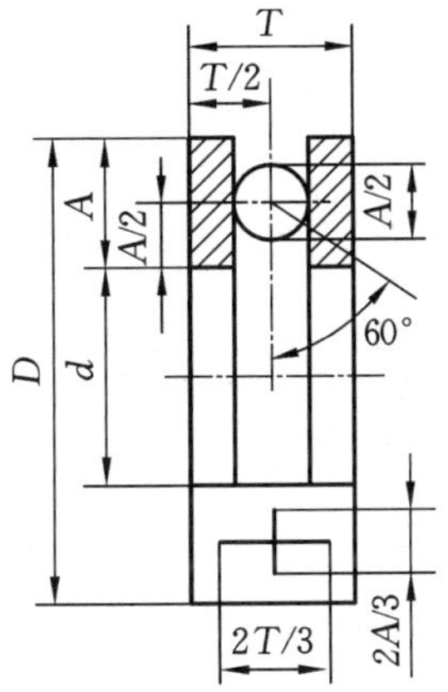	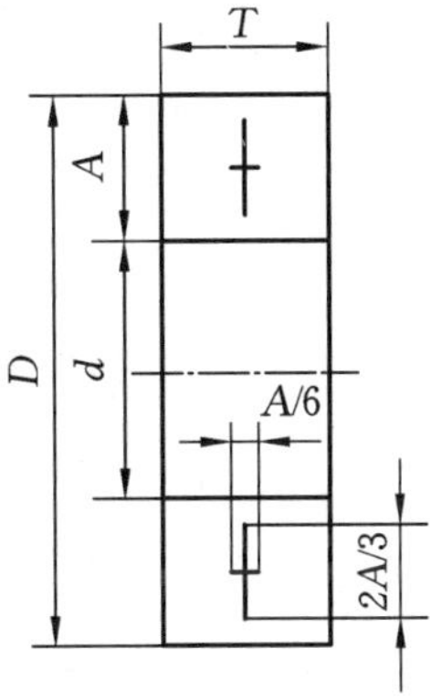

（四）滚动轴承的代号及标记

滚动轴承的标记由名称、代号和标准编号三部分组成。轴承的代号有基本代号和补充代号，基本代号（滚针轴承除外）由轴承类型代号、尺寸系列代号、内径代号三部分组成。

滚动轴承的标记示例：

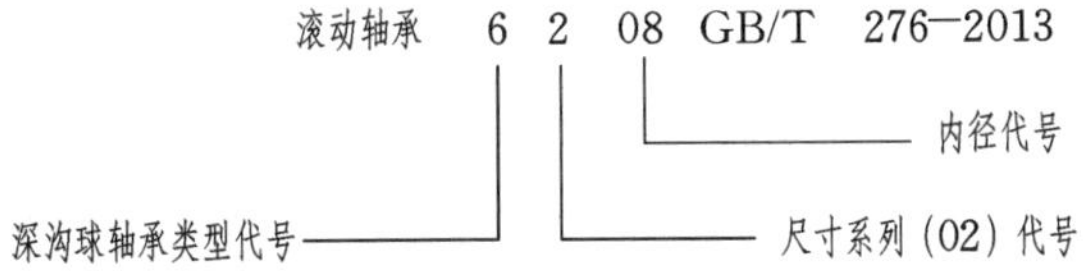

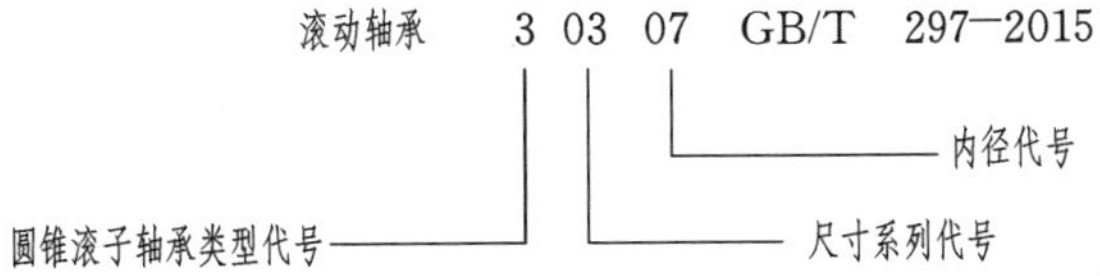

四、弹簧的规定画法

弹簧是机械中常用的零件，其作用是减振、夹紧、测力、储存能量等。

弹簧是常用件，种类很多，常见的有螺旋弹簧和涡卷弹簧等。其中圆柱螺旋弹簧应用最广，根据用途，圆柱螺旋弹簧又分为压缩弹簧、拉伸弹簧和扭转弹簧三种，如图 3.80 所示。本节主要介绍圆柱螺旋压缩弹簧的各部分名称及规定画法。

弹簧可以画成剖视图，也可以用视图或示意图来表示。根据 GB/T 4459.4—2003，圆柱

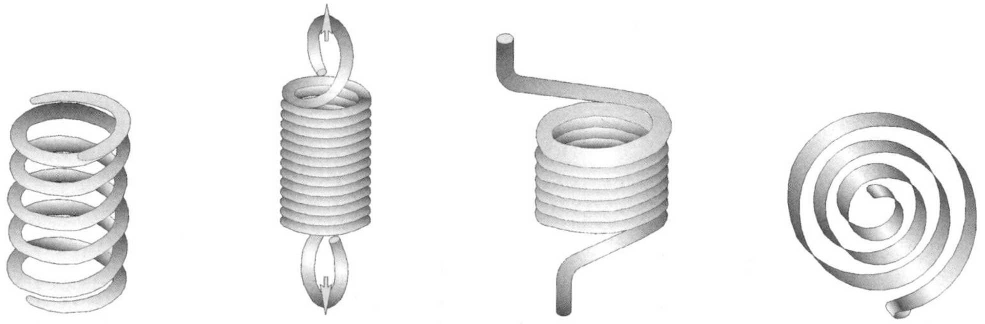

(a)　(b)　(c)　(d)

图 3.80　常用的弹簧

(a)压缩弹簧;(b)拉伸弹簧;(c)扭转弹簧;(d)涡卷弹簧

螺旋弹簧的规定画法如下:

(1) 在平行于圆柱螺旋弹簧轴线的投影面的视图中,各圈的外轮廓线应画成直线。

(2) 圆柱螺旋弹簧均可画成右旋,但左旋弹簧不论画成左旋或右旋,必须加写"左"字。

(3) 圆柱螺旋弹簧如要求两端并紧且磨平,不论支承圈数多少和末端贴紧情况如何,均按图 3.81(有效圈是整数,支承圈为 2.5 圈)的形式绘制。必要时也可按支承圈的实际结构绘制。

(4) 有效圈数在 4 圈以上的圆柱螺旋压缩弹簧,其中间部分可省略不画。省略后,允许适当缩短图形的长度。

圆柱螺旋压缩弹簧画图步骤如图 3.81 所示。

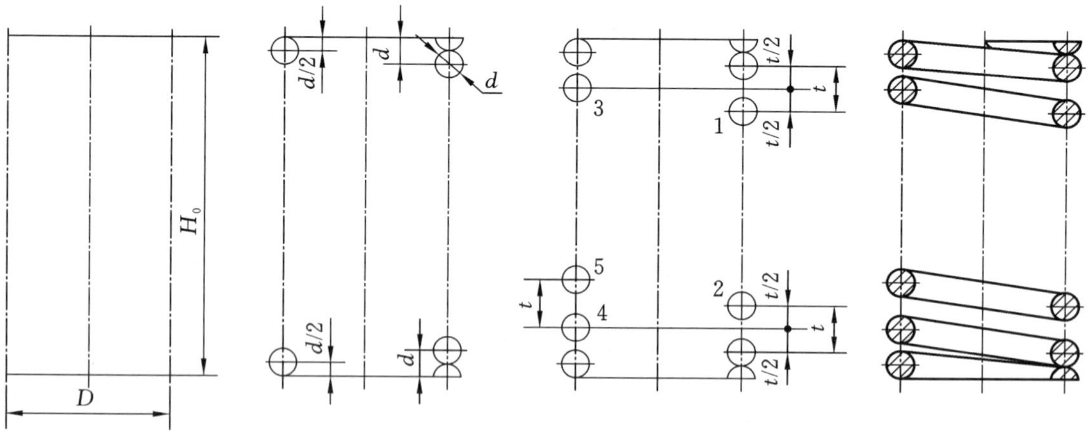

图 3.81　圆柱螺旋压缩弹簧的画图步骤

任务五　识读零件图

【任务分析】

图 3.82 和图 3.83 所示为蜗轮轴的零件图及立体图，如何正确阅读该机械图样呢？要正确合理使用工程图样来表达零件，除了必须掌握剖视图、断面图等绘制方法外，还需掌握常见零件的分类及视图、零件的表面结构等技术要求的相关知识。

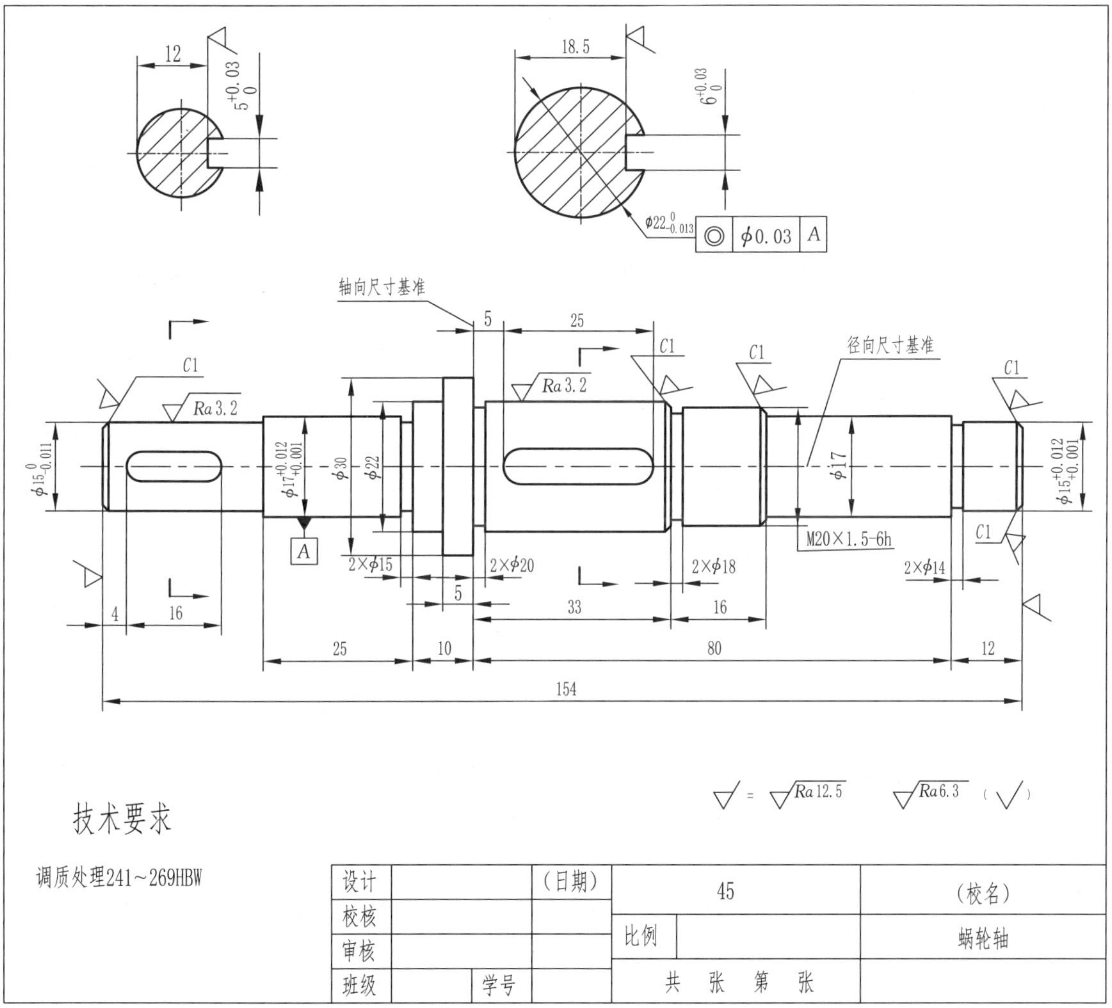

图 3.82　蜗轮轴的零件图

图 3.83　蜗轮轴结构图

【相关知识】

一、零件图的内容

在生产中，零件图就是专门为某台机器或部件的需要而设计加工零件的依据，所以每个不同的专用件都应该画出对应的零件图。

一般的生产过程是：先根据零件图中所注的材料进行备料，然后按零件图中的图形、尺寸和其他要求进行加工制造，再按技术要求检验加工出的零件是否达到规定的质量标准。由此可见，零件图是指导制造和检验零件的图样，因此，图样中必须包括制造和检验该零件所需的全部资料。图 3.82 是实际生产中用的零件图，其具体内容如下。

(1) 一组视图

在零件图中，需根据零件的形状特征，选取一组必要的视图(包括外形视图、剖视图、断面图、局部放大图等)来完整、清晰地表达零件的内外形状和结构。

(2) 全部尺寸

在零件图中应完整、正确、清晰、合理地标注出加工制造零件所需要的全部尺寸。

(3) 技术要求

在零件图中必须采用规定的代号、数字、文字简明地表示加工出的该零件所应达到的技术要求(包括尺寸公差、形状位置公差、表面粗糙度、热处理等)。

(4) 标题栏

零件图的标题栏中应按规定填写零件的名称、数量、材料、比例、图号，以及设计、制图、校核人员的签名等。

二、零件分类

零件根据结构特征，大致可分为四类：

① 轴套类零件，包括轴、衬套等零件。

② 盘盖类零件，包括端盖、阀盖、齿轮等零件。

③ 叉架类零件,包括拨叉、连杆、支座等零件。

④ 箱体类零件,包括阀体、泵体、减速器箱体等零件。

一般说来,后一类零件比前一类零件复杂,因而零件图中的视图数目和尺寸数量也较多。

三、零件图的表达方案

通过结构分析可知,零件的形状结构是随其用途和加工方法不同而变化的。为了更好地表达零件,应对表达方案进行选择。选择零件图表达方案的基本要求就是依据零件的结构特点,选择适当的视图,正确、完整、清晰地表达零件的内外结构,并力求绘图简单,读图方便。

(一)主视图的选择

主视图是零件图的核心,是零件图中最主要的视图,主视图选得是否合理,直接关系到看图和画图的方便与否。因此,画零件图时,必须选好主视图。而主视图的选择应先确定零件的安放位置,再确定投射方向。

1. 零件的安放位置

零件的安放位置应遵循加工位置和工作位置原则。加工位置原则是考虑零件加工时在机床上的装夹位置,零件的安放位置应选择与零件在机床上加工时所处的位置一致,主视图与加工位置一致,可以图、物对照,便于加工和测量。如图 3.84(a)所示回转体类零件,不论其工作位置如何,一般均将轴线水平放置画主视图。

工作位置原则是考虑零件在机器或部件中工作时所处位置,零件的安放位置与零件在机器中的工作位置一致。主视图与工作位置一致,便于将零件和机器或部件联系起来,了解零件的结构形状特征,有利于画图和读图。图 3.84(b)所示为起重机吊钩主视图选择的两种方案。

当零件的加工位置和工作位置不一致时,应根据零件的具体情况而定。

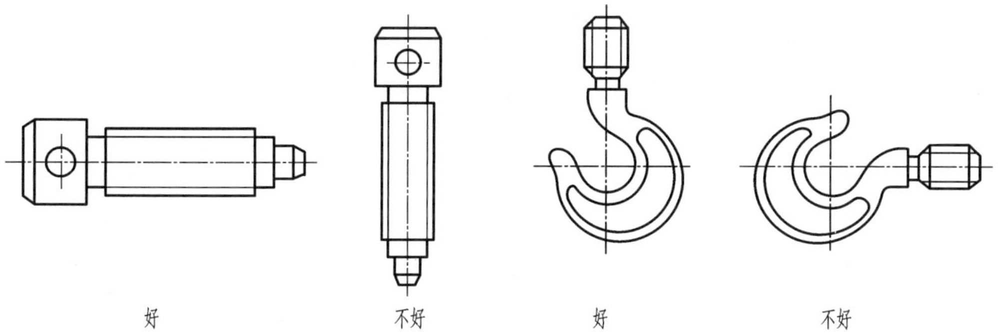

(a)　　(b)

图 3.84　零件的安放位置

2. 主视图的投射方向

主视图的投射方向应遵循形状特征原则,即主视图的投射方向应最能反映零件各组成部分的形状和相对位置。如图 3.85 所示的轴，A 向投射所得视图比 B 向投射所得视图更能反映该轴的形状特征，因此选用箭头 A 所指的方向作为主视图投射方向。

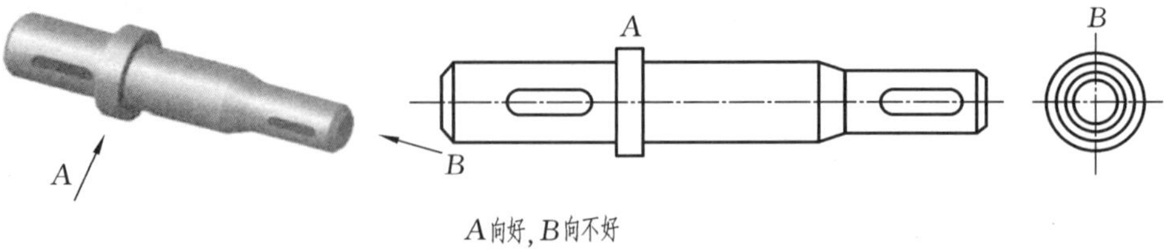

图 3.85　主视图的投射方向

（二）其他视图的选择

根据零件的复杂程度以及其内外结构的特点，全面考虑选择所需的其他视图，以弥补主视图表达的不足。其他视图的确定可以从下几个方面来考虑：

① 优先选用基本视图，并选用相应的剖视图和断面图。

② 根据零件的复杂程度和结构特点，确定其他视图的数量。

③ 在完整、正确、清晰地表达零件结构的前提下，尽量减少视图的数量。

（1）一个视图

如图 3.86 所示的顶尖和轴套等由锥、柱等同轴回转体组合而成的形体，它们的形状和位置关系简单，注上尺寸，一个视图就可表达得完整、清晰。

（2）两个视图

如图 3.87 所示的压盖和三通等由具有同方向（或不同方向）、同轴的几个回转的基本形体（特别是不完整的）组合而成，它们的形体虽然简单，但位置关系略复杂，一个视图不能表达完整，所以需要两个视图。

（3）三个视图

如图 3.88 所示的支架需要三个视图。

但要注意的是，上述的一个视图、两个视图和三个视图有方向性，方向不同就可能表达不清楚，视图数量就可能不够。

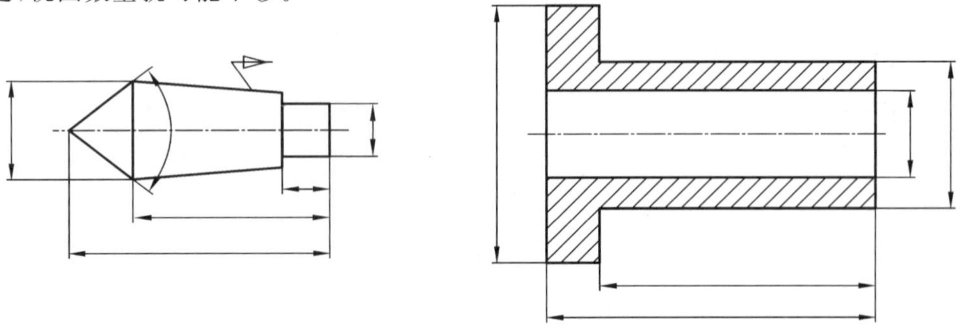

（a）　　（b）

图 3.86　一个视图

（a）顶尖；（b）轴套

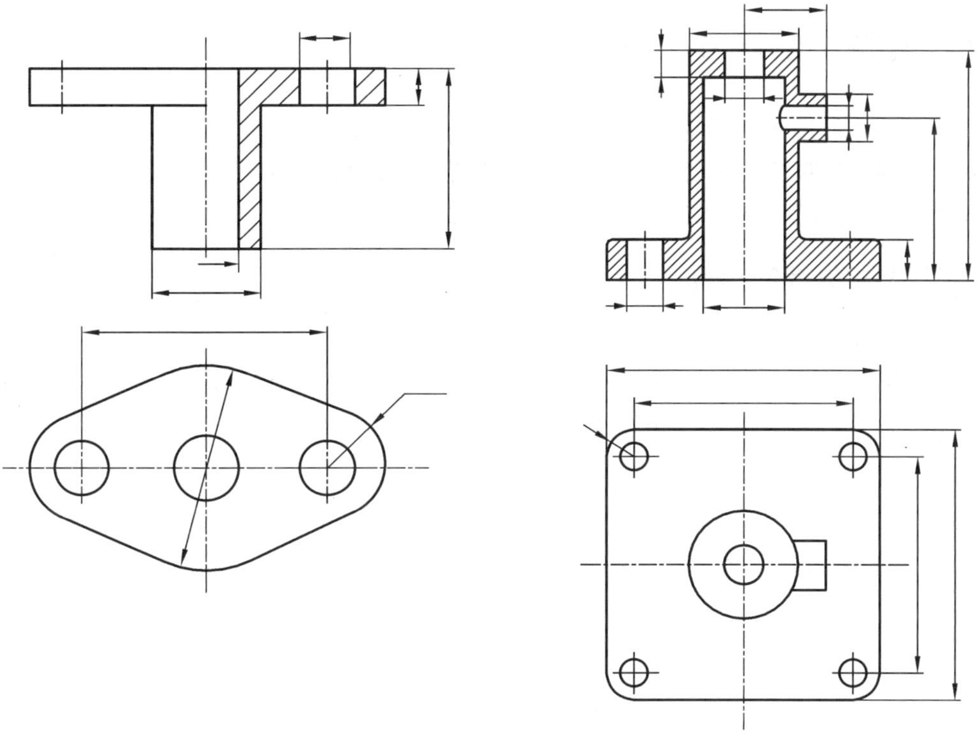

（a）　　　　　　　　　　　　（b）

图 3.87　两个视图

(a)压盖;(b)三通

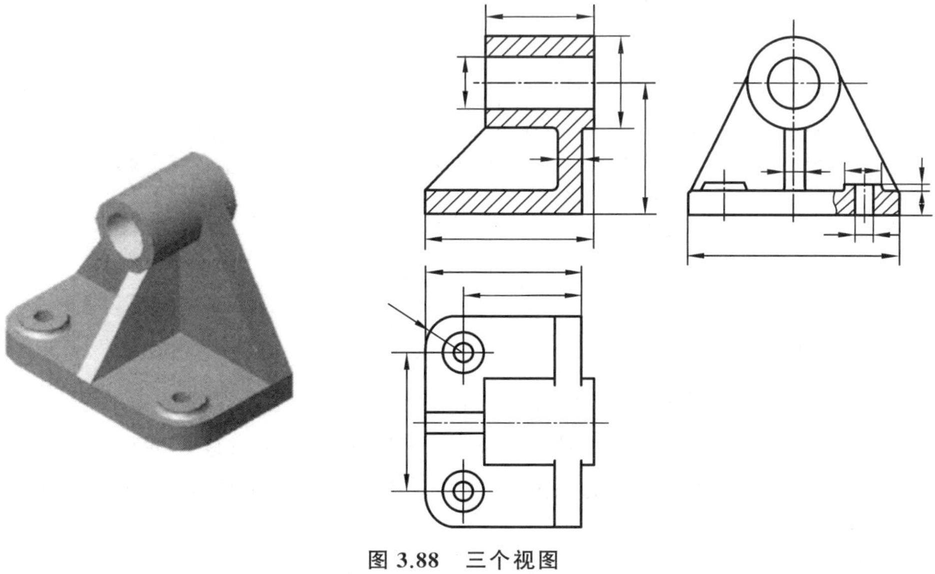

图 3.88　三个视图

四、零件图的尺寸标注

零件是按零件图中所标注的尺寸进行加工和检验的，标注尺寸除了正确、完整、清晰外，还应做到合理。所谓合理标注尺寸就是一方面所标注的尺寸要满足零件的设计要求，另一方面又符合加工工艺要求，便于加工、测量和检验。

（一）尺寸基准的选择

1. 基准的概念

尺寸基准就是确定尺寸位置的几何元素。根据使用场合和作用的不同，尺寸基准可分为设计基准和工艺基准两类，如图 3.89 所示。

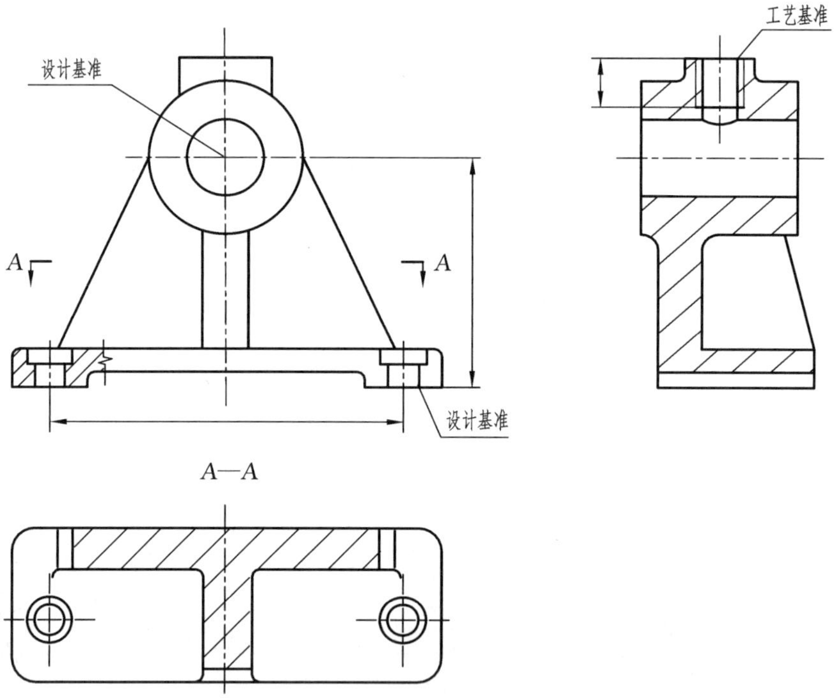

图 3.89　两种基准

2. 基准的选择原则

① 在标注尺寸时，为了减少误差，保证所设计的零件在机器或部件中的工作性能，最好能把设计基准和工艺基准统一起来；若不能统一，主要尺寸应从设计基准出发标注。

从设计基准出发标注尺寸，其优点是在标注尺寸上反映了设计要求，能保证所设计的零件在机器上的工作性能。

设计基准是用以确定零件在机器或部件中正确位置的一些面、线或点。

工艺基准是在加工、测量和检验时确定零件结构位置的一些面、线、点。

零件在长、宽、高三个方向上应至少各有一个尺寸基准，称为主要基准，有时为了加工、测量的需要，还可增加一个或几个辅助基准，主要基准与辅助基准之间应有尺寸直接相连。

从工艺基准出发标注尺寸，其优点是把尺寸的标注与零件的加工制造联系起来，在标注尺寸上反映了工艺要求，使零件便于制造、加工和测量。

② 任何零件都有长、宽、高三个方向的尺寸，根据设计、加工、测量上的要求，每个方向上只能有一个主要基准；根据需要，还可以有若干个辅助基准；主要基准和辅助基准间要有一个联系尺寸。

在标注尺寸时，首先要考虑零件的工作性能和加工方法，在此基础上，才能确定出比较合理的尺寸基准。如图 3.90 所示齿轮轴，由于其为回转体，所以其径向尺寸的基准是它的轴线，以轴线为基准注出 ϕ34.5f7、ϕ16h6、M14 等尺寸。齿轮的左端面是确定齿轮轴在泵体中轴向位置的重要结合面，所以它是轴向尺寸的主要基准，以此面为基准注出尺寸 2、12 和 25f7。齿轮轴的左端面为第一个辅助基准，由此基准注出轴的总长 112，它与主要基准之间注有联系尺寸 12。右端面是轴向的第二辅助基准，由此注出了尺寸 30。右端退刀槽尺寸 1.5 是从第三个辅助基准注出的。

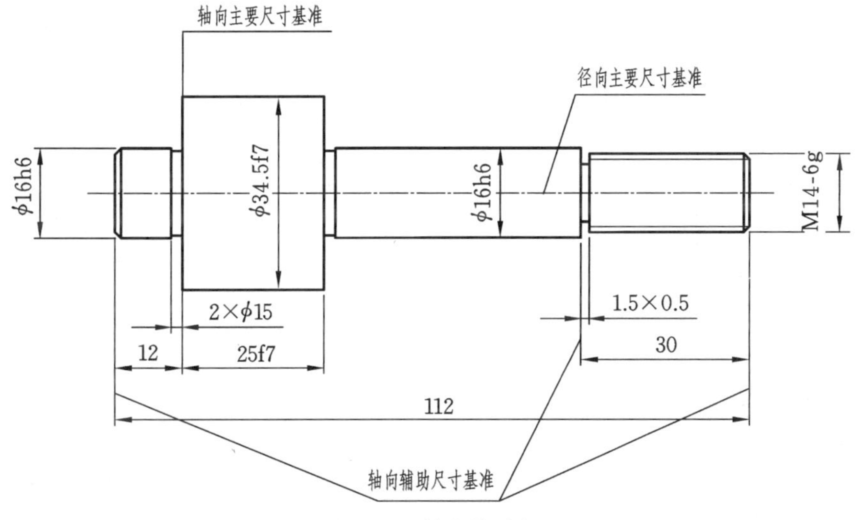

图 3.90　基准的选择

（二）尺寸标注的形式

1. 链状法

链状法就是把尺寸依次注写成链状，如图 3.91 所示。链状法常用于标注若干相同结构之间的距离、阶梯状零件中尺寸要求比较精确的各段的尺寸及用组合刀具加工的零件的尺寸等。

2. 坐标法

坐标法是把各个尺寸从事先选定的基准注起，如图 3.92 所示。坐标法用于标注从一个基准定出一组精确尺寸的零件。

3. 综合法

综合法就是将链状法与坐标法结合使用，标注零件多用此种方法，如图 3.93 所示。

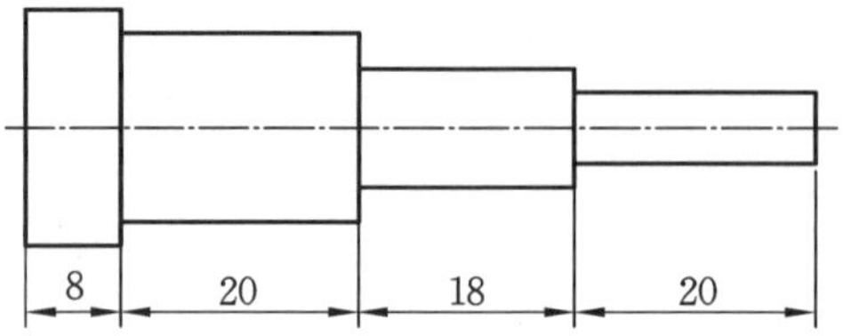

图 3.91 链状法

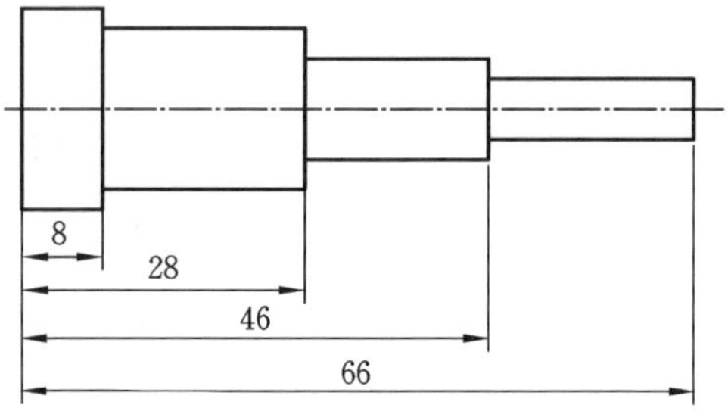

图 3.92 坐标法

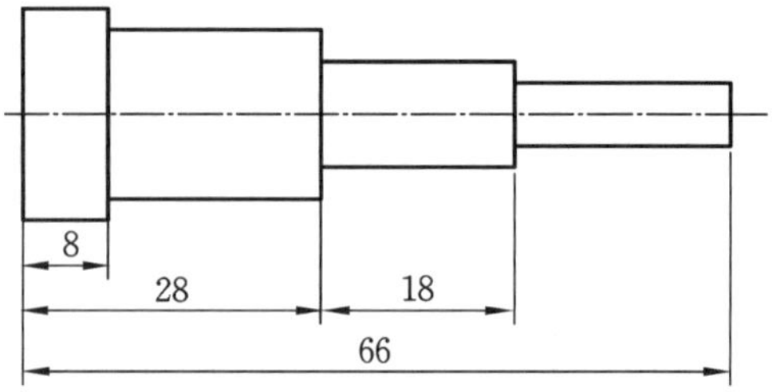

图 3.93 综合法

（三）功能尺寸标注的确定

零件图中的尺寸按其重要性一般可分为功能尺寸和非功能尺寸。功能尺寸是指影响零件精度和工作性能的尺寸，如配合尺寸等，它们一般都只允许很小的误差，即有较严格的公差要求；非功能尺寸是指零件上的一般结构尺寸，通常为非配合尺寸，这类尺寸的大小主要在于满足零件的强度和刚度要求，但对误差要求不高，一般不注出公差要求，称为未注公差尺寸。

标注零件图中的尺寸，应先对零件各组成部分的结构形状、作用等进行分析，了解哪些是影响零件精度和产品性能的功能尺寸（如配合尺寸等），哪些是对产品性能影响不大的非功能尺寸，然后选定尺寸基准，从尺寸基准出发标注定形和定位尺寸。

（四）标注尺寸的一些原则

1. 考虑设计要求

① 零件图上的功能尺寸必须直接标注，以保证设计要求。如图 3.94 所示，为保证两齿轮正确啮合，尺寸 c 必须直接标注出来。

② 尺寸不能注成封闭尺寸链。如图 3.95 所示，长度方向的尺寸 b、c、e、d 首尾相接，构成一个封闭的尺寸链。由于加工时，尺寸 c、d、e 都会产生误差，这样所有的误差都会积累到

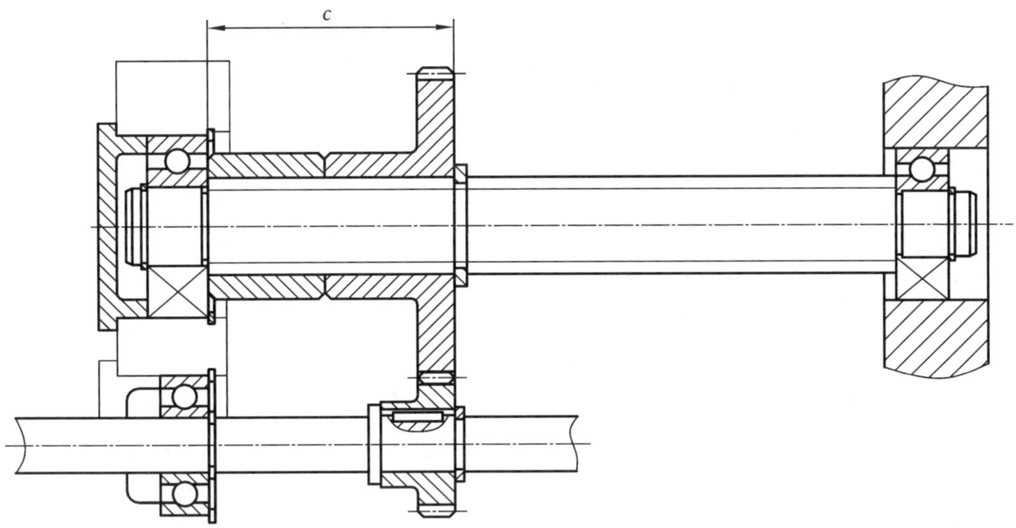

图 3.94　功能尺寸直接标注

尺寸 b 上，不能保证尺寸 b 的精度要求。因此去掉一个不重要尺寸 e 的标注，这时 e 尺寸误差是其他各尺寸误差之和，因为它不重要，对设计精度没有影响。

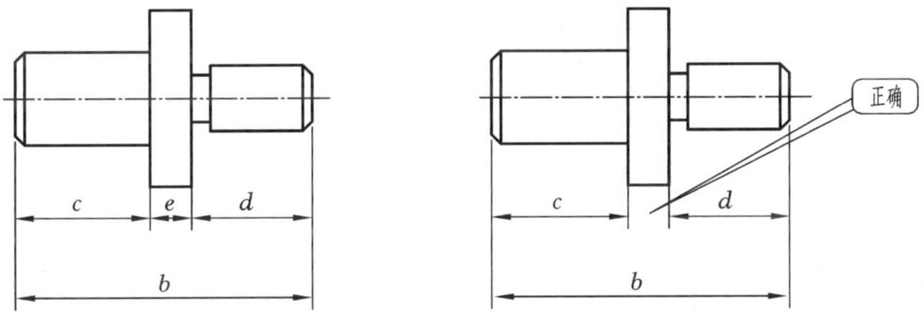

图 3.95　尺寸不能注成封闭尺寸链

③ 联系尺寸要互相联系。一台机器由多个零件装配而成，各零件间总有一个或几个表面相互联系，联系尺寸就是在数量上表达这种联系的。常见的联系有轴向联系（直线配合尺寸）、径向联系（轴孔配合尺寸）和一般联系（确定位置的定位尺寸），如图 3.96 所示。

2. 考虑工艺要求

虽然非功能尺寸不影响机器或部件的工作性能，也不影响零件间的配合性质和精度，但从便于加工、测量角度考虑，要标注非功能尺寸。

① 标注尺寸应符合加工顺序。按加工顺序标注尺寸，符合加工过程，便于加工和测量。如图 3.97 所示轴零件，长度方向尺寸 51 为功能尺寸，要直接注出，其余都按加工顺序标注。加工顺序为：加工 $\phi45\times128$ 轴、加工 $\phi35\times23$ 轴颈、掉头加工 $\phi40\times74$ 轴颈、加工右端 $\phi35\times23$ 轴颈、铣键槽。

② 相同加工方法尽量集中标注。零件一般要经过几种加工方法才能制成，在标注尺寸时，最好将相同加工方法的有关尺寸集中标注。如图 3.97 所示，轴上的键槽是在铣床上加工的，因此，这部分的尺寸集中在两处：主视图的 3、45 和左视图的 12、35.5。这样标注看图

比较方便。

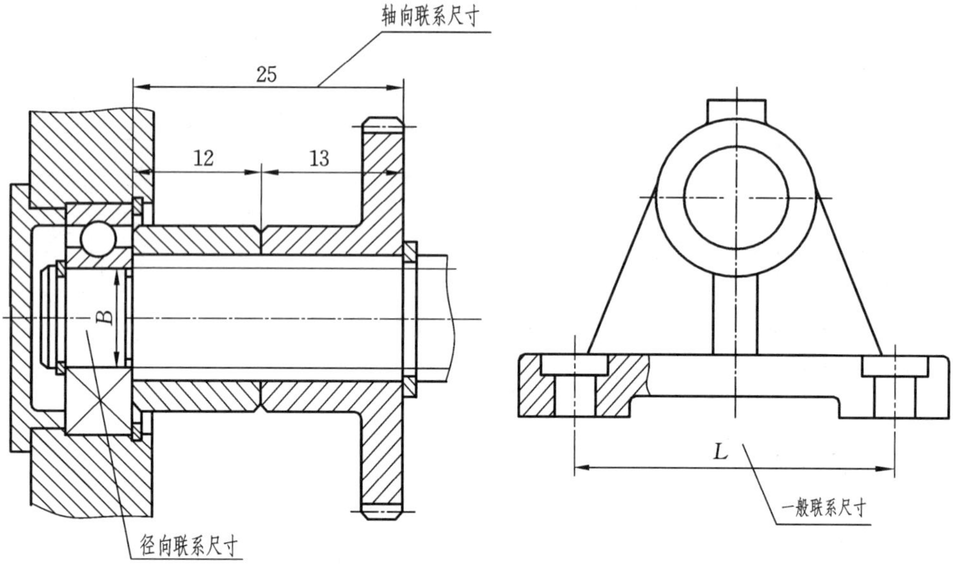

图 3.96　联系尺寸

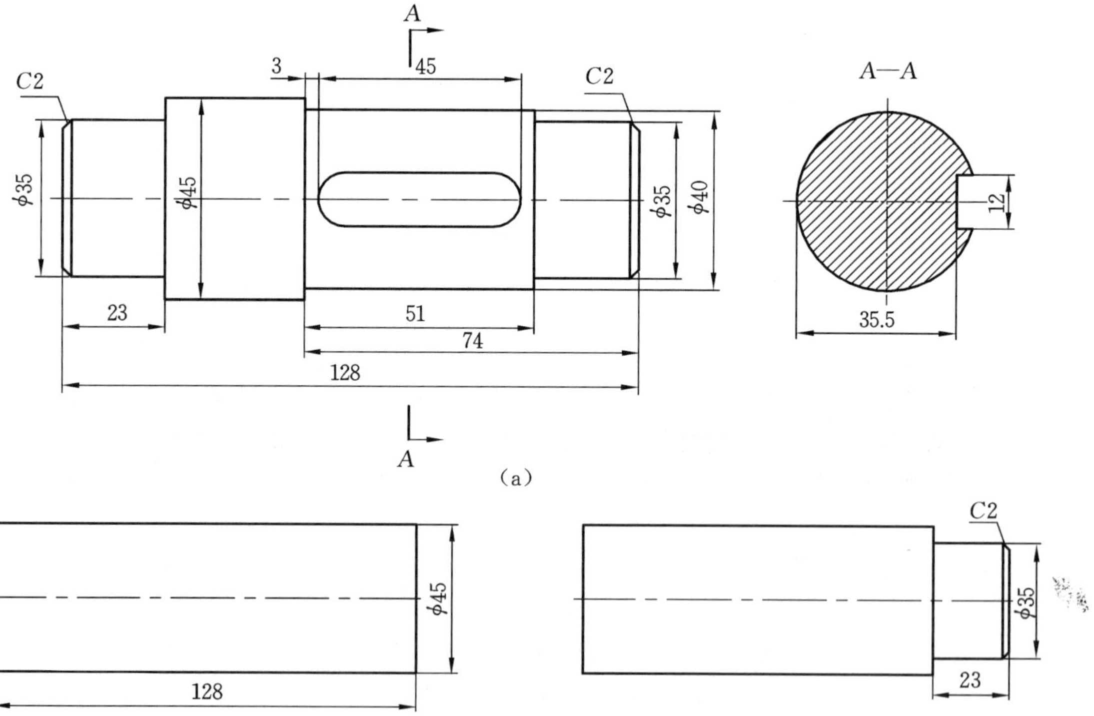

图 3.97　轴加工顺序

(a)轴零件图;(b)加工圆柱;(c)加工 $\phi35$ 轴颈;

(d)掉头加工 $\phi40$ 轴颈;(e)加工另一 $\phi35$ 轴颈;(f)加工键槽

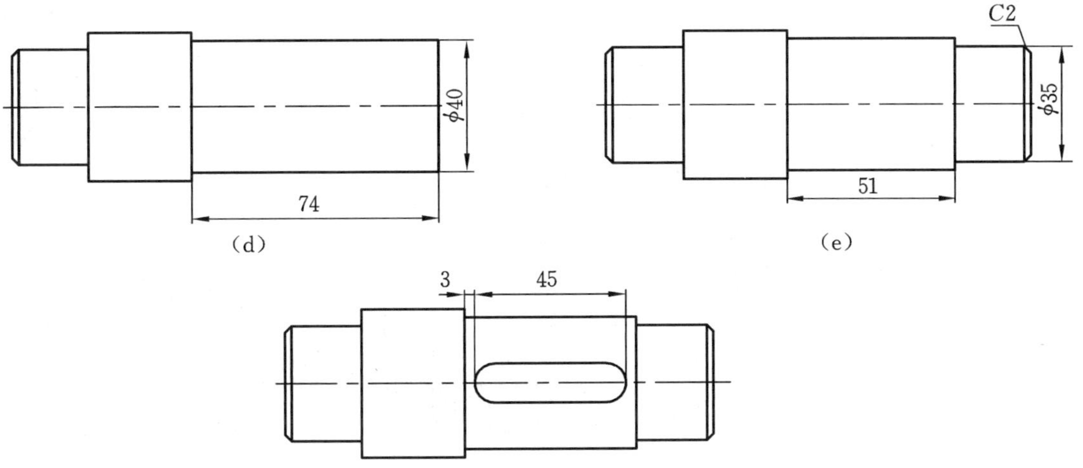

(d)　(e)　(f)

续图 3.97

③ 标注尺寸要便于加工和测量。若按图 3.98(a)左图所示,就便于加工;若按图3.98(b)右图所示,则便于测量。

④ 毛面与加工面的尺寸分别标注,且两种尺寸应用一个尺寸联系起来。如图 3.99 所示的铸件,全部毛面之间用一组尺寸互相联系,只有一个尺寸 B 使毛面与底面(加工面)发生联系。这样,在加工零件的底面时,尺寸 B 的精度要求很容易得到保证,而其他尺寸还保持着毛坯时的精度和相互关系。

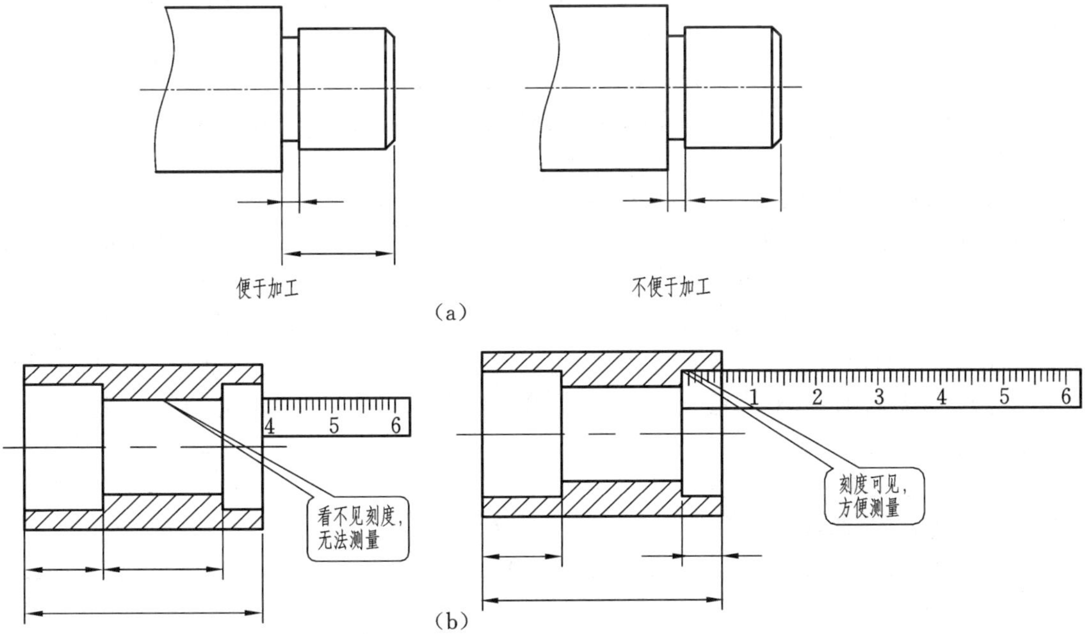

(b)

图 3.98　便于加工和测量的尺寸

⑤ 铸件、锻件按形体标注尺寸，这样会给制作铸模和锻模带来方便。

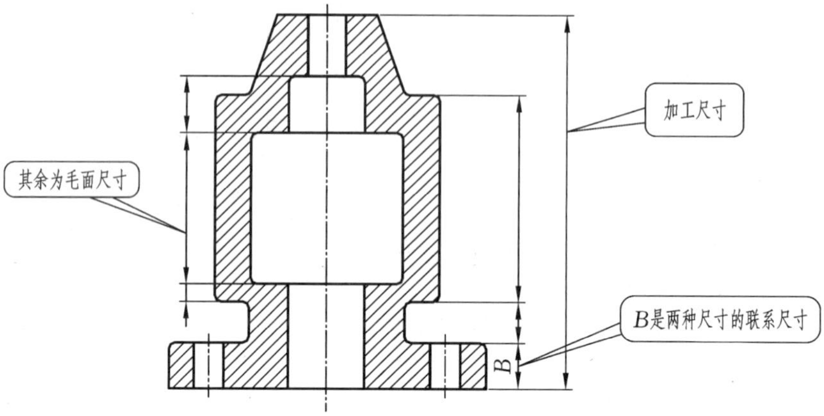

图 3.99　毛面与加工面的尺寸标注

五、零件图的技术要求

（一）表面结构

1. 表面结构的基本概念

零件经过机械加工后，其表面因刀痕及切削时表面金属的塑性变形等影响，会存在高低不平的状况。借助放大装置可以观察到零件的形状，实际表面的轮廓是由粗糙度轮廓（R 轮廓）、波纹度轮廓（W 轮廓）和原始轮廓（P 轮廓）构成的。

零件的表面结构特性是粗糙度、波纹度、原始轮廓特性的统称，它是由通过不同的测量与计算方法得出的一系列参数进行表征的，是评定零件表面质量和保证其表面功能的重要技术指标。

2. 表面结构的参数

国家标准规定了评定表面结构的参数有轮廓参数（GB/T 3505—2009）、图形参数（GB/T 18618—2009）、支承率曲线参数（GB/T 18778.2—2003 和 GB/T 18778.3—2006）三组。轮廓参数分粗糙度轮廓（R 轮廓）、波纹度轮廓（W 轮廓）和原始轮廓（P 轮廓）参数。粗糙度轮廓参数是零件表面质量的重要指标之一，它对表面间摩擦与磨损、配合性质、密封性、抗腐蚀性、疲劳强度等都有影响，一般来说，零件上凡有配合要求或者有相对运动的表面，必须具备一定的表面粗糙度要求。

评定表面粗糙度轮廓的主要参数有两种（GB/T 3505—2009）：轮廓算术平均偏差 Ra、轮廓最大高度 Rx。两项参数中，优先选用 Ra 参数。

（1）轮廓算术平均偏差 Ra。轮廓算术平均偏差 Ra 是指在取样长度 l（用于判别具有表面粗糙度特征的一段基准线长度）内，轮廓偏差 z（表面轮廓上点至基准线的距离）绝对值的算术平均值，如图 3.100 所示。可用下面的公式表示：

$$Ra=\frac{1}{l}\int_{0}^{l}|z(x)|\mathrm{d}x$$

近似为

$$Ra=\frac{1}{n}\sum_{i=1}^{n}|z_i|$$

(2) 轮廓最大高度 Rx。在取样长度内，轮廓峰顶线和轮廓谷底线之间的距离即为 Rx，如图 3.94 所示。

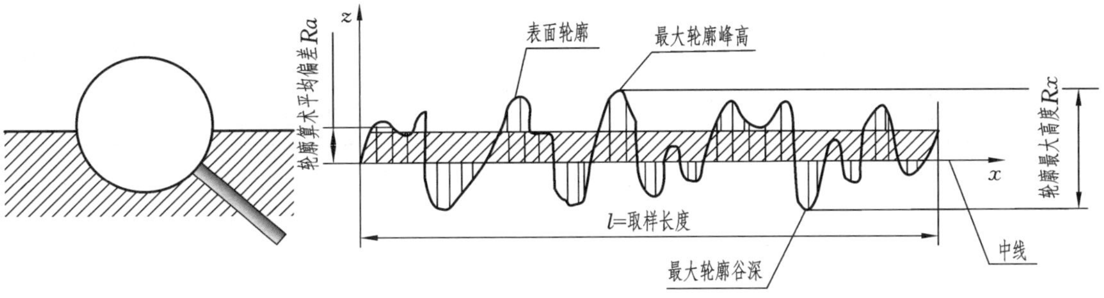

(a)　　　　　　　　　　(b)

图 3.100　轮廓算术平均偏差 Ra 和轮廓最大高度 Rx

3. 表面结构的图形符号、代号及其意义

国家标准《产品几何技术规范(GPS)技术产品文件中表面结构的表示法》(GB/T 131—2006)规定了表面结构的符号、代号及在图样上的标注方法。

(1) 表面结构的图形符号。表面结构的图形符号及其含义如表 3.11 所示。各图形符号的比例、尺寸以及画法如图 3.101 和表 3.12 所示。

表 3.11　表面结构符号及其含义(GB/T 131—2006)

符号	含义
	基本图形符号(简称基本符号)，表示未指定工艺方法的表面，仅用于简化代号的标注，没有补充说明时不能单独使用
	扩展图形符号(简称扩展符号)，基本符号加一短横，表示指定表面是用去除材料的方法获得，如通过机械加工的车、铣、钻、磨、剪切、抛光、腐蚀、电火花加工、气割等方法获得的表面
	扩展图形符号，基本符号加一小圆圈，表示指定表面是用不去除材料的方法获得，例如铸、锻、冲压变形、热轧、冷轧、粉末冶金等，或者是用于保持原供应状况的表面(包括保持上道工序的状况)
	完整图形符号，当要求标注表面结构特征的补充信息时，在允许任何工艺图形符号的长边加一横线。在文本中用文字 APA 表示

续表3.11

符号	含义
	完整图形符号，当要求标注表面结构特征的补充信息时，在去除材料图形符号的长边加一横线。在文本中用文字 MRR 表示
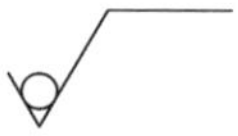	完整图形符号，当要求标注表面结构特征的补充信息时，在不去除材料图形符号的长边加一横线。在文本中用文字 NMR 表示

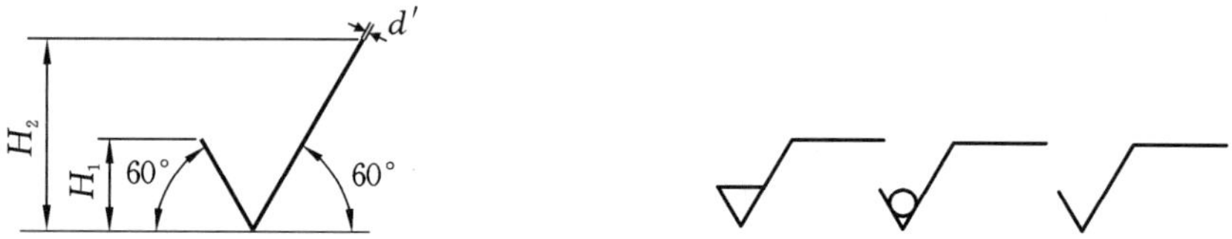

(a)　　　　(b)

图 3.101　表面结构图形符号的画法

(a)基本符号；(b)完整符号

（注：为与尺寸界线区别，本图中表面结构图形符号加粗）

表 3.12　表面结构图形符号的尺寸(mm)

数字与字母高度 h	2.5	3.5	5	7	10	14	20
符号的线宽 d'	0.25	0.35	0.5	0.7	1	1.4	2
字母的线宽 d							
高度 H_1	3.5	5	7	10	14	20	28
高度 H_2(最小值)	7.5	10.5	15	21	30	42	60

(2) 表面结构代号。表面结构代号由完整图形符号、参数代号（如 Ra）和参数值组成，必要时应标注补充要求，各部分标注位置如图 3.102 所示，示例如图 3.103 所示。

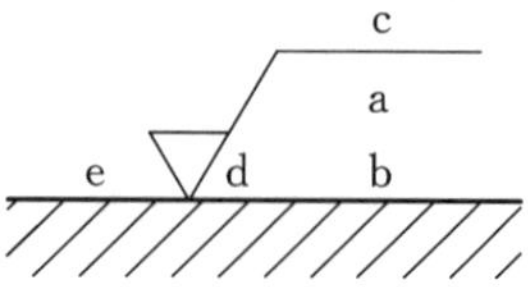

图 3.102　表面结构的代号标注说明

位置 a：注写第一个表面结构的要求（传输带/取样长度/参数代号/数值）；

位置 b：注写第二个表面结构的要求（传输带/取样长度/参数代号/数值）；

位置 c：注写加工方法（“车”、“铣”、“磨”、“涂镀”等）；

位置 d：注写表面纹理和方向（“X”、“M”、“＝”等）；

位置 e：注写加工余量。

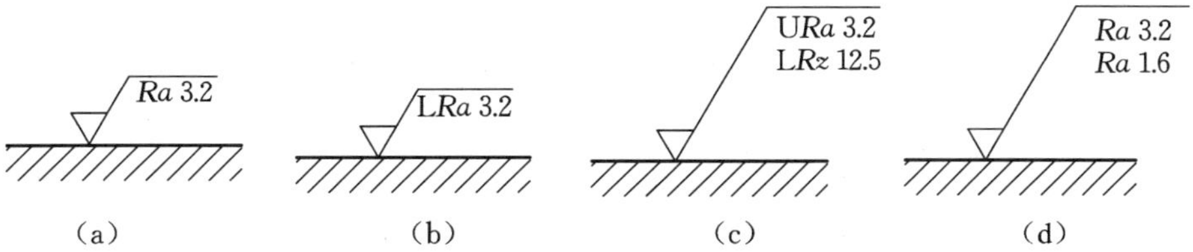

图 3.103　表面结构的代号标注示例

在图样上标注时，如采用默认定义，且对其他方面不要求，可只在如图 3.102 所示的 a 或 a 和 b 中标注，将表面结构参数代号及其后的参数值注写在图形符号长边的横线下方。为了避免误解，在参数代号和极限值间应插入空格，如 *Ra*3.2，如图 3.103(a)所示。极限值的标注说明如下：

上限值：当给出的参数数值为允许的最大值时，称为参数的上限值，在参数的前面加注“U”，如图 3.103(c)所示。

下限值：当给出的参数数值为允许的最小值时，称为参数的下限值，在参数的前面加注“L”，如图 3.103(c)所示。

参数的单向极限：当只标注参数代号和一个参数时，默认为参数的上限值。如为参数的单向下限值，参数代号前应加注，如 L*Ra* 3.2，如图 3.103(b)所示。

参数的双向极限：在完整符号中表示双向极限时应标注极限代号。上限值在上方，在参数代号的前面加注“U”，下限值在下方，在参数代号的前面加注“L”。如果同一参数具有双向极限要求，在不引起歧义的情况下，可以不加注“U”“L”，如图 3.103(d)所示。上、下极限值可以用不同的参数代号表达。

4. 表面结构要求在图样中的注法

国家标准 GB/T 131—2006 规定了表面结构要求在图样中的注法。

① 表面结构要求对每一表面一般只标注一次，并尽可能注在相应的尺寸及其公差的同一视图上。除非另有说明，所标注的表面结构要求是对完工零件表面的要求。当在图样某个视图上构成封闭轮廓的各个表面有相同的表面结构要求时，应在完整图形符号上加一圆圈，标注在图样中工件的封闭轮廓线上，如果标注会引起歧义，各表面要分别标注，如图 3.104 所示。注意：图 3.104 所示的表面结构符号是指对图形中封闭轮廓的六个面的共同要求(不包括前后面)。

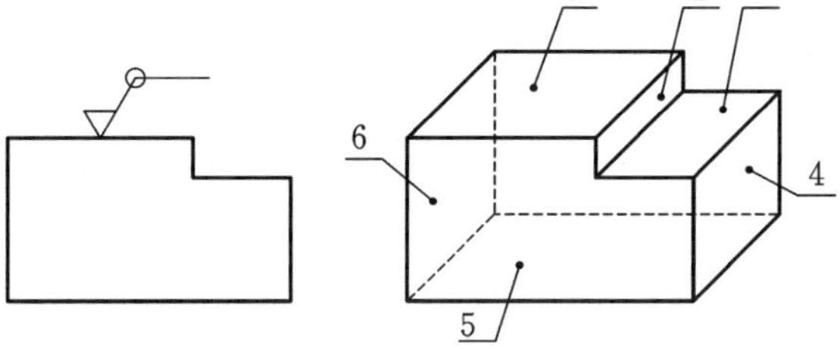

图 3.104　表面结构的标注规定(一)

② 表面结构的注写和读取方向与尺寸的注写和读取方向一致,如图 3.105 所示。

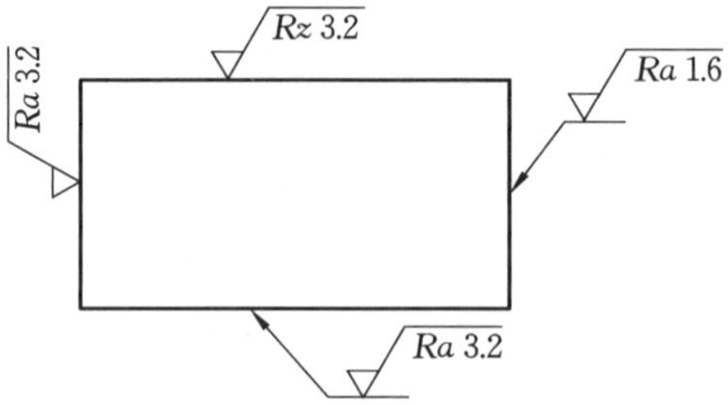

图 3.105　表面结构的标注规定(二)

③ 表面结构要求可标注在轮廓线上,其符号应从材料外指向并接触表面,如图 3.106(a)所示。必要时,表面结构符号也可以用带箭头或黑点的指引线引出标注,如图 3.106(b)、(c)所示。

④ 在不致引起误会时,表面结构要求可以标注在给定的尺寸线上,如图 3.107 所示。

⑤ 表面结构要求可标注在形位公差框格的上方,如图 3.108 所示。

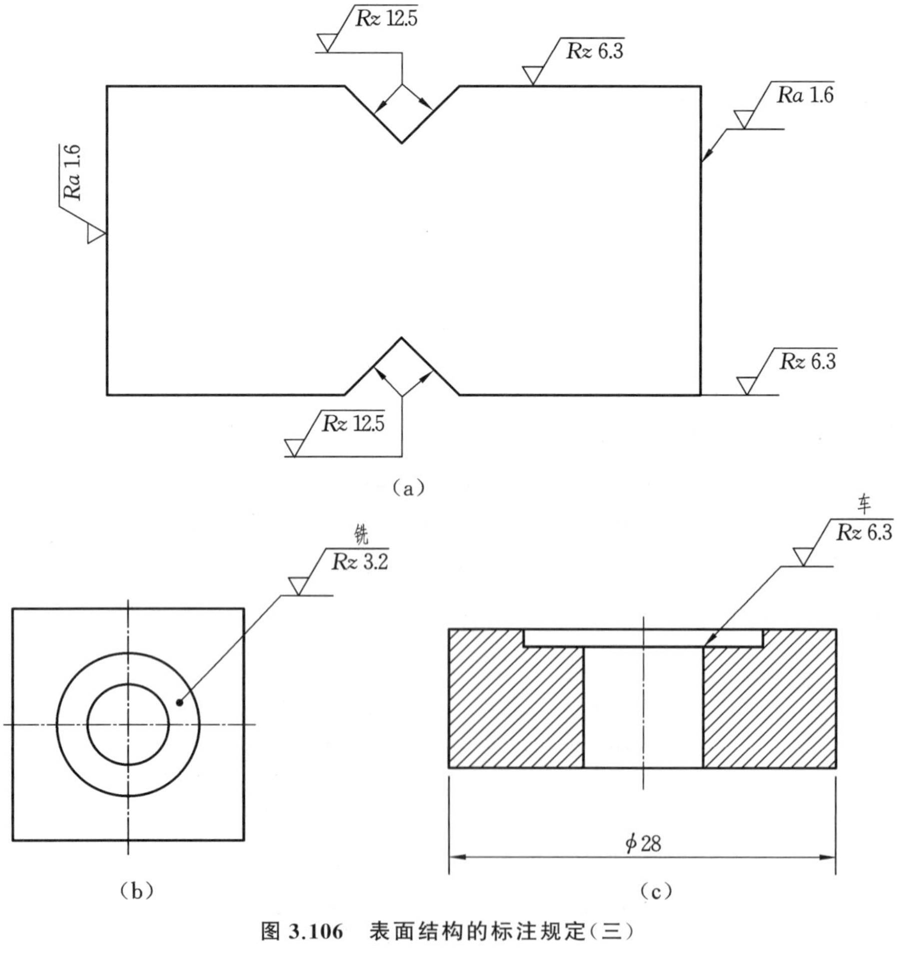

图 3.106　表面结构的标注规定(三)

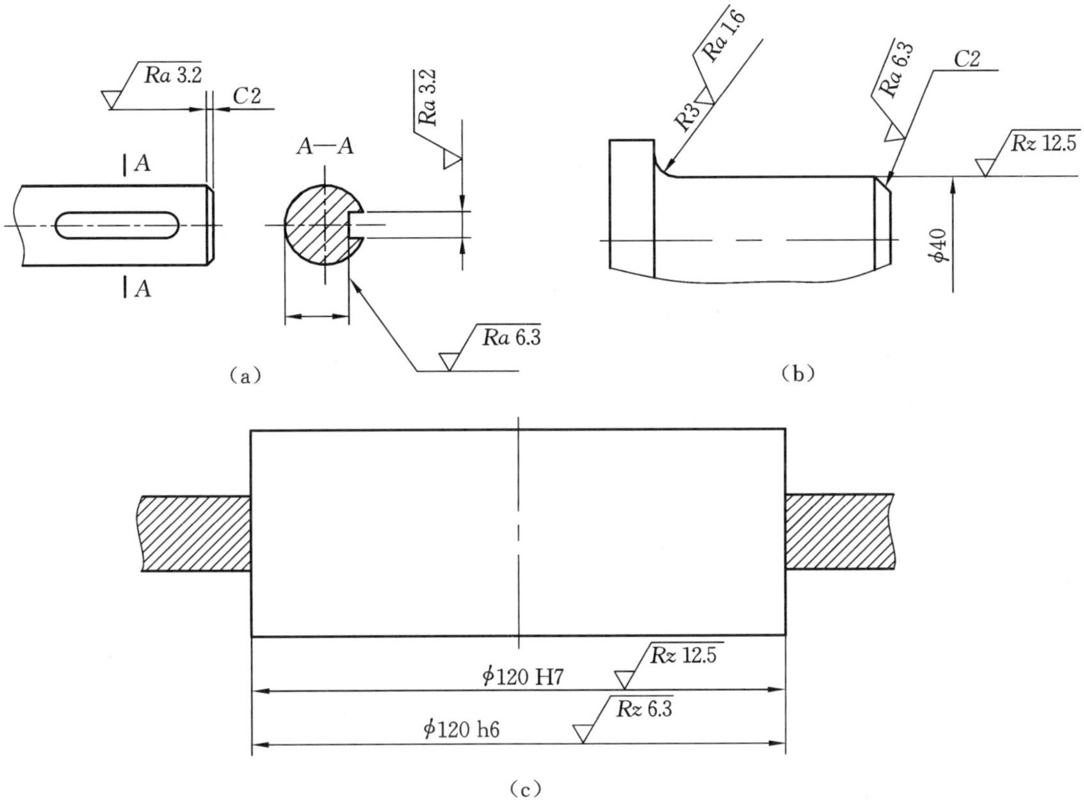

图 3.107　表面结构的标注规定(四)

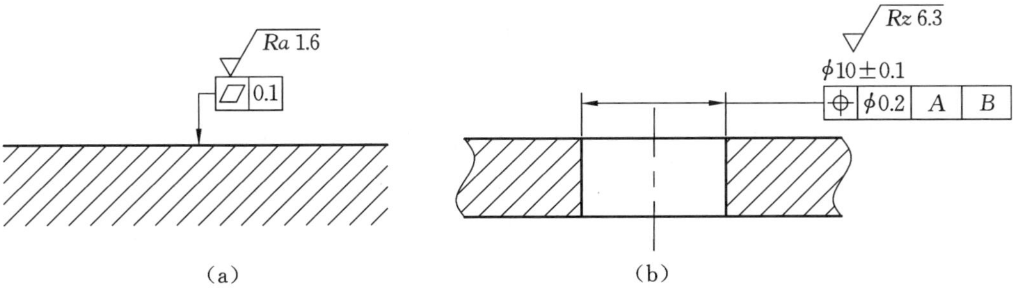

图 3.108　表面结构的标注规定(五)

⑥ 表面结构要求可以直接标注在延长线上，或用带箭头的指引线引出标注，如图 3.109(a)、(b)所示。圆柱和棱柱的表面结构要求只标注一次，如果每个表面有不同的表面结构要求，则应分别单独标出，如图 3.109(c)所示。

⑦ 如果在工件的多数(包括全部)表面有相同的表面结构要求，则其表面结构要求可统一标注在图样的标题栏附近，不同的表面结构要求应直接标注在图中。此时(除全部表面有相同要求的情况外)，表面结构要求的符号后面应有：在圆括号内给出无任何其他标注的基本符号，如图 3.110(a)所示；在圆括号内给出不同的表面结构要求，如图 3.110(b)所示。

⑧ 当多个表面具有相同的表面结构要求或图纸空间有限时，可采用简化画法，用带字

母的完整符号，以等式的形式，在图形或标题栏附近，对有相同表面结构要求的表面进行简化标注，如图 3.111 所示。

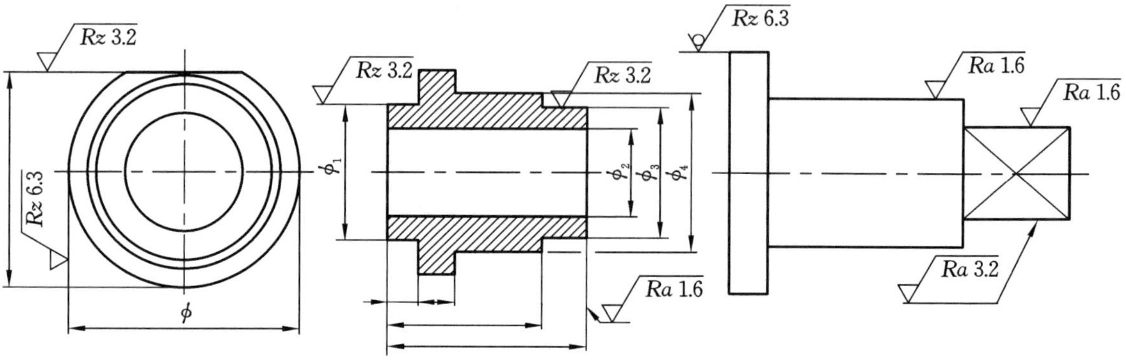

图 3.109　表面结构的标注规定（六）

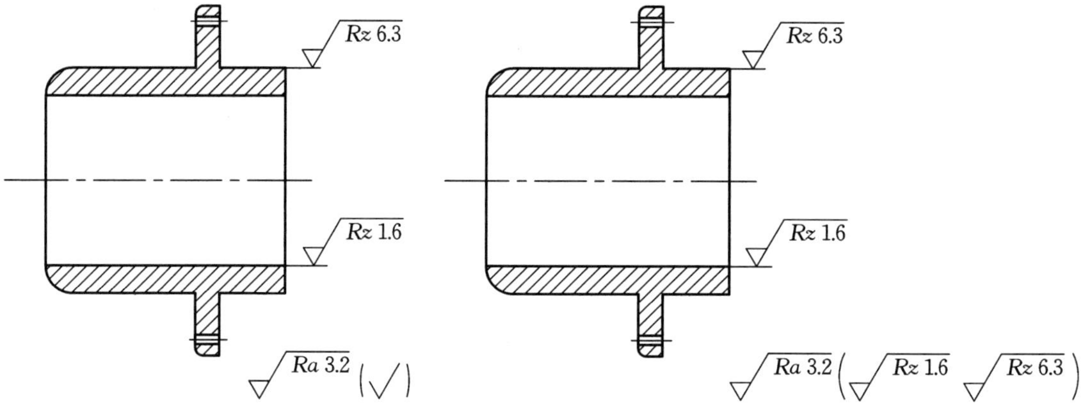

图 3.110　表面结构的标注规定（七）

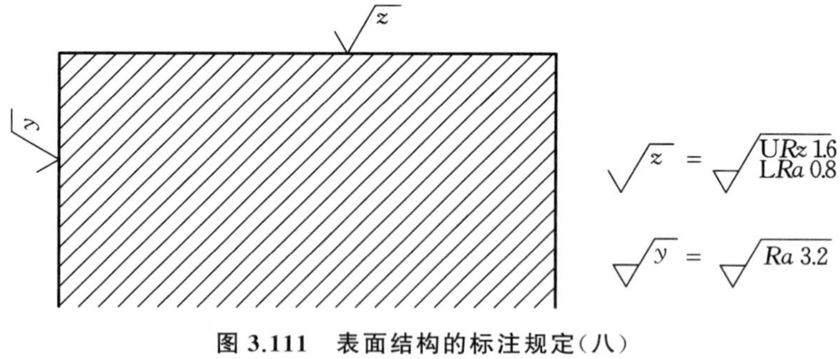

图 3.111　表面结构的标注规定（八）

⑨ 由几种不同的工艺方法获得的同一表面，当需要明确每种工艺方法的表面结构要求时，标注如图 3.112 所示。

⑩ 对连续的同一表面或重复要素（如孔、槽、齿的表面）其粗糙度只注一次，如图 3.113(a)所示。同一表面上有不同的表面粗糙度要求时，必须用细实线画出其分界线，并标注出相应的表面粗糙度代号和尺寸，如图 3.113(b)所示。

⑪ 对不连续的同一表面，可用细实线连接起来，表面结构代号只注一次，如图 3.114 所示。

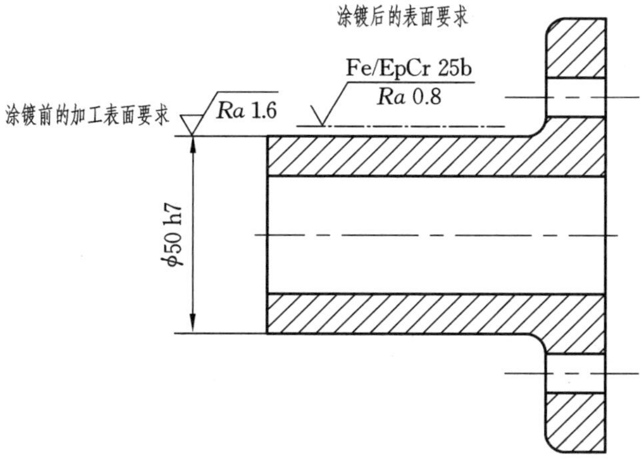

图 3.112　表面结构的标注规定(九)

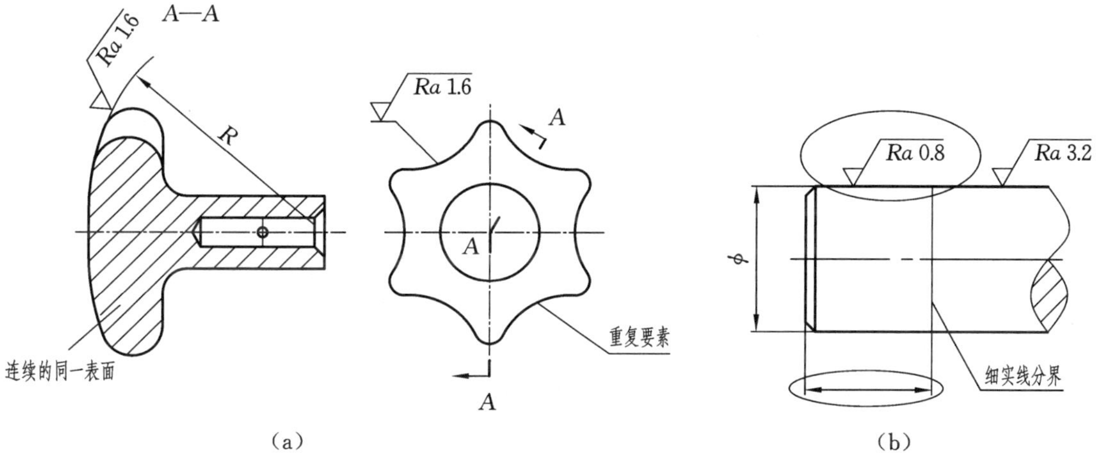

图 3.113　表面结构的标注规定(十)

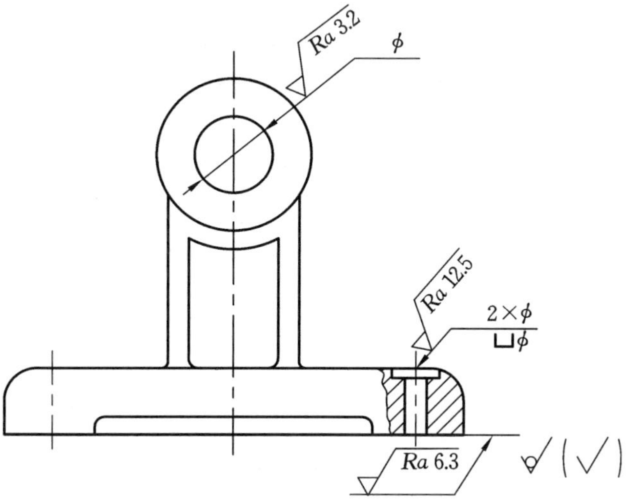

图 3.114　表面结构的标注规定(十一)

⑫ 轮齿表面结构代号注在分度线上，如图 3.115(a)所示。螺纹表面粗糙度代号注在尺寸线或其延长线上，如图 3.115(b)所示。

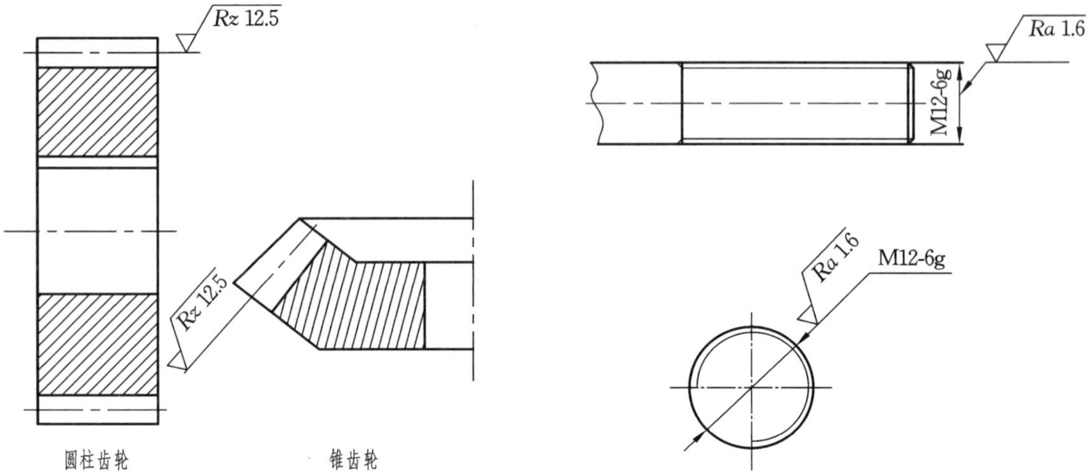

(a) (b)

图 3.115 表面结构的标注规定(十二)

(二) 极限与配合

装配在一起的零件(如轴和孔)，只有各自达到相应的技术要求后，装配在一起才能满足所设计的松紧程度和工作精度要求，实现功能并保证互换性。这个技术要求就是要控制零件功能尺寸的精度，控制的办法是限制功能尺寸不超出设定的极限值。同时从加工的经济性考虑，也必须要有这一技术要求。国家标准 GB/T 1800.1—2020、GB/T 1800.2—2020 等对尺寸极限与配合分类作了基本规定。

1. 极限

(1) 基本尺寸。由设计确定的尺寸称为基本尺寸，如图 3.116 所示的 $\phi 50$。

(2) 实际尺寸。通过测量获得的尺寸称为实际尺寸。

(3) 极限尺寸。允许零件尺寸变化的两个界限值称为极限尺寸，分最大极限尺寸和最小极限尺寸，如图 3.116 所示的 $\phi 50.039$、$\phi 49.975$。

(4) 尺寸偏差。某一尺寸减其基本尺寸所得的代数差称为尺寸偏差，简称偏差。最大极限尺寸减其基本尺寸所得的代数差称为上偏差，孔、轴的上偏差分别用 ES 和 es 表示。最小极限尺寸减其基本尺寸所得的代数差，称为下偏差，孔、轴的下偏差分别用 EI 和 ei 表示。上、下偏差统称为极限偏差，如图 3.116 所示，

孔的上偏差 $ES=(50.039-50)\ \text{mm}=+0.039\ \text{mm}$

孔的下偏差 $EI=(50-50)\ \text{mm}=0$

轴的上偏差 $es=(49.975-50)\ \text{mm}=-0.025\ \text{mm}$

轴的下偏差 $ei=(49.950-50)\ \text{mm}=-0.05\ \text{mm}$

(5) 尺寸公差。允许尺寸的变动量称为尺寸公差，简称公差。

公差=最大极限尺寸-最小极限尺寸=上偏差-下偏差

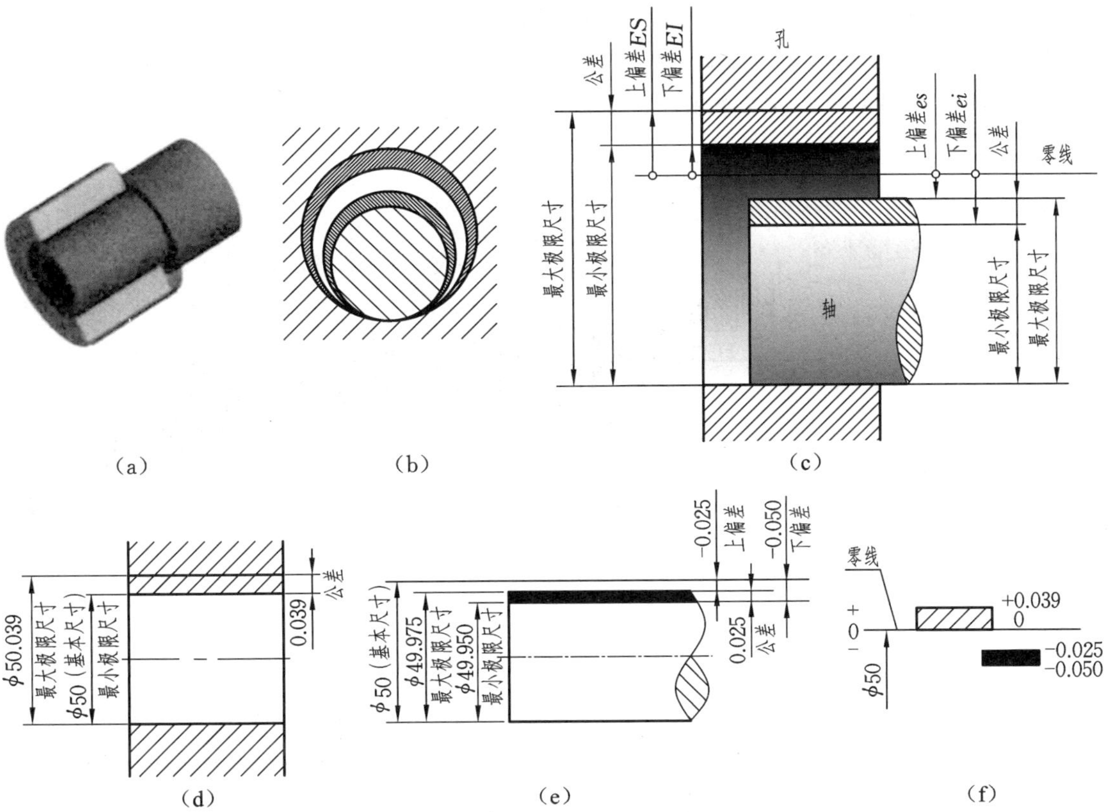

图 3.116　尺寸标注示例

如图 3.116 所示，

孔的公差＝50.039－50＝0.039－0＝0.039 mm

轴的公差＝49.975－49.950＝－0.025－(－0.050)＝0.025 mm

公差是一个没有正负号的绝对值。

(6) 公差带。在尺寸公差分析中，常将如图 3.116(d)、(e)所示的基本尺寸、偏差和公差之间的关系简化成如图 3.116(f)所示的图形，称为公差带图。由代表上、下偏差的两条直线所限定的一个区域称为公差带，确定偏差的一条基准线称为零线。一般情况下，零线代表基本尺寸，零线之上为正偏差，零线之下为负偏差。

公差带包括了“公差带大小”与“公差带位置”，国标规定公差带的大小和位置分别由标准公差和基本偏差来确定。

(7) 标准公差。由国家标准所列的，用以确定公差带大小的公差称为标准公差，用符号“IT”表示，共分 20 个标准公差等级，即 IT01、IT0、IT1、…、IT18，IT01 精确程度最高，公差等级越大，精度越低。标准公差数值取决于基本尺寸的大小和标准公差等级，其值可查阅相关标准。

(8) 基本偏差。用以确定公差带相对于零线位置的那个极限偏差称为基本偏差。它可以是上偏差和下偏差，一般指靠近零线的那个偏差。

国家标准规定的基本偏差系列，其代号用拉丁字母表示，大写字母表示孔，小写字母表示轴，孔和轴各有 28 个，如图 3.117 所示，孔的基本偏差中，A～H 为下偏差，J～ZC 为上偏差；而轴的基本偏差则相反，a～h 为上偏差，j～zc 为下偏差。图中 h 和 H 的基本偏差为零，分别代表基准轴和基准孔。基本偏差的数值可查阅相关标准。

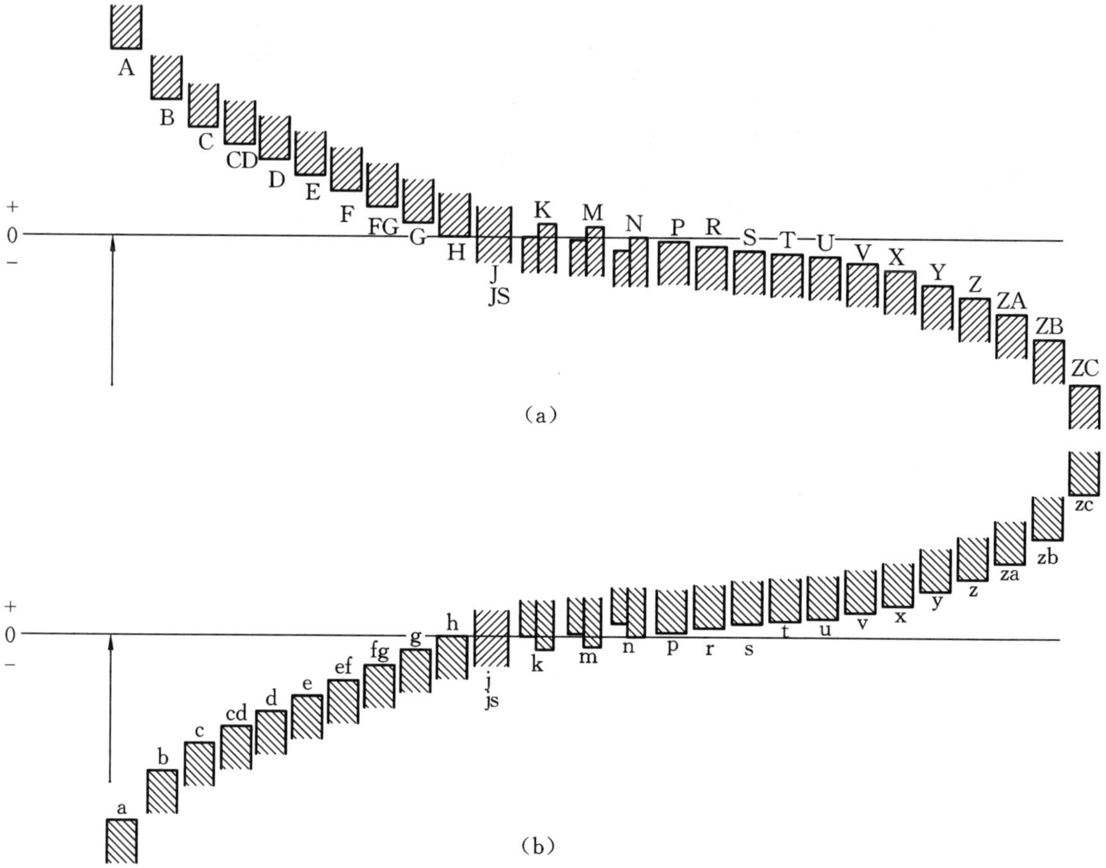

图 3.117　基本偏差系列

(a)孔的基本偏差系列；(b)轴的基本偏差系列

(9) 公差带的确定及代号。基本偏差系列图中，只表示了公差带的位置，没有表示公差带的大小，因此，公差带一端是开口的，其偏差值取决于所选标准公差的大小，可根据基本偏差和标准公差算出。

对于孔：$ES=EI+\mathrm{IT}$ 或 $EI=ES-\mathrm{IT}$

对于轴：$es=ei+\mathrm{IT}$ 或 $ei=es-\mathrm{IT}$

孔、轴公差带代号由基本偏差代号和公差等级代号组成。例如：

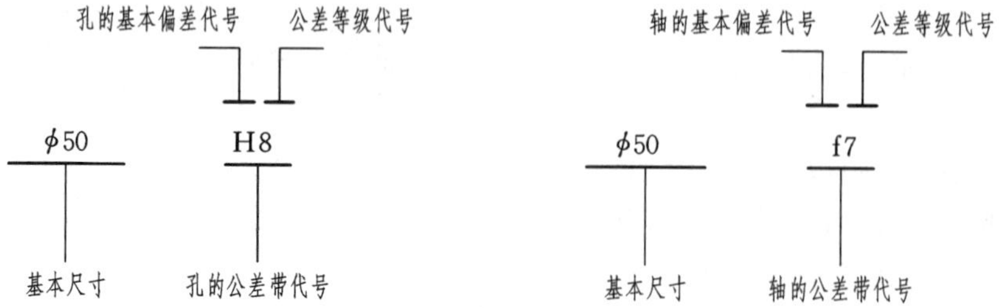

2. 配合

基本尺寸相同的、相互结合的孔和轴公差带之间的关系称为配合。国家标准将配合分为间隙配合、过盈配合和过渡配合三种。为了便于设计制造、降低成本，实现配合标准化，国标又规定了基孔制和基轴制两种基准制。

过多的配合，既不能发挥标准的作用，也不利于生产。因此，国家标准将孔、轴公差带分为优先、常用和一般用途公差带，实践中可查阅国家标准。

3. 极限与配合在图样中的标注(GB/T 4458.5—2003)

(1) 在装配图上的标注方法。在装配图上标注配合代号时，必须在基本尺寸的后面以分数形式注出，分子为孔的公差带代号，分母为轴的公差带代号，如图 3.118 所示。

基孔制的标注形式为：

$$\text{基本尺寸}\frac{\text{基准孔代号(H)公差等级}}{\text{轴的基本偏差代号公差等级}}$$

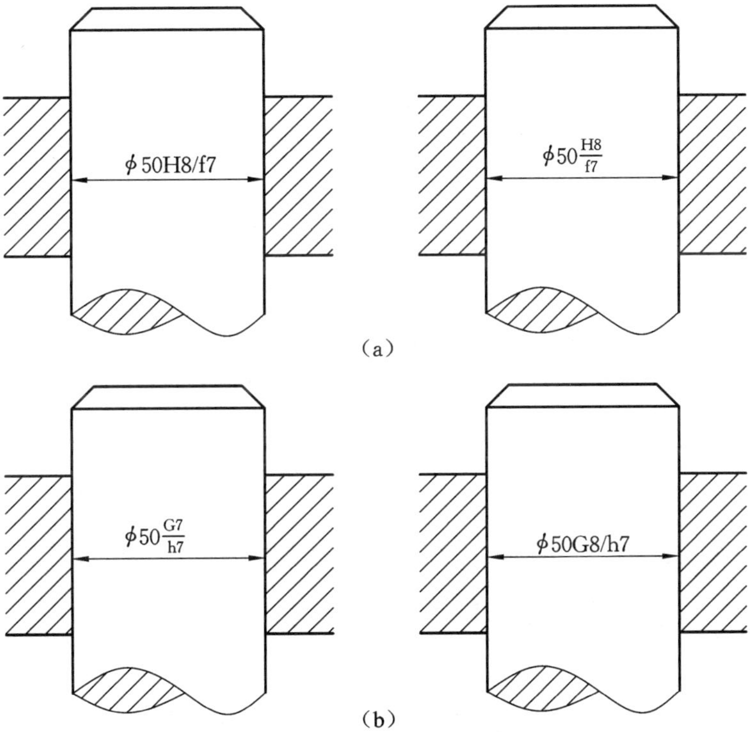

图 3.118　装配图上配合尺寸的标注方法

(a)基孔制；(b)基轴制

基轴制的标注方式为：

$$\text{基本尺寸}\frac{\text{孔的基本偏差代号公差等级}}{\text{基本轴代号(h)公差等级}}$$

(2) 在零件图上的标注方法。在零件图上尺寸公差可按下面三种形式之一标注：只标注公差带代号，如图 3.119(a)所示；只标注极限偏差的数值，如图 3.119(b)所示；同时标注公差带代号和相应的极限偏差，且极限偏差应加上圆括号，如图 3.119(c)所示。

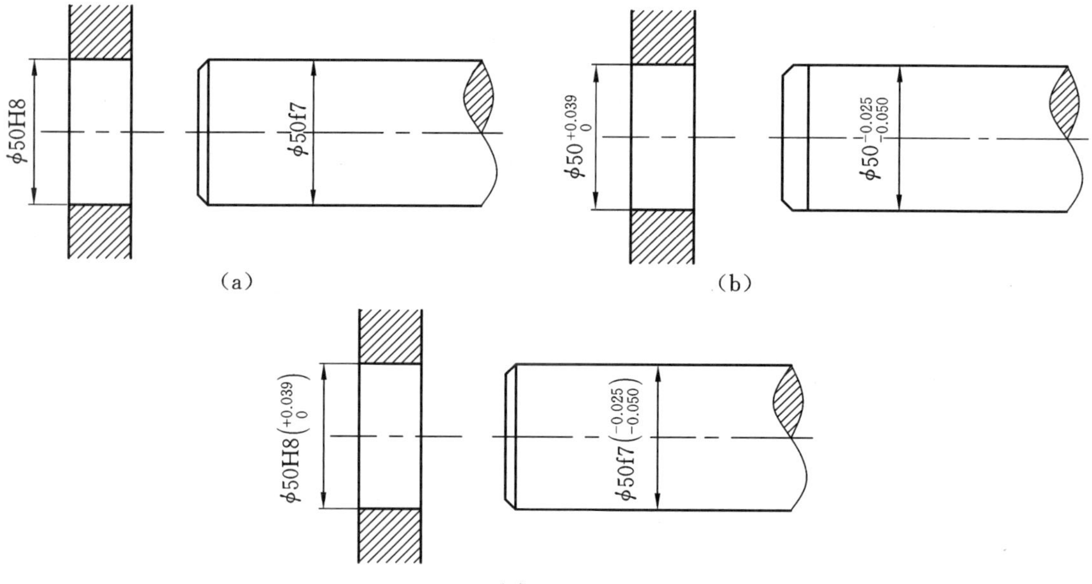

图 3.119　零件图上配合尺寸的标注方法

（三）几何公差

经过加工的零件，除了会产生尺寸误差外，也会产生表面几何误差。如图 3.120(a)所示小轴弯曲和图 3.120(b)所示阶梯轴轴线不在同一水平位置的情况，如不加以控制，将会影响机器的质量。因此对零件上精度要求较高的部位，必须根据实际需要对零件加工提出相应的几何误差的允许范围，即必须限制零件几何误差的最大变动量(称为几何公差)，并在图纸上标出几何公差。

1. 基本术语

(1) 要素　工件上特定部位，如点、线或面。这些要素可以是组成要素(如圆柱体的外表面)，也可以是导出要素(如中心线或中心面)。

(2) 实际要素　零件上实际存在的要素，由无限个点组成，分为实际轮廓要素和实际中心要素。

(3) 提取要素　按规定方法，从实际要素提取的有限数目的点所形成的实际组成要素的近似替代。

(4) 被测要素　给出了几何公差要求的要素。

(5) 基准要素　用来确定被测要素方向或(和)位置或(和)跳动的要素。

(6) 单一要素　仅对要素本身给出几何公差的要素。

(7) 关联要素　对其他要素有功能要求(方向、位置、跳动)的要素。

(8) 形状公差　单一实际要素的形状所允许的变动全量。

(9) 方向公差　关联实际要素对基准在方向上允许的变动全量。

(10) 位置公差　关联实际要素对基准在位置上允许的变动全量。

(11) 跳动公差　关联实际要素绕基准回转一周或连续回转所允许的最大跳动量。

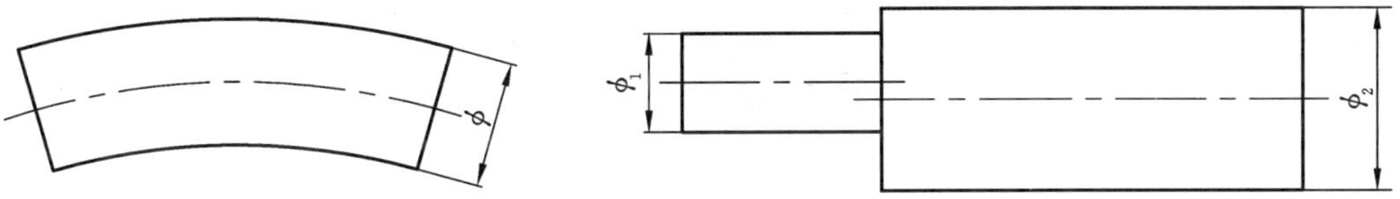

(a)　　　　　　(b)

图 3.120　零件的几何公差

2. 几何公差的几何特征和符号

国家标准 GB/T 1182—2018 中几何公差的几何特征和符号如表 3.13 所示。

表 3.13　几何公差的几何特征和符号

公差类型	几何特征	符号	公差类型	几何特征	符号
形状公差	直线度	—	位置公差	位置度	⌖
	平面度	▱		同心度	◎
	圆度	○		同轴度	◎
	圆柱度	⌭		对称度	⌯
方向公差	平行度	//	形状公差(无基准) 方向公差或位置公差(有基准)	线轮廓度	⌒
	垂直度	⊥		面轮廓度	⌓
	倾斜度	∠	跳动公差	圆跳动	↗
				全跳动	⌰

3. 形位公差的标注

图样上几何公差标注应含公差框格、被测要素和基准要素(对有基准要求的情况)三组内容,用细实线绘制。

(1) 公差框格　几何公差要求在矩形公差框格中给出,该框由两格或多格组成。框格高度推荐为图内尺寸数字高度的 2 倍;框格宽度:左起第一格等于高度,第二、三格与框格中的内容从左到右分别填写几何特征符号、线性公差值(如公差带是圆形或圆柱形的,则在公差值前加注“ϕ”,如果是球形的,则加注“$S\phi$”)及附加符号,第三格及以后格为基准代号的字母和有关符号,如图 3.121 所示。公差框格可水平或垂直放置。

(2) 被测要素的标注　被测要素用指引线与公差框格相连表示,指引线可从框格的任意一侧引出,终端带一箭头,如图 3.122 所示。

(3) 基准要素的标注　与被测要素相关的基准用大写字母表示。字母标注在框格内,与一个涂黑的或空白的三角形相连以表示基准,如图 3.122 所示,涂黑的或空白的基准三角形含义相同。

零件图上形位公差标注实例如图 3.122 所示。

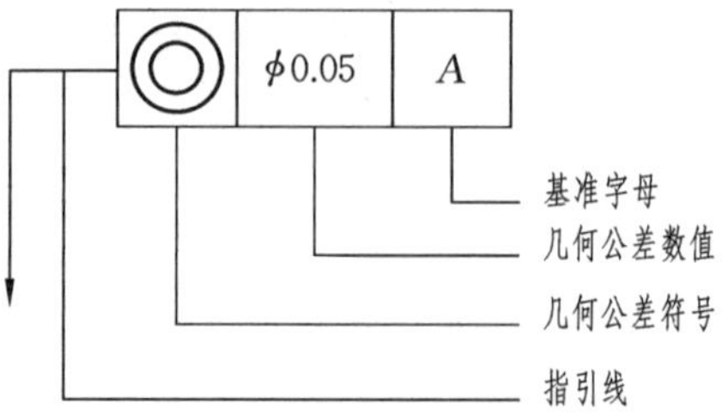

图 3.121　几何公差框格

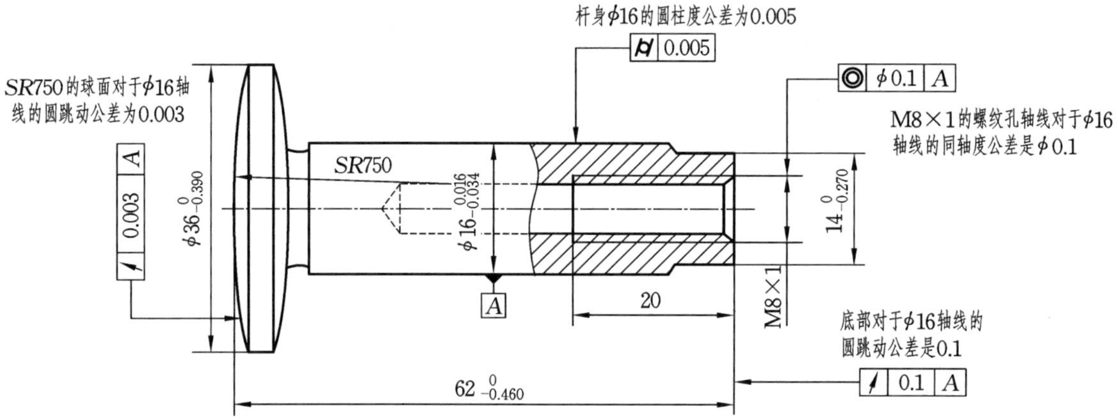

图 3.122　零件图上公差标注实例

（四）材料及其表面处理和热处理

制造机械零件所用的材料很多，包括金属材料和非金属材料。常用的金属材料是钢和铸铁，其次是有色金属合金。非金属材料有塑料、橡胶等。设计机械零件时，选择合适的材料是一项复杂的技术经济问题，设计者应根据机械零件的用途、工作条件和材料的物理、化学、机械、工艺性能及经济因素等进行全面考虑。各种材料的化学成分和力学性能可在相关国标、行标和机械设计手册中查得。

六、典型零件图绘制

（一）轴套类零件

轴套类零件图如图 3.123 所示。

1. 用途

轴套类零件指的是轴、衬套等零件。轴一般是用于支承传动零件和传递动力。套一般是装在轴上，起轴向定位、传动或连接等作用。

2. 视图选择

① 轴套类零件的基本形状是同轴回转体，一般在车床上加工，应按形状特征和加工位置确定主视图，轴线水平放置；由于主要结构形状是回转体，所以一般只画一个主要视图，如图 3.123(a)、(b)所示主视图。

② 轴套类零件的其他结构形状，如键槽、螺纹退刀槽和螺纹孔等可以用剖视、断面、局部视图和局部放大图等加以补充，如图 3.123 所示局部放大图(2 ∶ 1、10 ∶ 1)，*A*—*A* 剖视图等。

③ 实心轴没有剖开的必要，但轴上个别部分的内部结构形状可以采用局部剖视，如图 3.123(a)所示主视图中孔的局部剖视。

3. 尺寸标注

① 宽度方向和高度方向的主要基准是回转轴线，长度方向的主要基准是端面或台阶面，如图 3.123(a)所示。

② 主要形体如果是由同轴回转体组成，可省略定位尺寸。

③ 功能尺寸必须直接标注出来，其余尺寸按加工顺序标注。

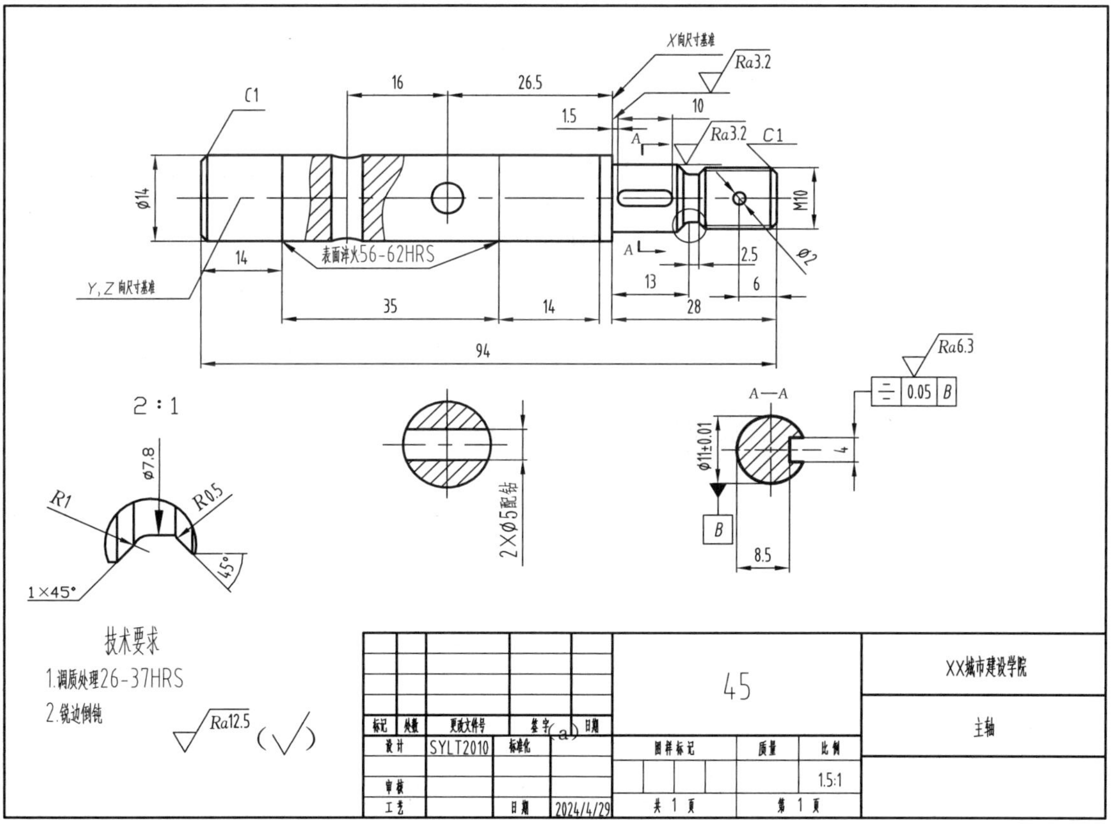

(a)

图 3.123　轴套类零件图

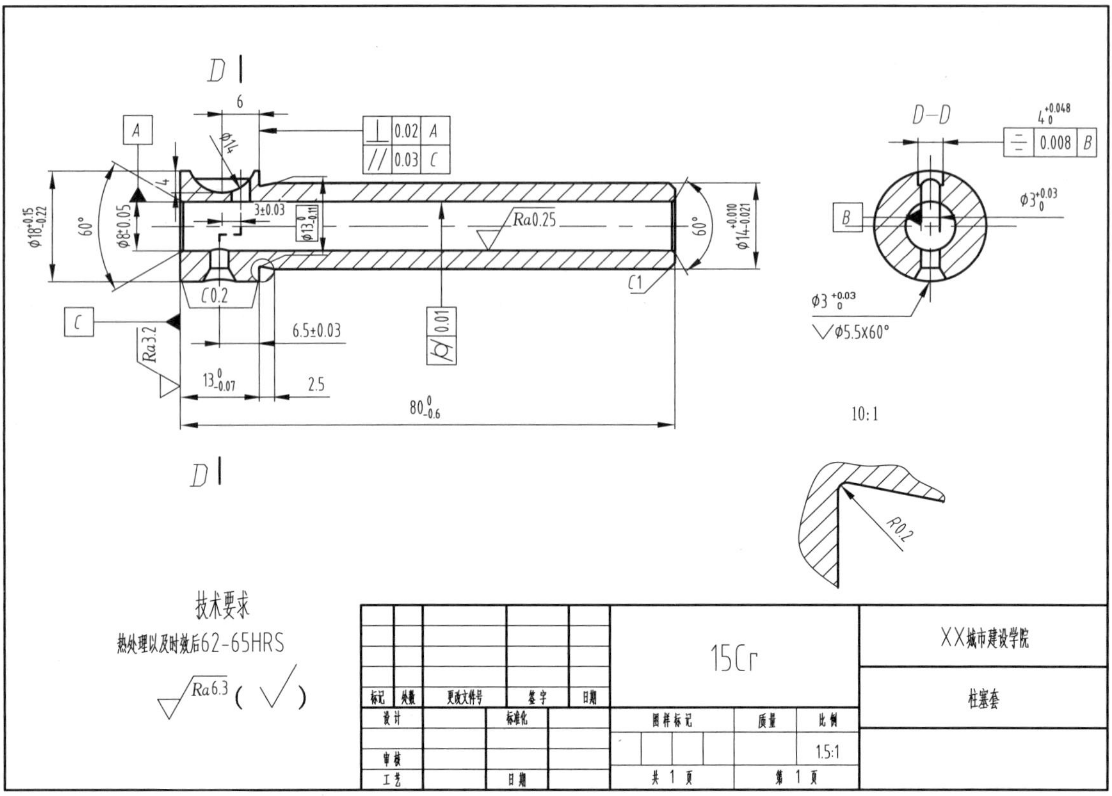

(b)

续图 3.123

④ 为了清晰和便于测量，在剖视图上，内外结构形状的尺寸分开标注。

⑤ 零件上的标准结构（倒角、退刀槽、键槽等），应按标准规定标注。

4. 技术要求

① 有配合要求的表面，其表面结构参数值较小。无配合要求表面的表面结构参数值较大。

② 有配合要求的轴颈尺寸公差等级较高、公差较小。无配合要求的轴颈尺寸公差等级低或不需标注。

③ 有配合要求的轴颈和重要的端面应有形位公差的要求。

（二）盘盖类零件

盘盖类零件图如图 3.124 所示。

1. 用途

盘盖类零件指的是齿轮、压盖、法兰盘一类的零件。轮一般用来传递动力和扭矩，盘主要起支承、轴向定位及密封等作用。这类零件的主体多是由同轴回转体构成，其基本形状是扁平的盘状，且经常会带有各种形状的凸缘、均匀的圆孔和肋等结构，如图 3.124 所示。这类零件一般说来轴向尺寸较小，而径向尺寸较大，与轴套类零件正好相反。

2. 视图选择

① 因为此类零件主要是在车床上加工，所以应按形状特征和加工位置选择主视图，轴线横放，如图 3.124 所示。

② 一般需要两个主要视图，其他结构形状（如轮辐）可用断面图表示。

③ 根据其结构特点（空心的），各个视图具有对称平面时，可做半剖视；无对称平面时，可做全剖视。

3. 尺寸标注

① 宽度和高度（径向）方向的主要基准是回转轴线，长度方向的主要基准是经过加工的大端面。

② 定形尺寸和定位尺寸都比较明显，尤其是在圆周上分布的小孔的定位圆直径是这类零件的典型定位尺寸，多个小孔一般采用如“EQS”形式的标注，EQS（均布）就意味着等分圆周。

③ 内外结构形状应分开标注。

4. 技术要求

① 有配合的内、外表面，表面结构参数值较小；用于轴向定位的端面，表面结构参数值较小。

② 有配合的孔和轴的尺寸公差较小；与其他运动零件相接触的表面应有平行度、垂直度的要求。

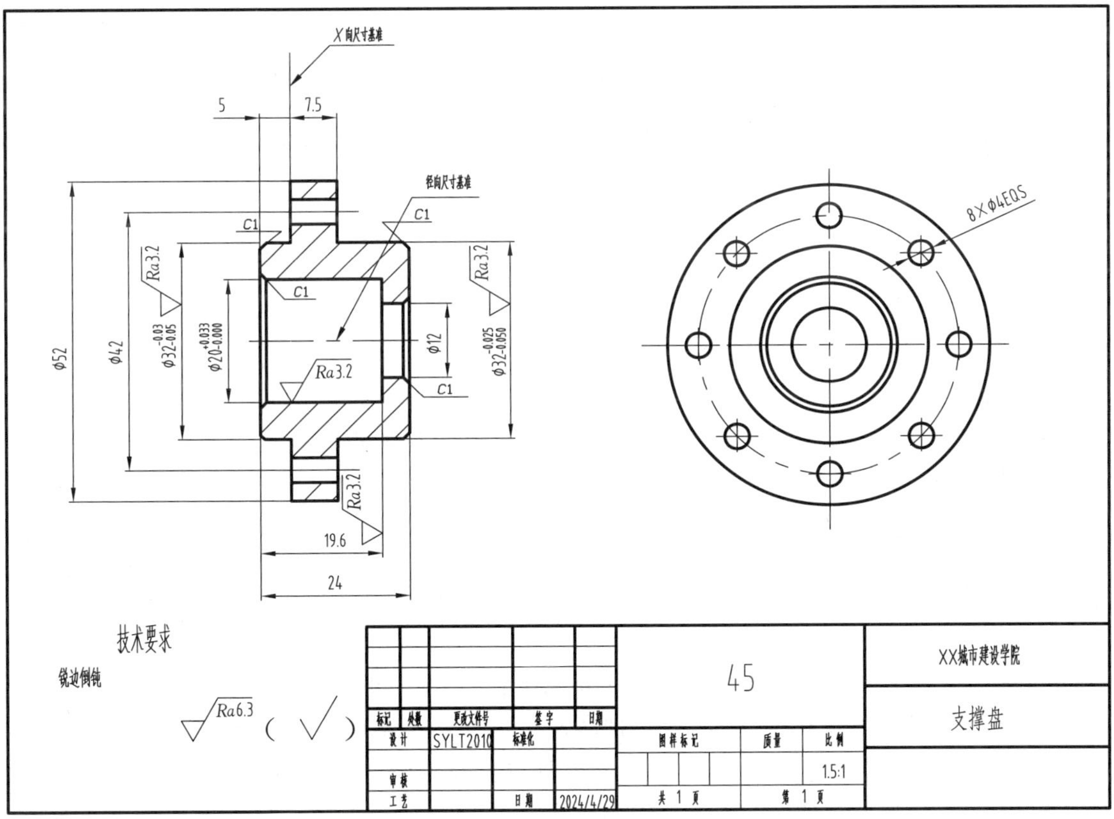

（a）

图 3.124　盘盖类零件图

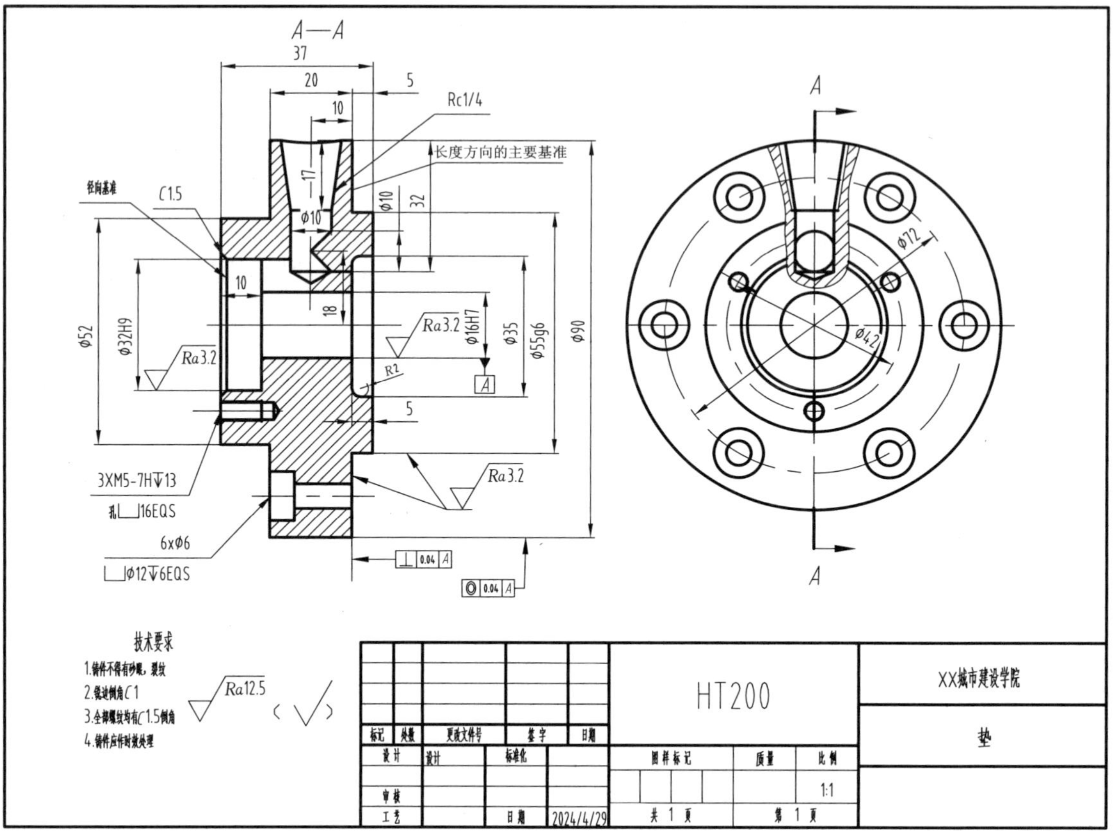

(b)

续图 3.124

（三）叉架类零件

叉架类零件图如图 3.125 所示。

1. 用途

机器上的叉架类零件有拨叉、摇臂、连杆等。这类零件的形体较为复杂，通常采用铸造工艺来制造零件的毛坯，然后对毛坯进行切削加工。叉架类零件一般具有肋、板、杆、筒、座、凸台、凹坑等结构。多数叉架类零件可分为工作、固定和连接三个部分。

叉架类零件包括拨叉和支架。拨叉主要用在机床、内燃机的操纵机构上，操纵机器、调节速度，如图 3.125 所示。支架主要起支承和连接的作用。

2. 视图选择

① 由于叉架类零件依其作用及安装到机器上位置的不同而表现出各种形式的结构，它们不像轴套类、盘盖类零件那么有规则，且各加工表面往往都在不同的机床上进行加工，因此其零件图的布置应优先考虑工作位置，并选择最能反映其结构形状特征的方向的视图作为主视图。

② 由于此类零件结构形状较复杂，所以一般需要两个以上的视图。对于有倾斜结构的叉架类零件，仅采用基本视图往往不足以清晰地表达这部分结构的详细情况，因此也常采用

局部视图、斜视图、断面图、局部剖视图和斜剖等表达方法。

3. 尺寸标注

① 长度、宽度、高度方向的主要基准一般为孔的中心线、轴线、对称平面和较大的加工平面。

② 定位尺寸较多,要注意能否保证定位的精度。一般要标注出孔中心线(或轴线)间的距离,或孔中心线(轴线)到平面的距离、平面到平面的距离。

③ 定形尺寸一般采用形体分析法标注尺寸,便于制作模样。内、外结构形状要注意保持一致,起模斜度、圆角也要标注出来。

4. 技术要求

表面结构、尺寸公差和形位公差没有特殊的要求。

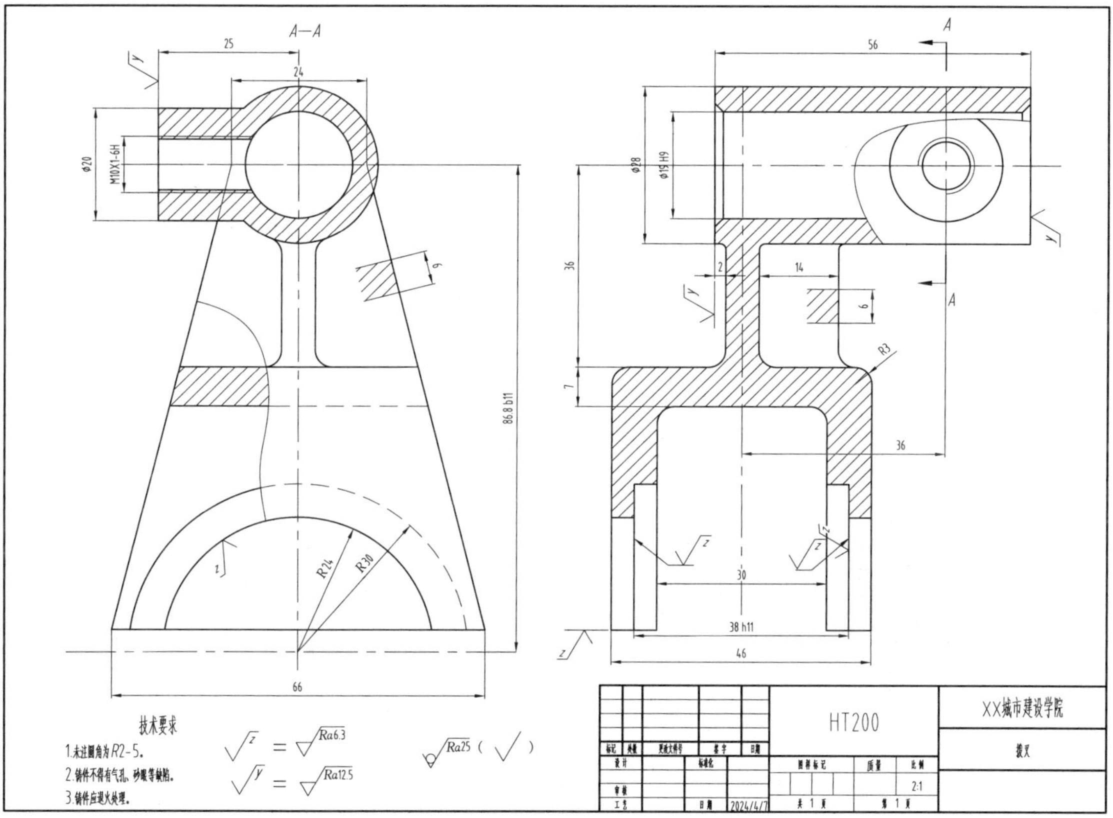

图 3.125　叉架类零件图

(四) 箱体类零件

箱体类零件图如图 3.126 所示。

1. 用途

箱体类零件包括各种泵体、阀体、机箱、机壳等。这类零件是用来支承、包容、保护运动零件或其他零件的,因此均为中空的壳体,具有内腔和壁,此外还具有轴孔、螺孔、轴承孔、

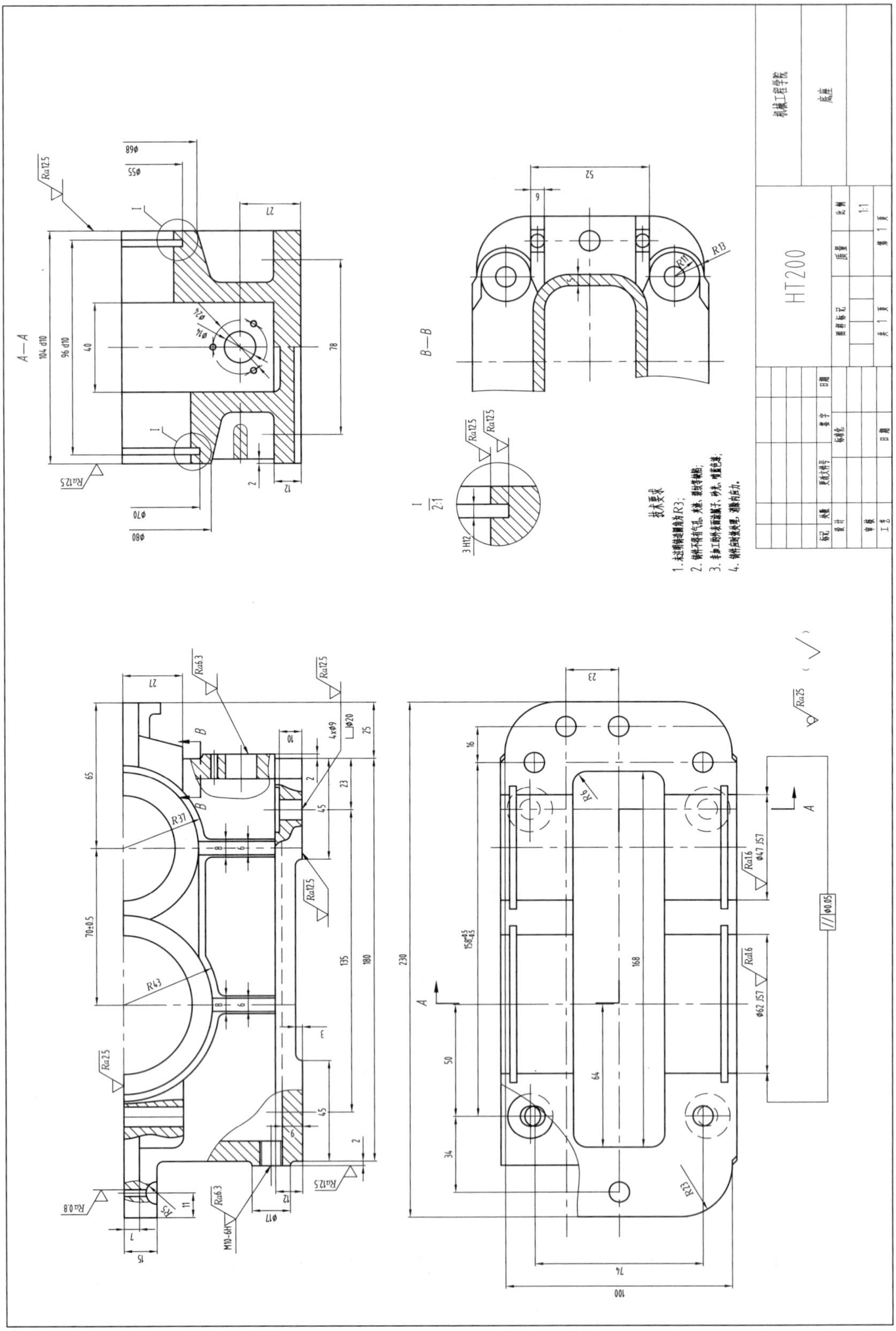

图 3.126 箱体类零件图

凸台和肋等结构。这一类零件通常都是铸件。

2. 视图选择

① 箱体类零件的加工工序较多,加工位置的变化频繁。因此在选择主视图时,主要考虑工作位置和形状特征,而其他视图应根据实际情况适当采用剖视、断面、局部视图等多种表达形式,以清晰地表达零件的内外结构与形状,如图 3.126 所示。

② 此类零件结构形状一般较复杂,所以常需用三个以上的基本视图进行表达。

③ 视图投影关系一般较复杂,常会出现截交线和相贯线;由于它们是铸件毛坯,所以经常会遇到过渡线,要认真分析。

3. 尺寸标注

① 长度、宽度、高度方向的主要基准为孔的中心线、轴线、对称平面和较大的加工平面。

② 它们的定位尺寸较多,各孔中心线(或轴线)间的距离要直接标注出来。

③ 定形尺寸仍用形体分析法标注。

4. 技术要求

① 箱体重要的孔表面一般应有尺寸公差和形位公差的要求。

② 箱体重要的孔表面的表面结构参数值较小。

七、看零件图的方法与步骤

看零件图就是根据零件图的各视图,分析和想象该零件的结构形状,弄清全部尺寸及各项技术要求等,根据零件的作用及相关工艺知识,对零件进行结构分析。前面章节介绍的看组合体视图的方法,仍是看零件图的基本方法。下面以图 3.127 所示的阀体零件图为例说明看零件图的方法和步骤。

1. 看标题栏

先从标题栏入手,了解零件的名称、材料、质(重)量、画图的比例等,必要时还需要结合装配图或其他设计资料,结合典型零件的分类及已有的经验,弄清楚该零件是用在什么机器上。此零件为阀体,由 HT200 材料制成。

2. 分析视图,读懂零件的形状结构

看懂零件的内外结构和形状是看图的重点。先找出主视图,确定各视图间的关系,并找出剖视、断面图的剖切位置、投射方向等,然后研究各视图的表达重点。从基本视图看零件大体的内外形状,结合局部视图、斜视图以及断面图等表达方法,看清零件的局部或斜面的形状。从零件的加工要求,了解零件的一些工艺结构。此阀体由四个视图组成:由于零件前后基本对称,所以主视图采用全剖视图($A—A$),剖切平面 A 的位置在左视图的前后对称面;左视图也是采用全剖视图($B—B$),剖切平面 B 的位置在主视图中表示;俯视图采用全剖视图($C—C$),剖切平面 C 的位置在主视图中表示;采用 D 向视图表达零件的外形,其上做了一个局部剖表达 $\phi10$ 的通孔,D 向视图的位置用箭头标注在主视图中。

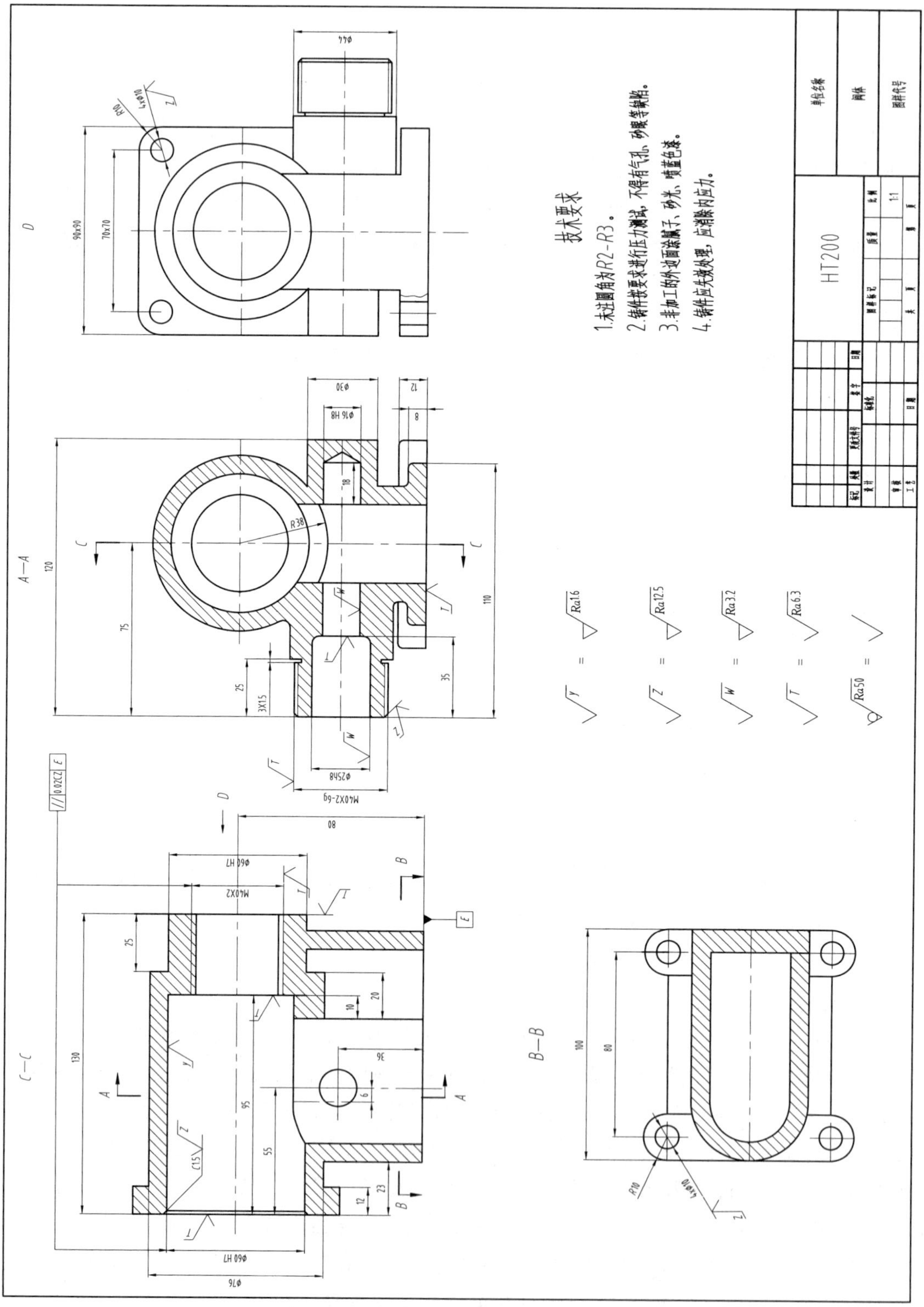
技术要求
1.未注圆角为R2-R3。
2.铸件按要求进行压力测试，不得有气孔、砂眼等缺陷。
3.非加工的外表面涂腻子，砂光，喷蓝色漆。
4.铸件应先做时效处理，以消除内应力。
HT200
阀体
A—A
B—B
C—C
D

图 3.127 阀体零件图

项目四　绘制与识读装配图

【项目目标】

1. 掌握国家或行业对于装配图绘制的标准、规范和相关规定，学会查阅有关标准和资料。

2. 掌握装配图的绘制方法和技巧，掌握用适当的线条和符号清晰地表示装配关系和组件的布局。

3. 理解装配图的技术要求和标注方法，正确绘制机器或部件的装配图。

4. 能够识读和解析装配图，理解各个零件之间的装配关系、运动关系和工作原理。

5. 通过绘制和解析装配图，培养分析和解决问题的能力，提高对复杂系统的理解和组织能力。

任务一　绘制平口钳装配图

【任务分析】

绘制如图4.1所示物体的三视图。本装配图是用于展示平口钳的结构、装配关系以及工作原理的图纸。图纸采用标准的三视图表达方式，包括主视图、俯视图和左视图，并附有必要的剖视图和局部视图。所有尺寸均以毫米为单位，并标注必要的尺寸和公差。

图4.1　平口钳三维图

平口钳又名机用虎钳，是机床上用来夹紧工件进行加工的一种常用夹具，常用于安装小型工件。它是铣床、钻床的随机附件，将其固定在机床工作台上，用来夹持工件进行切削加工。它是由固定钳身、活动钳口、钳口板、丝杆和螺母组成。丝杆固定在固定钳身上，转动丝杆可带动螺母做直线移动，螺母与活动钳口用螺钉连成整体。因此当丝杆转动时，活动钳口就会沿固定钳身移动，这样使钳口闭合或开放，以便夹持或松开工件。本任务是绘制平口钳装配图。

【相关知识】

一、装配图的作用与内容

装配图是用来表达部件或机器的图样，它表示机器或部件的整体结构、工作原理和零件间的装配连接关系。装配图是设计、装配、检验、安装、调试和维修，以及技术交流所必需的技术文件，是设计和绘制零件图的主要依据，在设计过程中，一般先绘制出装配图，再根据装配图设计和绘制零件图。

（一）装配图的作用

装配图的作用主要体现在以下几个方面：

① 指导生产：在生产一部新机器或者部件的过程中，一般要先进行设计，画出装配图，再由装配图拆画出零件图，然后按零件图制造零件，最后依据装配图把零件装配成机器或部件。

② 检修依据：在对现有的机器和部件检修的工作中，装配图是必不可少的技术资料。

③ 技术交流：在技术革新、技术协作和商品市场中，也常用装配图纸体现设计思想，交流技术经验和传递产品信息。

（二）装配图的内容

如图 4.2 所示，一张完整的装配图应具有以下几个方面的内容：

① 一组图形：这组图形可以采用各种表达方式，包括视图、剖视图、断面图等，用以正确、完整、清晰地表达出部件的工作原理与结构、各零件之间的装配关系和连接方式以及主要零件的结构形状等。

② 必要的尺寸：装配图中需要标注出部件的外形、规格、性能以及装配、检验、安装所必要的一些尺寸。这些尺寸包括零件之间的配合和位置尺寸，以及安装的必要尺寸等。

③ 技术要求：这部分通常用文字或符号说明部件的性能、装配、安装和使用方面的要求。例如，对装配、调整、检验等有关技术方面的要求，都应在图样中提出相应的技术条件。

④ 零部件序号、明细栏和标题栏：装配图中需要给每个零件一个序号，并列出明细栏，以便生产和维修时能快速识别和区分不同的零件，标题栏中应说明部件的名称、图号、数量、质（重）量、图样比例和制图人姓名等。

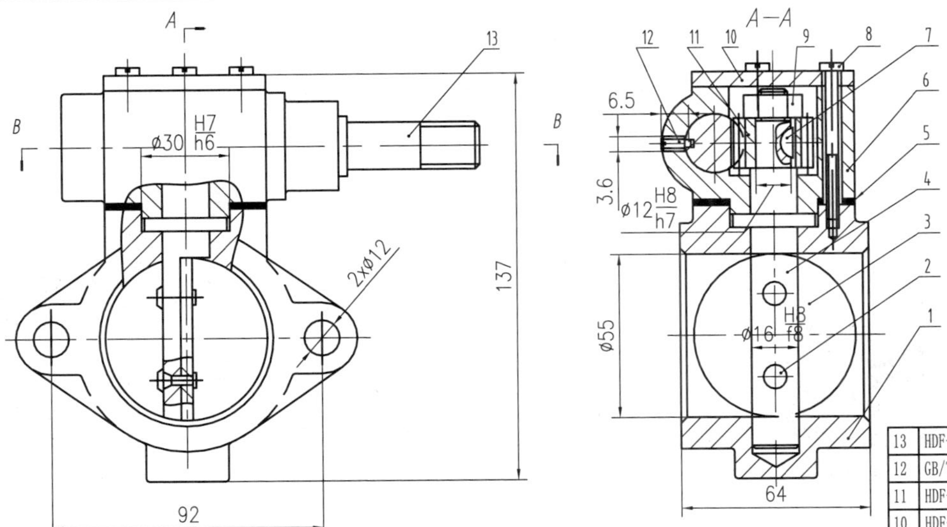

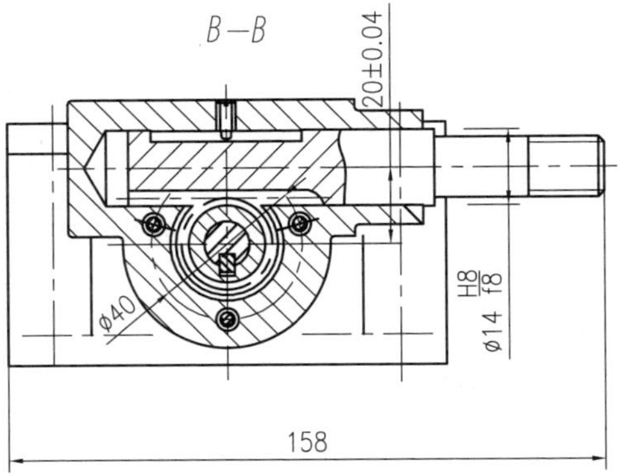

技术要求

1. 零件装配前必须清理干净。
2. 装配过程中不允许出现磕碰。
3. 装配后试运行，各转动部件应灵活。

序号	代号	名称	数量	材料	单件质量	总计质量	备注
13	HDF-000-08	齿杆	1	45			m=1.5 Z=10
12	GB/T75	螺钉M5×10	1				
11	HDF-000-07	齿轮	1	45			m=1.5 Z=16
10	HDF-000-06	盖板	1	Q235A			
9	GB/T6170	螺母M10	1				
8	GB/T65	螺钉M5×50	3				
7	GB/T 1099.1	键3×5×13	1				
6	HDF-000-05	阀盖	1	HT200			
5	HDF-000-04	垫片	1	工业用纸			
4	HDF-000-03	阀杆	1	45			
3	HDF-000-02	阀门	1	Q235A			
2	GB/T868-1986	铆钉4×2	2				
1	HDF-000-01	阀体	1	HT200			

标记	处数	分区	更改文件号	签名	年、月、日		
设计			标准化			阶段标记 / 质量 / 比例 1:1	机械工程学院
审核							蝴蝶阀
工艺			批准			共 1 张　第 1 张	HDF-000

图 4.2　蝴蝶阀装配图

二、装配图的视图表达方法

（一）视图选择

首先确定适当的视图以清楚地展示装配体的结构和装配关系。这可能包括主视图、俯视图、侧视图，以及剖视图、向视图和局部视图等辅助视图。

（二）规定画法

（1）接触面和非接触面：两相邻零件的接触面和配合面只画一条线[图 4.3(a)]，而非接触和非配合面即使间隙很小也必须画成两条线[图 4.3(b)]。

（2）剖面线的画法：相邻两个或多个零件的剖面线应有区别，即方向相反[图 4.3(b)]，或者方向一致但间隔不等；同一个零件，剖面线方向和间隔必须一致[图 4.3(a)]。

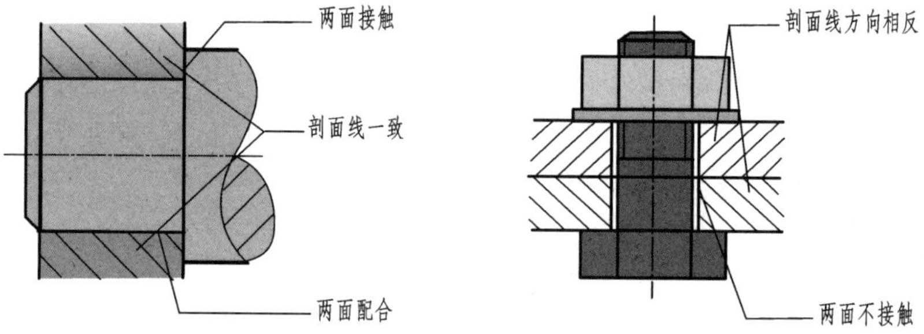

(a) (b)

图 4.3 相邻零件轮廓线画法

（3）剖视图中不剖零件的画法：若剖切平面通过螺栓、螺柱、螺钉等紧固件，或者实心的球、手柄、键等零件的对称平面或轴线，则这些零件均按不剖绘制；若需要表示零件上的凹槽、键槽、销孔等结构，可用局部剖视图表示。

（4）简化画法：对于装配图中若干相同的零、部件组，如栓连接等，可只详细地画出其中一组或几组，其余则只需用细点画线表示其位置即可。

（三）其他

（1）尺寸标注：需要标注必要的尺寸，包括装配体的总尺寸、部件间的配合尺寸以及重要零件的定位尺寸等。

（2）序号和明细表：每个不同的零件或组件都应有一个唯一的序号，同时应有一个明细表列出所有零件的序号、名称、数量和材料等信息。

（3）技术要求：在装配图中应注明对装配体的性能、工作条件、安全等方面的技术要求。

（4）投影关系：遵循投影原理，保证视图之间的投影关系。

（5）布局：确保视图布局合理，易于理解，同时符合相关标准的规定。

（6）完整性：装配图应完整地表示装配体的所有零、部件，不遗漏任何重要细节。

(7) 比例:根据需要选择适当比例以在图纸上清晰地表示装配体的结构和装配关系。

(8) 明暗表示:通过规定画法和简化画法的方法来表示明暗和立体感,以使装配体更加直观。

遵循这些方法可以创建准确且清晰的装配图,并能够更好地表达装配体的结构和装配关系。

三、装配图尺寸标注和技术要求

(1) 性能尺寸

表示装配体的性能、规格或特征的尺寸,有时被称为规格尺寸。它是设计机器、了解和选用机器的依据。例如图 4.2 中 ϕ55 的尺寸,与流量有关。

(2) 装配尺寸

零件之间的配合尺寸及影响其性能的重要相对位置尺寸。例如图 4.2 中尺寸 ϕ16H8/f8、ϕ14H8/f8。

(3) 安装尺寸

机器或部件安装时涉及的尺寸。

(4) 外形尺寸

部件在长、宽、高三个方向上的最大尺寸。例如图 4.2 中 158、64。

(5) 其他重要尺寸

根据装配体的结构特点和需要,必须标注的尺寸,如运动件的极限位置尺寸、零件间的主要定位尺寸、设计计算尺寸等。

以上五类尺寸,并非每张装配图上都需要全部标注,有时同一个尺寸可同时具备多种尺寸功能,所以装配图上的尺寸标注要根据装配体的具体情况来确定。

四、装配图的零件序号及标题栏和明细栏

(一) 零件序号

1. 编写序号的规定

① 装配图中所有的零件都必须编写序号,并且零件序号应与明细栏中该零件的序号一致。

② 装配图中一个零件只编写一个序号,同一装配图中相同的零件一般只标注一次,其数量填在明细栏内。

2. 序号的编写方法

① 编注零(部)件序号常用三种方法,其中序号的标注由圆点、指引线、水平线或圆(细实线)及序号数字组成,如图 4.4(a)所示。在水平线或圆内注写序号,序号的字高应比尺寸数字大一号或两号,如图 4.4(b)所示;也可以在指引线末端附近注写序号,字高比尺寸数字大两号,如图 4.4(c)所示。

② 对很薄的零件或涂黑的剖面可用箭头代替标注序号的圆点，箭头画在指向该件的指引线的起始处，如图 4.4(d)所示零件 5 的指引线。

③ 指引线用细实线绘制，应自所指部分的可见轮廓内引出，指引线彼此不得相交。指引线通过剖面区域时，不应与剖面线平行，必要时可画成折线但只允许曲折一次，如图 4.4(e)所示。

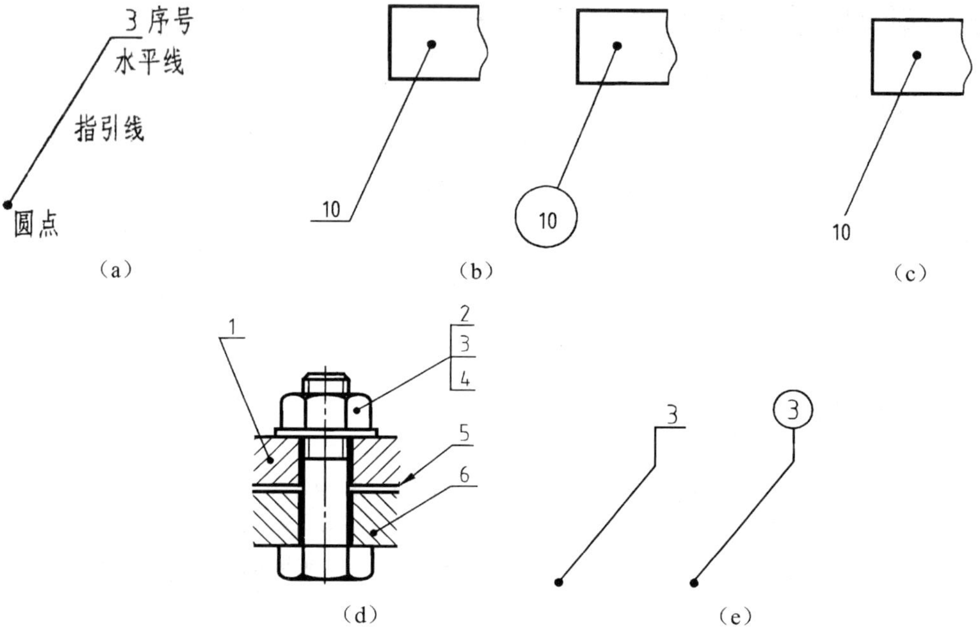

图 4.4　序号的编写方式

④ 一组紧固件以及装配关系清楚的零件组，可以采用公共指引线进行编号，如图 4.5 所示螺栓组件的几种编号形式。

⑤ 装配图中的标准化组件或成品件，如电动机、滚动轴承、油杯等，可视为一件，只编一个序号。

⑥ 零件序号要沿水平或垂直方向顺时针或逆时针方向顺序整齐排列。

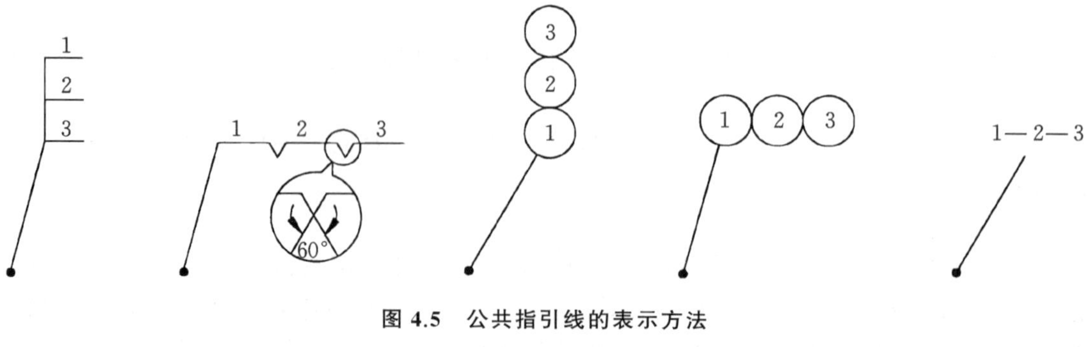

图 4.5　公共指引线的表示方法

（二）标题栏和明细栏

1. 标题栏

标题栏是用来标明设计单位、工程名称、图名、设计人员签名和图号等内容的，必须画在图框内右下角，标题栏中的文字方向代表看图方向，其格式和尺寸如图 4.6 所示。

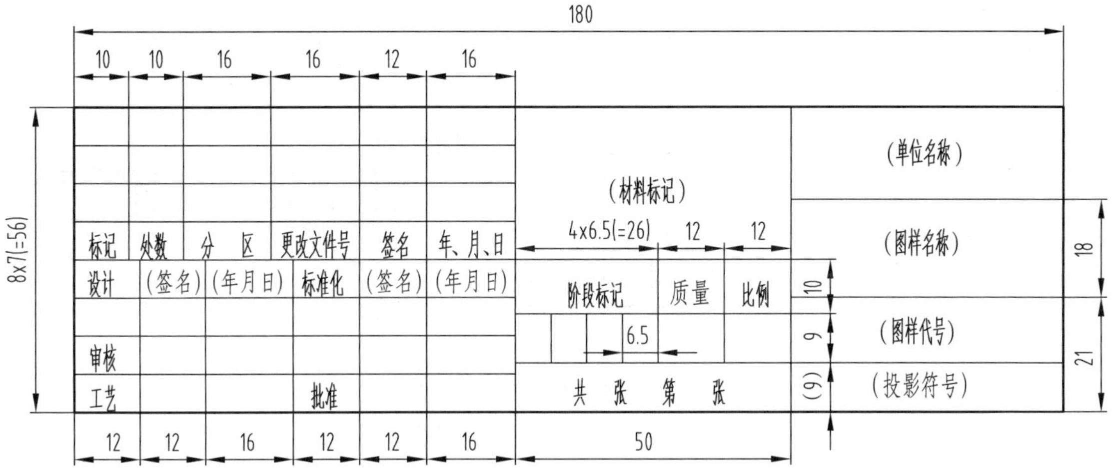

图 4.6　标题栏的格式(**摘自** GB/T 10609.1—2008)

2. 明细栏

明细栏一般放在标题栏上方并与标题栏对齐，用于填写组成零件的序号、代号、名称、数量、材料、质量以及标准件规格等。明细栏与标题栏的分界线是粗实线，明细栏的外框也是粗实线，填写零件的横线为细实线，如图 4.7 所示。

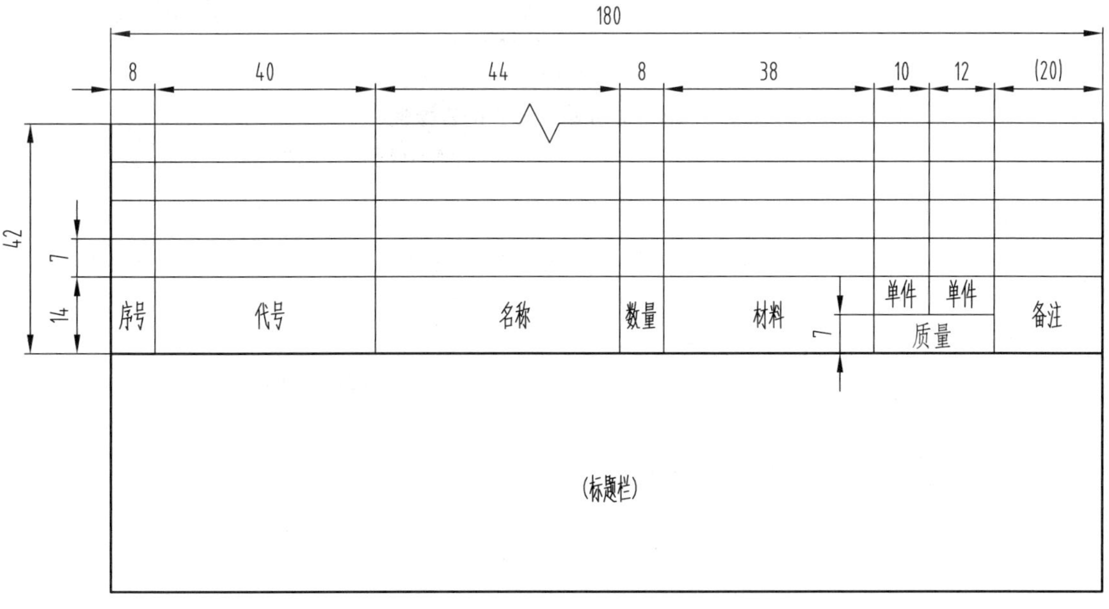

图 4.7　明细栏的格式(**摘自** GB/T 10609.2—2009)

明细栏中的零件序号应与装配图中的零件编号一致，并且由下往上填写，因此，应先编零件序号再填明细栏。

五、常见装配结构

1. 接触面与配合面结构的合理性

(1) 两个零件接触时，在同一方向只能有一对接触面，这样既可满足装配要求，也方便制造，如图 4.8 所示。

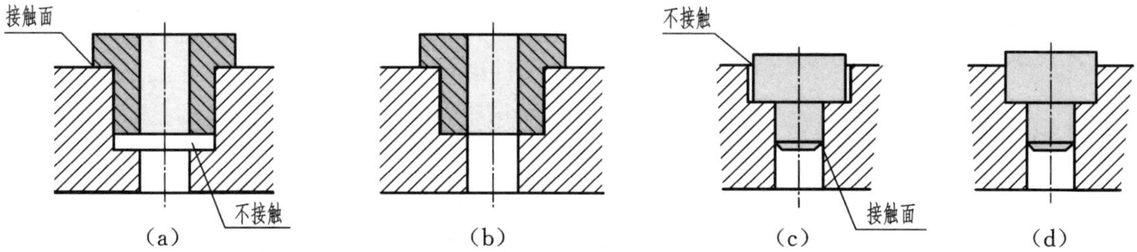

图 4.8　接触面结构的合理性

(a)合理；(b)不合理；(c)合理；(d)不合理

(2) 轴肩处加工出退刀槽，或在孔的端面加工出倒角，以保证零件间的良好接触，如图 4.9 所示。

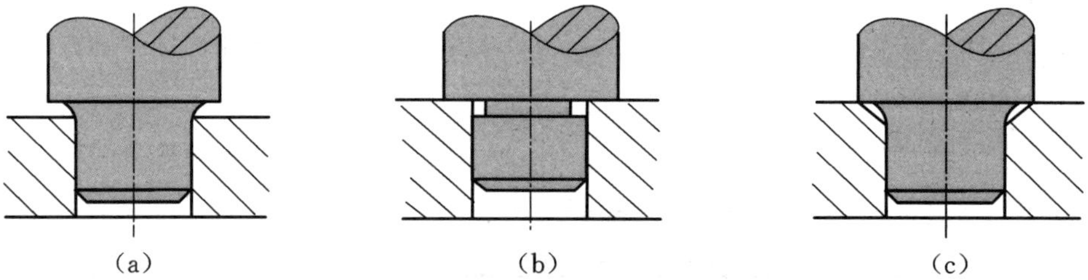

图 4.9　轴孔配合结构的合理性

(a)不合理—零件无法定位；(b)合理—轴上切槽；(c)合理—孔边倒角

2. 防松结构的合理性

为了防止机器因工作振动和冲击而使螺纹紧固件松开，常采用弹簧垫圈、双螺母、止动垫圈、开口销等防松装置，如图 4.10 所示。

3. 便于装拆的合理结构

对于螺纹连接装置，必须留出装拆时工具或手所需的足够的活动空间，如图 4.11 所示。

六、部件测绘及装配图的画法

(一) 部件测绘

生产实践中，维修机器或技术改造在没有现成技术资料的情况下，根据已有的机器或部

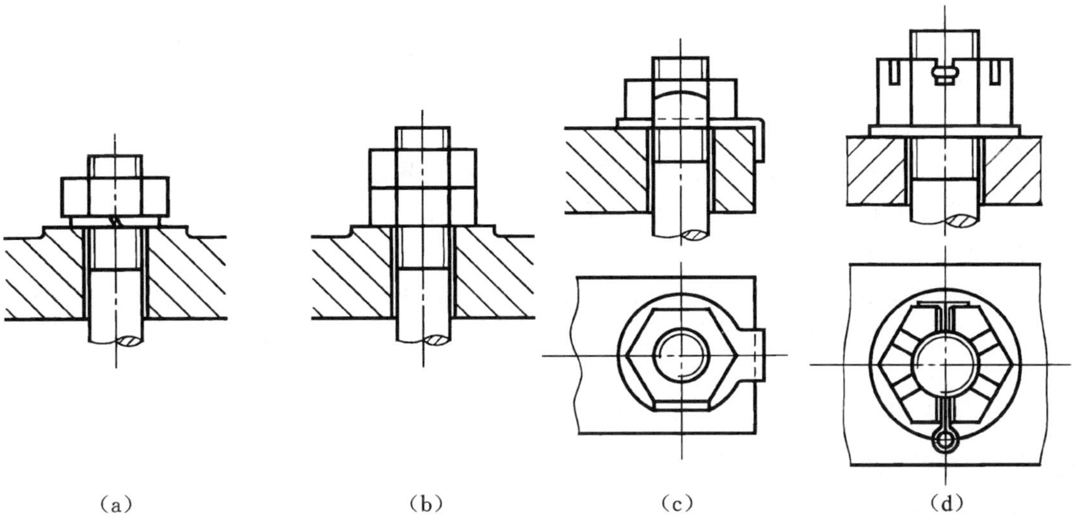

图 4.10　常见合理的防松结构

(a)用弹簧垫圈防松；(b)用双螺母防松；(c)用止动垫圈防松；(d)用开口销和六角槽形螺母防松

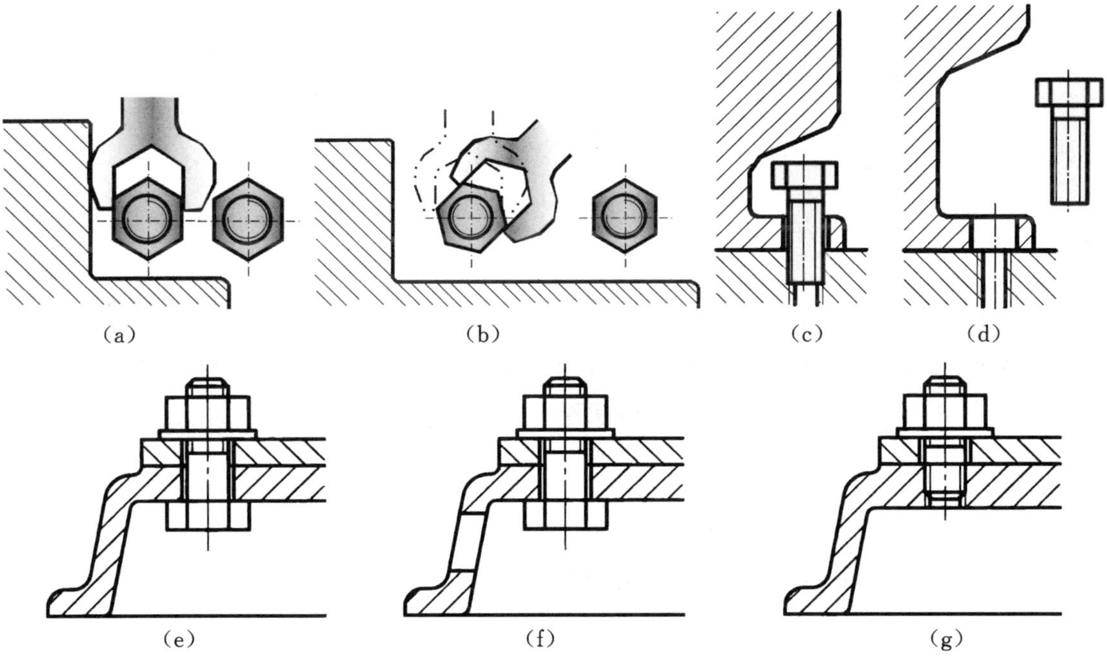

图 4.11　螺纹连接件装拆的合理结构

(a)不合理—扳手无法活动；(b)合理—留出扳手活动的空间；

(c)不合理—螺钉无法活动；(d)合理—留出螺钉活动的空间；

(e)不合理—螺柱无法装拆；(f)合理—加手孔；(g)合理—采用双头螺柱

件徒手画出其零件草图，由零件草图整理绘制装配图，由装配图拆画出全套零件图，这一过程称为装配体测绘。

1. 了解和分析测绘对象

首先通过多种渠道全面了解和分析测绘部件用途、工作原理、结构特点、零件之间的装配关系和连接方式等。

2. 拆卸部件并画装配示意图

拆卸部件必须按顺序进行，也可先将部件分为若干组成部分，再依次拆卸。装配示意图是用简单线条和机构运动简图符号所画成的各零件的大致轮廓和相互关系。

拆卸时注意以下几点：

① 周密制定拆卸顺序，划分部件的组成部分，以便按组成部分分类、分组列零件清单。

② 合理选用拆卸工具和拆卸方法，按一定顺序拆卸，严防乱敲乱打、硬撬硬拉，避免损坏零件。

③ 对精度要求较高的配合，在不影响画图和确定尺寸、技术要求等的前提下，尽量不拆或少拆，以免降低精度或损伤零件。

④ 拆下的零件应有专人负责保管，并进行编号登记，列出零件序号、名称、类别、数量、材料等，标准件应及时测量主要尺寸，查阅有关标准规定，标记并注明国标号。

⑤ 记录拆卸顺序，以便按相反顺序重装。

⑥ 拆卸中要认真研究每个零件的作用、结构特点以及零件间的装配关系或连接关系，正确识别配合性质、尺寸精度和加工要求等。

3. 测绘零件并绘制零件草图

零件草图要目测比例，徒手绘制，按照零件图的要求选择视图方案，画出图形。根据测量结果标注尺寸和技术要求，填写标题栏等。

（二）装配图的画法

装配图的作用是表达机器或部件的工作原理、装配关系以及主要零件的结构、形状，因此在画装配图之前，要对所绘制的机器或部件的工作原理、装配关系以及主要零件的形状、零件之间的相对位置、定位方式等进行分析，重点围绕主要装配干线开展工作。在机器或部件中，有些装配关系密切的零件可能是围绕着一条或者多条轴线进行装配，这些轴线称为装配轴线或装配干线。

1. 画图方法

(1) 对所表达的部件进行分析

分析、了解部件的用途、工作原理、结构特点、零件间的装配关系及技术条件等，考虑视图表达方案。

(2) 确定表达方案

① 选择主视图

一般按部件的工作位置选择主视图，并使主视图能够较多地表达出机器(或部件)的工作原理、传动系统、零件间主要的装配关系及主要零件结构形状的特征。原则上按机器或部件的工作位置放置，当工作位置倾斜时，可将其调整摆正，使主要装配干线、主要安装面处于特殊位置；主视图要能较好地表达机器或部件的工作原理和结构特征，同时能较好地表达零(部)件的相对位置和装配关系，以及主要零件的形状特征。

② 确定视图数量及表达方案

根据确定的主视图，选取能反映尚未表达清楚的其他装配关系、外形及局部结构的视图，并采用适当的剖视表达各零件的内在联系。根据机器或部件的结构特点，在选用各种方案时，应同时确定视图数量，且以完整、清晰地表达机器或部件的装配关系和全部结构为前提，尽量采用最少的视图。

2. 画图步骤

(1) 根据视图数目、部件的大小和复杂程度，选择适当的画图比例和图纸幅面。布局时既要考虑各视图所占的面积，又为标注尺寸、编零件序号、画明细栏和标题栏及填写技术要求留出足够的空间。

(2) 画各视图的轮廓底稿。先从主视图的主要零件画起，然后沿各装配干线，根据装配示意图及零件间的装配关系，从相邻零件的主要接触面开始，依次画出其他零件。在画每个视图时，还要考虑从外向内画或从内向外画。从外向内画就是从机器(或部件)的机体出发，逐次向里画出各零件。优点是便于从整体的合理布局出发，决定主要零件的结构形状和尺寸，其余部分也很容易决定下来。从内向外画就是从里面的主要装配干线出发，逐次向外扩展。优点是从内层零件画起，按装配顺序向四周扩展，可避免多画被挡住零件的不可见轮廓线。

(3) 完成全图。画出剖面线、标注尺寸、编零件序号，并对底稿逐项进行检查，擦去多余的作图线，按图线规定加深，最后填写技术要求、标题栏和零件的明细栏等。

(4) 全面校核。对装配图进行一次全面校核，完成装配图。

【任务实施】

根据前面内容，绘制图4.1所示平口钳的装配图。

1. 了解、分析平口钳的结构和工作原理

平口钳的结构如图4.12所示。

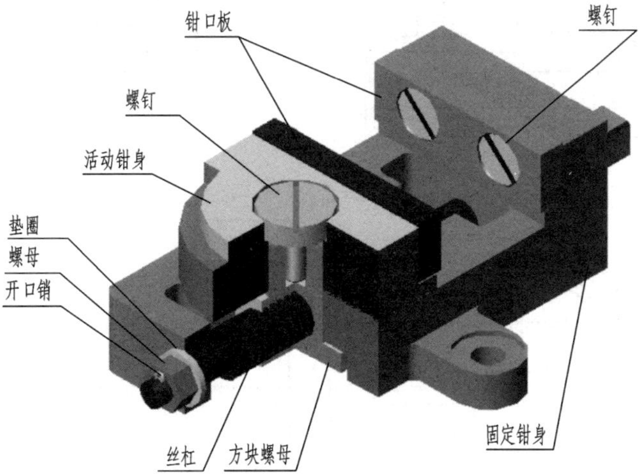

图4.12　平口钳结构分析

2. 绘制平口钳装配示意图

根据前面的分析，可画出平口钳的装配示意图，如图 4.13 所示。平口钳的主要零件包括固定钳身、活动钳身、钳口板、螺钉、螺母、垫圈、销等 11 个零件。

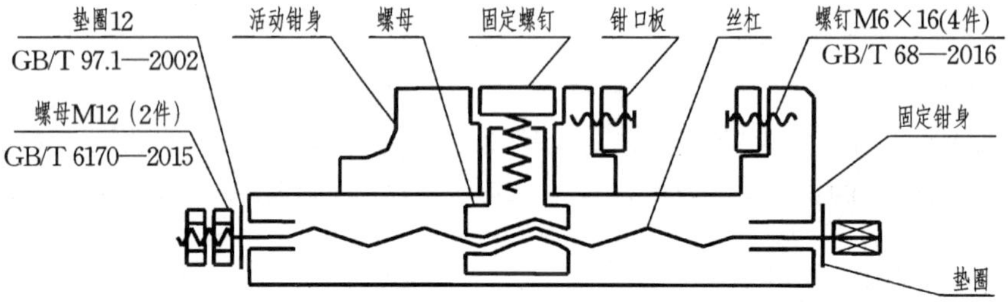

图 4.13　平口钳装配示意图

3. 拟定表达方案

表达方案包括选择主视图、确定视图的数量和各视图的表达方法。

从示意图可以看出，其主要的装配关系包括：一是丝杠上的各个零件，包括垫圈、螺母、销；二是活动钳身、螺钉、螺母与丝杠之间的装配关系。主视图可以全剖，用以表达上述装配关系，俯视图用来表达外形，左视图采用全剖视图。

4. 绘制平口钳装配图的步骤

（1）图面布置：计算装配体的总长、总高、总宽，视图之间以及视图与图框之间应保留适当距离，确定主要轴线和定位面的位置。选定图幅 A3，绘图比例 1∶1.5。视图数目为 3 个视图，在图纸上进行布局。布局时，应留出标注尺寸、编注零件序号、书写技术要求、画标题栏和明细栏的位置。

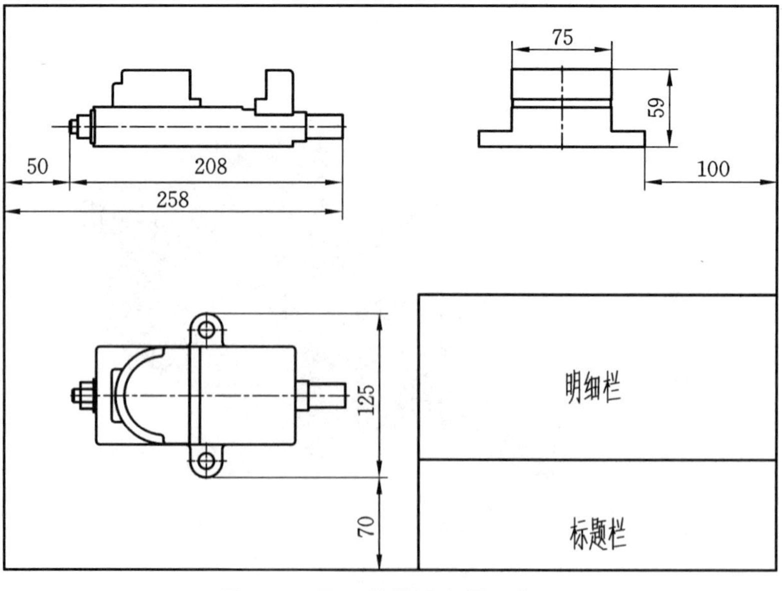

图 4.14　平口钳图面布置示意图

（2）画主视图(表 4.1)。

表 4.1 平口钳主视图绘制步骤

绘制步骤	绘制图
①画螺杆、垫圈	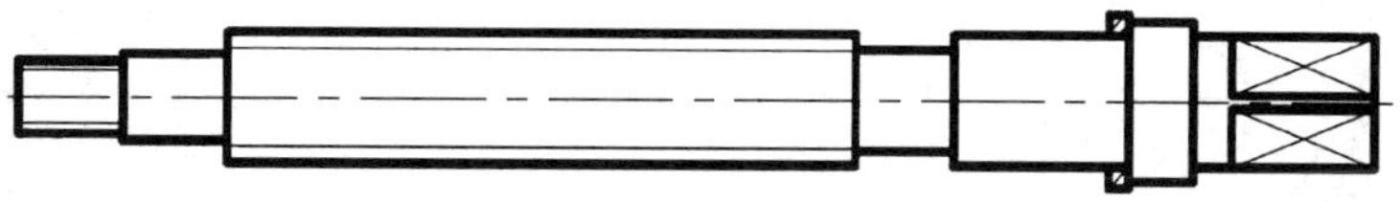
②画钳座、垫圈、螺母、销	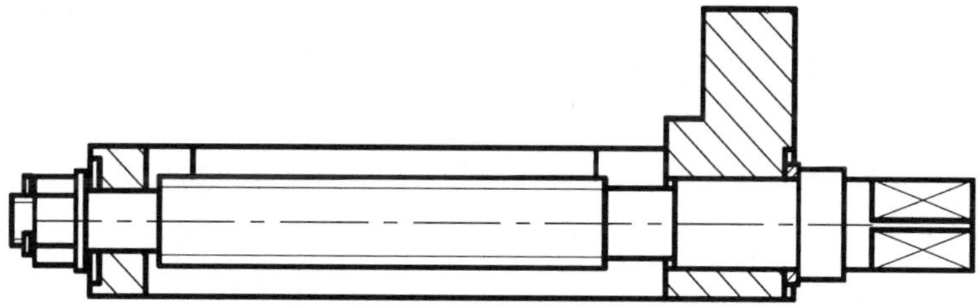
③画方块螺母	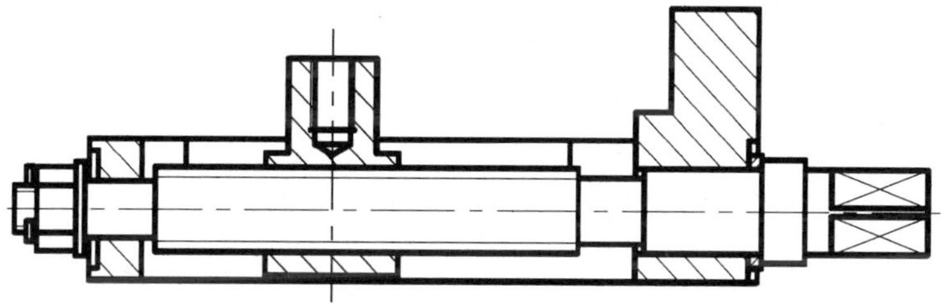
④画活动钳口	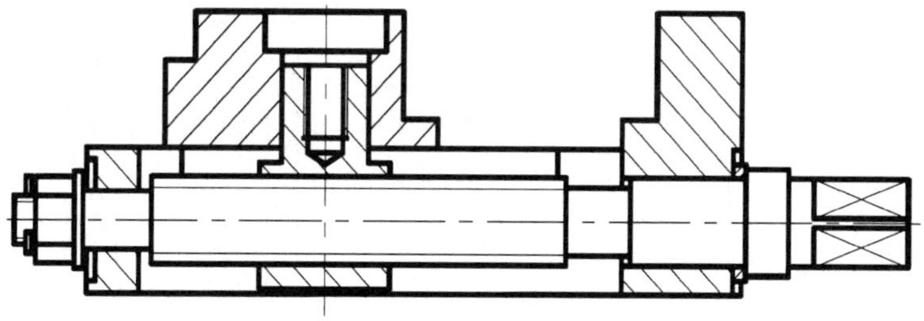
⑤画螺钉、钳口板	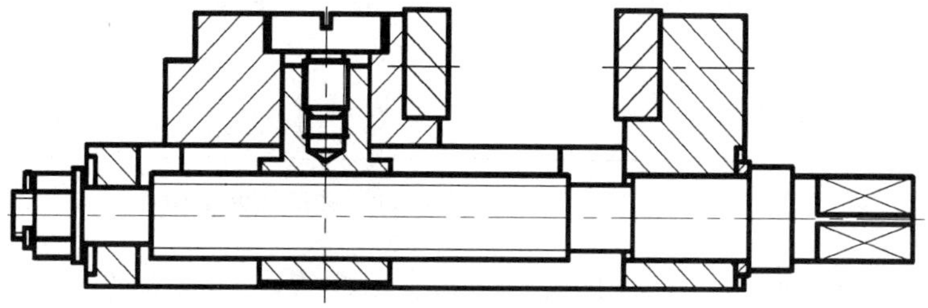

（3）画俯视图（图 4.15）。

（4）画侧视图（图 4.16）。

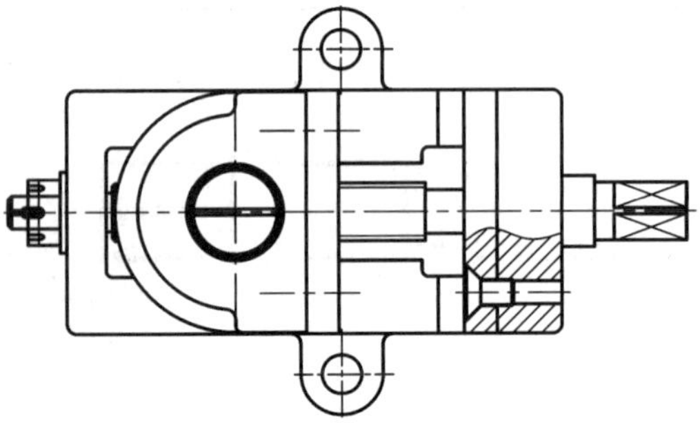

图 4.15　平口钳俯视图

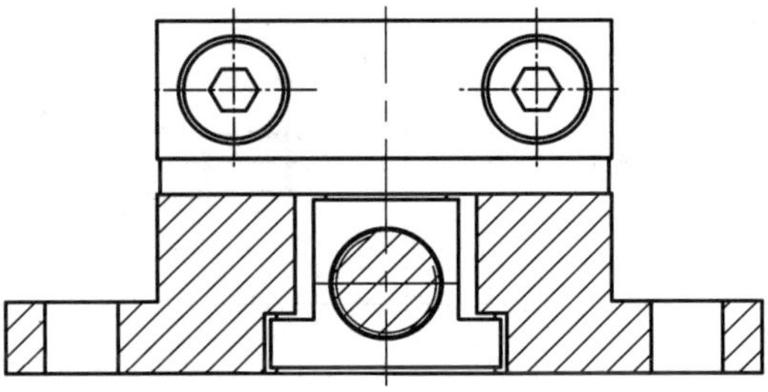

图 4.16　平口钳侧视图

（5）完成全图：标注尺寸，编排序号，填写技术要求、明细栏、标题栏，完成全图。

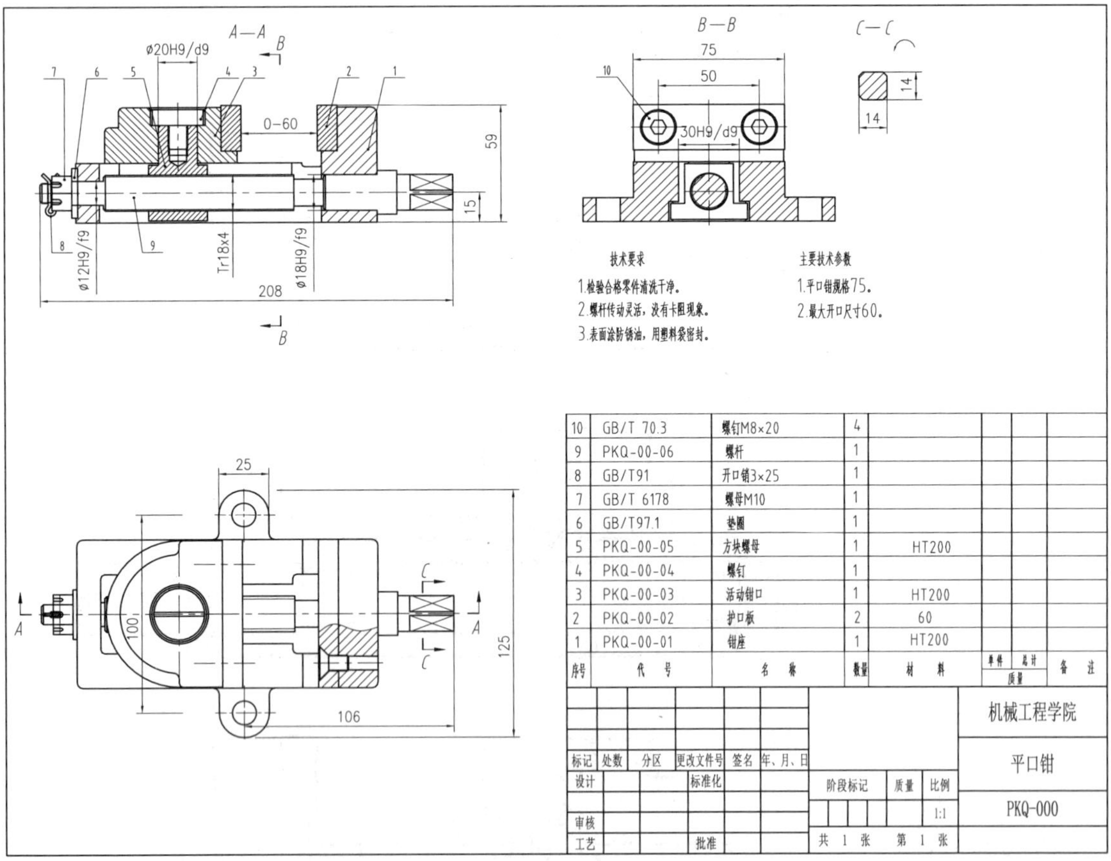

图 4.17　平口钳装配图

（6）全面校核：对装配图进行一次全面校核，完成装配图。

【项目总结】

绘制装配图的方法和步骤：

1. 了解、分析平口钳的结构与工作原理。

2. 确定表达方案。

3. 定图幅、定比例、画图框、画标题栏和明细栏。

4. 画出各视图的主要基准线，并画出主要装配干线的主视图。

5. 逐层画出各视图。围绕主要装配干线，由里向外（或由外向里），逐个画出主要零件图。

6. 由装配关系依次绘制其他次要零件、小零件及各部分的细节。

7. 校核、描深、画剖面线。

8. 标注尺寸，编排序号，填写技术要求、明细栏、标题栏，完成全图。

任务二　识读减速器装配图

【任务分析】

识读图 4.18 所示一级齿轮减速器的装配图。

识读减速器装配图的目的是能够清楚地了解减速器的作用和工作原理，同时了解各零件间的装配关系、拆装顺序及零件的主要结构形状和作用，了解主要尺寸、技术要求和操作方法。在设计时，还要能够根据装配图准确画出减速器的零件图。

一级齿轮减速器的装配图通常包括以下几个主要部分：

（1）高速轴及其轴承：高速轴是减速器的输入轴，通过轴承安装在减速器箱体上，负责传递输入的动力。

（2）低速轴及其轴承：低速轴是减速器的输出轴，同样通过轴承安装在箱体上，负责输出减速后的动力。

（3）齿轮组：包括主动齿轮和从动齿轮，通过齿轮的啮合实现减速功能。

（4）油封和密封件：用于防止润滑油泄漏，保持减速器内部清洁。

（5）箱体及附件：箱体是减速器的主体结构，用于支撑和固定内部零件；附件包括油位观察窗、放油塞等。

【相关知识】

在机械工程中，一级减速器（三维图见图 4.19）是一种常见的动力传动装置，用于降低旋转速度并增大扭矩。它广泛应用于各种工业设备中，如输送机、机床和起重机等。在产品的设计、安装、调试、维修及技术交流时，都需要识读装配图。不同工作岗位的技术人员，识读装配图的目的和内容有不同的侧重点和要求。

JSQ-00

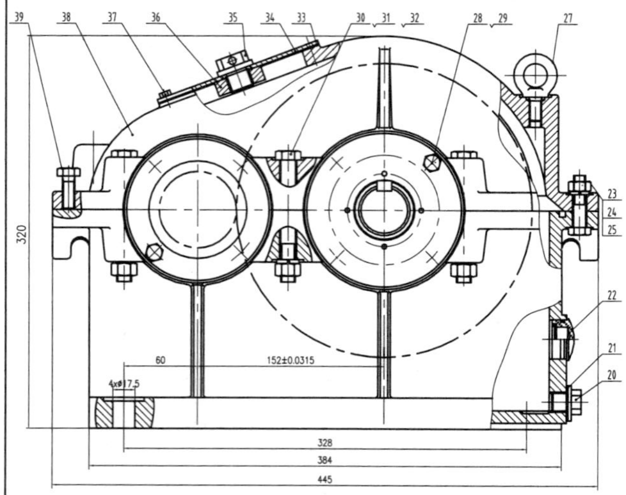

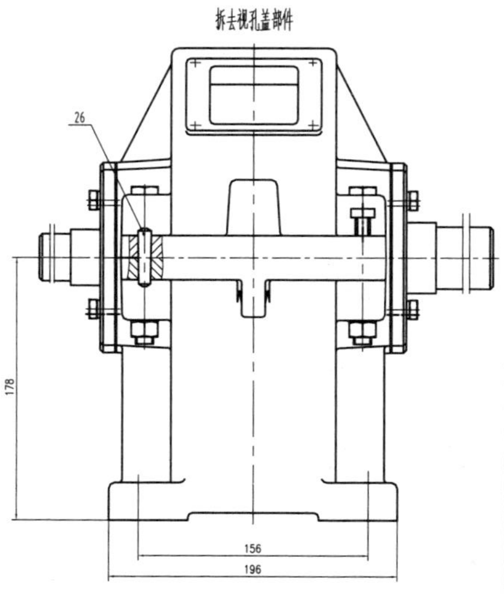

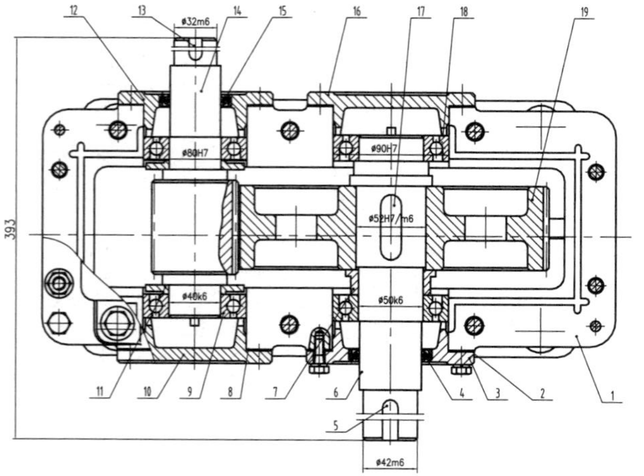

技术特性表

输入功率 kW	输入轴转速 r/min	传动比	效率	模数	齿数		螺旋角 β
4.6	420	3.806	0.92	2	z_1	31	13°42′28″
					z_2	118	

技术要求

1. 装配前，滚动轴承用汽油清洗，其他零件用煤油清洗，箱体内不允许有任何杂物存在，箱体内壁涂耐油油漆。
2. 齿轮副的侧隙值应不小于0.14mm。
3. 齿轮装配后，用涂色法检验齿面接触斑点，沿齿高不小于40%，沿齿宽不小于50%。
4. 滚动轴承的轴向间隙均为0.05~0.1mm。
5. 运转过程中应平稳、无冲击、无异常振动和噪声。

序号	代号	名称	数量	材料	单件重量	总计重量	备注
39	GB/T5783	螺栓M10×20	2				
38	JSQ-00-17	箱盖	1	HT200			
37	GB/T6170	螺母M20	1				
36	GB/T5782	螺栓M6×15	4				
35	JSQ-00-16	通气螺塞	1	Q235A			
34	JSQ-00-15	视孔盖	1	35			
33	JSQ-00-14	垫片	1	石棉橡胶纸			
32	GB/T93	垫圈12	6				
31	GB/T6170	螺母M12	6				
30	GB/T5782	螺栓M12×100	6				
29	GB/T93	垫圈8	16				
28	GB/T5782	螺栓M8×20	16				
27	GB/T825	螺钉M10	2				
26	GB/T117	销8×35	2				
25	GB/T93	垫圈10	4				
24	GB/T6170	螺母M10	4				
23	GB/T5782	螺栓M10×40	4				
22	GB 1160.1	油标 A20	1				
21	JSQ-00-13	垫片	1	石棉橡胶纸			
20	JB/ZQ 4450-2006	螺塞M16×1.5	1				
19	JSQ-00-12	大齿轮	1	45			
18	GB/T 292-2007	角接触球轴承7210AC	2				
17	GB/T1096	键 16×35×50	1				
16	JSQ-00-11	轴承盖	1	HT150			
15	GB/T13871.1	唇形密封圈 B38 58	1				
14	JSQ-00-10	轴1	1	45			
13	GB/T1096	键C10×56×70	1				
12	JSQ-00-09	轴承盖	1	HT150			
11	JSQ-00-08	挡油盘	2	Q235A			
10	JSQ-00-07	轴承盖	1	HT150			
9	GB/T 292-2007	角接触球轴承7208AC	2				
8	JSQ-00-06	调整垫片	1	08F			
7	JSQ-00-05	套筒	1	Q235A			
6	JSQ-00-04	轴2	1	45			
5	GB/T 1096	键C12×55×70	1				
4	GB/T 13871.1	唇形密封圈 B45 65	1				
3	JSQ-00-03	轴承盖	1	HT150			
2	JSQ-00-02	调整垫片	2	08F			
1	JSQ-00-01	箱座	1	HT200			

机械工程学院

一级标准直齿圆柱齿轮减速器

JSQ-00

图 4.18　减速器装配图

图 4.19　减速器三维图

读装配图及由装配图拆画零件图的步骤如下：

1. 概括了解

(1) 通过标题栏、产品说明书和其他的有关资料，并联系生产实践知识，了解机器或零部件的性能、功用等，对装配图的内容有一个概括的了解。

(2) 通过明细栏了解组成机器或部件中各组件的名称、数量、材料及标准件的规格，了解标准零、部件和非标准零、部件的名称和数量，对照零、部件序号，在图上找出它们的位置，估计部件的复杂程度。

(3) 通过画图的比例、视图大小和外尺寸，了解机器或部件的大小。

2. 分析视图

(1) 对视图进行分析，首先找到主视图，再根据投影关系识别其他视图的名称，找出各个视图、剖视图等配置的位置及投影方向，弄清各视图的表达重点，从而对部件的大体轮廓与内容有一个概括了解，为下一步深入看图做准备。

(2) 分析零件，读懂零件的结构形状，弄清每个零件的作用。当零件在装配图中表达不完整时，可对有关的其他零件仔细观察和分析，然后做结构分析，从而确定该零件的内外结构形状。

3. 分析装配关系和工作原理

对照视图仔细研究部件的装配关系和工作原理，这是读装配图的一个重要环节。在概括了解的基础上，分析各条装配干线，弄清各零件间相互配合的要求，以及零件间的定位、连接方式、密封等问题。再进一步搞清运动零件和非运动零件的相对运动关系，分析工作原理、装配关系、零件的连接、定位配合的松紧程度等。经过这样的观察分析，就可以对部件的工作原理和装配关系有较深入的了解。

4. 由装配图拆画零件图

在设计部件时，需根据装配图拆画零件图，简称拆图。拆图是设计过程中的重要环节。拆画零件图前，应对所拆零件的作用进行分析，然后把该零件从与其组装的其他图中分离出来。

拆图是在全面看懂装配图的情况下进行的，具体步骤如下：

(1) 拆画零件图前，必须认真阅读装配图，全面深入了解设计意图，弄清楚工作原理、装配关系、技术要求和每个零件的结构形状。应对所拆零件的作用进行分析，首先在装配图上找到该零件的序号和指引线，顺着指引线找到该零件，再利用投影关系、剖面线的方向找到该零件在装配图中的轮廓范围，从装配图中分离出零件的轮廓。

(2) 画图时，不但要从设计方面考虑减速器零件的作用和要求，而且还要从工艺方面考虑减速器零件的制造和装配，应使所画的减速器零件图符合设计和工艺要求。根据分析，补齐被其他零件遮住的轮廓线，如果画装配图时省略了零件的工艺结构应补齐，标准结构应查表。

(3) 有时还需要根据零件图的表达方法，重新安排视图。

(4) 选定或画出视图后，采用抄注、查取、计算的方法标注零件图上的尺寸，并填写技术要求，最后填写标题栏。

【任务实施】

1. 概括了解

首先看标题栏和明细栏，了解减速器的结构组成(图 4.18)。由标题栏可知，该装配体是一级标准直齿圆柱齿轮减速器，其用途是在减速的同时增大扭矩。由明细栏可知，减速器共由 39 种零件组成，其中 21 种是标准件。同时，根据明细栏还能够了解到各种零件的名称、数量、材料以及标准件的规格；对应零件序号，通过对视图的浏览，了解装配图的表达情况及装配体的复杂程度；从绘图比例和外形尺寸了解部件的大小。

2. 分析视图

减速器装配图由主视图、俯视图和左视图组成(图 4.18)。

(1) 主视图

主视图反映减速器部件的工作位置及主要装配关系，表达减速器的主体结构特征以及通气器、观察窗、油标尺、起盖螺钉、油塞、定位销、轴承端盖及其连接螺钉的位置，并且表达了箱座、箱盖及轴承端盖的外形结构；多处采用局部剖，表示箱座和箱盖的壁厚、轴承端盖两侧凸缘处及箱座与箱盖凸缘处的螺栓连接，起盖螺钉、螺塞、油标尺、观察窗等的内部结构、连接方法等，并且表达了箱座的外形及箱盖上吊耳的位置。

(2) 俯视图

俯视图采用沿箱座与箱盖结合面剖开的局部剖视图，主要表达了减速器的主、从动轴系各零件的主要结构形状、位置和装配关系。

(3) 左视图

左视图采用断裂画法(输入轴和输出轴)、局部剖(箱座与箱盖定位销连接的结构及减速器安装孔的结构)、拆卸画法(拆去通气器)来表达减速器的主体结构特征。

3. 分析装配关系和工作原理

(1) 减速器主要由箱体、箱盖、主动轴系和从动轴系等组成，如图 4.18 所示。

主动轴系中，齿轮与轴成一体为齿轮轴，两端分别装有挡油环、轴承和轴承端盖。与轴承内圈配合的轴公差带为 k6，为过渡配合；与轴承外圈配合的孔公差带为 H7，为间隙配合。

从动轴与齿轮之间用键连接，采用 H7/m6 过渡配合，其两端分别装有挡油环、轴承和轴承端盖。与轴承内圈配合的轴公差带为 k6，为过渡配合；与轴承外圈配合的孔公差带为 H7，为间隙配合。

箱座 1 与箱盖 38 之间用销 26 定位，用序号为 30、31、32 和 23、24、25 的两种螺栓连接，共 10 组。该减速器的动力自齿轮轴 14 输入，通过一对齿轮的啮合传动，由从动轴 6 输出，进而达到改变转速和运动方向的目的。

（2）减速器主要尺寸分析：

① 规格（性能）尺寸：两齿轮啮合的中心距为 152±0.0315 mm。

② 总体尺寸（外形尺寸）：减速器的总长、总宽和总高尺寸为 445 mm、320 mm、196 mm。

③ 安装尺寸：减速器箱座上安装孔长度方向的定位尺寸为 328，孔的前后中心距为 156 mm。

④ 配合尺寸（装配尺寸）：减速器轴与齿轮之间的配合尺寸为 ϕ52H7/m6，减速器轴与轴承之间的配合尺寸为 ϕ40k6 和 ϕ50k6，轴承与轴承座孔之间的配合尺寸为 ϕ90H7 和 ϕ80H7。

⑤ 其他重要尺寸：减速器的中心高度为 178 mm。

4. 由装配图拆画零件图

拆画减速器零件图需要考虑以下几个方面：

（1）对减速器零件的分类

按照对减速器零件的要求，可将减速器零件分成 4 类。

① 标准零件：标准零件大多数属于外购件，因此不需要拆出零件图，只要按照标准件的规定标记代号，列出标准件的汇总表即可。

② 借用零件：借用零件是借用定型产品上的零件。对这类减速器零件，可利用已有的图样，也不必另行画图。

③ 特殊零件：特殊零件是设计时所确定下来的重要零件，在设计说明书中都附有这类零件的图样或重要数据，如主动轴、从动轴等。对这类零件，应按给出的图样或数据绘制零件图。

④ 一般零件：这类零件基本上是按照减速器装配图所体现的形状、大小和有关的技术要求来画图，是拆画零件图的主要对象。

（2）对表达方案的处理

拆画减速器零件图时，减速器零件的表达方案根据零件的结构形状特点考虑，不强求与减速器装配图一致。在多数情况下，壳体、箱座类零件主视图所选的位置可以与减速器装配图一致，在装配机器时便于对照，如减速器箱座。而对于轴套类零件，一般按加工位置选取主视图。

（3）对减速器零件结构形状的处理

在减速器装配图中，减速器的一些零件的某些局部结构通常未完全给出；减速器零件上某些标准结构（如倒角、倒圆、退刀槽等），也未完全表达。拆画减速器零件图时，应综合考虑设计和工艺的要求补画出这些结构。如果减速器零件上某部分需要与某零件装配之后再一起加工，则应在减速器零件图上注明。

（4）对减速器零件图上尺寸的处理

① 减速器装配图上不可能标注所有零部件的尺寸，但是减速器的各个零件的结构形状已在设计过程中综合考虑并设计选定，虽未注明尺寸，但基本上是合适的。因此，根据减速器装配图拆画减速器零件图时，可以从图样上按比例直接量取尺寸。尺寸大小必须根据不同情况分别处理。

② 减速器装配图上已经标注的尺寸，在有关的减速器零件图上可以直接抄注。对于配合尺寸，某些相对位置尺寸要注出偏差尺寸。

③ 与标准件相连接或配合的有关尺寸，如螺纹的有关尺寸、销孔直径等，要从相应标准中查取。

④ 某些减速器零件在明细表中给定了尺寸，如垫片厚度等，要按给定尺寸注写。

⑤ 根据减速器装配图所给的数据应进行计算的尺寸，如齿轮分度圆直径尺寸、齿顶圆直径尺寸等，要经过计算后标注。

⑥ 相邻减速器零件接触面的有关尺寸及连接件的有关定位尺寸要协调一致。

⑦ 有标准规定的尺寸，如倒角、沉孔、螺纹退刀槽等，要从机械设计手册中查取。

⑧ 其他尺寸可从减速器装配图中直接量取标注，但要注意尺寸数字的圆整和取标准化数值。

（5）减速器零件表面粗糙度的确定

减速器零件上各表面的粗糙度是根据其作用和要求确定的。一般接触面与配合面的粗糙度数值应较小，自由表面的粗糙度数值一般较大，但是有密封、耐蚀、美观等要求的表面粗糙度数值应较小。

（6）关于减速器零件图的技术要求

技术要求在减速器零件图中占有重要的地位，直接影响减速器零件的加工质量。

【项目总结】

识读减速器装配图是一个综合性的过程，需要我们对减速器的总体结构、零件识别与定位、装配关系、工作原理、润滑与密封系统、技术规格与要求、装配工艺步骤以及故障排查与维护有深入的理解。通过这个过程，我们可以更好地使用和维护减速器，确保其正常运行和延长使用寿命。

附　　录

附录一　螺　　纹

一、普通螺纹的直径与螺距(GB/T 193—2003)

附表 1-1　普通螺纹的直径与螺距　　mm

公称直径 d、D			螺距 P	
第一系列	第二系列	第三系列	粗牙	细牙
3			0.5	0.35
	3.5		(0.6)	
4			0.7	0.5
	4.5		(0.75)	
5			0.8	
		5.5		
6		7	1	0.75,(0.5)
8			1.25	1,0.75,(0.5)
		9	(1.25)	
10			1.5	1.25,1,0.75,(0.5)
		11	(1.5)	1,0.75,(0.5)
12			1.75	1.5,1.25,1,(0.75),(0.5)
	14		2	1.5,(1.25),1,(0.75),(0.5)
		15		1.5,(1)
16			2	1.5,1,(0.75),(0.5)
		17		1.5,(1)
20	18		2.5	2,1.5,1,(0.75),(0.5)
	22			

公称直径 d、D			螺距 P	
第一系列	第二系列	第三系列	粗牙	细牙
24			3	2,1.5,1,(0.75)
		25		2,1.5,(1)
		(26)		1.5
	27		3	2,1.5,1,(0.75)
		(28)		2,1.5,1
30			3.5	(3),2,1.5,1,(0.75)
		(32)		2,1.5
	33		3.5	(3),2,1.5,(1),(0.75)
		35		(1.5)
36			4	3,2,1.5,(1)
		(38)		1.5
	39		4	3,2,1.5,(1)
		40		(3),2,1.5
42	45		4.5	(4),3,2,1.5,(1)
48			5	
		50		(3),(2),1.5
	52		5	(4),3,2,1.5,(1)
		55		(4),(3),2,1.5

续附表1-1

公称直径 d、D			螺距 P	
第一系列	第二系列	第三系列	粗牙	细牙
56			5.5	4,3,2,1.5,(1)
		58		(4),(3),2,1.5
	60		(5.5)	4,3,2,1.5,(1)
		62		(4),(3),2,1.5
64			6	4,3,2,1.5,(1)
		65		(4),(3),2,1.5
	68		6	4,3,2,1.5,(1)
		70		(6),(4),(3),2,1.5
72				6,4,3,2,1.5,(1)
		75		(4),(3),2,1.5
	76			6,4,3,2,1.5,(1)
		(78)		2
80				6,4,3,2,1.5,(1)
		(82)		2
90	85			6,4,3,2,(1.5)
100	95			
110	105			
125	115			
	120			
	130	135		
140	150	145		
		155		6,4,3,(2)
160	170	165		
180		175		
	190	185		
200		195		

公称直径 d、D			螺距 P	
第一系列	第二系列	第三系列	粗牙	细牙
		205		6,4,3
	210	215		
220		225		
		230		
	240	235		
250		245		
		255		6,4.(3)
	260	265		
		270		
		275		
280		285		6,4,(3)
		290		
	300	295		
		310		6,4
320		330		
	340	350		
360		370		
400	380	390		
	420	410		6
	440	430		
450	460	470		
	480	490		
500	520	510		
550	540	530		
	560	570		
600	580	590		

注:①优先选用第一系列,其次是第二系列,第三系列尽可能不用。

②M14×1.25 仅用于火花塞;M35×1.5 仅用于滚动轴承锁紧螺母。

③括号内的螺距应尽可能不用。

二、普通螺纹的基本尺寸(GB/T 196—2003)

附表 1-2 普通螺纹的基本尺寸

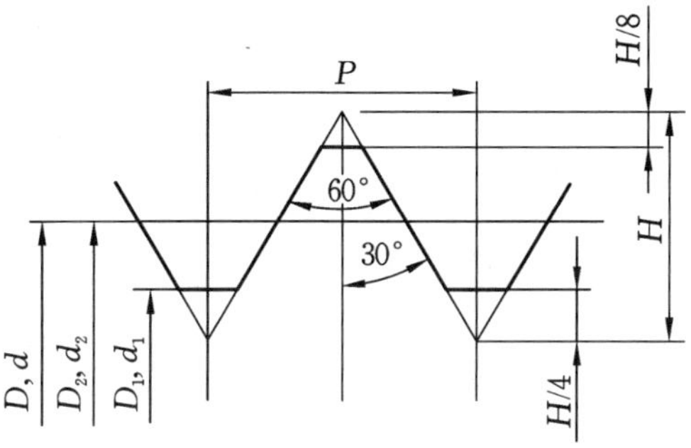

内、外螺纹中径，小径和螺距的关系：

$D_2=D-2\times\frac{3}{8}H, d_2=d-2\times\frac{3}{8}H$

$D_1=D-2\times\frac{5}{8}H, d_1=d-2\times\frac{5}{8}H$

原始三角形高度：

$H=\frac{\sqrt{3}}{2}P=0.866\ 025\ 404P$

标注示例：

M10-6g　公称直径为 10 mm、螺距为 1.5 mm 的粗牙右旋普通外螺纹，中径及大径公差带均为 6g，中等旋合长度；

M24×1.5LH-6H　公称直径为 24 mm、螺距为1.5 mm 的细牙左旋普通内螺纹，中径及小径公差带均为 6H，中等旋合长度

公称直径 D、d	螺距 P	中径 D_2 或 d_2	小径 D_1 或 d_1	公称直径 D、d	螺距 P	中径 D_2 或 d_2	小径 D_1 或 d_1
3	0.5	2.675	2.459	8	1.25	7.188	6.647
	0.35	2.773	2.621		1	7.350	6.917
3.5	(0.6)	3.110	2.850		0.75	7.513	7.188
	0.35	3.273	3.121		(0.5)	7.675	7.459
4	0.7	3.545	3.242	9	(1.25)	8.188	7.647
	0.5	3.675	3.459		1	8.350	7.917
4.5	(0.75)	4.013	3.688		0.75	8.513	8.188
	0.5	4.175	3.959		0.5	8.675	8.459
5	0.8	4.480	4.134	10	1.5	9.026	8.376
	0.5	4.675	4.459		1.25	9.188	8.647
5.5	0.5	5.175	4.959		1	9.350	8.917
6	1	5.350	4.917		0.75	9.513	9.188
	0.75	5.513	5.188		(0.5)	9.675	9.459
	(0.5)	5.675	5.459	11	(1.5)	10.026	9.376
7	1	6.350	5.917		1	10.350	9.917
	0.75	6.513	6.188		0.75	10.513	10.188
	0.5	6.675	6.459		0.5	10.675	10.459

续附表 1-2

公称直径 D、d	螺距 P	中径 D_2 或 d_2	小径 D_1 或 d_1	公称直径 D、d	螺距 P	中径 D_2 或 d_2	小径 D_1 或 d_1
12	1.75	10.863	10.106	18	2	16.701	15.835
	1.5	11.026	10.376		1.5	17.026	16.376
	1.25	11.188	10.647		1	17.350	16.917
	1	11.350	10.917		(0.75)	17.513	17.188
	(0.75)	11.513	11.188		(0.5)	17.675	17.459
	(0.5)	11.675	11.459	20	2.5	18.376	17.294
14	2	12.701	11.835		2	18.701	17.835
	1.5	13.026	12.376		1.5	19.026	18.376
	(1.25)	13.188	12.647		1	19.350	18.917
	1	13.350	12.917		(0.75)	19.513	19.188
	(0.75)	13.513	13.188		(0.5)	19.675	19.459
	(0.5)	13.675	13.459	22	2.5	20.376	19.294
15	1.5	14.026	13.376		2	20.701	19.835
	(1)	14.350	13.917		1.5	21.026	20.376
16	2	14.701	13.835		1	21.350	20.917
	1.5	15.026	14.376		(0.75)	21.513	21.188
	1	15.350	14.917		(0.5)	21.675	21.459
	(0.75)	15.513	15.188	24	3	22.051	20.751
	(0.5)	15.675	15.459		2	22.701	21.835
17	1.5	16.026	15.376		1.5	23.026	22.376
	(1)	16.350	15.917		1	23.350	22.917
18	2.5	16.376	15.294		(0.75)	23.513	23.188

三、55°密封管螺纹（GB/T 7306.1—2000、GB/T 7306.2—2000）、55°非密封管螺纹（GB/T 7307—2001）的基本尺寸

附表 1-3　55°密封、非密封管螺纹的基本尺寸　mm

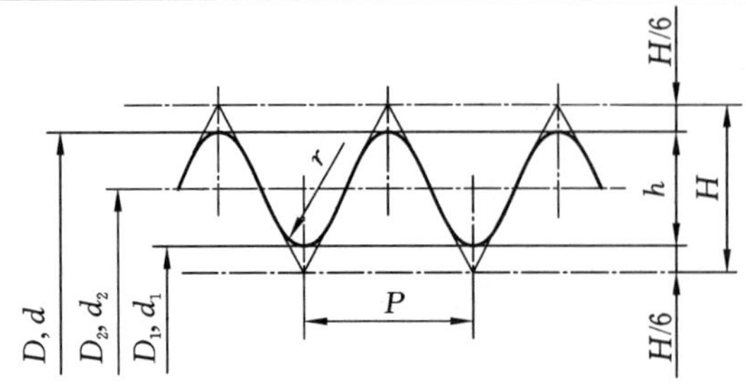

圆柱螺纹的设计牙型

圆锥螺纹的牙型参数：

$H=0.960\ 237P$，$h=0.640\ 327P$，$r=0.137\ 278P$

圆柱螺纹的牙型参数：

$H=0.960\ 491P$，$h=0.640\ 327P$，$r=0.137\ 329P$

标记示例：

G3/4　尺寸代号为 3/4、右旋、55°非密封管螺纹；

Rc1/4　尺寸代号为 1/4、右旋、55°密封的圆锥内螺纹

续附表 1-3

尺寸代号	每 25.4 mm 内的牙数 n	螺距 P	基本直径			尺寸代号	每 25.4 mm 内的牙数 n	螺距 P	基本直径		
			大径 D、d	中径 D_2、d_2	小径 D_1、d_1				大径 D、d	中径 D_2、d_2	小径 D_1、d_1
1/8	28	0.907	9.728	9.147	8.566	$1\frac{1}{4}$	11	2.309	41.910	40.431	38.952
1/4	19	1.337	13.157	12.301	11.445	$1\frac{1}{2}$		2.309	47.303	46.324	44.845
3/8		1.337	16.662	15.806	14.950	$1\frac{3}{4}$		2.309	53.746	52.267	50.788
1/2	14	1.814	20.955	19.793	18.631	2		2.309	59.614	58.135	56.656
5/8*		1.814	22.911	21.749	20.587	$2\frac{1}{4}$*		2.309	65.710	64.231	62.752
3/4		1.814	26.441	25.279	24.117	$2\frac{1}{2}$		2.309	75.148	73.705	72.226
7/8*		1.814	30.201	29.039	27.877	$2\frac{3}{4}$*		2.309	81.534	80.055	78.576
1	11	2.309	33.249	31.770	30.291	3		2.309	87.884	86.405	84.926
$1\frac{1}{8}$*		2.309	37.897	36.418	34.939	$3\frac{1}{2}$		2.309	100.330	98.851	97.372

注：①GB/T 7307—2001 为 55°非密封管螺纹，一般为圆柱螺纹；GB/T 7306.1—2000、GB/T 7306.2—2000 为 55°密封管螺纹，一般为锥螺纹，其螺纹的锥度为 1∶16。

②密封管螺纹的“基本直径”为基准平面上的基本直径。

③尺寸代号有“＊”者，仅有 55°非密封管螺纹。

附录二 常用标准件

一、螺纹紧固件

1. 六角头螺栓(GB/T 5782—2016)

附表 2-1 六角头螺栓

mm

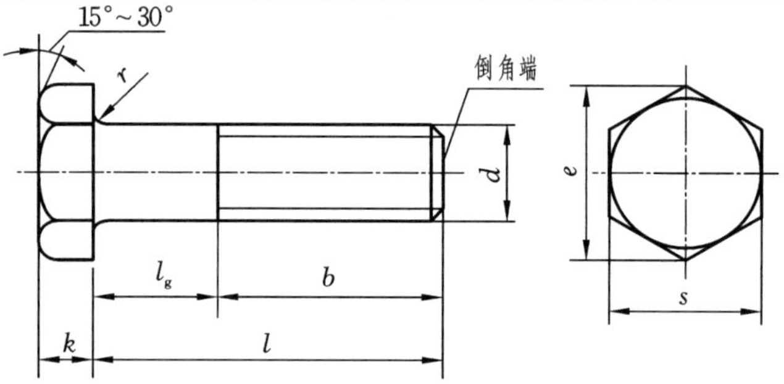

标记示例：

螺栓 GB/T 5782 M12×80 螺纹规格为 M12、公称长度 l=80 mm、性能等级为 8.8 级、表面不经处理、产品等级为 A 级的六角头螺栓

螺纹规格 d			M3	M4	M5	M6	M8	M10	M12	M16	M20	M24	M30	M36
b 参考	$l \leqslant 125$		12	14	16	18	22	26	30	38	46	54	66	
	$125 < l \leqslant 200$		18	20	22	24	28	32	36	44	52	60	72	84
	$l > 200$		31	33	35	37	41	45	49	57	65	73	85	97
c	min		0.15	0.15	0.15	0.15	0.15	0.15	0.15	0.2	0.2	0.2	0.2	0.2
	max		0.4	0.4	0.5	0.5	0.6	0.6	0.6	0.8	0.8	0.8	0.8	0.8
d_w min	产品等级	A	4.57	5.88	6.88	8.88	11.63	14.63	16.6	22.49	28.19	33.61		
		B	4.45	5.74	6.74	8.74	11.47	14.47	16.47	22	27.7	33.2	42.75	51.11
e min	产品等级	A	6.01	7.66	8.79	11.05	14.38	17.77	20.03	26.75	33.53	39.98		
		B	5.88	7.50	8.63	10.89	14.20	17.59	19.85	26.17	32.95	39.55	50.85	60.79
k 公称			2	2.8	3.5	4	5.3	6.4	7.5	10	12.5	15	18.7	22.5
s max=公称			5.5	7	8	10	13	16	18	24	30	36	46	55
l 公称(系列值)			6,8,10,12,16,20,25,30,35,40,45,50,55,60,65,70,80,90,100,110,120,130,140,150,160,180,200,240,260,280,300,320,340,360,380,400,420,440,460,480,500											

注：①等级 A、B 根据公差取值不同而定，A 级用于 $d \leqslant 24$ mm 和 $l \leqslant 10d$ 或 $l \leqslant 150$ mm(按较小值)的螺栓；B 级用于 $d > 24$ mm 和 $l > 10d$ 或 $l > 150$ mm(按较小值)的螺栓。

②螺纹末端应倒角，当 $d \leqslant$ M4 时，可为辗制末端。

③螺纹规格 d 为 M1.6～M64。

2. 双头螺柱

附表 2-2　双头螺柱　　　　mm

双头螺柱——$b_m=d$(GB/T 897—1988)　　双头螺柱——$b_m=1.25d$(GB/T 898—1988)

双头螺柱——$b_m=1.5d$(GB/T 899—1988)　　双头螺柱——$b_m=2d$(GB/T 900—1988)

A型　　　　B型

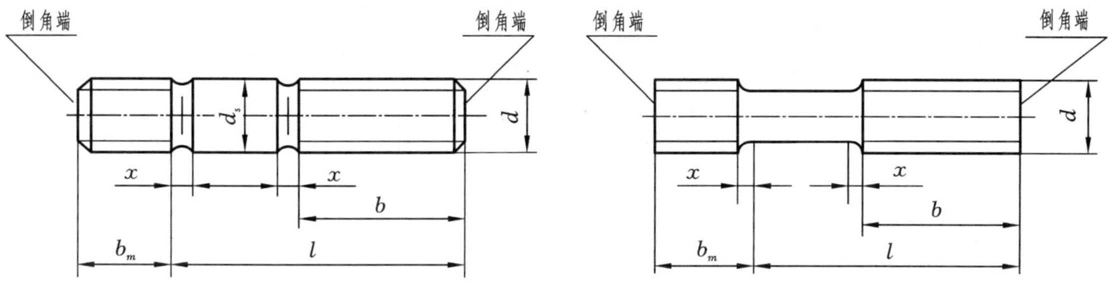

标记示例：

螺柱 GB/T 897　M10×50　两端均为粗牙普通螺纹 $d=10$ mm、公称长度 $l=50$ mm、性能等级为 4.8 级、$b_m=d$ 的 B 型双头螺柱

若按 A 型制造，必须加注“A”，如螺柱 GB/T 897　AM10×50

螺纹规格		M5	M6	M8	M10	M12	M16	M20	M24	M30	M36	M42
b_m	GB/T 897—1988	5	6	8	10	12	16	20	24	30	36	42
	GB/T 898—1988	6	8	10	12	15	20	25	30	38	45	52
	GB/T 899—1988	8	10	12	15	18	24	30	36	45	54	63
	GB/T 900—1988	10	12	16	20	24	32	40	48	60	72	84
d_s		5	6	8	10	12	16	20	24	30	36	42
x		1.5P	1.5P	1.5P	1.5P	1.5P	1.5P	1.5P	1.5P	1.5P	1.5P	1.5P
$\frac{l}{b}$		$\frac{16\sim22}{10}$ $\frac{25\sim50}{16}$	$\frac{20\sim22}{10}$ $\frac{25\sim30}{14}$ $\frac{32\sim75}{18}$	$\frac{20\sim22}{12}$ $\frac{25\sim30}{16}$ $\frac{32\sim90}{22}$	$\frac{25\sim28}{14}$ $\frac{30\sim38}{16}$ $\frac{40\sim120}{26}$ $\frac{130}{32}$	$\frac{25\sim30}{16}$ $\frac{32\sim40}{20}$ $\frac{45\sim120}{30}$ $\frac{130\sim180}{36}$	$\frac{30\sim38}{20}$ $\frac{40\sim55}{30}$ $\frac{60\sim120}{38}$ $\frac{130\sim200}{44}$	$\frac{35\sim40}{25}$ $\frac{45\sim65}{35}$ $\frac{70\sim120}{46}$ $\frac{130\sim200}{52}$	$\frac{45\sim50}{30}$ $\frac{55\sim75}{45}$ $\frac{80\sim120}{54}$ $\frac{130\sim200}{60}$	$\frac{60\sim65}{40}$ $\frac{70\sim90}{50}$ $\frac{95\sim120}{66}$ $\frac{130\sim200}{72}$ $\frac{210\sim250}{85}$	$\frac{65\sim75}{45}$ $\frac{80\sim110}{60}$ $\frac{120}{78}$ $\frac{130\sim200}{84}$ $\frac{210\sim300}{97}$	$\frac{65\sim80}{50}$ $\frac{85\sim110}{70}$ $\frac{120}{90}$ $\frac{130\sim200}{96}$ $\frac{210\sim300}{109}$
l 系列		16,(18),20,(22),25,(28),30,(32),35,(38),40,45,50,(55),60,(65),70,(75),80,(85),90,(95),100,110,120,130,140,150,160,170,180,190,200,210,220,230,240,250,260,280,300										

注：①P 是粗牙螺纹的螺距。

②l 系列中尽可能不采用括号内的数值。

3. 螺钉

(1) 开槽圆柱头螺钉(GB/T 65—2016)

附表 2-3　开槽圆柱头螺钉　　mm

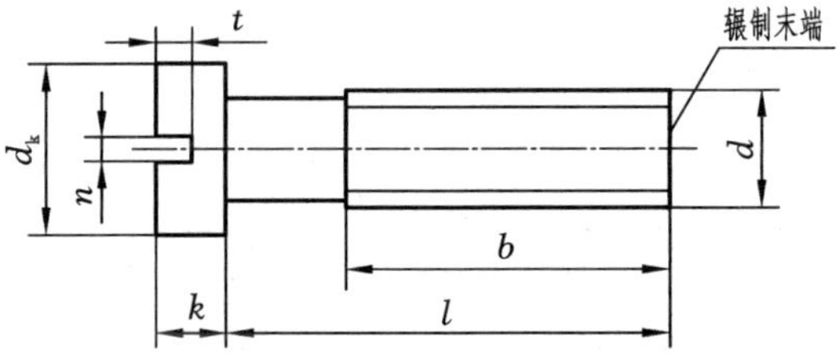

标记示例:

螺钉 GB/T 65　M5×20　螺纹规格为 M5、公称长度 l=20 mm、性能等级为 4.8 级、表面不经处理的 A 级开槽圆柱头螺钉

螺纹规格 d		M3	M4	M5	M6	M8	M10
b min		25	38	38	38	38	38
d_k	max	5.5	7	8.5	10	13	16
	min	5.32	6.78	8.28	9.78	12.73	15.73
k	max	2	2.6	3.3	3.9	5	6
	min	1.86	2.46	3.12	3.6	4.7	5.7
n 公称		0.8	1.2	1.2	1.6	2	2.5
t min		0.85	1.1	1.3	1.6	2	2.4
l 公称(系列值)		4,5,6,8,10,12,(14),16,20,25,30,35,40,45,50,(55),60,(65),70,(75),80					

注:①当 $l \leqslant 40$ mm 时,螺钉制出全螺纹。

②l 公称值尽可能不采用括号内的规格。

(2) 开槽盘头螺钉(GB/T 67—2016)

附表 2-4　开槽盘头螺钉　　mm

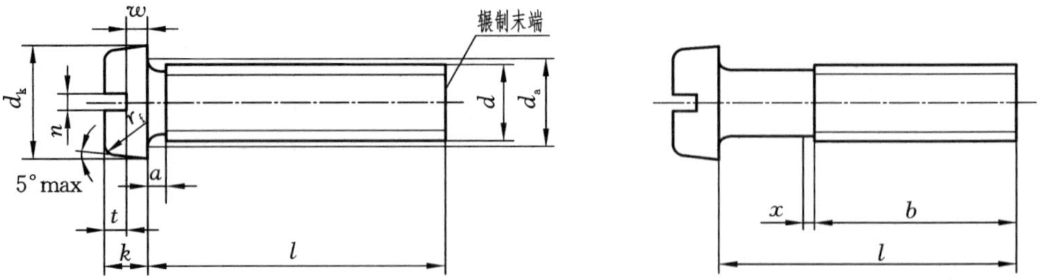

标记示例:

螺钉 GB/T 67　M5×20　螺纹规格为 M5、公称长度 l=20 mm、性能等级为 4.8 级、表面不经处理的 A 级开槽盘头螺钉

续附表 2-4

螺纹规格 d		M3	M4	M5	M6	M8	M10
b min		25	38	38	38	38	38
a max		1	1.4	1.6	2	2.5	3
d_k	max	5.6	8	9.5	12	16	20
	min	5.3	7.64	9.14	11.57	15.57	19.48
d_a	max	3.6	4.7	5.7	6.8	9.2	11.2
k	max	1.8	2.4	3	3.6	4.8	6
	min	1.66	2.26	2.86	3.3	4.5	5.7
n 公称		0.8	1.2	1.2	1.6	2	2.5
r_f		0.9	1.2	1.5	1.8	2.4	3
t min		0.7	1	1.2	1.4	1.9	2.4
x max		1.25	1.75	2	2.5	3.2	3.8
l 公称(系列值)		4,5,6,8,10,12,(14),16,20,25,30,35,40,45,50,(55),60,(65),70,(75),80					

注:①当 $l \leqslant 40$ mm 时,螺钉制出全螺纹。

②l 公称值尽可能不采用括号内的规格。

(3) 开槽沉头螺钉(GB/T 68—2016)

附表 2-5　开槽沉头螺钉　　mm

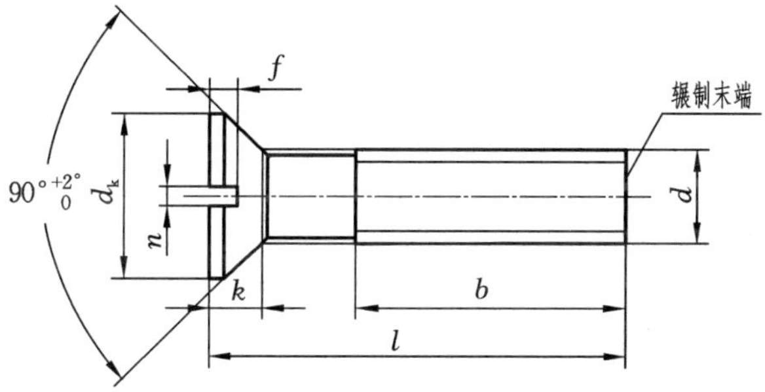

标记示例:

螺钉 GB/T 68　M5×20　螺纹规格为 M5、公称长度 $l=20$ mm、性能等级为 4.8 级、表面不经处理的 A 级开槽沉头螺钉

螺纹规格 d		M2	M2.5	M3	M4	M5	M6	M8	M10
b min		25	25	25	38	38	38	38	38
d_k 实际值	max	3.8	4.7	5.5	8.4	9.3	11.3	15.8	18.3
	min	3.5	4.4	5.2	8.04	8.94	10.87	15.37	17.78
k 公称=max		1.2	1.5	1.65	2.7	2.7	3.3	4.65	5
n 公称		0.5	0.6	0.8	1.2	1.2	1.6	2	2.5
t	min	0.4	0.5	0.6	1	1.1	1.2	1.8	2
	max	0.6	0.75	0.85	1.3	1.4	1.6	2.3	2.6
l 公称(系列值)		2.5,3,4,5,6,8,10,12,(14),16,20,25,30,35,40,45,50,(55),60,(65),70,(75),80							

注:①当 $d \leqslant 3$ mm、$l \leqslant 30$ mm 时,螺钉制出全螺纹。

②l 公称值尽可能不采用括号内的规格。

4. 螺母

附表 2-6　六角螺母　mm

1 型六角螺母(GB/T 6170—2015)

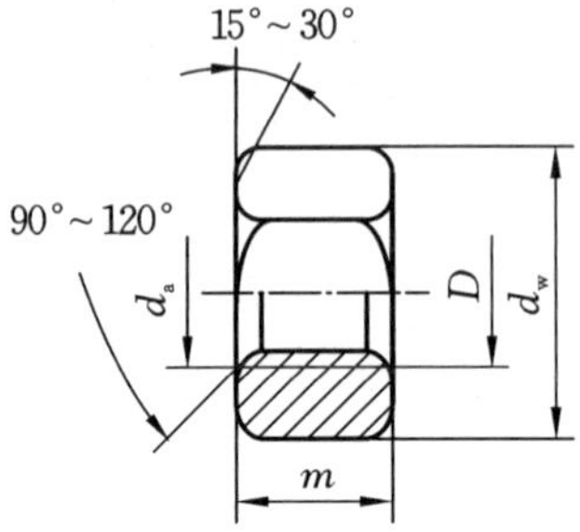

六角薄螺母(GB/T 6172.1—2016)

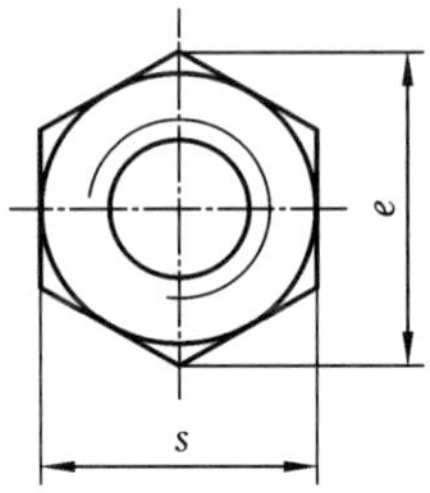

标记示例：

螺母 GB/T 6170　M12　螺纹规格为 M12、性能等级为 8 级、表面不经处理、产品等级为 A 级的 1 型六角螺母

螺纹规格 D			M2	M2.5	M3	M4	M5	M6	M8	M10	M12	M16	M20	M24	M30
c max			0.2	0.3	0.4	0.4	0.5	0.5	0.6	0.6	0.6	0.8	0.8	0.8	0.8
d_w min			3.1	4.1	4.6	5.9	6.9	8.9	11.6	14.6	16.6	22.5	27.7	33.3	42.8
e min			4.32	5.45	6.01	7.66	8.79	11.05	14.38	17.77	20.03	26.75	32.95	39.55	50.85
s		max	4	5	5.5	7	8	10	13	16	18	24	30	36	46
		min	3.82	4.82	5.32	6.78	7.78	9.78	12.73	15.73	17.73	23.67	29.16	35	45
m	GB/T 6170	max	1.6	2	2.4	3.2	4.7	5.2	6.8	8.4	10.8	14.8	18	21.5	25.6
		min	1.35	1.75	2.15	2.9	4.4	4.9	6.44	8.04	10.73	14.1	16.9	20.2	24.3
	GB/T 6172.1	max	1.2	1.6	1.8	2.2	2.7	3.2	4	5	6	8	10	12	15
		min	0.95	1.35	1.55	1.95	2.45	2.9	3.7	4.7	5.7	7.42	9.10	10.9	13.9

注：A 级用于 $D \leqslant 16$ mm 的螺母，B 级用于 $D > 16$ mm 的螺母。

5. 垫圈

(1) 平垫圈

附表 2-7 平垫圈 mm

小垫圈—A 级 (GB/T 848—2002)

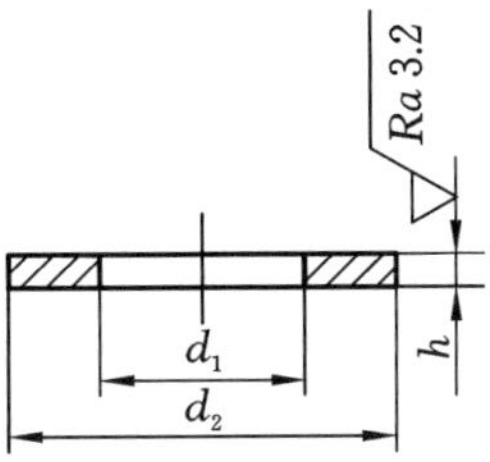

平垫圈—A 级 (GB/T 97.1—2002)

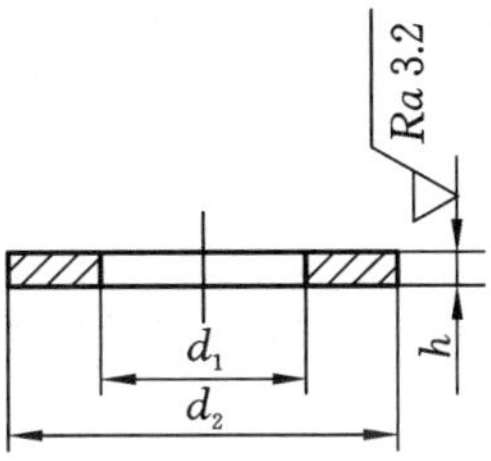

平垫圈 倒角型—A 级 (GB/T 97.2—2002)

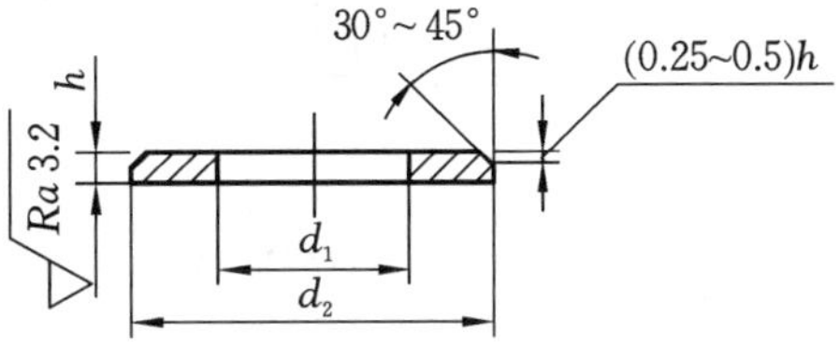

标记示例：

垫圈 GB/T 848 8 公称尺寸 d=8 mm、性能等级为 140 HV 级、不经表面处理的小垫圈；

垫圈 GB/T 97.1 8 公称尺寸 d=8 mm、性能等级为 140 HV 级、不经表面处理的平垫圈；

垫圈 GB/T 97.2 8 公称尺寸 d=8 mm、性能等级为 A140 级、倒角型、不经表面处理的平垫圈

公称尺寸(螺纹规格 d)		3	4	5	6	8	10	12	14	16	20	24
内径 d_1	GB/T 848—2002	3.2	4.3	5.3	6.4	8.4	10.5	13	15	17	21	25
	GB/T 97.1—2002	3.2	4.3	5.3	6.4	8.4	10.5	13	15	17	21	25
	GB/T 97.2—2002	—	—	5.3	6.4	8.4	10.5	13	15	17	21	25
外径 d_2	GB/T 848—2002	6	8	9	11	15	18	20	24	28	34	39
	GB/T 97.1—2002	7	9	10	12	16	20	24	28	30	37	44
	GB/T 97.2—2002	—	—	10	12	16	20	24	28	30	37	44
厚度 h	GB/T 848—2002	0.5	0.8	1	1.6	1.6	1.6	2	2.5	2.5	3	4
	GB/T 97.1—2002	0.5	0.8	1	1.6	1.6	2	2.5	2.5	3	3	4
	GB/T 97.2—2002	—	—	1	1.6	1.6	2	2.5	2.5	3	3	4

注：①垫圈材料为钢时，垫圈的性能等级分为 140 HV、200 HV、300 HV 三级，其中 140 HV 级最常用。

②GB/T 848 适用于规格为 1.6～36 mm 的圆柱头螺钉。

③GB/T 97.1、GB/T 97.2 适用于规格为 5～36 mm 的标准六角头螺栓、螺钉和螺母。

（2）弹簧垫圈

附表 2-8 弹簧垫圈 mm

标准型弹簧垫圈（GB/T 93—1987）

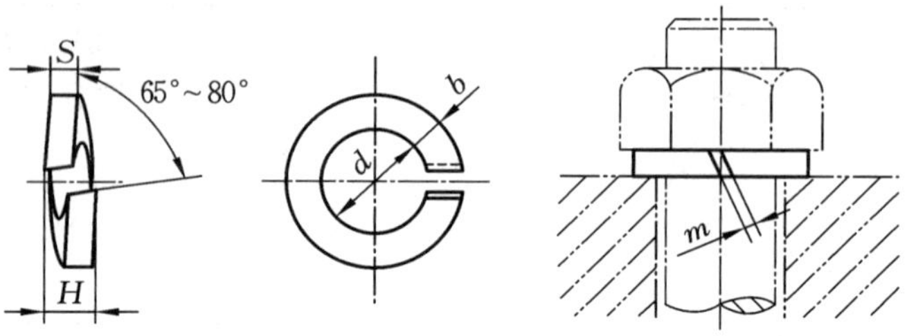

标记示例：

垫圈 GB/T 93 16 规格为 16 mm、材料为 65Mn、表面氧化的标准型弹簧垫圈

规格（螺纹大径）	3	4	5	6	8	10	12	（14）	16	（18）	20	（22）	24	（27）	30
d（min）	3.1	4.1	5.1	6.1	8.1	10.2	12.2	14.2	16.2	18.2	20.2	22.5	24.5	27.5	30.5
H（min）	1.6	2.2	2.6	3.2	4.2	5.2	6.2	7.2	8.2	9	10	11	12	13.6	15
$S(b)$	0.8	1.1	1.3	1.6	2.1	2.6	3.1	3.6	4.1	4.5	5	5.5	6	6.8	7.5
$m\leqslant$	0.4	0.55	0.65	0.8	1.05	1.3	1.55	1.8	2.05	2.25	2.5	2.75	3	3.4	3.75

注：m 应大于零。

二、销

1. 圆锥销

附表 2-9 圆锥销 mm

圆锥销（GB/T 117—2000）

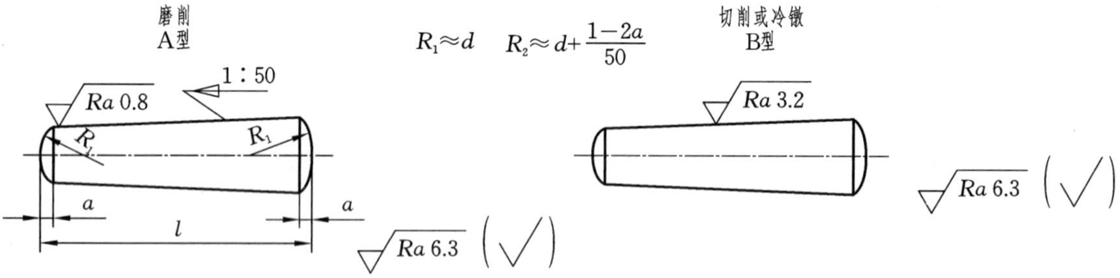

标记示例：

销 GB/T 117 10×80 公称直径 $d=10$ mm、长度 $l=80$ mm、材料为 35 钢、热处理硬度为 28～38HRC、表面氧化处理的 A 型圆锥销

d	2	2.5	3	4	5	6	8	10	12
$a\approx$	0.25	0.3	0.4	0.5	0.63	0.8	1	1.2	1.6
l	10～35	10～35	12～45	14～55	18～60	22～90	22～120	26～160	32～180
l 系列	10,12,14,16,18,20,22,24,26,28,30,32,35,40,45,50,55,60,65,70,75,80,85,90,95,100,120,140,160,180								

注：标准规定圆锥销的公称直径 $d=0.6$～50 mm。

2. 圆柱销

附表 2-10　圆柱销　　mm

圆柱销(GB/T 119.1—2000)

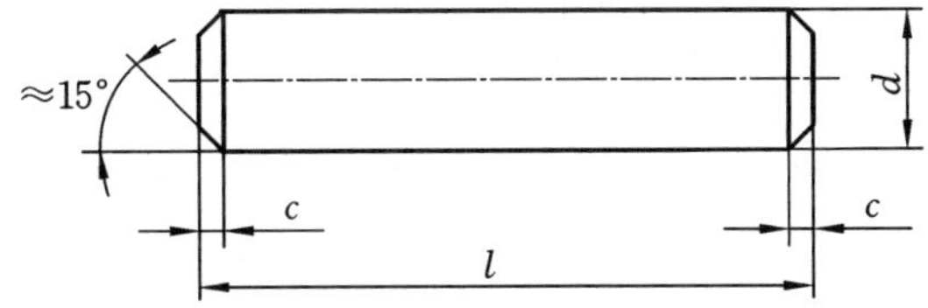

标记示例：

销 GB/T 119.1　8m6×30　公称直径 d=8 mm、公差为 m6、长度 l=30 mm、材料为钢、热处理硬度为 28～38 HRC、表面氧化的圆柱销

d	2	2.5	3	4	5	6	8	10	12
c≈	0.35	0.40	0.50	0.63	0.80	1.2	1.6	2.0	2.5
l	6～20	6～24	8～30	8～40	10～50	12～60	14～80	18～95	22～140
l 系列	6,8,10,12,14,16,18,20,22,24,26,28,30,32,35,40,45,50,55,60,65,70,75,80,85,90,95,100,120,140,160,180,200								

注：圆柱销的公称直径 d=0.6～50 mm，公称长度 l=2～200 mm，公差有 m6 和 h8。

3. 开口销

附表 2-11　开口销　　mm

开口销(GB/T 91—2000)

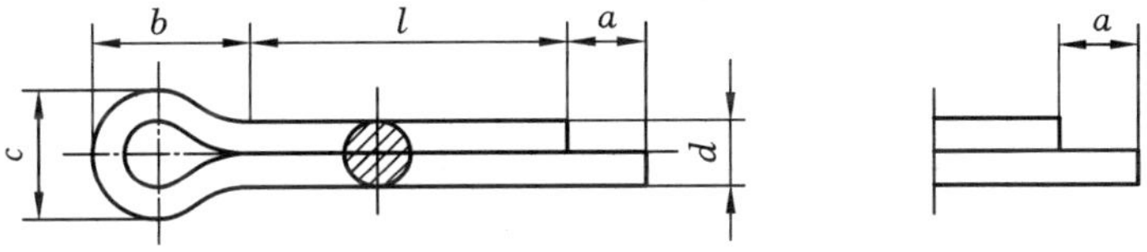

$a_{min}=a_{max}/2$

标记示例：

销 GB/T 91 5×50　公称直径 d=5 mm、长度 l=50 mm、材料为 Q215 或 Q235、不经表面处理的开口销

公称规格		1	1.2	1.6	2	2.5	3.2	4	5	6.3	8	10	13
d max		0.9	1	1.4	1.8	2.3	2.9	3.7	4.6	5.9	7.5	9.5	12.4
c	max	1.8	2	2.8	3.6	4.6	5.8	7.4	9.2	11.8	15	19	24.8
	min	1.6	1.7	2.4	3.2	4	5.1	6.5	8	10.3	13.1	16.6	21.7
b≈		3	3	3.2	4	5	6.4	8	10	12.6	16	20	26
a max		1.6	2.5				3.2	4				6.3	
l 公称(系列值)		4,5,6,8,10,12,14,16,18,20,22,24,26,28,30,32,36,40,45,50,55,60,65,70,75,80,85,90,95,100,120,140,160,180,200											

注：①公称规格为销孔的公称直径。

②开口销的公称规格为 0.6～20 mm。

③根据供需双方协议，可采用公称规格为 3 mm、6 mm、12 mm 的开口销。

三、键

1. 平键

附表 2-12　平键和键槽断面的基本尺寸　　mm

平键和键槽的剖面尺寸(GB/T 1095—2003)

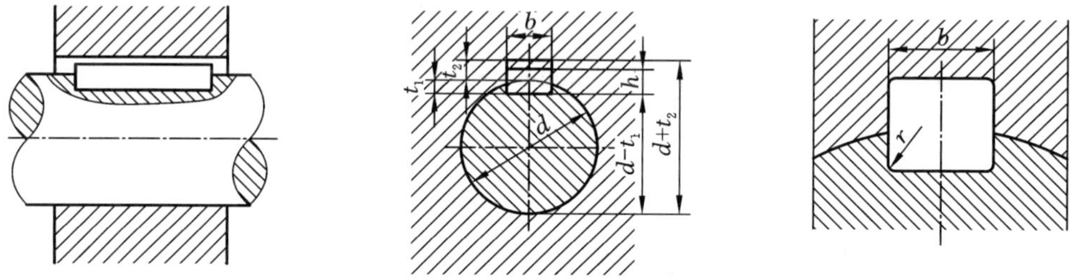

键的公称尺寸		b	2	3	4	5	6	8	10	12	14	16	18	20	22
		h	2	3	4	5	6	7	8	8	9	10	11	12	14
键槽	深度	轴 t_1	1.2	1.8	2.5	3.0	3.5	4.0	5.0	5.0	5.5	6	7.0	7.5	9
		毂 t_2	1.0	1.4	1.8	2.3	2.8	3.3	3.3	3.3	3.8	4.3	4.4	4.9	5.4
	半径 r	最大	0.08			0.16			0.25					0.40	
		最小	0.16			0.25			0.40					0.60	

附表 2-13　普通平键的形式尺寸　　mm

普通平键形式、尺寸(GB/T 1096—2003)

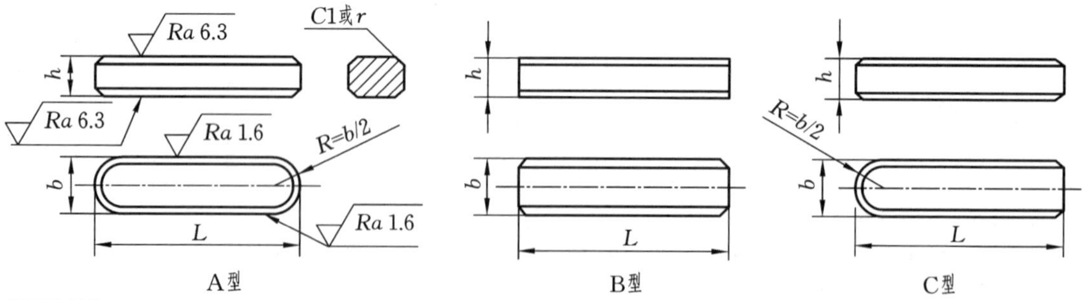

标记示例：

GB/T 1096　键　16×10×100　圆头普通平键(A 型)，$b=16$ mm，$h=10$ mm，$L=100$ mm；

GB/T 1096　键　B16×10×100　平头普通平键(B 型)，$b=16$ mm，$h=10$ mm，$L=100$ mm；

GB/T 1096　键　C16×10×100　单圆头普通平键(C 型)，$b=16$ mm，$h=10$ mm，$L=100$ mm

续附表 2-13

b	2	3	4	5	6	8	10	12	14	16	18	20	22	25	28	32	36	40
h	2	3	4	5	6	7	8	8	9	10	11	12	14	14	16	18	20	22
C 或 r	<0.16			<0.25			<0.40					<0.60					1.0	
长度范围 L	6～20	6～36	8～45	10～56	14～70	18～90	22～110	28～140	36～160	45～180	50～200	56～220	63～250	70～280	80～320	90～360	100～400	100～400
L 系列	6,8,10,12,14,16,18,20,22,25,28,32,36,40,45,50,56,63,70,80,90,100,110,125,140,160,180,200,220,250,280,320,360																	

注：国家标准规定键宽 b=2～100 mm，公称长度 L=6～500 mm。

2. 半圆键

附表 2-14　半圆键的形式、尺寸　　mm

半圆键形式、尺寸(GB/T 1099.1—2003)

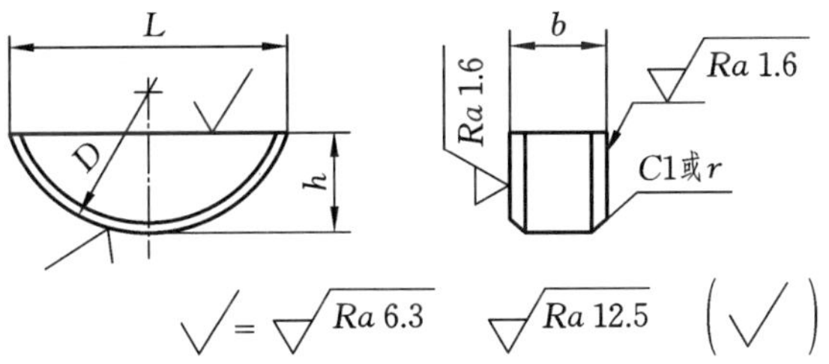

标记示例：

GB/T 1099.1　键 6×10×25　半圆键 b=6 mm，h=10 mm，D=25 mm

键宽 b		高度 h		直径 D		L≈	倒角或倒圆	
公称尺寸	极限偏差 h9	公称尺寸	极限偏差 h11	公称尺寸	极限偏差 h12		最小	最大
1.0	0 −0.025	1.4	0 −0.060	4	0 −0.120	3.9	0.16	0.25
1.5		2.6		7	0 −0.150	6.8		
2.0		2.6		7		6.8		

续附表 2-14

键宽 b		高度 h		直径 D		$L\approx$	倒角或倒圆	
公称尺寸	极限偏差 h9	公称尺寸	极限偏差 h11	公称尺寸	极限偏差 h12		最小	最大
2.0	$^{0}_{-0.025}$	3.7	$^{0}_{-0.075}$	10	$^{0}_{-0.150}$	9.7	0.16	0.25
2.5		3.7		10		9.7		
3.0		5.0		13	$^{0}_{-0.180}$	12.7		
3.0		6.5	$^{0}_{-0.090}$	16		15.7		
4.0	$^{0}_{-0.030}$	6.5		16		15.7		
4.0		7.5		19	$^{0}_{-0.210}$	18.6	0.25	0.40
5.0		6.5		16	$^{0}_{-0.180}$	15.7		
5.0		7.5		19	$^{0}_{-0.210}$	18.6		
5.0		9.0		22		21.6		
6.0		9.0		22		21.6		
6.0		10.0		25		24.4		
8.0	$^{0}_{-0.036}$	11.0	$^{0}_{-0.110}$	28		27.4	0.40	0.60
10.0		13.0		32	$^{0}_{-0.250}$	31.4		

四、滚动轴承

1. 深沟球轴承

附表 2-15　深沟球轴承　　mm

深沟球轴承(GB/T 276—2013)

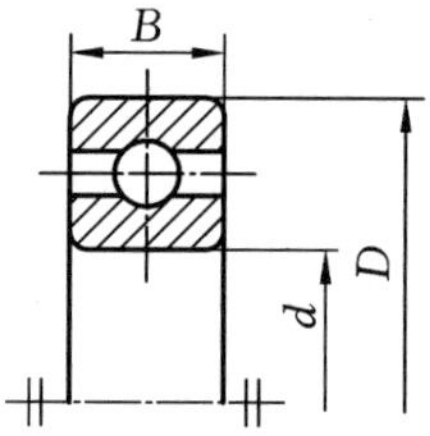

60000型

标记示例：
滚动轴承 6012　GB/T 276

续附表 2-15

轴承型号	尺寸			轴承型号	尺寸		
	d	*D*	*B*		*d*	*D*	*B*
00 尺寸系列				6213	65	120	23
16001	12	28	7	6214	70	125	24
16002	15	32	8	6215	75	130	25
16003	17	35	8	6216	80	140	26
16004	20	42	8	6217	85	150	28
16005	25	47	8	6218	90	160	30
16006	30	55	9	6219	95	170	32
16007	35	62	9	03 系列			
16008	40	68	9	6300	10	35	11
16009	45	75	10	6301	12	37	12
16010	50	80	10	6302	15	42	13
16011	55	90	11	6303	17	47	14
16012	60	95	11	6304	20	52	15
16013	65	100	11	6305	25	62	17
16014	70	110	13	6306	30	72	19
16015	75	115	13	6307	35	80	21
16016	80	125	14	6308	40	90	23
16017	85	130	14	6309	45	100	25
02 系列				6310	50	110	27
6200	10	30	9	6311	55	120	29
6201	12	32	10	6312	60	130	31
6202	15	35	11	6313	65	140	33
6203	17	40	12	6314	70	150	35
6204	20	47	14	6315	75	160	37
6205	25	52	15	6316	80	170	39
6206	30	62	16	04 系列			
6207	35	72	17	6403	17	62	17
6208	40	80	18	6404	20	72	19
6209	45	85	19	6405	25	80	21
6210	50	90	20	6406	30	90	23
6211	55	100	21	6407	35	100	25
6212	60	110	22	6408	40	110	27

续附表2-15

轴承型号	尺寸			轴承型号	尺寸		
	d	*D*	*B*		*d*	*D*	*B*
6409	45	120	29	6415	75	190	45
6410	50	130	31	6416	80	200	48
6411	55	140	33	6417	85	210	52
6412	60	150	35	6418	90	225	54
6413	65	160	37	6420	100	250	58
6414	70	180	42	6422	110	280	65

2. 圆锥滚子轴承

附表 2-16 圆锥滚子轴承 mm

圆锥滚子轴承(GB/T 297—2015)

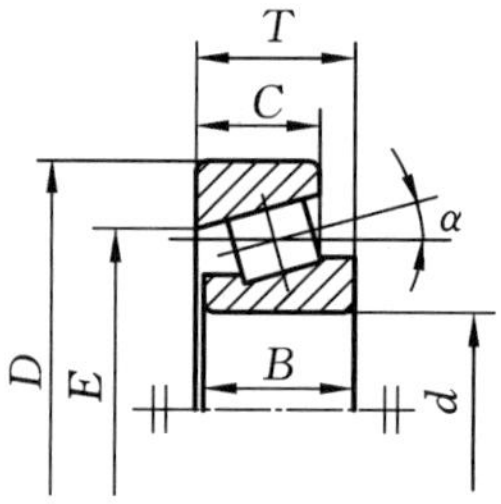

标记示例：
滚动轴承 30205 GB/T 297

轴承型号	尺寸							轴承型号	尺寸						
	d	*D*	*T*	*B*	*C*	*E*	*α*		*d*	*D*	*T*	*B*	*C*	*E*	*α*
02 尺寸系列								30214	70	125	26.25	24	21	105.7	15°
30204	20	47	15.25	14	12	37.3	13°	30215	75	130	27.25	25	22	110.4	16°
30205	25	52	16.25	15	13	41.1	13°	30216	80	140	28.25	26	22	119.1	15°
30206	30	62	17.25	16	14	49.9	14°	30217	85	150	30.5	28	24	126.6	15°
30207	35	72	18.25	17	15	58.8	14°	30218	90	160	32.5	30	26	134.9	15°
30208	40	80	19.75	18	16	65.7	14°	30219	95	170	34.5	32	27	143.3	15°
30209	45	85	20.75	19	16	70.4	15°	30220	100	180	37	34	29	151.3	15°
30210	50	90	21.75	20	17	75	15°	03 尺寸系列							
30211	55	100	22.75	21	18	84.1	15°	30304	20	52	16.25	15	13	41.3	11°
30212	60	110	23.75	22	19	91.8	15°	30305	25	62	18.25	17	15	50.6	11°
30213	65	120	24.75	23	20	101.9	15°	30306	30	72	20.75	19	16	58.2	12°

续附表 2-16

轴承型号	尺寸							轴承型号	尺寸						
	d	D	T	B	C	E	α		d	D	T	B	C	E	α
30307	35	80	22.75	21	18	65.7	12°	32216	80	140	35.25	33	28	117.4	15°
30308	40	90	25.25	23	20	72.7	13°	32217	85	150	38.5	36	30	124.9	15°
30309	45	100	27.75	25	22	81.7	13°	32218	90	160	42.5	40	34	132.6	15°
30310	50	110	29.25	27	23	90.6	13°	32219	95	170	45.3	43	37	140.2	15°
30311	55	120	31.5	29	25	99.1	13°	32220	100	180	49	46	39	148.1	15°
30312	60	130	33.5	31	26	107.7	13°	32221	105	190	53	50	43	155.2	15°
30313	65	140	36	33	28	116.8	13°	32222	110	200	56	53	46	164	15°
30314	70	150	38	35	30	125.2	13°	23 尺寸系列							
30315	75	160	40	37	31	134	13°	32305	25	52	22	22	18	40.4	13°
30316	80	170	42.5	39	33	143.1	13°	32306	30	62	25	25	19	49.5	13°
30317	85	180	44.5	41	34	150.4	13°	32307	35	72	28	28	22	57.1	13°
30318	90	190	46.5	43	36	159	13°	32308	40	80	32	32	25	63.4	13°
30319	95	200	49.5	45	38	165.8	13°	32309	45	85	32	32	25	68.1	14°
30320	100	215	51.5	47	39	178.5	13°	32310	50	90	32	32	24	72.7	14°
22 尺寸系列								32311	55	100	35	35	27	81.2	15°
32206	30	62	21.5	20	17	46.9	14°	32312	60	110	38	38	29	89.0	15°
32207	35	72	24.25	23	19	57	14°	32313	65	120	41	41	32	97.8	15°
32208	40	80	24.75	23	19	64.7	14°	32314	70	125	41	41	32	102.2	14°
32209	45	85	24.75	23	19	69.6	15°	32315	75	130	41	41	31	106.6	15°
32210	50	90	24.75	23	19	74.2	15°	32316	80	140	46	46	35	114.5	15°
32211	55	100	26.75	25	21	82.8	15°	32317	85	150	49	49	37	122.8	15°
32212	60	110	29.75	28	24	90.2	15°	32318	90	160	55	55	42	129.8	15°
32213	65	120	32.75	31	27	99.4	15°	32319	95	170	58	58	44	138.6	15°
32214	70	125	33.25	31	27	103.7	15°	32320	100	180	63	63	48	145.9	15°
32215	75	130	33.25	31	27	108.9	16°	32321	105	190	68	68	52	153.6	15°

3. 推力球轴承

附表 2-17 推力球轴承 mm

推力球轴承(GB/T 301—2015)

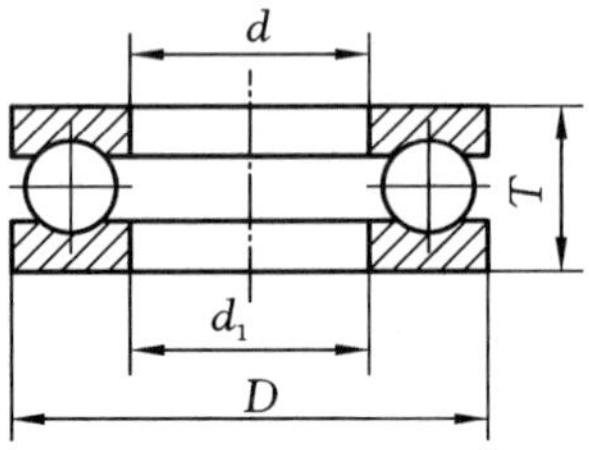

标记示例:
滚动轴承 51205 GB/T 301

轴承型号		尺寸				轴承型号		尺寸			
新	旧	d	$d_{1\min}$	D	T	新	旧	d	$d_{1\min}$	D	T
12 尺寸系列[旧:轻(2)系列]						51220	8220	100	103	150	38
51200	8200	10	12	26	11	13 尺寸系列[旧:中(3)系列]					
51201	8201	12	14	28	11	51304	8304	20	22	47	18
51202	8202	15	17	32	12	51305	8305	25	27	52	18
51203	8203	17	19	35	12	51306	8306	30	32	60	21
51204	8204	20	22	40	14	51307	8307	35	37	68	24
51205	8205	25	27	47	15	51308	8308	40	42	78	26
51206	8206	30	32	52	16	51309	8309	45	47	85	28
51207	8207	35	37	62	18	51310	8310	50	52	95	31
51208	8208	40	42	68	19	51311	8311	55	57	105	35
51209	8209	45	47	73	20	51312	8312	60	62	110	35
51210	8210	50	52	78	22	51313	8313	65	67	115	36
51211	8211	55	57	90	25	51314	8314	70	72	125	40
51212	8212	60	62	95	26	51315	8315	75	77	135	44
51213	8213	65	67	100	27	51316	8316	80	82	140	44
51214	8214	70	72	105	27	51317	8317	85	88	150	49
51215	8215	75	77	110	27	51318	8318	90	93	155	50
51216	8216	80	82	115	28	51320	8320	100	103	170	55
51217	8217	85	88	125	31	14 尺寸系列[旧:重(4)系列]					
51218	8218	90	93	135	35	51405	8405	25	27	60	24

续附表 2-17

轴承型号		尺寸				轴承型号		尺寸			
新	旧	d	$d_{1\min}$	D	T	新	旧	d	$d_{1\min}$	D	T
51406	8406	30	32	70	28	51413	8413	65	68	140	56
51407	8407	35	37	80	32	51414	8414	70	73	150	60
51408	8408	40	42	90	36	51415	8415	75	78	160	65
51409	8409	45	47	100	39	51416	8416	80	83	170	68
51410	8410	50	52	110	43	51417	8417	85	88	180	72
51411	8411	55	57	120	48	51418	8418	90	93	190	77
51412	8412	60	62	130	51	51420	8420	100	103	210	85

附录三　常用零件结构要素

1. 零件倒圆与倒角(GB/T 6403.4—2008)

附表 3-1　零件倒圆与倒角　　mm

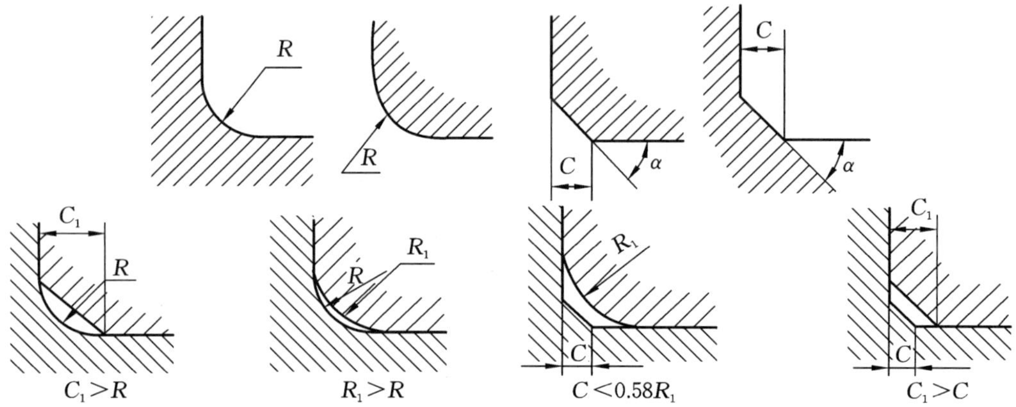

直径 D		<3		>3~6		>6~10		>10~18	>18~30	>30~50		>50~80
R、C	R_1	0.1	0.2	0.3	0.4	0.5	0.6	0.8	1.0	1.2	1.6	2.0
	C_{max}	—	0.1	0.1	0.2	0.2	0.3	0.4	0.5	0.6	0.8	1.0
直径 D		>80~120	>120~180	>180~250	>250~320	>320~400	>400~500	>500~630	>630~800	>800~1000	>1000~1250	>1250~1600
R、C	R_1	2.5	3.0	4.0	5.0	6.0	8.0	10	12	16	20	25
	C_{max}	1.2	1.6	2.0	2.5	3.0	4.0	5.0	6.0	8.0	10	12

注:倒角一般采用 45°,也可采用 30°或 60°。

2. 砂轮越程槽(GB/T 6403.5—2008)

附表 3-2　砂轮越程槽　　mm

回转面及端面砂轮越程槽的形式及尺寸

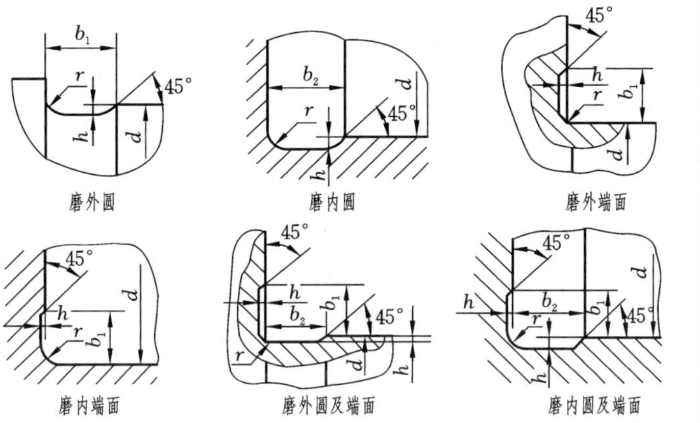

b_1	b_2	h	r	d
0.6	2.0	0.1	0.2	～10
1.0	3.0	0.2	0.5	
1.6				
2.0	4.0	0.3	0.8	>10～50
3.0		0.4	1.0	
4.0	5.0			>50～100
5.0		0.6	1.6	
8.0	8.0	0.8	2.0	>100
10	10	1.2	3.0	

平面砂轮及 V 形砂轮越程槽

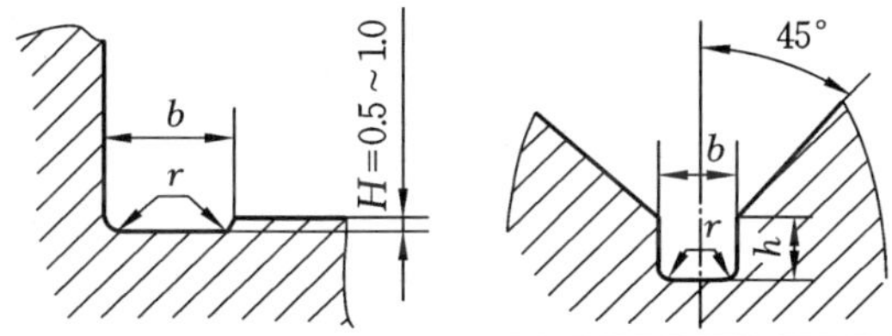

b	2	3	4	5
r	0.5	1.0	1.2	1.6
h	1.6	2.0	2.5	3.0

燕尾导轨砂轮越程槽

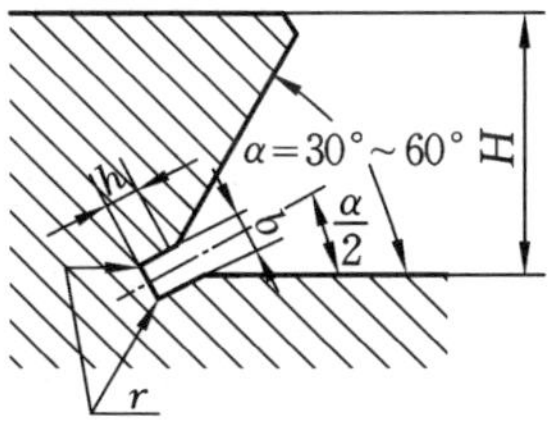

H	≤5	6	8	10	12	16	20	25	32	40	50	63	80
b, h	1	2		3			4			5			6
r	0.5			1.0			1.6						2.0

矩形导轨砂轮越程槽

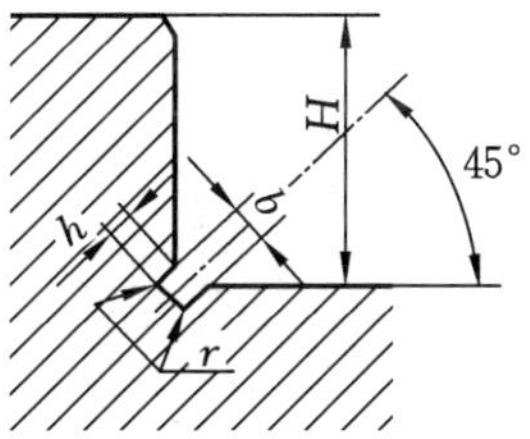

H	8	10	12	16	20	25	32	40	50	63	80	100
b	2				3				5		8	
h	1.6				2.0				3.0		5.0	
r	0.5				1.0				1.6		2.0	

3. 中心孔(GB/T 145—2001)

附表 3-3　中心孔

mm

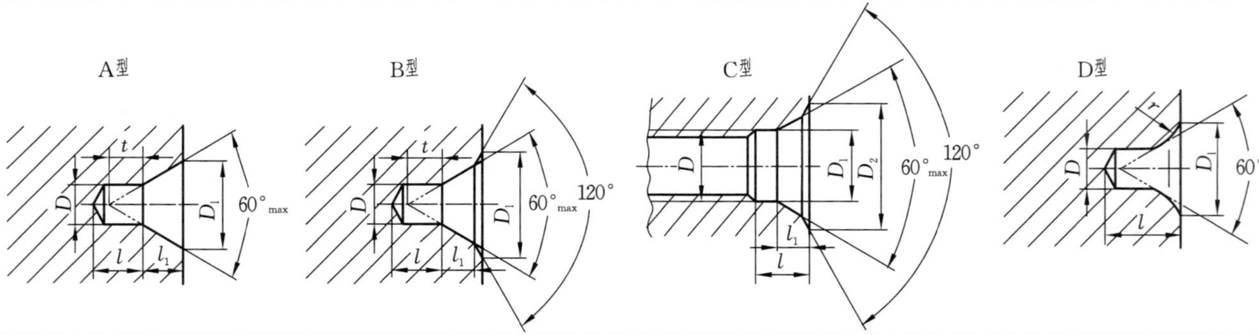

D		D_1				D_2	l_1			t(参考)		l			r	
A、B、D 型	C 型	A 型	D 型	B 型	C 型	C 型	A 型	B 型	C 型	A 型	B 型	A、B 型	C 型	D 型	D 型 max	D 型 min
(0.50)		1.06					0.48			0.5						
(0.63)		1.32					0.60			0.6						
(0.80)		1.70					0.78			0.7						
1.00	M3	2.12		3.15	3.2	5.8	0.97	1.27	1.8	0.9			2.6	2.3	3.15	2.50
(1.25)	M4	2.65		4.00	4.3	7.4	1.21	1.60	2.1	1.1		尺寸取决	3.2	2.8	4.00	3.15
1.60	M5	3.35		5.00	5.3	8.8	1.52	1.99	2.4	1.4		于中心钻	4.0	3.5	5.00	4.00
2.00	M6	4.25		6.30	6.4	10.5	1.95	2.54	2.8	1.8		的长度，	5.0	4.4	6.30	5.00
2.50	M8	5.30		8.00	8.4	13.2	2.42	3.20	3.3	2.2		此值不应	6.0	5.5	8.00	6.30
3.15	M10	6.70		10.00	10.5	16.3	3.07	4.03	3.8	2.8		小于 t	7.5	7.0	10.00	8.00
4.00	M12	8.50		12.50	13.0	19.8	3.90	5.05	4.4	3.5		值	9.5	8.9	12.50	10.00
(5.00)	M16	10.60		16.00	17.0	25.3	4.85	6.41	5.2	4.4			12.0	11.2	16.00	12.50
6.30	M20	13.20		18.00	21.0	31.3	5.98	7.36	6.4	5.5			15.0	14.0	20.00	16.00
(8.00)	M24	17.00		22.40	25.0	38.0	7.79	9.36	8.0	7.0			18.0	17.9	25.00	20.00
10.00		21.20		28.00			9.70	11.66		8.7				22.5	31.50	25.00

注：①A 型和 B 型中心孔的尺寸 l 取决于中心钻的长度，此值不应小于 t 值。

②括号内的尺寸尽量不采用。

参考文献

[1] 周佳新,孙军.画法几何与机械制图[M].北京:化学工业出版社,2017.
[2] 范磊,宋小艳,王娜.土建工程制图[M].北京:北京理工大学出版社,2022.
[3] 涂晶洁.机械制图(项目式教学)[M].2版.北京:机械工业出版社,2017.
[4] 黄琳莲,黄有华,季玲.工程制图项目化教程[M].北京:北京理工大学出版社,2022.
[5] 陈锦昌,刘林.机械制图[M].2版.北京:高等教育出版社,2016.
[6] 张京英,张辉,焦永和.机械制图[M].4版.北京:北京理工大学出版社,2017.